国家哲学社会科学基金项目"海洋社会学的基本概念与体系框架研究"（11BSH007）最终成果

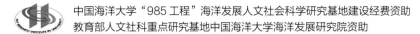

中国海洋大学"985工程"海洋发展人文社会科学研究基地建设经费资助

教育部人文社科重点研究基地中国海洋大学海洋发展研究院资助

海洋与环境社会学文库 | 文库主编 崔 凤

THE CONSTRUCTION
OF OCEAN SOCIOLOGY:

Basic Conception and Systematic Framework

海洋社会学的建构

——基本概念与体系框架

崔 凤 宋宁而 陈 涛 唐国建 著

社会科学文献出版社

SOCIAL SCIENCES ACADEMIC PRESS (CHINA)

总　序

　　党的十八大报告所提出的"生态文明建设"和"海洋强国建设"已经成为国内讨论的热点话题。正值此时，"海洋与环境社会学文库"正式出版发行了，也算是赶了一回时髦，加入到当下的相关讨论中，以期为生态文明建设和海洋强国建设建言献策。

　　生态文明建设是事关国家未来的一项重大工程，既需要自然科学、技术科学，也需要人文社会科学，其中，环境社会学就是不可或缺的。环境社会学是通过对人的环境行为进行系统研究去探寻环境问题的社会根源、社会影响，进而提出解决环境问题的社会对策的一门应用社会学分支。因此，在生态文明建设的背景下，我国的环境社会学将大有可为。

　　海洋强国建设是中国特色社会主义事业的重要组成部分。21世纪，人类进入了大规模的海洋开发利用时期。海洋在国家经济发展格局和对外开放事业中的作用更加重要，在维护国家主权、安全、发展利益中的地位更加突出，在国家生态文明建设中的角色更加显著，在国际政治、经济、军事、科技竞争中的战略地位也明显上升。党的十八大作出了建设海洋强国的重大部署。实施这一重大部署，对推动经济持续健康发展，对维护国家主权、安全、发展利益，对实现全面建成小康社会目标、进而实现中华民族伟大复兴都具有重大而深远的意义。建设海洋强国，我们要坚持走依海富国、以海强国、人海和谐、合作共赢的发展道路，通过和平、发展、合作、共赢的方式，扎实推进海洋强国建设。海洋强国建设需要社会学，社会学要为我国海洋强国建设献计献策。因此，在海洋强国建设的背景下，我国的海洋社会学迎来了前所未有的最好机遇，也已登上大展宏图的舞台。

　　国内的环境社会学和海洋社会学近年来取得了长足的进步，无论是学术组织的建设，还是学术会议的举办，都很成功也具有非常大的影响力，同时，也出版了一些学术著作，但这些著作都比较零散。因此，为了集中展示我国环境社会学和海洋社会学的学术成果，进一步提升环境社会学和海洋社会学的影响力，我们决定出版"海洋与环境社会学文库"。

其实，我们在谋划出版此套文库时，想要出版四套文库或译丛，即"海洋社会学文库""环境社会学文库""海洋社会学译丛""环境社会学译丛"。最后考虑到人力、财力等因素，决定将计划中的四套文库或译丛合并成一套文库，即现在呈现给大家的"海洋与环境社会学文库"。

"海洋与环境社会学文库"从选题上来看，包括海洋社会学和环境社会学两个部分；从作者来源来看，既有国内作者，也有国外作者，即包括一些译著；从国内作者来看，主要以中国海洋大学的教师为主，因为中国海洋大学社会学学科队伍一直致力于海洋社会学和环境社会学的研究，同时，文库也敞开大门欢迎其他国内作者的加入。也许这样做有些乱，但这是现有条件下所能达到的最理想的结果。实际上，只要我们尽力了，相信读者们会理解的。但愿"海洋与环境社会学文库"的出版能促进我国海洋社会学和环境社会学的发展。

崔　凤

2013 年 12 月 5 日于中国海洋大学崂山校区工作室

contents

目 录

第一章 绪 论

海洋社会学作为社会学应用研究的一个新领域，其产生与海洋世纪的到来和海洋强国战略的提出密切相关。经过十余年的努力，国内学者对海洋社会学的含义、特征、研究对象、研究内容等进行了初步探索，形成了一批研究成果。目前，海洋社会学已经得到了国内社会学界的认可和较高评价，并引起了国内学界的重视。整体上看，海洋社会学的发展呈现"势头迅猛、方兴未艾"之势。

一 海洋社会学产生的背景

20 世纪中期，特别是 21 世纪以来，人类海洋开发实践活动日益频繁，这种海洋开发活动推动了包括海洋社会学在内的海洋人文社会科学的产生与发展。从全球维度而言，海洋世纪的到来为海洋人文社会科学的产生提供了重要契机。就国内情况而言，海洋强国建设为海洋社会学的产生与发展提供了良好的社会环境。

（一）海洋世纪①

随着 21 世纪的到来，人类进入了海洋世纪。海洋世纪是人类全面认识、开发利用和保护海洋的世纪。

1. "海洋世纪"的提出

"海洋世纪"是伴随着人类对海洋开发利用的不断深入而提出的。海洋是地球上重要的地理单元，其广袤的面积和丰富的资源，自古以来就为人类社会发展提供了有力支撑。但限于生产力发展水平，早期人类对海洋的

---

① 本部分内容参见崔凤、张双双《"海洋世纪"的环境社会学阐释》，《海洋环境科学》2011年第5期。

开发利用程度有限，海洋仅仅提供了渔盐之利、舟楫之便。随着生产力的发展和科学技术水平的不断提升，特别是 20 世纪 60 年代以来，人类由以捕鱼、海运和盐业为重点的海洋产业时代，进入了现代海洋开发的时代，开始大规模开发海洋油气资源，发展海上娱乐和旅游事业等。

20 世纪 80 年代初，世界各国的战略家们纷纷预言："21 世纪将是海洋的世纪。"1990 年，第 45 届联合国大会通过决议，敦促世界各国把开发、保护海洋列入国家的发展战略。1992 年世界环境与发展大会通过的《21 世纪议程》指出：海洋是全球生命支持系统的基本组成部分，是保证人类可持续发展的重要财富和资源。1993 年，第 48 届联合国大会作出决议，敦促各国把海洋的综合管理列为国家的发展战略。1994 年，第 49 届联合国大会宣布 1998 年为"国际海洋年"，之后每年的 7 月 18 日为"世界海洋日"。同时，《联合国海洋法公约》历经近 10 年的讨论并于 1994 年 1 月 16 日正式生效，标志着国际海洋新秩序开始建立。2001 年 5 月，《联合国海洋法公约》缔约国大会文件明确提出"21 世纪是海洋世纪"。就我国的相关研究来看，1995 年，有学者指出，"21 世纪将是人类更加依赖海洋的海洋世纪"[1]。1996 年，有专家称 21 世纪是"人们盼望已久的海洋世纪"[2]。《中国海洋 21 世纪议程》指出，"21 世纪是人类全面认识、开发利用和保护海洋的新世纪"[3]。此后，相继有学者在海洋世纪的背景下展开了相关研究。

关于提出"海洋世纪"的原因，许多学者从海洋自身的价值以及人类社会需求的角度进行了分析。杨国桢认为，海洋世纪的出现，是世界历史演变的必然结果；21 世纪，海洋将是人类生存发展的第二空间，是经济发展的重要支点、战略争夺的重点和人类科学技术创新的重要舞台[4]。林岳夫认为，21 世纪是海洋的世纪，一方面基于科学技术的进步，尤其是高新技术发展，人类具备全面认识和开发利用海洋的能力；另一方面是陆地资源日益短缺[5]。王诗成认为，当今世界，人口日益增长，资源日趋贫乏，环境正在恶化，世界各国正想方设法寻求改善生活质量和可持续发展的新路子，海洋是 21 世纪人类解决这些问题的最佳出路；海洋与国家政治、经济、军

① 言利民：《海洋的世纪》，《学科教育》1995 年第 2 期。
② 张登义、郑明等：《迎接海洋世纪的挑战》，《当代海军》1996 年第 5 期。
③ 国家海洋局：《中国海洋 21 世纪议程》，北京：海洋出版社，1996 年，第 1 页。
④ 杨国桢：《海洋世纪与海洋史学》，《东南学术》2004 年第 S1 期（增刊）。
⑤ 林岳夫：《海洋世纪将给人类生活带来巨大变化》，《海洋世界》2002 年第 6 期。

事以及社会进步有着密切的关系[①]。

"海洋世纪"的提出是对 21 世纪海洋在人类进步和社会发展中的重要地位和作用的强调，是指要把与海洋相关的各种问题作为重要的问题来处理，如关于正确认识海洋的巨大价值、维护海洋权益的问题，关于更有效地开发利用海洋资源的问题，更好地保护海洋环境的问题，健全和完善涉海法律、管理的问题等。

2. "海洋世纪"的特征

所谓海洋世纪的特征，就是人们在认识海洋的重要价值、全面开发利用海洋资源以及保护海洋环境等活动中所呈现的特点。

第一，人类海洋观念更新、海洋意识增强和海洋教育迅速发展。人类海洋观念的更新，表现在对海洋价值的认识不断深化，不再局限在渔盐之利和舟楫之便上，更认识到了海洋在人类生存发展中作为生命支持系统的重要组成部分、生存空间、交通要道以及资源宝库的重要价值。而海洋作为蓝色国土的意识以及维护海洋权益的意识也不断深入人心。特别是《联合国海洋法公约》颁布实施以后，各国"海洋国土"的意识更加强烈。以日本为例，日本是典型的海洋国家，陆地资源匮乏，因此日本对国民进行国情教育的主题是：我们缺乏土地，没有资源，只有阳光、空气和海洋。近年来，强烈的海洋意识和海洋国土观念驱使日本作出了许多令人瞩目之举，如填海和构筑海上机场、海上城市等[②]。

第二，海洋开发利用的广度扩展、深度增加以及方式多样化。有学者认为，"海洋"开发可分为广度空间和深度空间两部分，并都具有"无限"延伸的特征。这里的广度单纯指海洋微观空间到整个海洋空间"横向"的广度空间，可以理解为海洋的广度空间是"平面的""一条线"上的延伸；深度是取其纵向发掘之意，在海洋空间的广度上，能够被不断挖掘的可再生、可循环能源等资源可称为海洋深度空间，如太阳能、风能、温差能、海流能、波浪能、潮汐能以及海洋渗透能等；广度空间是一条线上的不断延伸，深度空间是一个点上的不断深化[③]。笔者认为：其一，海洋开发利用

[①] 王诗成：《21 世纪海洋战略（一）》，《齐鲁渔业》1997 年第 5 期。

[②] 黄日富：《海洋世纪，让我们共同瞩目——写在 2005 年世界海洋日》，《南方国土资源》2005 年第 7 期。

[③] 蔡一鸣：《海洋开发的广度和深度空间论》，《浙江海洋学院学报（人文科学版）》2009 年第 4 期。

广度的扩展包括两方面的含义，一方面指地理空间意义上的广度的扩展，即随着生产力的不断发展，人类对海洋的开发已经不仅仅局限在陆地附近的海域，而是从沿海走向近海，从近海走向远海；另一方面指人类可以或能够开发利用的海洋资源的种类不断丰富，从单纯对海洋渔业资源的利用，到对海洋空间资源的利用，再到开发利用各种海洋新能源等。其二，海洋开发利用的深度的增加也包括两方面的含义，一方面指地理空间意义上的深度的增加，即人类在开发利用海洋的过程中，除了浅海资源的利用，对于深海资源的开发也逐渐加强，如深海石油的开采、深海矿产资源的开发利用等；另一方面随着资源利用率的提高，对特定海洋资源的开发利用深度不断增加，如对海水资源的利用，除了可以进行海水养殖之外，还可以用作工业冷却水，通过海水淡化提供淡水等。其三，随着海洋开发利用广度的扩展和深度的增加，人类开发利用海洋的方式日益多样化。人类的海洋开发利用活动已经不仅仅停留在对海洋传统的、单一的开发利用上，而是形成了对海洋综合的、全面的开发利用。

第三，海洋环境问题严峻，海洋环境保护列入重要议事日程。在一定的时空范围内，海洋丰富的资源并不是无限的。随着人类社会人口的急剧膨胀，工业化、城市化进程的加快，对资源的需求必然进一步加大。在利用海洋资源的同时，也带来了一定的海洋环境问题。以我国为例，改革开放以来，海洋环境变迁的基本状况是：海洋污染越来越严重，海洋生态遭受越来越严重的破坏，海洋环境问题越来越突出[1]。海洋环境问题不仅会导致海水质量下降，海洋生物资源衰竭、种类减少、生态失衡等后果，还会产生特定的社会影响，如严重的经济损失、威胁人类身体健康、对海洋经济可持续发展的影响以及引发社会冲突的产生等[2]。"可持续发展"是国际社会在研究全球环境与发展问题时取得的共识，其实质就是以自然资源（包括物质资源、空间资源和能源资源）的可持续利用为前提的发展模式。因而，面对海洋开发利用中出现的各种环境问题，为了可持续发展的需要，海洋环境保护必然将成为 21 世纪的重要议程。

---

① 崔凤：《改革开放以来我国海洋环境的变迁：一个环境社会学视角下的考察》，《江海学刊》2009 年第 2 期。

② 崔凤：《改革开放以来我国海洋环境的变迁：一个环境社会学视角下的考察》，《江海学刊》2009 年第 2 期。

第四，海洋世纪是国际合作的世纪。由于海洋环境具有流动性，海洋生态系统是一个统一的系统，这就决定了海洋事务的国际性，许多海洋活动离不开国际合作。例如对全球海洋现象的认识，不可能仅仅依靠一个国家的力量来单独完成。特别是目前世界正在遭遇的海洋资源枯竭、海洋环境破坏等问题，不是特定地区或国家的问题，而是世界各国共同面临的现实问题。因此，对海洋环境的管理不仅是各国的管理，还要构建地区和国家的合作体制。各国通过合作应自觉承担本国的海洋管理相关责任以及对合作国家的相关责任和义务。21 世纪的海洋开发利用，世界各国必须严格遵照《联合国宪章》和《联合国海洋法公约》的有关规定，从事海洋资源开发利用和海洋环境的保护。

（二）海洋强国

"海洋强国"这一命题最初在政策层面上提出，而后成为学术界讨论的热门议题。"海洋强国"的提出，积极推动了海洋人文社会科学的快速发展。

1. 海洋强国的提出

2000 年之后，党中央、国务院在一系列的重大会议和重要政策文本中，不断丰富"海洋强国"的含义。由此，"海洋强国"成为一个重要的时代命题。

2003 年，国务院印发的《全国海洋经济发展规划纲要》首次提出建设海洋强国的奋斗目标。2002 年，党的十六大明确提出"实施海洋开发"战略。2007 年，党的十七大提出要"发展海洋产业"。2012 年，党的十八大报告明确提出"提高海洋资源开发能力，发展海洋经济，保护海洋生态环境，坚决维护国家海洋权益，建设海洋强国"，这是"海洋强国"首次被写入党代会报告。2013 年 7 月，习近平总书记在中央政治局第八次集体学习时对我国为什么要建设海洋强国、建设一个什么样的海洋强国进行了明确阐述。十八大和习近平总书记有关"海洋强国"的战略论述对推动实现全面建成小康社会的宏伟目标，进而实现中华民族伟大复兴的"中国梦"具有深远的意义。

刘赐贵认为，中国的海洋强国不同于西方国家的海洋霸权之路，中国特色海洋强国的内涵应该包括认知海洋、利用海洋、生态海洋、管控海洋、和谐海洋五个方面[1]，强调在开发海洋、利用海洋、保护海洋、管控海洋方

---

[1] 刘赐贵：《关于建设海洋强国的若干思考》，《海洋开发与管理》2012 年第 12 期。

面拥有强大综合实力。徐祥民梳理了学术界有关"海洋强国"的三种理解。一是建设"海洋强大的国家",与此相应的海洋强国战略是采用恰当的国家建设政策实现"海洋强大的国家"这一目标的战略;二是"以海洋致国强",与之相应的海洋强国战略是如何发展海洋事业以实现国家强大的战略;第三种解说包含"海洋强大的国家"和"以海洋致国强"两项内容,在与之相对应的海洋强国战略中,海洋既是目标,又是手段①。国内学术界有关海洋强国内涵的研究,一般都与海洋战略、强国战略相呼应。王诗成认为21世纪海洋战略的总体目标是:21世纪中叶,海洋产业能够承载全国人口的1/4乃至更多,海防现代化水平进一步提高,进入海洋军事强国之列,从而使我们在拥有960万平方公里的"陆上中国"的同时,拥有一个在约300万平方公里蓝色国土上耸立起来的"海上中国"②。

2. 海洋强国建设的必然性

近年来,学术界围绕"海洋强国"开展了比较深入的研究。特别是党的十八大会议召开之后,海洋强国建设更是成为政策领域和学术界讨论的热点话题。而关于我国为什么要进行海洋强国建设,大多数人认为是为了解决与周边国家的争端、维护国家海洋权益等,但这些认识还只是表面的。要正确、科学地回答"我国为什么要进行海洋强国建设"这个问题,必须从世界大国的发展历史中、从我国总体发展目标以及改革开放30多年来的社会变迁过程中寻找答案。

从社会变迁视角出发,重新审视海洋强国这个概念就会发现,海洋强国的内涵具有很强的历史性,即在不同的历史阶段,海洋强国模式是不同的,海洋强国的内涵也是不同的。例如,在"大航海时代",所谓的海洋强国就是海外贸易发达和拥有强大的海军,反映在技术领域则是对造船技术和航海技术的强烈需求,反映在教育领域则是航海与造船专门学校的设立。而在当前的社会发展阶段,海洋强国的内涵则丰富了许多,对技术和教育的要求也呈多元化、全面化趋势。因此,从社会变迁视角重新审视海洋强国这个概念,对制定我国的海洋强国战略是非常重要的。

---

① 徐祥民:《区分对"海洋强国"的三种理解》,载中国海洋发展研究中心编《中国海洋发展研究文集》,北京:海洋出版社,2013年,第17页。

② 王诗成:《龙,将从海上腾飞——21世纪海洋战略构想》,青岛海洋大学出版社,1997年,第17页。

首先，海洋强国建设是人类历史的发展规律，是世界主要大国发展到一定历史阶段的必然产物。追溯世界大国崛起之路，几乎都是从海洋开始的。大航海时代以来，在人类现代化的大舞台上，相继出现了葡萄牙、西班牙、荷兰、英国、法国、德国、日本、俄罗斯和美国等世界大国，它们几乎都从海洋发迹，由此打开国际市场，进而赢得生存空间，最终争得大国地位。比如，英国很早就意识到"离开海洋是不能生存和发展的"，海洋是财富中心，是贸易通道、资源开发基地和防御前沿。美国在建国之后很快便形成了走向海洋的国家战略，最初把海洋作为"护城河"，利用炮台与海军建立海岸防卫体系，而后随着社会经济的发展，马汉提出的海权论则成为美国称霸海洋的理论基础，并很快形成了统治海洋的国家战略。日本海洋意识的形成则经历了从"闭关锁国"到"走向海洋"的转变。这些国家海洋意识的变迁与发展，对其建设海洋强国以及实施海洋开发战略具有重要的影响。总之，世界主要强国几乎都通过海洋实现了强国之梦。历史证明，一个国家如果在海洋上没有自己的位置，就不能算是真正意义上的大国、强国。从人类整个发展过程来看，"走向海洋"即重视海洋开发和加大海洋开发力度，通过海洋开发促进社会变迁已成为人类历史上的一个规律和人类未来发展的必然趋势。因此，我国建设海洋强国，完全符合人类社会的发展规律。

其次，我国建设海洋强国是反思历史教训的必然结果。纵观近现代史，大国与强国的崛起必然伴随其海洋化的进程，而国家层面海洋战略的缺乏一直是中国的短板。历史上，中国重视的是在陆上开疆拓土，不重视海洋建设，因而多次失去发展的机遇和主动权。过去有"两次鸦片战争"，现在有"两条岛链的遏制围堵"。反思历史，不容我们再迟疑，不容我们再失去海洋发展的历史机遇。建设海洋强国是吸取历史教训的重要战略行动，是维护和平发展和国家安全稳定的长远需要。中华民族要实现伟大复兴，必须积极学习借鉴世界海洋强国的发展经验，走向海洋，经略海洋，依海富国，以海强国。进入21世纪，海洋对国家发展又有了更加重要的意义。当前，国际竞争正从陆地向海洋延伸，对各国的治国理念与做法都产生了重大冲击。沿海国家和地区纷纷将国家战略利益的视野转向地域广袤、资源丰富的海洋，加快调整海洋战略，制定海洋发展政策，促进海洋经济的可持续发展。建设海洋强国是中国参与全球化过程、利用全球化机遇、应对全球化问题所必不可少的战略与国策，因此，我国必须站在全球化的战略高度定位海洋强国的建设。简言之，中国在推进现代化的进程中，必须不断提升海洋在国家战略中的地位，加快建设海洋强国的步伐。

最后，建设海洋强国是我国改革、开放与内源发展的必然要求。15 世纪的大航海时代以来，葡萄牙、西班牙、英国、美国、日本等相继成为海洋强国，我国却错失了历史机遇。改革开放以来，我国再一次面临建设海洋强国的历史机遇。我国的改革、开放与发展是全球最受关注的现象之一。我国的改革开放是从沿海开始的，经过 30 余年的发展，我国作为世界第二大经济体，经济已发展成为高度依赖海洋的外向型经济，对海洋资源、空间的依赖程度大幅提高，海洋经济更成为拉动中国国民经济发展的有力引擎。目前，海洋为中国经济社会可持续发展提供了广阔的发展空间，区域性海洋经济发展规模不断扩大，长三角、珠三角、环渤海经济区已基本形成。中国已经具备了大规模开发利用海洋的经济技术能力，中国海洋大国的地位在不断增强。因此，提高海洋资源开发能力、保护海洋环境、维护国家海洋权益、建设海洋强国，不但为我国未来的可持续发展提供巨大动力，而且是中华民族走向海洋文明进而实现伟大复兴的必由之路。因此，建设海洋强国、维护海洋权益，是发展之要，是民生之需。

此外，我国建设海洋强国还是亚太区域发展的必然要求。亚太区域沿海各国都将海洋权益视为本国核心利益所在，积极推行新一轮海洋经济政策和战略调整。当前，由于某些周边国家所采取的侵犯中国主权和海洋权益的举动，南海问题和钓鱼岛问题升温，引发了国内外的广泛关注。美国也在战略上重返亚太，干预我国领海事务。因此，环中国海的国际形势迫使我们必须走海洋强国之路，只有建设海洋强国才能长期有效地维护和拓展我国的海洋权益。中国建设海洋强国，不但不会对周边国家构成威胁，反而将成为捍卫亚太地区和平稳定的中坚力量。

任何一种社会现象只有放在社会变迁的过程中考察，才能作出更到位的描述和解释，也才能更准确地预测它的未来走向。通过社会变迁视角研究海洋强国不难发现：重视海洋权益，加大海洋开发力度，是人类社会发展到特定阶段的必然趋势；自工业革命以来，一些国家由于内部结构变化的原因，产生了对国外原材料和市场的强烈需求，于是通过海洋而成为世界强国。对我国而言，今天我们之所以确定了海洋强国建设目标，是因为自改革开放以来，我国社会结构变化所产生的内在需求。

总之，海洋强国建设具有一定的历史必然性和规律性，受到特定社会变迁阶段和社会结构的制约。我国之所以要进行海洋强国建设，绝不仅仅是为了应对当下几个涉及海洋的热点问题，而是基于我国国家建设发展到特定阶段的必然需要。海洋强国建设是我国总体发展战略的重要组成部分，是我国实现民族复兴与和平崛起，最终成为负责任大国和世界强国的必经之路。

（三）海洋人文社会科学的产生与发展

海洋世纪的到来以及海洋强国的建设，不仅推动了海洋自然科学的发展，也推动了海洋人文社会科学的产生与发展。其中，海洋社会学已经初步形成了自己的学术共同体，在学术界产生了积极影响，并开始服务于海洋世纪与海洋强国建设。

1. 海洋人文社会科学的整体状况

目前，有关海洋科学的研究成果，绝大多数只涉及自然科学，而社会科学被有意无意地忽视或淡化了。事实上，海洋社会科学在近年也取得了长足发展。

海洋社会科学是研究基于海洋以及与海洋相关的人类经济社会运行和发展规律的科学。1998年，杨国桢提出了"海洋人文社会科学"这一概念。他认为，所谓"海洋人文社会科学"，不是和人文社会科学对立、对等的概念，而是和自然科学之下的"海洋科学"相对应的概念，是指人文社会科学对海洋问题研究的多元综合，形成一个科学系统，即人文社会科学之下的一个小系统。随着人类向海洋进军力度的加深，海洋人文社会分支学科悄然兴起，并出现杂交和整体化趋势。建设中国的海洋人文社会学科，是对复合型海洋人才缺乏的必然反应，也是中国重返海洋的大国责任[①]。在海洋人文社会科学发展中，值得一提的是2004年12月，经教育部批准，中国海洋大学海洋发展研究院成立。2005年6月，该院成为教育部人文社会科学重点研究基地。同时，该院也是"985工程"国家哲学社会科学创新基地——"海洋发展研究"的依托单位。目前，海洋社会科学涉及的领域包括海洋经济学研究、海洋文化研究、海洋管理研究、海洋政治研究、海洋历史研究、海洋法研究、海洋社会学研究，等等。整体上看，国内的海洋人文社会科学取得了较快速的发展，呈现欣欣向荣的局面。但是，我们也应该清醒地看到，海洋人文社会科学离"显学"尚有距离，研究范畴还有

---

① 杨国桢：《论海洋人文社会科学的兴起与学科建设》，《中国经济史研究》2007年第3期。

待进一步厘清。

2. 海洋社会学的产生与发展

作为海洋人文社会科学大家庭中的一员，海洋社会学虽然产生得比较晚，但在国内一些学者的共同努力下，近些年也取得了一些令人欣喜的成就。不过，与一些已经相对成熟的其他海洋人文社会科学相比，海洋社会学仍处于起步阶段。

追溯国内海洋社会学的产生过程，可以依照两条线索进行：一是与海洋社会学相关的研究内容的出现；二是"海洋社会学"一词的出现。

"海洋文化研究"可能是最早出现的与海洋社会学研究关系最为密切的一项研究。早在 20 世纪 70 年代，就有学者开始对海洋文化进行研究，如中国科学院自然科学史研究所的宋正海研究员于 1978 年在德国汉堡举行的第四届国际海洋学史会议上发表了《中国传统海洋学史的形成与发展》一文，① 文中表达了作者关于中国海洋文化的一些观点。进入 20 世纪 80 年代，在厦门大学杨国桢教授等学者的努力下，海洋文化研究在国内发展起来，至今海洋文化研究已经成为中国海洋人文社会科学研究的重要组成部分。综观国内的海洋文化研究，在学科取向上比较倾向于历史学，但更倾向于建立相对独立的学科——海洋文化学，而与社会学离得比较远，或者说，海洋文化研究者并没有表现出向社会学靠近寻求学科支撑的意愿，也没有表现出运用社会学的理论与方法进行海洋文化研究的明确意识。由此可见，海洋文化研究的出现对海洋社会学的产生具有重要的意义，但还不是真正意义上的海洋社会学的产生。

"海洋社会学"一词最早是由杨国桢教授提出来的。早在 20 世纪 80 年代，杨国桢不仅开辟了海洋社会经济史的研究领域，而且极力呼吁建立海洋人文社会科学。杨国桢在极力呼吁建立海洋人文社会科学的过程中，早期曾使用过"海洋人文社会学"一词，但这里的"社会学"不是学科意义上的社会学，而是"海洋人文社会科学"的意思。不过，正是在呼吁建立海洋人文社会科学的过程中，杨国桢最早提出了"海洋社会学"一词。1996 年，杨国桢在《中国需要自己的海洋社会经济史》一文中第一次提到了"海洋社会学"。之后，在《论海洋人文社会科学的概念磨合》《论海洋

---

① 李明春、徐志良：《海洋龙脉：中国海洋文化纵览》，北京：海洋出版社，2007 年，第 3 页。

人文社会科学的兴起与学科建设》《论海洋发展的基础理论研究》等文章中，杨国桢又多次提到"海洋社会学"①。在这些文章中，杨国桢不仅指出海洋社会学是海洋人文社会科学体系的重要构成部分，是海洋发展的重要应用基础理论之一，而且指出海洋社会学在刚起步时，可以借助环境社会学、发展社会学等理论开展应用研究，并同时指出了海洋社会学一些重要的研究内容。由上可见，杨国桢对海洋社会学的产生的贡献是非常重大的，这不仅表现在杨国桢首次提出了"海洋社会学"一词，而且表现在他提出了建立海洋社会学的重要性，以及如何开展海洋社会学的研究等方面。

杨国桢教授所开创的海洋史学研究或海洋社会经济史研究为海洋社会学的产生还作出了另外一个贡献，即"海洋社会"概念的提出。20 世纪 90 年代，杨国桢教授在开创海洋社会经济史研究的初期，就使用了"海洋社会"一词，并对何谓"海洋社会"进行了界定②。之后，在《论海洋人文社会科学的概念磨合》一文中，再次对"海洋社会"进行了界定和阐释。综观杨国桢教授关于海洋人文社会科学研究和海洋社会经济史的研究文献，我们会发现，"海洋社会"是一个非常重要的概念。虽然今天关于"海洋社会"是否存在以及"海洋社会"的含义是什么，还存在一些争议，但"海洋社会"一词的出现，让人们将"海洋"与"社会"建立起了某种联系，为开展相关研究提供了可能。

在杨国桢教授于 1996 年第一次使用"海洋社会学"这个概念后，时隔 9 年，直到 2004 年，庞玉珍教授的论文《海洋社会学：海洋问题的社会学阐述》发表后③，国内社会学界才开始使用"海洋社会学"一词。也正是从此，国内社会学研究才出现了一个新的分支——海洋社会学，具有学科意义上的海洋社会学研究也才真正开始。之后，不断有社会学研究者发表文章，开始探讨海洋社会学的含义、特征、研究内容等，同时，一些具有海洋特色的研究，如海洋环境问题研究、"三渔"（渔业、渔村、渔民）问题研究、海洋民俗研究、沿海社会变迁研究等也相继出现。

在国内，虽然海洋社会学的研究刚刚开始，还处在起步阶段，但经过

① 杨国桢：《瀛海方程——中国海洋发展理论和历史文化》，北京：海洋出版社，2008 年。
② 杨国桢：《瀛海方程——中国海洋发展理论和历史文化》，北京：海洋出版社，2008 年。
③ 庞玉珍：《海洋社会学：海洋问题的社会学阐述》，《中国海洋大学学报（社会科学版）》2004 年第 6 期。

多年的努力，已经取得了一些成果。

第一，海洋社会学基本理论研究和应用研究取得了一些突破性的成果，相关的研究已经展开。如《海洋与社会——海洋社会学初探》《海洋社会学概论》《海洋社会学》等著作的相继出版。

第二，海洋社会学已经进入国家社科基金和教育部等省部级项目科研立项中。比如，2008年国家社科基金社会学学科中就有2项，即张景芬教授主持的"环渤海环境治理失灵问题的整合研究"和王艳玲老师主持的"我国海洋渔业保险制度与渔民社会保障问题研究"。2010年，全国哲学社会科学规划办公室公布的社会科学规划项目课题指南社会学学科中首次设立了"海洋社会学研究"选题。之后，"海洋社会学研究"并入"应用社会学"选题。自2003年以来，全国各高校和科研机构主持了多项国家级、省部级与海洋社会学有关的课题，如在中国海洋大学，就有多项国家社会科学基金项目和省部级项目与海洋社会学有关，例如崔凤教授主持了国家社科基金"海洋社会学的基本概念与体系框架研究"，承担了教育部人文社会科学重点研究基地重大项目"海洋发展对沿海社会变迁的影响研究"和教育部重大招标项目"中国海洋发展战略研究"的子课题"海洋与社会协调发展战略研究"，庞玉珍教授主持了教育部人文社科规划"海洋社会学的理论建构与实证研究"和山东省社会科学规划项目"海洋开发与社会变迁——青岛市社会流动调查"，王书明教授主持了教育部人文社科规划项目"环渤海区域生态文明建设的宏观路径研究"和山东省社科规划重点项目"山东半岛蓝黄经济区生态文明建设研究"，赵宗金博士承担了国家社科基金项目"我国海洋意识及其建构研究"，陈涛博士主持了国家社科基金青年项目"海洋污染事件中渔民的环境抗争研究"与山东省社科基金青年项目"渤海溢油事件的社会影响评估"，宋宁而博士主持了山东省社科规划青年项目"功能主义视角下的山东半岛祭海节变迁研究"，等等。

第三，海洋社会学专门研究机构和学术团体纷纷成立。中国海洋大学在教育部人文社会科学重点研究基地——海洋发展研究院中设立了海洋文化与社会研究所，在国家"985"哲学社会科学创新基地——海洋发展研究中设立了海洋文化与社会研究方向，上海海洋大学成立了海洋社会与文化研究所等，广东省社会学学会设立了海洋社会学专业委员会等。中国社会学会海洋社会学专业委员会也已得到中国社会学会的批准正在筹备建立。

第四，海洋社会学人才培养已经开始，如中国海洋大学在社会学硕士专业中就设置了海洋社会学研究方向以培养海洋社会学专门人才，这是国内第一个也是到目前为止唯一一个招收海洋社会学研究方向研究生的社会学硕士点。

第五，全国性的学术研讨会已经形成机制。2009年，中国海洋大学在西安与广东海洋大学共同主办了"海洋社会变迁与海洋社会学学科建设"学术研讨会；自2010年中国社会学会海洋社会学专业委员会筹备建立起，先后主办四届"中国海洋社会学论坛"，分别是2010年在哈尔滨主办的"第一届中国海洋社会学论坛：海洋开发与社会变迁"学术研讨会，2011年在南昌举办的"第二届中国海洋社会学论坛：海洋社会管理与海洋文化"学术研讨会，2012年在银川举办的"第三届中国海洋社会学论坛：海洋社会学与海洋管理"学术研讨会，2013年在贵阳举办的"第四届中国海洋社会学论坛：海洋社会变迁与海洋强国建设"学术研讨会。

第六，海洋社会学专业辑刊《中国海洋社会学研究》已经创办。《中国海洋社会学研究》是中国社会学会海洋社会学专业委员会会刊，由崔凤教授担任主编，《中国海洋社会学研究》第一卷已于2013年由社会科学文献出版社出版。

虽然海洋社会学取得了一定的成就，但不足之处也是非常明显的。

第一，海洋社会学研究还比较分散，学科意识还不强，研究力量还比较薄弱。

第二，具有重要影响的科研成果还非常缺乏。在《社会学研究》《社会》等社会学专业期刊上还没有看到海洋社会学方面的文章，被《新华文摘》、中国人民大学复印报刊资料、《中国社会科学文摘》等转载的海洋社会学方面的论文也少之又少。学术专著，特别是成系列的学术专著也几乎没有。

第三，关于国外海洋社会学的研究还非常缺乏。

第四，没有进入国内主流社会学研究中，还处在一种边缘化状态。

二 海洋社会学的含义、对象与特征

海洋社会学创建阶段，需要回答两个基本问题，一是"海洋社会学是不是社会学"，二是"海洋社会学是什么样的社会学"。回答这两个基本问题，需要对海洋社会学的基本含义、研究对象和主要特征展开深入分析。

（一）海洋社会学的含义

关于"什么是海洋社会学"，部分学者已经进行了探讨，具有代表性的观点主要有以下几种。

一是庞玉珍的观点。"海洋社会学以人类一个特定历史时期特殊的地域社会——海洋世纪与海洋社会为研究对象，具体研究海洋与人类社会的互动关系，分析海洋开发对现代社会的影响，分析海洋开发所引发的人类社会一系列复杂的变化。"[①]

二是崔凤的观点。"海洋社会学应该是一项应用社会学研究，它是运用社会学的基本理论、概念、方法对人类海洋实践活动所形成的特定社会领域——海洋社会进行描述和分析的一门应用社会学，海洋社会学既要对海洋社会的特征、结构、变迁等做出描述与分析，更要对现实的、具体的与人类海洋实践活动有关的社会生活、社会现象、社会问题、社会政策等做出描述、分析、评价和提出对策或解决办法。"[②]

三是张开城的观点。"作为一门应用社会学学科"，"海洋社会学以海洋社会为研究对象"[③]。

四是宁波的观点。"海洋社会学是社会学就人们关于海洋的社会关系所形成的理论建构，是社会学在人类海洋实践领域具体应用的产物。因此，海洋社会学是研究人类基于海洋所形成的各种互动关系的学问。"[④]

上述四种关于"什么是海洋社会学"的看法，虽然各有侧重，但从中我们得到以下信息。

第一，海洋社会学是特定历史时期的产物，即海洋社会学是适应海洋世纪到来的产物。

第二，海洋社会是海洋社会学的核心概念，是海洋社会学最具一般意义的研究对象。

第三，海洋社会学要重点研究海洋与社会的相互影响关系，研究人类海洋开发实践活动中的互动关系。

---

① 庞玉珍：《海洋社会学：海洋问题的社会学阐释》，《中国海洋大学学报（社会科学版）》2004 年第 6 期。

② 崔凤：《海洋社会学：社会学应用研究的一项新探索》，《自然辩证法研究》2006 年第 8 期。

③ 张开城：《应重视海洋社会学学科体系的建构》，《探索与争鸣》2007 年第 1 期。

④ 宁波：《关于海洋社会与海洋社会学概念的讨论》，《中国海洋大学学报（社会科学版）》2008 年第 4 期。

第四，海洋社会学具有应用社会学的属性，可以看作应用社会学的一项新探索。

经过多年的探索，虽然关于何谓海洋社会学已经有了一定的共识，但分歧依然存在，这在一个新研究领域中是必然会出现的现象。即便如此，我们还是试图给出我们关于海洋社会学的定义。我们认为，所谓海洋社会学是指运用社会学的基本概念、理论与方法对人类海洋开发实践活动及其社会根源、社会影响所进行的应用研究。这样定义的海洋社会学，其最为关键的部分是关于海洋社会学研究对象的确定。相关内容请参见下面的论述。

（二）海洋社会学的研究对象

关于海洋社会学的研究对象，国内主要有以下几种看法：一是认为海洋社会学的研究对象应为海洋社会；二是认为海洋社会学的研究对象应为海洋与社会的相互关系；三是认为海洋社会学的研究对象应为海洋问题。关于海洋社会学研究对象有不同的看法，正是海洋社会学处于初创阶段的正常现象，不能以此否定海洋社会学存在的必要性。

有的研究者认为明确海洋社会学的研究对象对海洋社会学的发展非常重要，从应用社会学的角度来看，确实如此，因为多数应用社会学学科从表面上来看都有较为明确的研究对象，如家庭社会学是以家庭和婚姻为研究对象的，组织社会学是以社会组织为研究对象的，体育社会学是以体育为研究对象的，等等。

正如前面所分析的，海洋社会学要想成为一种社会学，关键是要从"社会人假设"出发开展关于"海洋"的经验研究，这是最为重要的。不过，为了统一认识和规范海洋社会学研究，进一步明确海洋社会学的研究对象也是必要的。

从已有的观点来看，无论是海洋社会，还是海洋问题，都是人类海洋开发实践活动这一特定的社会行为的结果；探讨海洋与社会之间的相互关系，也需要以人类海洋开发实践活动这一特定社会行为为中介。社会学研究人的社会行为也是最常见的现象，如韦伯就认为"社会学是一门试图深入理解社会行动以便对其过程及影响作出因果解释的科学"[1]。因此，海洋社会学的研究对象应是人类的海洋开发实践活动这一特定社会行为（简称为人类海洋开发行为）。围绕人类海洋开发行为，海洋社会学要回答的问题

15

---

[1] 刘少杰：《现代西方社会学理论》，长春：吉林大学出版社，1998年，第141页。

主要有：人类为什么要进行海洋开发？以什么样的方式进行海洋开发？影响海洋开发的社会因素有哪些？海洋开发产生了怎样的社会结果？特别是海洋开发对人类社会变迁造成了怎样的影响？围绕上述问题，就会形成海洋社会学的基本研究内容，其中人类海洋开发行为对社会变迁的影响是最为关键的内容。

（三）海洋社会学的特征

国内开展海洋社会学研究已有十多年的时间了，在这期间，研究者们围绕开展海洋社会学研究的必要性以及海洋社会学的含义、特征、学科属性、研究对象、研究内容等发表了数十篇学术论文。其中，在海洋社会学研究的必要性方面，研究者们基本达成了共识，即认为随着海洋世纪的到来，以及人类海洋开发实践活动的日益频繁，社会学应该体现时代精神，应该关注人类海洋开发实践活动与社会变迁的关系，在此基础上形成的海洋社会学应该成为海洋人文社会科学的必要组成部分，通过研究应该为海洋开发战略、海洋强国战略提供理论和政策支撑；而在海洋社会学的含义、特征、学科属性、研究对象、研究内容等方面，到目前为止，研究者们的意见并不统一，争论一直存在，而且也会持续下去。有争论并不是坏事，只有通过争论，才能把相关问题搞清楚，才能最终达成共识，国内海洋社会学的发展必然要经历这样的过程，特别是海洋社会学初创阶段更是如此。在所有的争论中，海洋社会学的学科属性问题可能是最为重要的，因为只有这个问题解决了，才能更好地解决海洋社会学的含义、特征、研究对象、研究内容、研究方法等问题；同时，这个问题也关涉海洋社会学是否成立的问题以及能否被主流社会学接受的问题。所谓海洋社会学学科属性问题，主要是解决海洋社会学的学科归属问题以及在社会学学科体系中的位置问题，这个问题主要是通过回答以下两个问题来完成：海洋社会学是不是社会学？如果是，那么海洋社会学是什么样的社会学？

要回答"海洋社会学是不是社会学"以及"海洋社会学是什么样的社会学"这两个问题，需要解决以下两个具体问题。

首先，海洋社会学与社会学的关系问题。

要回答海洋社会学与社会学的关系问题，首先得从社会学的学科分类说起。关于社会学的学科分类，至今也没有达成共识。社会学家莱斯特·沃德曾将社会学分为"纯粹社会学"或"抽象社会学"（pure sociology）与"应用社会学"（applied sociology）两大类，前者研究社会学的纯理论，后者研究实际应用；也有的社会学家提出"基本社会学"（basic sociology）与"应用社会学"（applied sociology）的区分，它强调了社会学的基础部分与应用部分的差异①。随着社会学的发展，国内外社会学界普遍认为社会学大致上可以分为两类：一是理论社会学，二是应用社会学。这样的划分只是相对的，因为所谓的理论社会学也有"应用"的问题，应用社会学也必须与理论相结合。关于理论社会学与应用社会学的区别与联系，沃德曾在《应用社会学》一书中做过说明：理论社会学或纯粹社会学旨在回答"是什么"的问题，应用社会学旨在回答"为什么"的问题；前者处理的是"事实""起因"和"原则"，后者处理的是"目的""结果"和"规划"；前者探讨社会学主题的本质，后者探讨社会学的实际应用；一个应用社会学家是研究如何为政府、企业和社会团体提出解决问题的数据资料或对策的专家②。

如果将社会学分为理论社会学和应用社会学两类，那么，海洋社会学归属于应用社会学更为合适，或者说，在海洋社会学初创阶段，凸显海洋社会学的应用社会学属性更为合适。那么，如何理解海洋社会学的应用社会学属性呢？

第一，海洋社会学要突出"问题意识"，要重点研究人类海洋开发实践活动中的各种问题。因为"应用社会学非常注重对实际社会问题的研究，研究的目标是要解决社会问题"③。人类海洋开发实践活动及其后果已经引发了一定的社会问题，那么这些问题需不需要以及值不值得社会学去研究呢？经过多年的探索，我们已经发现了一些需要以及值得社会学研究的与海洋有关的问题，如海洋环境问题、"三渔"问题、海洋区域社会变迁问题、海洋权益问题、海洋文化问题等。海洋社会学的一个任务就是要不断发现这些问题并不断地去研究这些问题。

第二，海洋社会学要突出"学科意识"，要重点运用社会学的理论与方法进行研究。海洋社会学作为社会学应用研究的一项新探索，④⑤ 就是要运用社会学的概念、理论和方法来研究人类的海洋开发实践活动，因此，其

① 李强：《应用社会学》，北京：中国人民大学出版社，2004 年，第 3 页。
② 罗杰·A. 斯特劳斯：《应用社会学》，哈尔滨：黑龙江人民出版社，1992 年，第 2~3 页。
③ 李强：《应用社会学》，北京：中国人民大学出版社，2004 年，第 5 页。
④ 崔凤：《海洋社会学：社会学应用研究的一项新探索》，《自然辩证法研究》2006 年第 8 期。
⑤ 宋广智：《海洋社会学：社会学应用研究的新领域》，《社科纵横》2008 年第 1 期。

研究视角应是社会学的。海洋社会学可以研究众多的问题，但不应是一个"大杂烩"，从学科归属上应是社会学，所使用的概念、理论与方法应是社会学的。比如说社会学常用的概念，结构、制度、群体、组织、文化、技术、变迁等如何与海洋社会学研究结合起来；再比如说，社会学传统的三大理论，功能论、冲突论、互动论如何应用到海洋社会学研究中？到目前为止，在这方面国内已有的研究体现得还不明显。海洋社会学必须强化学科意识，只有这样，才能与主流社会学进行对话，才能不被主流社会学边缘化，才能逐步融入主流社会学之中[①]。

第三，海洋社会学要突出"理论意识"，要能够在大量经验研究的基础上提出自己的研究范式。突出海洋社会学的应用社会学属性，并不否认海洋社会学应该形成自己的概念和研究范式，正如前面所提到的，"应用"与"理论"的二分法只是相对的，"应用研究"不仅仅是为了解决实际问题，还要为概念的提出和范式的形成服务。因此，海洋社会学要有理论追求，要心怀理论建树的抱负。比如说海洋社会、海洋文化等概念已经提出来了，还能不能提出新的概念；再比如，我们研究海洋环境问题，能不能突破环境社会学的研究范式，形成自己的研究范式；我们研究"三渔"问题，能不能突破传统"三农"的研究范式而提出具有海洋特色的研究范式。

其次，海洋社会学如何体现社会学的学科特点。

要回答这个问题我们首先要弄清楚社会学的学科特点。所谓社会学的学科特点也就是社会学作为一个学科区别于其他人文社会科学的标志。孔德创立社会学时，突出的是实证性，即社会学区别于其他人文社会科学的标志是实证研究；其后，涂尔干通过对自杀问题的研究确立了社会学的实证研究方法。不过，随着经济学等学科也大量采用实证研究方法之后，社会学以实证方法区别于其他学科就越来越困难。也有的学者从研究对象或研究问题的角度将社会学与其他学科区别开来，认为社会学是以"社会"为研究对象的，是研究"社会问题"的，但"社会"是包罗万象的，经济、政治等是其中的主要内容，经济学、政治学也同样可以看作研究"社会"的；而所谓的"社会问题"也不是单纯的"社会"问题，必将涉及经济、政治等方面，因此，经济学、政治学等也可以研究所谓的"社会问题"。于

---

① 崔凤：《海洋社会学与主流社会学研究》，《中国海洋大学学报（社会科学版）》2010 年第 2 期。

是，在其他学科的不断"侵入"下，社会学所谓的研究对象就越来越"萎缩"，成为一个研究"剩余"问题的学科，即研究其他学科不研究或研究剩下的"问题"的学科，即使这样，随着类似于经济学帝国主义学术现象的出现，所谓的"剩余"也所剩无几。时至今日，社会学再也不能单纯以研究对象来界定自己的学科界限了。在这种情况下，我们必须重新思考社会学的学科特点。

既然"学科划分已不再仅仅是以研究对象为分界"，那么"研究方法和学科视角日益成为学科存在和发展的重要理由"①。"社会学是一种视角，即一种思考方式，或者也可说是一种观看和研究世界的方式。它重点关注作为社会一员的人"②。社会学的学科视角就是"社会人假设"，而其研究方法就是经验研究。所谓"社会人假设"是说人的行为并不是孤立的，而是深受各种社会因素的影响和制约的，同时其行为也会对他人与社会造成一定的影响。社会学的经验研究坚持的是这样一个假设：一切没有长期实地观察体验的研究结果，结论都是可疑的③。因此，我们可以说，社会学区别于其他人文社会科学的标识就是"社会人假设"和经验研究。

海洋社会学作为应用社会学的一个分支，就是要用"社会人假设"全面审视人类的海洋开发行为或人的涉海行为，分析人类海洋开发行为受哪些社会因素的影响和制约，又会对社会变迁产生怎样的影响以及产生哪些社会问题。同时，海洋社会学应大力开展经验研究，既要对人类已有的海洋开发经验进行研究，又要对现实的人类海洋开发行为进行经验研究。只有这样，海洋社会学才能成为一种社会学。

三 海洋社会学的研究内容与研究方法

海洋社会学着重围绕人类海洋开发实践活动开展研究，涉及海洋观调查、海洋社会组织、海洋民俗研究、海洋环境问题研究等多项内容。就研究方法而言，海洋社会学一方面要加强对社会学的一般方法的应用，另一

① 李培林等：《社会学与中国社会》，北京：社会科学文献出版社，2008年，第6页。
② 乔尔·查农：《社会学与十个大问题》，汪丽华译，北京：北京大学出版社，2009年，第3页。
③ 李培林等：《社会学与中国社会》，北京：社会科学文献出版社，2008年，第8页。

方面则要重视比较研究方法。

（一）海洋社会学的研究内容

海洋社会学的研究内容非常丰富。整体上看，海洋社会学的研究内容可以概括为以下几个方面。

1. 海洋观调查与研究

所谓海洋观是"人类通过各种实践活动，包括经济、政治、军事等在内的实践活动所获得的对海洋本质属性的认识"①。海洋观会对人类海洋开发的实践活动产生重要的影响，因此，海洋社会学不仅要研究海洋观的产生、发展和变化的过程以及对社会历史发展的影响，而且应该对海洋观进行调查和研究，为整个社会树立科学的海洋观作出贡献。

2. 海洋区域社会发展研究

围绕特定的海洋环境与资源，人类的海洋开发活动形成了特定的海洋区域社会。海洋区域社会深受海洋开发的影响，有其独特性。通过海洋社会学研究，要揭示海洋区域社会的特征、结构与变迁以及海洋区域社会与整体社会的互动关系。

3. 海洋社会群体与社会组织研究

人类的海洋开发实践活动形成了一些与海洋息息相关的社会群体与社会组织。以捕捞为生的渔民是最为传统的社会群体。在现代社会，随着人类海洋开发步伐的加快，形成了众多的海洋社会组织，如海洋行政管理组织、海洋企业（如海洋石油公司、海洋运输公司、海洋捕捞公司等）、海洋教学与科研组织、海洋环境保护非政府组织等。上述海洋社会群体与社会组织有着与其他社会群体和社会组织不同的特性，需要通过海洋社会学研究加以揭示。

4. 海洋环境问题研究

无论是在全球范围内，还是在国内，海洋环境问题都很严重，其表现就是海洋环境污染严重、海洋资源枯竭、海洋生态遭到严重破坏等。海洋环境问题的根本原因，一是陆地污染的延续，如沿海地区的工业化与城市化等产生的污染，二是海洋开发活动日益频繁。海洋社会学对海洋环境问题的研究就是要揭示海洋环境问题的社会根源与社会影响，并找出解决海洋环境问题

---

① 黄顺力：《海洋迷思——中国海洋观的传统与变迁》，南昌：江西高校出版社，1999 年版，第 1 页。

的对策。

5. 海洋渔村研究

海洋渔村是以近海捕捞为生的渔民的聚集地，是一种与种植为主的农村社区不同的社区类型。海洋渔村散落在海岸带和海岛上，其生产方式与生活方式深受海洋的影响，在海洋环境变迁与海洋渔业不断升级的影响下，海洋渔村发生了巨大的变化。在建设社会主义新农村的过程中，海洋渔村的变迁与未来发展非常值得关注。

6. 海洋民俗研究

以捕捞为生的海洋渔民形成了自己特定的生活方式，形成了独具特色的风俗习惯，如妈祖信仰等。海洋民俗研究历史比较长，成果也比较丰富。海洋社会学应该运用社会学的理论与方法，结合人类学、民俗学、历史学的研究继续深化海洋民俗的研究。

7. 海洋移民问题研究

海外移民问题研究的历史比较长，成果也比较丰富，但此项研究在传统上更多地关注历史上的海外移民问题。海洋社会学应该结合已有的研究去关注海外移民群体及其后代的现实生活和"新海外移民现象"。

8. 海洋政策研究

海洋政策是一个国家或地区一系列关于海洋开发、利用与保护制度的统称，它对人类海洋开发实践活动起着引导与规范的作用。各个沿海国家与地区都有一系列的海洋政策。海洋社会学要对各个国家或地区的海洋政策进行比较分析，在此基础上提出完善本国或地区海洋政策的建议。

（二）海洋社会学的研究方法

海洋社会学研究方法，既包括定量研究，也包括定性研究。就具体的方法而言，包括访谈法、观察法、问卷调查和 SPSS 分析等。整体上看，海洋社会学研究方法主要包括以下几个方面。

1. 文献研究法

文献法是一种古老而又富有生命力的科学研究方法。海洋社会学研究文献主要包括：（1）前期相关研究文献，主要是学术界既有研究成果。比如，人类学家马林诺斯基的《西太平洋的航海者》对今天的研究仍然具有重要的借鉴价值和学术意义。（2）相关统计资料，主要包括《中国统计年鉴》《中国海洋年鉴》《中国海洋统计年鉴》等。（3）海洋主题的发展报告，主要为国家海洋局每年发布的《中国海洋发展报告》《中国海洋灾害公报》《中国海洋环境质量公报》等。（4）地方志文献。地方志是按一定体例全面记载某一时期某一地域的自然、社会、政治、经济、文化等方面情况的书籍文献，包括方志和年鉴。实地调查研究时，研究者需要认真查阅当地的地方志文献。

2. 实地调查法

海洋社会学还处于初创阶段，在这一阶段，在坚持理论研究的同时，需要强化实地调查。在很大程度上，海洋社会学能否成为"显学"，能在多大程度上服务"海洋世纪"和"海洋强国"建设，主要取决于社会调查。只有强化社会调查，获得大量的一手研究资料，才能提出具有针对性的措施和可操作的方法，才能为国家的海洋强国建设和海洋开发战略的科学实施提供理论支撑。因此，海洋社会学者需要强化社会调查，要开展扎实而深入的实地调查。当前，海洋社会学者要充分运用好深度访谈、参与式观察和问卷调查等常用的调查方法，对失海渔民的生存状况、海洋渔民的转产转业、海洋生态环境、海洋渔民的社会分层等问题展开深入的调查分析，这既可以在实践层面服务相关政策制定，也可以在调查中形成海洋社会学的"中层理论"（theories of middle range）。

3. 比较研究法

古罗马学者塔西陀曾说："要想认识自己，就要把自己同别人进行比较。"社会学界历来重视比较研究方法的应用。法国社会学家涂尔干（Emile Durkheim）还开创了一个新的社会学分支学科，就是比较社会学（comparative sociology）。之所以重视比较研究，是为了探讨两组以及两组以上研究对象的同质性与差异性，更好地寻找社会规律，探讨社会现象的本质。

就海洋社会学研究而言，尤其需要加强比较研究。这是因为，海洋社会学的研究对象具有一定的特殊性。以海洋渔民的社会分层为例。首先，我们在调查研究中发现，海洋渔民群体分层较内陆农民群体分层更趋"成熟"。吉林省农民绝大部分处于社会分层的下下层和中下层，处于中层的农民仅占15%，远远没有形成较大规模的中间阶层，阶层结构呈现"金字塔型"。而处于中层的海洋渔民群体占总数的58.2%，超过了一半，处于下下层和上上层的渔民比例较小，呈现"橄榄型"的阶层结构。其次，海洋渔民群体较内陆农民群体的分层标准更高。吉林省农民分别以家庭总收入5000元、10000元、20000元、30000元作为划分不同阶层的分界点；而海洋渔民群体则以14000元、36000元、120000以及600000元作为分界点，明显高于农民的分层标准。最后，海洋渔民群体比内陆农民群体的阶层差异更明显。吉林省上上层农民的家庭年收入至少是下下层农民家庭年收入的 6 倍，而上上层海洋渔民群体的家庭年收入至少是下下层渔民家庭年收入的 43 倍，海洋渔民群体阶层之间的经济差异更大、更明显①。可见，海洋渔民群体的社会分层有着特殊性。事实上，不仅是海洋渔民群体的社会分层，海洋社会学的其他研究议题，包括海洋生态环境、海洋社会群体，等等，相比较内陆而言，都有一定的特殊性。而这种特殊性，只有通过深入的比较研究才能发现。

四 海洋社会学与其他分支社会学的关系

作为社会学的一门分支学科，海洋社会学需要厘清它与其他分支社会学的关系，这涉及海洋社会学能否与主流社会学进行交流对话而不被边缘化的问题。

（一）海洋社会学基本理论研究与理论社会学

海洋社会学基本理论研究应以社会学理论为指导，那么，社会学理论中，特别是西方社会学理论中有哪些基本概念、观点和理论能够运用到海洋社会学中？如何去梳理西方社会学理论中与海洋社会学有关的概念、观点和理论？在此基础上，海洋社会学能否形成自己的概念和观点？

（二）海洋文化研究与文化社会学

海洋文化产生的社会根源是什么？海洋文化的社会功能如何？影响海洋文化变迁的社会因素有哪些？又是如何影响海洋文化变迁的？这些问题我们能否从文化社会学中找到答案呢？

（三）海洋社会群体研究与人类社会学

从传统海洋渔民群体到现代的海洋产业工人群体、海洋科教人员群体、海军人员群体，他们是如何产生的？他们的群体特征是什么？他们的生活方式是什么样的？对这些问题的解答，人类社会学是否有帮助呢？

（四）海洋社会组织研究与组织社会学

在现代社会，人类海洋开发实践活动的组织化特征越来越明显，已经

① 崔凤、张双双：《海洋渔民群体分层现状及特点》，载崔凤主编《中国海洋社会学研究（2013 年卷）》，北京：社会科学文献出版社，2013 年，第 89～105 页。

形成了众多的海洋社会组织，如海洋行政管理组织、海洋产业组织、海洋教育科研组织、海洋军事组织、海洋国际组织等，那么，这些海洋社会组织是如何形成的？它们的特征是什么？它们的组织结构是什么样的？它们是如何运作的？它们的管理模式是什么？回答这些问题，组织社会学是大有帮助的。

（五）海洋移民研究与移民社会学

移民社会学是研究社会流动的分支社会学，海洋移民研究所要探讨的是与海洋有关的社会流动问题，因此，二者之间的关系应该是非常密切的。传统的海洋移民是指借助海洋交通运输工具由甲地到乙地的人群，而在现代社会，由于交通运输工具的巨大变化，再以海洋交通运输工具来界定海洋移民已经不合适了。那么，现代社会中的海洋移民如何界定呢？这些海洋移民有什么特点？他们为什么移民？海洋开发对海洋移民有什么影响？这些问题完全可以纳入移民社会学领域进行研究。

（六）海洋社会变迁研究与发展社会学

海洋开发促进了沿海地区的社会变迁，在海洋开发的带动下，沿海地区的经济发展与社会发展都较其他地区要快，也形成了一定的区域发展模式。发展社会学对于社会发展的动因、影响因素、模式等的解释，对我们研究海洋社会变迁会有极大的借鉴意义。

（七）海洋环境问题研究与环境社会学

环境社会学为我们提供关于环境问题的社会根源、社会影响的解释，也为我们提供了解决环境问题的社会政策，同样，海洋环境问题研究要对海洋环境问题的社会根源、社会影响进行解释，并要提供解决海洋环境问题的社会政策，海洋环境问题研究应该成为环境社会学的重要内容。

（八）海洋"三渔"问题研究与农村社会学

虽然海洋"三渔"问题有别于陆地上的"三农"问题，但依然属于大的"三农"问题，渔业生产中面临的诸多问题、渔村社区的变迁、渔民群体的分化，既有大"三农"的一般特性，又有自己的特性，因此，海洋"三渔"问题研究完全可以借鉴农村社会学关于"三农"问题的相关研究。

（九）港口城市研究与城市社会学

港口城市因海而生、因海而兴，体现了人类海洋开发的成果。港口城市有自己的特殊性，但必然具有城市的一般特性。城市社会学关于城市产生与变迁的一般理论，可能会为我们解释港口城市的产生与变迁提供理论工具，也会为我们解剖港口城市的结构、探讨城市规划与城市管理提供帮助。

（十）海洋政策研究与社会政策

海洋社会学研究不仅要提供一种描述和解释，而且要为解决人类海洋开发过程中的社会问题提供对策，要为海洋政策的制定和完善提供建议，这也应该是海洋社会学应用社会学属性的一个具体表现。因此，海洋社会学开展海洋政策研究是极其必要的，而这种研究应该纳入社会政策（或公共政策）领域，以社会政策的相关理论和方法为指导。

第二章 海洋社会

　　人类海洋开发实践活动所产生的直接后果之一就是海洋社会的诞生。海洋社会体现的是人类海洋实践活动过程中所形成的人与人的关系，也是人类开展海洋开发实践活动所必需的，它既有一般社会的基本特征，如存在一定的社会结构、具有大量的社会组织、出现一定的社会流动和社会变迁等，同时也具有不同于其他区域性社会的特征。在海洋社会的构成要素中，最为关键的是海洋文化，海洋文化的产生与存在使得海洋社会的形成与存在成为可能并使得海洋社会得以与其他社会类型相区别。

一　海洋社会的含义与构成要素

　　在国外并没有"海洋社会"一说，在日本却有"海事社会"一词，"海洋社会"一词是国内学者提出来的。"海洋社会"还是一个全新的概念，关于它的含义、基本特征等还没有形成统一的认识，不过，相关的探讨却已经展开。

（一）海洋社会的含义

　　何谓"海洋社会"，在国内已经有几位学者进行了探讨。"海洋社会"一词最早是由杨国桢提出来并使用的，他认为："海洋社会，指在直接或间接的各种海洋活动中，人与海洋之间、人与人之间形成的各种关系的组合，包括海洋社会群体、海洋区域社会、海洋国家等不同层次的社会组织及其结构系统。"① 在另一篇论文中，他又指出："海洋社会，指向海洋用力的社会组织、行为制度、思想意识、生活方式的组合，即与海洋经济互动的社会和文化组合。海洋社会初始表现为沿海和海域专业从事海洋活动的生产、生

---

① 杨国桢：《论海洋人文社会科学的概念磨合》，《厦门大学学报（哲学社会科学版）》2000年第1期。

活群体，后米发展为民间社会的基层组织，再上升为地方性以至全国性的社会结构部分。海洋社会的行为模式与陆地社会（农业社会或游牧社会）的显著的差别，政策导向和管理方式、价值取向也不一样。海洋社会与社会经济的兴衰相适应，有不同的层次，最初只是个别海洋沿岸地区和岛屿上的生产生活群体，进而发展为一定海域的'渔村社会'、'海商社会'、'海盗社会'、'海洋移民社会'的组合，再进一步发展为面向海洋的开放型社会体系，形成'海洋区域'（以海洋发展为社会驱动力的海洋沿岸地区、岛屿和海域）和'海洋国家'（以海洋发展为国策的海洋沿岸国家或岛国）。"[①] 另外，他还将海洋社会区分为"以渔民、渔村、渔业为代表的传统海洋社会"和"以新兴高科技海洋企事业为代表的现代海洋社会"[②]。杨国桢关于海洋社会的含义与类型的探讨，为之后的相关研究奠定了一定的基础。

在上述研究的基础上，其他的学者也对海洋社会的含义进行了探讨，如庞玉珍认为海洋社会是人类源于海洋、依托海洋而形成的特殊群体，这一群体以其独特的涉海行为、生活方式形成了一个具有特殊结构的地域共同体[③]。再如张开城认为海洋社会是人类社会的重要组成部分，是基于海洋、海岸带、岛礁形成的区域性人群共同体。海洋社会是一个复杂的系统，其中包括人海关系和人海互动、涉海生产和生活实践中的人际关系和人际互动。以这种关系和互动为基础形成的包括经济结构、政治结构和思想文化结构在内的有机整体，就是海洋社会[④]。另一位学者闫臻认为海洋社会是指，处于海洋及周边地区，以海洋为主要生活资源和生活方式的，并且有着共同的文化的人类生活的共同体[⑤]。还有的学者认为海洋社会是人类基于开发、利用和保护海洋的实践活动中所形成的区域性人与人关系的总和[⑥]。上述几位学者关于海洋社会的定义，虽然侧重点有所不同，但都对海洋社会这个概念持积极肯定的态度，从他们关于海洋社会的定义中可以看出，

① 杨国桢：《关于中国海洋社会经济史的思考》，《中国社会经济史研究》1996 年第 2 期。
② 杨国桢、王鹏举：《论海洋发展的基础理论研究》，载姜旭朝主编《中国海洋经济评论》，北京：经济科学出版社，2008 年，第 59～69 页。
③ 庞玉珍：《海洋社会学：海洋问题的社会学阐释》，《中国海洋大学学报（社会科学版）》2004 年第 6 期。
④ 张开城：《应重视海洋社会学学科体系的建构》，《探索与争鸣》2007 年第 1 期。
⑤ 闫臻：《海洋社会如何可能——一种社会学的思考》，《文史博览》2006 年第 24 期。
⑥ 崔凤：《海洋社会学：社会学应用研究的一项新探索》，《自然辩证法研究》2006 年第 8 期。

海洋社会这个概念是可以成立的，同时海洋社会的存在也具有一定的现实基础。

当然，对于海洋社会这个概念，也有学者提出了不同的观点，认为"海洋社会"这个概念是否成立还需进一步商讨。如宁波就认为，就目前人类社会发展状况而言，现在提"海洋社会"条件还不成熟。社会之所以成立，至少需要具备两个要素：一是人们在其上可以形成共同生活的地域；二是人与人之间形成了个体与个体以及群体与群体的互动关系。海洋社会在这两方面都不具备。今天提海洋社会，存在种种矛盾之处，难以自圆其说，是种浪漫主义的理论畅想，值得学界继续商榷[①]。

对一个新概念的出现，有反对的声音，不但不是坏事，反而是一件好事，因为这会让研究者保持清醒的头脑，这是学术研究所必需的。那么，海洋社会这个概念是否成立呢？它有什么区别于其他区域性社会的特征呢？这些问题确实需要搞清楚。

海洋社会这个概念是否成立，回答这个问题我们可以从两个方面入手，一是看海洋社会有没有现实基础，二是从社会这个概念入手来看海洋社会具不具有一般社会的基本特征。如果海洋社会具有现实基础同时又具有一般社会的基本特征，我们就可以说海洋社会这个概念是成立的，它不是虚构的而是现实存在的。

从马克思主义的观点来看，一个"社会"的存在基础，最为关键的是人的生产实践活动，即所谓的生活资料的生产，在此基础上，再加上"人自身的生产"，即人口生产，一定的社会就会产生。沿着这个思路，我们来看海洋社会是如何形成的。

为了满足生存和发展的需要，人类开发和利用海洋的实践活动自有人类始就已出现，世界各地的考古发现均证明了这一点。人类之初虽然受限于对海洋的认识，开发和利用海洋的实践活动只能限于"渔盐之利"和"舟楫之便"，但这种实践活动从来都没有停止过。由于海洋环境相较于其他环境类型（如草原、森林、山地等）的独特性，如流动性（包括海水的流动性和海洋动植物的流动性）、广阔性（面积大得几乎没有边际）、深不可测性（深海下阳光极少，海底生物有着人类至今无法破译的生命科学密

---

① 宁波：《关于海洋社会与海洋社会学概念的讨论》，《中国海洋大学学报（社会科学版）》2008 年第 4 期。

码）、气候多变性（海洋与陆地、天空之间存在全球范围内的综合变化）等，使得人类个体活动在海洋开发和利用过程中受到极大制约，只能以群体形式和组织形式为主（在工业革命之前主要是群体形式，而工业革命之后组织形式的活动则越来越多），于是海洋社会群体（如渔民群体、海盗群体、海商群体等）和海洋社会组织（如海军、海洋产业组织、海洋行政管理组织等）相继出现并越发多样化。为了不断提高劳动生产率，需要不断地发明和创造新的劳动工具（如渔网、船舶、勘探设备等），不断提高海洋科学技术水平。随着人类海洋开发实践活动的日益频繁，为了规范人海关系和人类海洋开发实践活动中的人与人的关系，以及为了分配劳动成果，就产生了一系列的规则和制度，这些规则和制度已经从局部扩展到整个人类，如《联合国海洋法公约》《国际海上人命安全公约》《1978 年海员培训、发证和值班标准国际公约》这样的制度。在人类海洋开发实践活动过程中，群体内部、组织内部以及群体与群体之间、组织与组织之间不断进行互动，通过社会交往与互动形成了一定的社会结构和社会关系。在人类海洋开发实践活动和人们互动的过程中，又产生了海洋文化，如对海洋的认识、海神信仰等。经过这一系列的过程，海洋社会就此产生、形成并逐步获得发展。总之，自有人类始，海洋开发实践活动就已存在，且这一实践活动贯穿整个人类历史，从未停止过。自进入所谓的"海洋世纪"后，人类海洋开发实践活动更是越发频繁，重要性日趋凸显，已经成为人类所有实践活动中最为重要的部分，这已成为人们的共识。人类海洋实践活动是现实存在的，并不是虚构的，而在这种实践活动过程中所形成的社会群体、社会组织、科学技术、海洋文化以及社会互动及作为其结果的社会结构、社会关系也是现实存在的，而且是独特的，具有鲜明的海洋特色。因此，我们可以说海洋社会是存在的，因为它是伴随人类海洋开发实践活动而产生的。那么，我们如何定义海洋社会这个概念呢？这需要从社会这个概念说起。

　　在国内的社会学教科书中，关于社会的定义，大家公认的是如下说法：社会是"人类相互关系之总和"；社会是"由一定的经济基础和上层建筑构成的整体"。这是典型的马克思主义观点。按照马克思主义的观点，社会是人们相互交换的产物，是各种社会关系的总和，马克思说："社会——不管其形式如何——是什么呢？是人们交互活动的产物。"他又说："生产关系总和起来就构成所谓社会关系，构成所谓社会，并且是构成一个处于一定

29

历史发展阶段上的社会，具有独特的特征的社会。"① 而在国外的社会学教科书中，很难见到关于"什么是社会"的明确定义，即使有，也是非常简单的，如认为"社会是指人们在一个确定的地域内互动并共享一个文化"②。虽然关于"什么是社会"的明确定义不多，但多数国外社会学学者都认为无论如何去定义社会，所谓的社会都应包含以下内容：社会角色、群体与组织、社会制度、社会互动、文化等。甚至有的社会学学者将上述的内容用"社会结构"一词来概括③。关于社会的定义，虽然国内外社会学教科书并没有统一的说法，但是综合已有的相关定义，我们会发现，无论如何去定义"社会"这个概念，"社会"都是人类生产实践活动的产物，是人类交互作用或互动的结果，其本质是各种社会关系的总和，而这种社会关系总和是通过社会角色、群体和组织、社会制度等来体现的，共享一个文化是社会的本质特征。

结合上述关于"社会"这个概念的理解，我们可以对海洋社会进行如下界定：海洋社会是人类基于开发、利用和保护海洋的实践活动所形成的人与人关系的总和。这样定义的海洋社会概念，既体现了社会的一般性，如"社会是人类生产实践活动的产物"，"人与人关系的总和"，也体现了海洋社会的特殊性，即海洋特色，也就是"海洋社会是人类海洋开发实践活动的产物"，"人类海洋开发实践活动过程中所形成的群体和组织、制度和文化等共同构成了海洋社会"。

（二）海洋社会的构成要素

现实中的社会，一般由自然环境、人口和文化三个要素构成，海洋社会也不例外，也由这三个要素构成，但这三个要素不是一般意义上的，而是具体的，即海洋环境资源、涉海人口和海洋文化。

1. 海洋环境资源

海洋环境资源与其他类型的环境资源（如草原、森林、矿山、江河湖泊、高山等）相比，具有以下四个非常重要的特点。

第一，广阔性。海洋的广阔性特点不仅体现在广度上，而且体现在深

---

① 《马克思恩格斯选集》第一卷，北京：人民出版社，1995年，第345页。

② 约翰·J. 麦休尼斯：《社会学（第11版）》，风笑天等译，北京：中国人民大学出版社，2009年，第111页。

③ 戴维·波普诺：《社会学（第十一版）》，李强等译，北京：中国人民大学出版社，2007年，第107页。

度上。我们居住的地球主要由海洋和陆地组成，其中陆地面积为14900万平方公里，海洋面积为36200万平方公里，海洋面积占地表总面积的71%，海洋与陆地的面积之比约为2.5∶1。地球上的海洋是相互连通的，构成了统一的世界大洋。在地球表面是海洋包围和分割了所有的陆地，而不是陆地分割了海洋。我们平常所说的海洋其实是"海"与"洋"的一种总称，此处的海与洋并不完全是一回事，它们之间是有很大区别的。世界海洋是以大洋为主体的，地球上的大洋共有四个，即太平洋、印度洋、大西洋、北冰洋，其总面积约占海洋面积的89%。大洋的水深一般在3000米以上，最深处可达1万米。大洋离陆地遥远，不受陆地的影响。大陆边缘的水域被称为"海"，海的面积约占海洋的11%，海的水深比较浅，平均深度从几米到3000米。海临近大陆，受大陆、河流、气候和季节的影响。海洋中海水的总质量约为13×10^8亿吨，占地球上总水量的97.2%，冰占地球上所有水量的2.15%，淡水占地球所有水量的0.63%[①]。

海洋环境的广阔性特点，使得海洋在人类有限的认识面前依然保持着一定的"神秘性"，虽然随着海洋科学技术的不断发展，人类对海洋的认识、了解和利用会越来越趋向于全面与深入，但人类这个探索过程将会是非常漫长和艰难的。因此，一方面，需要人类不断地去发展创新海洋科学技术；另一方面，我们也可以看到，海洋所保持的"神秘性"对人类关于海洋的认知会产生一定的影响，于是关于海洋的神话传说以及宗教信仰等就会长期存在。

第二，资源的丰富性。海洋蕴藏着极为丰富的，人类生存和发展所需的各种各样的资源，这些资源按照自然属性可具体区分为海洋物质资源、海洋空间资源和海洋能源三大类，而每一大类又可以细分（详见表2-1)[②]。

表2-1　海洋资源分类及其利用举例

分　类			利　用　举　例
海洋物质资源	海洋非生物资源	海水资源	海水直接利用：冷却用水，盐土农业灌溉；海水养殖；海水淡化利用。
			海水中溶解物质资源	除传统的煮晒盐类外，现代技术在卤元素、金属元素（钾、镁等）和核燃料铀、锂和氘等方面已取得了很大进展。

①　朱坚真：《海洋资源经济学》，北京：经济科学出版社，2010年，第1~2页。
②　朱晓东等：《海洋资源概论》，北京：高等教育出版社，2005年，第13~14页。

续表

分类				利用举例
海洋物质资源	海洋非生物资源	海洋矿产资源	海底石油、天然气	是当前海洋最重要的矿产资源，其产量已是世界油气总产量的近1/3，而储量则是陆地的40%。
			滨海砂矿	金属和非金属砂矿，用于冶金、建材、化工、工艺等。
			海底煤矿	弥补沿海陆地煤矿的日益不足。
			大洋多金属结合和海底热液矿床	可开发利用其中的锰、镍、铜、钴、镉、锌、钒、金等多种陆地上稀缺的金属资源。
	海洋生物资源	海洋植物资源		种类繁多，常见的有海带、紫菜、裙带菜、鹿角菜、红树林等。用途广泛：食物、药物、化工原料、饲料、肥料、生态、服务功能等。
		海洋无脊椎动物资源		种类繁多，包括贝类、甲壳类、头足类及海参、海蜇等。主要作为优质食物和饲料、饵料等。
		海洋脊椎动物资源		种类繁多，主要是鱼类和海龟、海鸟和海兽等。鱼类是最主要的海洋食物。海龟、海鸟和海兽也有特殊的经济、科学、旅游和军事价值。
海洋空间资源	海岸与海岛空间资源			包括港口、海滩、潮滩、湿地等，可用于运输、工农业、城镇、旅游、科教、海洋公园等许多方面。
	海面/洋面空间资源			是国际、国内海运通道；可建设海上人工岛、海上机场、工厂和城市；提供广阔的军事试验演习场所；海上旅游和体育运动等。
	海洋水层空间资源			潜艇和其他民用水下交通工具运行空间；水层观光旅游和体育运动；人工渔场等。
	海底空间资源			海底隧道、海底居住和观光；海底通信线缆；海底运输管道；海底清废场所；海底列车；海底城市等。
海洋能源	海洋潮汐能			蕴藏在海水中的这些形式的能量均可通过技术手段，转换为电能，为人类服务。理论估算世界海洋总的能量在 40×10^{12} kW 以上，可开发利用的至少有 400×10^{8} kW；海洋能量资源是不枯竭的无污染能源。
	海洋波浪能			
	潮流/海流能			
	海水温差能			
	海水盐度差能			

丰富的资源，使得海洋成为人类生存和发展的资源宝库，特别是随着陆地上人口日益增多、资源日益枯竭等状况的出现，海洋对人类未来生存与发展的重要性就极为显著，或者我们可以断言：人类未来的生存和发展取决于对海洋开发与利用的程度。

第三，流动性。海洋科学研究已经揭示，海水并不是“死水一潭”，而是处在不断的流动中，形成了所谓的"海洋环流"。大规模相对稳定的流动，是海水重要的普遍运动形式之一，这种流动一般是三维的，即不但水平方向流动，而且在垂直方向上也存在流动①。随着海水的流动，海洋中的一些资源，尤其是海洋生物资源，也会发生大范围大规模的流动。

海洋的流动性特点，会对人类海洋开发方式产生最为直接的影响，如海洋捕捞就要逐"鱼"而行；同时，也会对基于国家或行政区划的海洋管理带来一定的挑战。

第四，系统性。流动的海水使整个海洋形成一个连续的整体，在这个整体中，生活其中的海洋生物与周围环境相互依存、相互作用，共同构成一个复杂多变的系统——海洋生态系统。海洋生态系统是指一定时间和空间范围内，海洋生物（一个或多个生物群落）与海洋非生物环境通过能量流动和物质循环所形成的一个相互联系、相互作用并具有自动调节机制的自然整体②。也就是说，构成海洋的各个要素（包括生物要素与非生物要素）之间是相互关联的，任何一个要素的变化都会引起其他要素的变化，从而使得整个海洋发生改变。

另外，海洋还是地球上最基础、最重要的生态服务系统，是地球生态系统中必不可少的部分。海洋不仅是碳的终极循环者，具有最重要的碳循环功能，还是影响地球气候变化的最重要的因素，对维持地球生物多样性具有决定性作用。据有的研究者测算，海洋每年可从大气层吸收 CO_2 并释放出的 O_2 大约相当于每年吸收全球 CO_2 排放量的30%～40%。海洋表层的微生物（浮游植物）通过光合作用，一年可从大气中吸收100亿万吨 CO_2，并且释放出45亿吨 O_2。简言之，没有海洋的生命支持功能，地球上的生命就不可能存在③。

海洋的系统性特点，要求我们必须从整体上来看海洋，务必将海洋作为一个系统来开发、利用、保护和管理，因此基于生态系统的综合海洋管理就是必需的。

2. 涉海人口

涉海人口可以分为两个部分，一是直接从事海洋开发实践活动的人口，如

① 冯士筰等：《海洋科学导论》，北京：高等教育出版社，1999年，第144页。
② 王琪等：《海洋管理：从理念到制度》，北京：海洋出版社，2007年，第2页。
③ 马可·科拉正格瑞：《海洋经济——海洋资源与海洋开发》，高健等译，上海：上海财经大学出版社，2011年，第1页。

渔民、海商、海盗、船员、海洋科学技术人员等；二是生活在沿海地区的人口，这部分人口可能不直接从事海洋开发实践活动，但深受海洋实践活动的影响。

仅以中国为例，随着海洋事业的发展，涉海就业人口就呈逐年增加的趋势（见表2－2）。

表2－2　中国涉海就业人数（2006～2011）①

（单位：万人）

年份	人数	比上一年度增加人数
2006	2960	180
2007	3151	191
2008	3218	67
2009	3270	52
2010	3350	80
2011	3420	70

据有关报道，1995年世界上距海洋100千米以内的地区，大约集中了全世界60%以上的人口。据专家预计，到2005年，沿海地区将集中全世界75%的人口②。

在中国，虽然距海洋100千米以内的地区人口占全国人口的比例没有达到全世界平均水平，但沿海地区（具体指拥有海岸线的沿海区、市、县）人口密度却要明显高于非沿海地区（见表2－3）。

表2－3　沿海区、市、县人口情况③

（单位：万人）

年份	年末总人口
2000	9927.39
2001	9874.46

① 《中国海洋经济统计公报》自2006年起开始有涉海人口数据，表2－2是根据2006～2011年《中国海洋经济统计公报》整理而成。

② 王庆跃：《走向海洋世纪　海洋科学技术》，珠海：珠海出版社，2002年，第265页。由于没有查到最新的数据资料，因此，关于全世界沿海地区人口情况的数据暂用上述文献中的数据。

③ 《中国海洋统计年鉴》对沿海区、市、县人口情况的统计，2000～2003年统计了11个省、自治区、直辖市的137个左右的沿海区、市、县的情况，2004年统计了11个省、自治区、直辖市的160个区、市、县的情况，自2005年起统计了10个省、自治区、直辖市的121个区、市、县的人口情况。

续表

年份	年末总人口
2002	9361.31
2003	9684.80
2004	12064.22
2005	8066.18
2006	8594.66
2007	8647.19
2008	8610.26
2009	8527.62

从发展趋势上来看，由于海洋开发带动了沿海地区的经济增长，沿海地区的经济较为发达，从而有大量的就业机会，再加上沿海地区气候宜人，较适合人类居住，因此，在世界范围内出现了人口"趋海"现象，即大量人口向沿海地区迁移，沿海地区已经成为人类生产与生活的主要地域。

3. 海洋文化

从前文关于社会概念的论述中，我们深知，社会是否真实存在，一个关键因素是是否形成了人们能够共享的文化，对海洋社会而言同样如此。

大量考古发现和田野调查均证明，自有人类海洋开发实践活动始，广义的海洋文化就已产生，如物质形态的海船、渔网、灯塔、码头等和非物质形态的海洋观、海洋神话、海洋信仰、海洋科学与技术等。这些文化均是人类在海洋开发实践过程中创造的，是伴随人类海洋开发实践活动产生和发展的，是人类海洋开发实践活动的直接成果。关于海洋文化的具体情况我们将在第三章进行专门论述。

二 海洋社会的特征

作为一种区域性社会，海洋社会必然具有一些区别于其他区域性社会的特征。对此，有的学者已经做了一些探索性的研究。如庞玉珍认为海洋社会具有以下一些特征：现代化程度普遍高、城市化进程快、开放程度高[①]。沈佳

---

① 庞玉珍：《海洋社会学：海洋问题的社会学阐释》，《中国海洋大学学报（社会科学版）》2004年第6期。

强认为海洋社会的特征包括：在内质结构上，具有涉海性；在表现形式上，具有复杂性；在历史发展上，具有变动性；在空间结构上，具有开放性①。上述研究在一定程度上指出了海洋社会所具有的一些特征，但缺乏一种比较的视角。

与农耕社会、游牧社会等区域性社会相比，海洋社会具有自己的特征。

第一，海洋社会是以丰富的海洋资源为物质基础的。特色鲜明的区域性社会，都是以特定的资源为支撑的，如农耕社会是以土地资源为支撑的，游牧社会是以草原资源为支撑的，同样，海洋社会是以海洋资源为支撑的。如表2-1所示，海洋拥有非常丰富的资源，无论是海洋物质资源、海洋空间资源，还是海洋能源，都是人类生存和发展所必需的，特别是在人口日益增多、陆地资源日益枯竭的今天，丰富的海洋资源对人类生存和发展来讲，就更为重要。在一定程度上，可以说海洋资源决定着人类未来的生存和发展。

丰富的海洋资源是海洋社会赖以产生和存在的物质基础，或者说，如果海洋不是资源或不能成为一种资源，海洋社会是不可能产生和存在的。海洋社会是典型的资源型区域社会，"靠海吃海"是海洋社会的形象写照，这就像草原社会一样，如果没有草原这种自然资源，就不会有放牧这种社会生产活动，就不会有牧民，也就不会有所谓的草原社会。

第二，海洋社会是以海洋资源开发、利用与保护为主要生产活动方式的。只有自然资源，而没有针对这种资源的人类生产实践活动，是不可能产生区域性社会的。同样，只有海洋资源，而没有相应的海洋开发、利用和保护等人类生产实践活动，海洋社会是不可能产生和持续存在的。在海洋社会中，最主要的生产活动是海洋资源开发、利用和保护活动，正是为了开展海洋资源生产实践活动，相关人群才逐步聚成海洋社会群体、产生海洋社会组织，形成了海洋开发实践的相应社会规范，并在海洋生产生活的实践过程中孕育出特定的海洋文化。

在渔捞技能较为落后的时代里，渔民们为了获得足够的渔业资源，不得不合作开展渔业捕捞，形成有着一定分工、彼此关系密切的小群体。渔民的婚姻家庭这一社会初级群体通常是在十分明确的分工中形成的。渔民

---

① 沈佳强：《海洋社会哲学的构建条件与研究范式》，《中共天津市委党校学报》2013年第2期。

家庭中，女性通常不参与出海捕鱼，因为这样做被认为会给出海捕鱼的生产活动带来厄运。这种家庭分工也会相应地赋予渔民家庭以区别于农民等其他家庭的特色，例如，生活在琉球群岛的糸满渔民群体，男性几乎只从事打鱼行业，而女性则长期负责打鱼前的各种准备，以及对捕捞到的海产品进行搬运、贩卖等工作，逐渐形成了糸满渔民家庭中"夫妻别财制"，亦即夫妻双方收入分开的家庭特色①。家庭如此，其他小群体的形成也是基于相对简易的海洋资源生产实践活动进行的分工。在海盗群体中，通常来说，海盗船长和部下之间也要遵循一定的契约、习惯和仪式，形成海盗共同体②，之所以如此，是为了在来往商船频繁的航道上准确、有效地劫持船舶，掠夺财富。

海洋社会组织更是明确地将特定海洋资源的开发、利用和保护活动作为组织目标，并以此来设定组织的活动，建立组织的结构，吸收组织的成员。美国太平洋舰队所确立的航行海域、舰队构成、打击目标、人员培训无一不指向通过军事手段来维护美国在太平洋海域的国家利益。海上勘探组织常常以石油公司的形象出现，公司的章程制定、人员培训、技术开发、系统运作无一不是为了更多、更有效、更安全、更持久地获取海底石油资源。近现代以来，随着国际贸易活动的不断繁荣，各国海运公司都呈现日益巨大化的趋势，吨位越发庞大的商船、技术日新月异的航行设备、越来越严格规范的船员培训体系、油轮等能源运输船舶上更趋严密的安全预警系统都只为了使货物及旅客的海上运输变得更快捷、安全、高效、准时，而这一切只有以公司等高度系统化、规模化的组织形式才能做到。

第三，海洋社会是以海洋经济为主体的。海洋社会以海洋资源开发、利用与保护为主要生产活动方式的特性决定了海洋社会的另一个重要特点，即海洋社会各个层面的实践活动都是围绕海洋经济这一主体产生、形成和发展起来的。不仅在海洋开发实践生产生活层面的活动上以海洋经济为主体，而且在社会组织层面、社会制度层面、社会文化层面上产生的实践活动也都是以海洋经济为主体展开的。海洋社会组织是为获取特定海洋开发实践活动利益的目标而形成的特定组织，因此必然要确立海洋经济为组织

---

① 坂冈庸子：《糸满渔民妇女的家庭生活》，载中循兴主编《日本海洋民综合研究》上卷，福冈：九州大学出版会，1987 年，第 213 页。

② Philippe Jacquin：《海盗历史》，后藤淳一、及川美枝译，大阪：创元社，2003 年，第 124 页。

活动的主体。海洋产业组织从事的是开发利用和保护海洋的生产和服务活动，以海洋经济为活动主体的特性不言自明。海洋行政管理组织为维护特定海上秩序而生，组织活动的目的很显然是为了使海洋经济的相关实践活动开展得更为高效、有序、协调及可持续。海洋科教组织致力于海洋领域科学规律的研究以及海洋领域相关人才的培养教育，组织活动的目的显然指向海洋经济的效率化、长期化、规模化、系统化以及规范化。海洋相关的国际组织，无论政府组织还是非政府组织，都是为了在世界范围内确立更为和谐、有序的海洋经济的国际秩序，化解各国及地区在海洋经济活动中产生的纠纷和矛盾，促进国际海洋经济活动的互补及合作。

同样，无论是《联合国海洋法公约》等国与国之间正式缔结的国际公约，还是国际贸易的实践活动中形成的实务性规则，抑或是一国政府规定的用以调整渔民出海的休渔期政策，都是为规范国际、国内各个层面上的海洋经济活动。

在人类的海洋开发实践活动中，海洋文化得以形成并发展，而海洋文化的相关实践活动同样离不开海洋经济这一主题。无论是海洋文化中的物质文化还是非物质文化，都紧密围绕着海洋经济展开。渔民们拜祭海神庙宇是为了祈祷出海平安、渔获丰收等，为了海上经济活动能顺利平安开展。无论是希腊神话中奥德修斯的英雄故事，还是阿拉伯传说中的辛巴达航海奇迹，都是围绕如何征服大海、获得财富的主题展开的。同样，无论是大航海时代船长们驾驶帆船的精湛技艺，还是今天海洋勘探船在探索海底世界过程中展现的高科技，在文化意义上，都是人类征服海洋、获得海洋经济利益"宏伟业绩"的里程碑。

第四，海洋社会的现代化程度、城市化程度和全球化程度普遍较高。基于人类海洋开发实践活动所形成的海洋社会群体、海洋社会组织总是处于海岛、港口、沿海区域等与海洋较为接近的空间中，相比内陆地区及非沿海地区，总是更容易接触到来自海外的经济、文化等相关信息。在华夏文化处于较早阶段的先秦时期，东夷文化这一我国东部沿海的区域文化却已迎来自己的兴盛时期，并与华夏文化互相影响，成为中华古代文明的重要源泉之一①。对西方文明追根溯源可知，古罗马文明、古希腊文明、古埃及文明、两河文明等，无一不是位于地中海沿海地区，正是这些空间上最

---

① 周光华：《东夷齐文化与华夏文化的融合发展》，《管子学刊》2005年第1期。

接近海洋的区域社会，成就了现代西方文明的源头。

中世纪时代，我国的国力虽然远高于当时的东瀛日本，但我国东南沿海和日本濑户内海沿岸，却显然已在繁荣程度上分别高过了其周边的非沿海地区。时代逐步进入近现代，无论是最早开始海外殖民的西班牙和葡萄牙，还是一度垄断欧洲海上贸易的"海上马车夫"荷兰，以及后来成为"日不落帝国"，引领世界工业革命的大英帝国，都与海洋有着密不可分的联系。西班牙和葡萄牙位于伊比利亚半岛，英国是个海岛国家，而荷兰则全境处于海边低地，全国四分之一的国土低于海平面，这些离开海洋几乎无法生存的国家反而成了引领现代化浪潮的"先驱"。

到了现代，海洋已俨然成为现代化发展的区位优势。发达国家几乎无一例外的都是拥有绵长海岸线的国家、沿海国家甚至海岛国家。我国改革开放以来，先富裕起来，享受现代化发展所带来的更多舒适、便利、快捷的显然是东部沿海地区；位于东部沿海地区的城市更是迎来了前所未有的城市化发展进程，目前中国社会的城乡二元结构及由此引发的社会问题也可以从一个侧面帮助我们了解我国城市化进程的速度、力度及规模。全球化时代的到来，更是推动世界各地的人们纷纷趋海而动，沿海而居，进而逐利海洋、经略海洋、索取海洋、保护海洋。

第五，海洋社会是海陆一体化的。海洋社会并非独立于陆地之外的单独存在，相反，由于海洋社会是基于人类海洋开发实践活动而形成的区域性社会，因此海洋社会与人类长期生存、生活的陆地空间有着必然的联系。海洋社会随处可见陆地社会的影子。

首先，早期的人类海洋开发实践活动与陆地有着密切的联系。渔民长年出海捕鱼，但无论追逐鱼群航行多远，总要回到自己所居住的位于陆地上的渔村村落。我国的疍民和日本的漂海民终年以船为家，漂泊海上，属于较纯粹的船上社会群体，但即便如此，他们依然需要上岸，用海产品和陆上居民换取淡水、粮食、薪柴和蔬菜①，足见纵然海中生存技能优越如海民一族，也无法仅仅依靠海产品所提供的营养长期生存。运输货物的海员长期行船海上，可无论行船多远，海上生活一次性持续多久，目的地总是指向海洋彼岸的陆地，期待着将货物平安送至目的港后，换取港口所在地

---

① 宋宁而：《社会变迁：日本漂海民的研究视角》，《中国海洋大学学报（社会科学版）》2013年第1期。

及其经济腹地的其他商品。

其次，人类的海洋开发实践活动发展到一定阶段，所获得的海洋利益明显增加，整个沿海区域社会也逐渐被纳入海洋社会的范畴。古代地中海地区繁荣的海上商贸往来催生了热那亚、威尼斯等多个"海洋城邦"，在那里，整个城市的所有生活需求全部来自海上贸易，几乎无人从事任何农业生产①。再如南宋时期的我国，不仅不是通常所认为的"偏安江南"的颓废弱国，而且还是真正意义上的世界第一海洋强国，当时的海洋产业以其丰沛的生命力带动了社会的大发展，大量劳动力涌向非农业领域，沿海区域社会成了那些堪称"中国海上马车夫"的南宋子民的乐园②。

最后，近现代以来，伴随着工业革命、科技革命，人类海洋开发能力有了根本性的提升，世界各国经济对海洋利益的依赖程度也日益加深，海洋社会的海陆一体化进程也在不断推进。从山东半岛蓝色经济区等国家级战略规划的思路来看，我国的政策制定者显然已经意识到，蓝色经济的发展不能只依靠山东半岛某些特定的沿海城市及地区，而应将整个山东半岛纳入海洋社会的范畴，实施真正意义上的海陆一体化规划。

第六，海洋社会形成了具有鲜明海洋特色的文化体系。海洋文化，无论物质文化还是非物质文化，都是在人类海洋开发实践的过程中被创造出来的。海洋文化的产生过程可大致概括如下：在涉海的区域社会中，人们形成特定的生产、生活的活动方式，并由此形成特定的社会组织、社会规范，进而在此基础上创造出特定的民俗、礼仪、信仰、建筑和艺术等各种形态的海洋文化。海洋文化的产生过程决定了海洋文化只能是人类海洋开发活动的直接成果，海洋社会的文化体系也因此具有了十分鲜明的海洋特色。

区域社会的文化体系必然不能脱离一定的时空，海洋社会的文化体系也必然是特定区域和特定时代的产物。祭海仪式为我们展现出一系列集中、典型、相互联系紧密的海洋文化元素，包括作为物质形态文化的海神祭品、祭祀海船、祭祀服饰等，以及作为非物质形态文化的祭祀音乐、海神祭文、祭祀舞蹈、祭祀仪程等。这些看似眼花缭乱的海洋文化元素实际上都与特

---

① 白海军：《海上角逐》，北京：中国友谊出版公司，2007年，第67～69页。
② 司徒尚纪、许路、钟言：《海底沉船　复原中国"大航海时代"》，《中国国家地理》2010年第10期。

定时空有着密切联系。海神祭品和祭祀海船是对当地海产品和生产工具的直接呈现，祭祀服饰、音乐、舞蹈等则是对当地渔村海洋生产实践活动的凝练和提升，祭祀的时间和程序能反映出开渔、拉网、上杠等特定时期的渔捞活动形式，祭海仪式中的所有海洋文化元素在功能上彼此依存和互补，共同构成了立足于特定空间的，作为有机整体的祭海文化。并且，这样的功能整合也在随着时代、社会的变迁而发生演变，祭海文化这一特定区域中的文化体系必然是从立足于特定时空的海洋开发实践活动中产生的，具有鲜明海洋特色的文化体系。

第七，海洋社会具有一定的建构性。海洋社会与陆地社会的界限是不明确的，但又确实存在，不过，作为一个概念，海洋社会是人为建构出来的。海洋社会是基于人类开发、利用和保护海洋的实践活动所形成的，而人类的海洋生产生活实践活动却一直与陆地有着密切的联系。

人类所从事的海洋开发实践活动在空间上是与陆地社会的生产空间交叉、重叠、紧密连接的。在"渔盐之利"和"舟楫之便"等早期海洋开发的生产活动中，晾晒海盐、伐木造船以及海产品交易等活动都离不开陆地空间，需要与从事陆上生产活动的相关群体进行密切互动。晒盐需要陆上平地，伐木造船离不开林区及从事伐木活动的相关群体，从事海产品交易的主要目的是交换生存所需的农作物。海洋社会在人类海洋开发实践活动的早期只能是陆地社会的依附性存在。

海上贸易的兴盛使得许多港口城市成为商贸繁荣的海事社会，也使得在港口城市空间中从事海商交易活动的群体成了海商群体。即使如中世纪的威尼斯一般，城中居民全体从事海商活动，但贸易的本质总是交换，陆地社会的相关群体在这项活动中同样不可或缺，更何况港口城市的交易行为本身就是一种陆地社会活动。人类海洋开发实践活动能力的提升和空间的拓展并没有让海洋社会远离陆地社会，反而使得两者有了更多的接触面。

全球化时代，人类海洋开发实践活动的范围大幅度拓展了。远洋商船和渔船可以为运输货物和渔捞活动而长时间远离陆地；海底资源勘探活动的工作平台可以孤悬于茫茫大洋之中，利用遥感技术直接从上空对海底的油气资源进行探测；从事海洋生命科学的科研人员将目光投向不见阳光的深海海底，探索未知海洋世界的奥秘。这些活动看似与陆地社会渐行渐远，实则相反，远洋渔业和商船业的繁荣正是由于越来越多的陆地社会中的人们开始需要海产品，需要交换海外商品；海底能源勘探活动的开展正是由于世界各国社会生活对能源越发深重的依赖；海洋生命科学的探索正是要通过破解海底世界的生命密码来提升人类整体的健康福利。全球化时代正在促使陆地社会与海洋社会的接触更趋全面、系统、深入、广泛。

我国是拥有五千年农耕文明的大国，但在 21 世纪走过 10 多年的今天，"海洋强国"已上升为国家战略，对今天的中国而言，海洋社会不再局限于舟山群岛这样的海岛区域，也不再仅仅意味着沿海地区，海洋开发实践活动所指向的利益已牵涉代表全国各种利益集团的更多的社会群体和组织，以及这些群体与组织所活动的更广泛的区域，海洋社会与陆地社会的界限又一次发生推移。

因此，海洋社会是存在的，但海洋社会产生至今都是与陆地社会相互交融、紧密联系的，虽然海洋社会与陆地社会互动接触的领域、环节、方式、规模和频度等在随着人类海洋开发实践能力的提升而不断变化，但两者的边界却很难真正泾渭分明。只是，这并不意味着海洋社会不存在，相反，从人类开发、利用和保护海洋的实践活动的变迁过程中，我们可以清晰地看到海洋社会的发展历程。海洋社会是确实存在的，只是需要我们以人类海洋开发实践活动为视角，来进行建构和把握。

三　海洋社会的层次

海洋社会在人类海洋开发实践活动的过程中逐渐形成，并不断发展变化至今。在当今全球化时代中，海洋社会可以从以下几个层次上加以把握。

第一，海洋渔村社区。海洋渔村社区形成于人类海洋开发实践活动的较早时期，是较低层次上的海洋社会。人们在渔村里从事海洋生物资源的捕捞、养殖等海洋开发的生产实践活动，并基于这样的生产活动形成了特定的生活形态，进而建立起有别于陆地社会的渔村社会组织、社会规范，形成了特定的海洋信仰、海洋民俗和海洋文化。根据资源的差异，海洋渔村社区大致可分为城郊渔村、远离城镇的海边渔村、海岛渔村等类型①。随着工业化、城市化和市场化的进程，海洋渔村社区也处在变迁过程中。这一层面的海洋社会在全球化时代中值得持续关注。

---

① 唐国建：《海洋渔村的"终结"：海洋开发、资源再配置与渔村的变迁》，北京：海洋出版社，2012 年，第 15 页。

第二，沿海城镇。沿海地区以非农业活动为主的人口集中点所形成的沿海城镇，是又一个层面上的海洋社会。沿海城镇中的社会群体要同时面对海洋和陆地两种环境，所从事的生产活动也不完全是海洋开发实践活动，所形成的文化相比海洋渔村社区更趋复杂多元，是海洋文化与陆地文化的结合体。相比海洋渔村社区，沿海城镇的海洋社会与陆地社会有着更紧密、更广泛的联系，受到陆地社会生产、生活及文化的更多作用，同时也对陆地社会的各方面造成更多的影响。

第三，区域海洋社会。区域海洋社会是海洋社会群体聚集的地域，包括沿海城市、岛屿、渔村和从事海洋经济的海域等①。区域海洋社会是一个比海洋渔村、沿海城镇更广泛的概念，是另一层次上的海洋社会，并且往往与行政区划相关。山东半岛是一个包括我国山东全部海域和青岛、东营、烟台、潍坊、威海、日照等多个沿海城市及相连地区在内的区域海洋社会，这一区域海洋社会在范围上与山东半岛蓝色经济区的行政区划范围十分接近。舟山群岛是我国浙江东海水域内的一个由群岛及其所在海域共同构成的区域海洋社会，2011 年这一区域海洋社会被国务院正式批准设立为浙江舟山群岛新区。

第四，海洋国家。海洋国家一般指海洋沿岸国家、海洋岛屿国家或与海洋关联密切的国家。海洋国家是一个与大陆国家相对应的地理学概念，但这两个概念并不对立，拥有海岸线的大陆国家也是海洋国家；拥有足够广阔土地的海岛国家也是大陆国家。近年来，日本学界曾试图通过将日本定位为"海洋国家"，以期得出日本与"大陆国家"属性不同的结论，但这一所谓"海洋国家论"本质上只是为国际政治服务的工具，并不是这里所指的作为海洋社会一个特定层面的海洋国家。海洋社会学所关注的作为海洋社会一个层面的海洋国家是与人类海洋开发实践活动有着密切联系的国家，海洋国家是人类海洋开发实践活动所形成的社会关系的一个必不可少的关注层面。

第五，跨国家的海洋社会。在全球化的时代里，对海洋社会的关注不应停留在海洋国家的层面，还应以更广阔的视野，关注由环特定海域的各国共同组成的跨国家的海洋社会。这一层面上的海洋社会超越了国家范畴，

43

---

① 庞玉珍、蔡勤禹：《关于海洋社会学理论建构几个问题的探讨》，《山东社会科学》2006 年第 10 期。

是特定区域中的若干涉海国家共同形成的整体性海洋社会。近年来，日本学界以"海洋亚洲"为主题的相关论著①就是对这一层面上的海洋社会加以审视的成果，虽然关于"海洋亚洲"的主张总体上看都没有脱离"海洋国家"与"大陆国家"对抗的思维局限，但将亚洲地区与海洋相关联的国家作为海洋社会的整体来加以考察的视角却为我们提供了一个研究海洋社会的新层面。

四 海洋社会变迁

人类海洋开发实践活动在促进海洋社会经济增长的同时，也给社会变迁带来了巨大影响。人类海洋开发实践活动的过程与成果是如何影响海洋社会发生变迁的，是一个值得研究的社会学问题。

社会变迁有广义与狭义之别，广义的社会变迁指一切社会现象的变化；狭义的社会变迁指社会结构的重大变化，表示社会结构发生变化的动态过程及其结果②。其实，在社会学界，关于社会变迁的定义是多样化的，正如什托姆普卡在《社会变迁的社会学》一书中总结的："社会变迁是指社会组织和思想及行为模式随时间推移而发生的转变；社会变迁是指个人、群体、组织、文化和社会之间的关系随时间推移而发生的变化；社会变迁是指社会组织方式上发生的改变或转变；社会变迁是指行为模式、社会关系、社会制度和社会结构随时间推移而发生的变化。"③ 不过，许多社会学家都把社会变迁视为社会结构中的变迁，或是社会结构的改变，正如莫里斯·金斯伯格所说："我理解的社会变迁是社会结构中的变迁，例如，社会规模，其组成，或其中各部分的平衡，或是其组织的类型。这样变迁的例子有家庭规模的缩小……随着城市的兴起土地经济的衰落，从'庄园'向社会阶

---

① 这一方面较具代表性的研究成果包括：《海洋亚洲与日本的将来：续·文明论的现在》（入江隆则，东京：玉川大学出版部，2004 年）、《资本主义从海洋亚洲开始》（川胜平太，东京：日本经济新闻出版社，2012 年）、《海洋亚洲的日出之国》（西村真悟，东京：展转社，2000 年）等。

② 郑杭生主编《社会学概论新修（精编版）》，北京：中国人民大学出版社，2009 年，第 245 页。

③ 彼得·什托姆普卡：《社会变迁的社会学》，林聚任等译，北京：北京大学出版社，2011 年，第 6～7 页。

层的转变……"① 海洋社会的变迁是在人类海洋开发、利用和保护的实践活动中形成的社会所发生的变迁，这一社会的变迁也符合社会变迁的一般规律。在这里，海洋社会变迁主要指海洋社会结构发生的变化，涉及海洋社会的人口结构、产业结构、就业结构、城乡结构等领域，主要关注人类海洋开发实践活动的发展是如何影响海洋社会结构相应发生变化的。

第一，人类海洋开发实践活动发展带来的海洋社会的产业化。海洋产业是人类在海洋资源开发利用过程中发展起来的产业，与陆地产业相对应，是指开发、利用和保护海洋所进行的生产和服务活动，主要表现在以下五个方面：世界从海洋中获取产品的生产和服务活动；直接从海洋获取的产品的一次加工生产和服务活动；直接应用于海洋和海洋开发活动的产品生产和服务活动；利用海水或海洋空间作为生产过程的基本要素所进行的生产和服务活动；海洋科学研究、教育、管理和服务活动。

海洋开发与陆地经济活动相比，属于新兴领域。除传统的海洋捕捞渔业、海洋盐业和海洋交通运输业之外，由于现代科学技术的发展，人类认识海洋、开发海洋的能力不断提高，开发海洋的范围不断扩大。人类"发现新资源、开发新领域"的经济探索活动，使得传统产业的内涵得到不断扩展，而且不断涌现出一系列新兴的海洋产业，如海水增养殖业、海洋油气开采业、海洋娱乐和旅游业等。还有一些正在产业化过程中的海洋经济开发活动，如海水淡化和海水综合利用、海洋能利用、海洋药物开发、海洋空间新型利用、深海采矿等。此外，随着海洋高新技术的不断进步，人类对海洋的开发、利用和保护活动将不断深入和扩大，海洋信息服务、海洋环保等将会成为新的产业②。

海洋产业在带来本产业产值迅速增长的同时，也给地区经济注入了新的活力，海洋经济在沿海城市经济发展中起到重大作用，海洋经济各产业的发展推动海洋经济，进而推动地区整体经济的发展。我国沿海城市的发展历程告诉我们，沿海城市的地区产业发展受海洋产业作用明显。海洋是沿海城市的地缘特色和得天独厚的优势宝库，海洋产业对沿海地区经济和社会发展具有积极的影响和十分重要的意义。

第二，人类海洋开发实践活动发展带来的海洋社会的经济现代化。海

45

---

① 史蒂文·瓦戈：《社会变迁》，王晓黎等译，北京：北京大学出版社，2007年，第6~7页。
② 中华人民共和国国家标准：海洋及相关产业分类 GB/T 20794-2006。

洋是生命的源泉，资源的宝库，全球的大通道，是人类生存和发展最后的空间，开发利用海洋资源，大力发展海洋经济已成为关系到沿海各国发展和强盛的战略因素。"二战"后，随着人类所面临的人口、资源与环境问题越来越突出，人们加快了对海洋开发和利用的步伐，许多国家已经把发展海洋经济作为强国富民的战略目标。"二战"前的海洋经济活动仅仅局限于海运贸易、海洋捕捞和海盐生产等几个传统产业，20世纪60年代以来，随着沿海国家对海洋领土权益的维护，特别是现代化高新技术的迅速发展，遥感技术、激光技术、声学技术、电子技术、生物技术、深潜技术等越来越多地被应用到海洋开发的过程中，这使得大范围、大规模的海洋资源开发和利用成为可能。世界沿海国家纷纷把目光投向海洋，向海洋要资源，向海洋要财富，大大推动了传统海洋产业的技术改造，促进了新兴海洋产业的形成和发展，使海洋开发逐步贯穿于以海洋及海洋资源为对象的社会生产、交换、分配和消费的全过程。于是，相对陆地经济而言，海洋经济迅速崛起，海洋经济发展成为一个独立的经济体系，并在世界经济中发挥着越来越重要的作用①。

放眼全球，"向海而兴，开海而盛，背海而衰"已成为不可否认的规律，从一些发达海洋国家和地区发展的经验来看，海洋对这些国家和社会发展的贡献率已大幅度提高。进入21世纪，海洋经济在我国国民经济中的地位也日益提高，对促进沿海地区经济总量的增长有着举足轻重的作用，对国民经济和社会发展的支撑作用也越来越明显，已经成为沿海地区的海洋社会经济现代化发展的新增长极。翻开人类开发海洋的历史画卷，可以清晰地看到海洋经济的发展足迹，随着海洋经济的分量越来越重，海洋经济处于对外开放的前沿，海洋经济的发展有利于促进沿海地区经济结构深度调整，带动传统产业改造升级，推进沿海地区经济增长方式的转变，加快沿海地区经济现代化进程。依托海洋经济可维持沿海地区外向型经济格局，提高沿海地区的经济利益，同时辐射内陆腹地经济，进而推动整个国民经济的健康、稳定发展，在全球意义上打破各国经济的壁垒，使中国融入世界经济一体化的格局中。

第三，人类海洋开发实践活动带来的海洋社会的城市化。实现城市化

---

① 王诗成：《龙，将从海上腾飞——21世纪海洋战略构想》，青岛：青岛海洋大学出版社，1997年，第32页。

是世界各国经济社会发展的重要战略之一。随着 21 世纪的到来，许多沿海国家和地区海洋开发的速度加快、程度加强，因此海洋产业多呈现迅猛发展的势头，成为新的经济增长点。我国改革开放以来经济建设取得了巨大成就，经济社会产生了翻天覆地的变化，城市化也随之取得了很大进步，已成为国民经济发展的重要推动力。

由于交通便利，经济基础良好等原因，沿海城市得到了较快的发展。人类的海洋开发实践活动促进了沿海城市的发展，加快了城市化进程。我国东部沿海地区在历史上就形成了数量众多的中小城镇，改革开放以后，更是出现了大量人口不断向东部沿海地区的聚集，一些具备区位优势和经济实力较强的大城市和超大城市形成集合，聚集于城市的其他功能，对周围城市的影响力不断增大，与周边地区的发展走向融合。

从人类海洋开发实践活动发展与就业的关系来看，沿海地区的海洋社会是海洋产业发展的空间基地，这种区位优势本身就对劳动力构成了一个强大的吸引磁场，成为吸引劳动力的内在动力。

海洋产业的发展以沿海地区作为最主要依托空间，人口必然向沿海地区的海洋社会集聚，并且沿海地区的经济、社会发展程度越高，这一集聚趋势就表现得越为明显。因此，将人类海洋开发实践活动的发展与人口趋海迁移联系起来进行研究和分析是十分必要的。人口趋海迁移是人口的一种迁移类型，人口迁移是涉及自然、社会、经济和技术等各方面的复杂社会现象，对人口迁移的定义虽然因研究角度不同而有所不同，但几乎所有定义都强调人口迁移的空间属性，即人口发生了空间位置移动。人口趋海迁移指的是随着海洋世纪的到来，沿海地区的海洋社会在海洋开发实践与海洋经济发展方面取得了重大发展，也正因受沿海地区独特优越的地理位置与气候环境，以及先进发达的科技生产力的影响，人口才由内陆流向沿海地区。

人口的迁移流动率与城市化发展有着密切关系，人口的集中带来城市化的发展，城市化的发展反过来又促进经济社会的进步。沿海城市依靠海洋开发政策及法律法规的正确指导，大力加强沿海城市的海洋开发，使得自身有利的地理环境优势得以加强，进一步改善了沿海城市的自然环境、人文环境和经济社会环境，吸引大量人口到沿海城市工作、学习或定居。因此，人类海洋开发实践对于沿海城市等海洋社会的城市化变迁起到了积极促进的作用。

第四，人类海洋开发实践活动带来海洋社会的全球化。全球化对于当今世界，就如空气之于人类一般，已经成为任何国家和地区都无法脱离的存在。海洋社会作为对外开放的窗口，必然处在全球化浪潮的风口浪尖上。而沿海城市之所以在全球化的过程中处于领先地位，很大程度上就是依赖沿海城市海洋开发实践活动的发展。

海洋开发实践活动对海洋社会全球化的影响主要包括以下几方面：其一，提升区位优势，海洋开发实践活动的发展使得沿海城市等海洋社会的有利地理环境优势得以加强，进一步优化了这些地区的自然环境和人文环境；其二，经济共进，海洋开发实践活动的发展为海洋社会创造的开放氛围、完善的基础设施建设、良好的经济基础等有利投资环境使海洋社会在参与全球化的过程中具备了更强的竞争力和吸引力；其三，人口流动，海洋开发实践活动发展在一定程度上带动了沿海地区和国际间的人员流动，并吸引了大量外籍人口到沿海地区旅游观光甚至定居；其四，文化教育事业的对话和资源共享，在对外交流上，沿海地区海洋开发实践活动的发展在文化教育事业上也扮演着重要的角色，国际友好城市的建立，高校间的合作办学交流，都使国际间的学术资源得以充分共享，消除了由文化差异所带来的种种隔阂；其五，政府间的信任提升，由于海洋本身的公有性，加之经济、咨询和生态等各方面的全球化，海洋开发实践活动的发展在今天已不可能是一国沿海地区的单独行为，这种关涉他国的活动完全依靠民间外交毕竟能力范围有限，因此必然推动国家政府或地方政府致力于双方政治互信的提升。

由此可见，海洋开发实践活动的发展与沿海地区等海洋社会的全球化之间关系复杂密切。理解海洋开发实践活动的发展与海洋社会全球化之间的相互关系、相互影响，对于我们正确认识海洋社会的地位，正确制定海洋发展政策，正确处理人类社会群体与自然群落之间的关系等，都将具有极为重要的作用。

第五，人类海洋开发实践活动带动海洋社会的文化变迁。文化建设是21世纪的一个热点话题。在现代化发展进程中，文化因素已经成为一个不容忽视的因素。海洋发展和文化建设都是当前学界关注的话题，且很多沿海城市、地区在文化建设中都表现出鲜明的海洋特色。随着海洋开发实践活动发展步伐的加快，沿海城市等海洋社会发生了翻天覆地的变化，在人类为沿海地区海洋经济迅猛发展而欢欣鼓舞的同时，我们还发现海洋社会的文化也日益凸显海洋特色。

海洋社会濒临海洋的地理环境，使得海洋发展成为当地人们主要的生产、生活内容。与海洋息息相关的生产生活内容对沿海地区的海洋社会文化产生了深远影响。海洋观念已渗透到海洋社会的方方面面，从物质层面到精神层面，可谓无处不在。换言之，海洋开发实践活动的发展促使沿海地区形成了异于内陆地区的文化，凸显了海洋特色，并推动了沿海地区的文化中海洋特色的发展。人类海洋开发、利用和保护的实践活动是海洋社会呈现海洋特色的基础和前提，离开了人类的认识、开发利用，海洋只是海洋，沿海地区的文化也不可能围绕"海洋"做文章。

第六，人类海洋开发实践活动发展带来海洋社会的科学技术进步。科学技术在国家各领域的活动，特别是经济活动中具有举足轻重的作用。马克思在《政治经济学批判大纲》中就提到，"社会的劳动生产力，首先是科学的力量"[1]。就人类海洋开发实践活动而言，海洋科学与技术具有至关重要的作用，是人类海洋事业发展的基本保障和不竭动力。人类海洋开发实践活动的发展大大推动了海洋科技的进步。

海洋开发属于高新技术领域，必须以科技为支撑，建立起由科研机构、高等院校、企业和政府组成的知识创新体系，集中力量进行知识创新、技术创新以及知识传播、知识应用[2]。科技创新是沿海区域社会等海洋社会经济发展的重要支撑，只有依靠科技创新才能加快海洋社会的经济发展速度。人类海洋开发实践活动的发展推动了海洋科学技术的进步，海洋科技的进步也加快了海洋开发实践活动的发展步伐。随着海洋开发实践活动的展开，对海洋科技进步的要求也会相应提高，为海洋科技的进步提供了重组的市场动力机制。可以预期，随着人类海洋开发实践活动的深入，必将带动海洋科技新一轮的进步，也会对海洋科技成果的转化提出更高的要求。

第七，人类海洋开发实践活动发展带来的海洋社会的环境变迁。海洋环境问题产生的原因是多方面的，有着深刻的社会原因。已有研究指出，海洋环境问题产生的社会原因主要是沿海地区工业化、沿海地区城市化、

49

---

[1] 转引自徐质斌《中国海洋经济发展战略研究》，广州：广东经济出版社，2007年，第289页。
[2] 王家瑞：《海洋科技产业化发展战略》，北京：海洋出版社，1999年，第29页。

高污染的海洋开发活动和过度的海洋开发活动①。这里包含两个层面的内容。首先，从微观角度而言，人的行为，或者更确切地说，人的环境行为不当是海洋环境问题产生的深层根源；其次，从宏观社会背景而言，在追赶式现代化背景下，过度的和高污染的海洋开发实践活动给海洋环境问题带来了新的挑战。

在海洋开发的口号下，随意上马不达标的工程和项目也就有了"依据"。同时，由于地方政府行为的短期性，即为了短期经济效益和 GDP 层面的考虑，对企业违法排污，肆意向海洋排放污染物的行为熟视无睹。更有甚者，沿海一些城市为了发展本地经济，纷纷上马诸如化工、印染、炼油、制革等不具备有效治理污染措施的工业生产项目。这些工业生产项目位于海边，直接或间接地通过管道、沟渠、设施向海域排放污染物，对海洋环境造成了严重的污染。本质上，这是追赶式现代化的必然后果。盲目和单纯以经济增长为核心的海洋发展给海洋生态环境带来了巨大压力，给业已脆弱的海洋生态系统带来了更加严峻的危机。因此，如何协调海洋开发实践活动发展与海洋环境保护已到了刻不容缓的地步。

---

① 崔凤：《改革开放以来我国海洋环境的变迁：一个环境社会学视角下的考察》，《江海学刊》2009 年第 2 期。

第三章 海洋文化

我国是海洋文化的重要发祥地，有着灿烂悠久的海洋文化。早在旧石器时代，中国就有了认识海洋和开发海洋的人类实践活动。在辉煌的航海史上，我国还把先进的文化、技术以及古老的华夏文明传播到了世界各地。当前，建设和发展海洋文化已经成为共识，但是，关于海洋文化的内涵尚未形成一致性的认识。同时，我们也需要对海洋文化的形成路径和主要特征加以深入考辨。

一 海洋文化的起源与本质

20 世纪 90 年代以来，"海洋文化"逐渐从一个边缘词进入到主流学术界的话语体系中，成为海洋人文社会科学的重要学术名词。在海洋社会学这门新兴的社会学分支学科中，海洋文化更是占据了重要位置。当前，我国正在加强"文化强国"与"海洋强国"建设，而这必然要求学术界秉持"文化自觉"[1] 意识，深化海洋文化研究。但是，学术界有关海洋文化研究存在明显的"加法"式的研究思路，即在"海洋"与"文化"二元相加的基础上研究海洋文化。而这种简单的加法并不能深刻地反映海洋文化的自身属性和独特性，也限制了对海洋文化的起源及其本质的深刻理解。

（一）海洋文化的研究路径

关于海洋文化研究，学术界存在比较普遍的"海洋 + 文化"这种加法式的研究思路，即将海洋属性与文化属性加在一起，似乎就构成了海洋文化。在此背景下，研究者往往首先阐述海洋的属性，而后阐述文化层面的内容。由此，研究海洋文化的起源，既要追溯到《周易》中有关"观乎天

---

① 费孝通：《费孝通论文化与文化自觉》，北京：群言出版社，2005 年，第 218～234 页。

文，以察时变，观乎人文，以化成天下"的表述，也会追溯到文化人类学家爱德华·泰勒（Edward Tylor）、马林诺斯基（Bronislaw Malinowski）等先贤的学术思想。在海洋社会学界，加法式的研究思路比较普遍。比如，研究海洋社会群体，往往将其理解为"海洋＋社会群体"；研究海洋社会组织，往往将其理解为"海洋＋社会组织"；等等。

但是，海洋文化是一个整体，能否由"海洋＋文化"推导出海洋文化？答案自然是否定的。一方面，"文化"一词本身就折射着"大陆思维"。西语中"文化"（culture）的词源来自拉丁语，西语语境下的"文化"词源是从农作物的培育引申出来的，指对人在品德和能力上的培养和教化，如 cultivate 是指耕作、耕种，同时还有培养之意①。可见，"文化"一词的渊源来自陆地的种植业。那么，用来自种植业的"文化"理解"海洋文化"是否合适？另一方面，也是最重要的，海洋文化不是"海洋"与"文化"的简单叠加与复合，它有着自身的形成背景、发展历史和基本特征，而"海洋＋文化"的加法式研究思路忽视了海洋文化的整体性。因此，需要采取整体论的研究思路，即将"海洋文化"看作一个整体进行研究。

（二）海洋文化的起源

海洋文化并不是内陆文化向沿海地区的延伸，它形成于特定的生产生活实践活动，是沿海先民在海洋捕捞、海洋养殖等涉海活动中逐渐形成和发展起来的。石器时代是海洋文化的萌芽期，而 15 世纪的大航海活动推动了海洋文化的快速发展。

就中国而言，先民们在旧石器时代已经开始认识海洋，并逐渐有了开发海洋、利用海洋的意识以及海神崇拜、航海造船技术和航海活动，留下了大量海洋文化遗产。不过，早期的海洋文化主要表现在器物文化层面，而后逐渐扩大到海洋意识、海洋习俗以及海洋管理制度层面。在春秋时期，先民们已经开始利用海盐等海洋资源。比如，管子对桓公曰："齐有渠展之盐，请君伐范薪煮沸水为盐，征而积之。"后来，"成盐三万六千钟，果之得金万壹千余解，山海之利，甲于诸国"②。秦汉时期，中央王朝十分重视海洋资源开发。秦汉以降，海洋进入了集权制国家中央政府的视野，秦始

---

① 庄孔韶：《人类学通论（修订版）》，太原：山西教育出版社，2004 年，第 19 页。
② 陈智勇：《试析春秋战国时期的海洋文化》，《郑州大学学报（哲学社会科学版）》2003 年第 5 期。

皇、汉武帝等在执政期间都实施了大规模的海疆海域巡查、祭祀和海外世界的探求活动,并建构了一系列的海疆行政管理、海洋产业管理,以及通过海上丝绸之路进行对外交通贸易的制度①。同时,有关海洋的诗词歌赋等文学作品大量产生。可见,不断深入的人类海洋开发实践活动促进了海洋文化的生成、发展与变迁。明清时期,"海禁"政策的实施影响了海洋文化的发展,需要指出的是,民间的海洋文化一直在延续。

从石器时代到15世纪这个漫长的历史时期,虽然海洋捕捞、海神祭祀以及海洋文学作品都有很大发展,但海洋文化的发展速度一直十分缓慢,海洋文化的交流与融合步伐则更是停滞不前。随着15世纪末期哥伦布大航海时代的到来,世界一体化进程开启。大航海活动不但促进了海洋贸易和运输业活动的兴盛与繁荣,也带来了世界范围内的经济和物种交换。比如,玉米、马铃薯和番茄由美洲引进到欧洲,而欧洲人则把花生带到了南亚和西非。新品种的引进与普及,促进了沿海地区种植业和经济的发展,经济开发则导致人口向沿海地区集聚,形成了趋海型的海洋移民。在此背景下,海洋文化得到快速的发展、扩散与整合。

可见,海洋文化的产生与发展始终与人类对海洋的认识、对海洋资源的利用与开发实践活动相伴随。简而言之,海洋文化源于人类的海洋开发实践活动。

(三) 海洋文化的本质

海洋文化是沿海社群在长期的生产生活实践中形成和发展起来的,可用"人化"一词概括其本质特征,也可称为超自然性或社会性。

海洋文化在本质上所反映的是人的心理需求与观念取向。正如爱德华·泰勒所说,"巴布亚的坦纳岛上,神是保护果实生长的死去的祖先的灵魂"②,而"在黄金海岸的黑人中,有神论宗教的倾向主要表现在关于体现天的尼昂格莫的观念中。在他们的观念中,尼昂格莫同样是作为这样的神出现的:他是人格化的天,他使天活跃起来,并广泛地展开,他给予了雨

---

① 曲金良:《关于海洋文化的几个认识问题》,载张开城、马志荣主编《海洋社会学与海洋社会建设研究》,北京:海洋出版社,2009年,第11页。

② 爱德华·泰勒:《原始文化:神话、哲学、宗教、语言、艺术和习俗发展之研究》,连树声译,桂林:广西师范大学出版社,2005年,第691页。

和光；他过去存在，将来存在，将来永远存在"①。人类在长期的海洋开发实践活动中所创造的海洋文化，体现的是人的情感与价值。比如，海神信仰与海神祭祀，反映的是沿海社群对超自然力量的顶礼膜拜，并希望由此寻求超自然力量的保护；有关海神雕塑建设与保护，既反映了一定的经济社会发展水平，也反映了人类价值情感层面的归属；就海洋非物质文化遗产保护而言，同样透露着人的思想与情感。此外，海洋文化的建设理念以及格调基础，也都是人定的。因此，超自然性或曰社会性是海洋文化的本质。

二 海洋文化的概念阐述

近年来，海洋文化已经成为一个十分流行的词，它不仅流行于学术共同体，而且广泛地出现在大众传媒和日常生活用语中。但是，究竟什么是海洋文化？目前，这一问题的答案在学术界尚未达成共识。如前所述，海洋文化源于人类的海洋开发实践活动，因此，对海洋文化的解读，需要将人类海洋开发实践活动因素考虑进来。由于海洋社会学刚刚起步，有关海洋文化的研究成果比较有限，因此，本书将在学术界既有的研究基础上，对当前的学术观点加以分析，进而界定海洋文化。

（一）代表性学术观点的梳理

20 世纪 90 年代以来，国内学术界开始倡导海洋文化研究，明确提出"中华文化是大陆文化和海洋文化的合成体"。在此背景下，哲学、文化学、人类学等学科掀起了海洋文化的研究热潮，并逐渐形成了具有代表性的学术观点。

曲金良认为，所谓海洋文化就是有关海洋的文化，是人类源于海洋而生成的精神的、行为的、社会的和物质的文明化生活内涵。其中，"有关海洋的文化"指的是人类源于海洋，因有海洋而生成和创造的文化；"人类源于海洋而生成的精神的、行为的、社会的和物质的文明化生活内涵"分指"有关海洋的文化"的四个层面：一是心理和意识形态层面，二是言语与行为样式层面，三是人居群落与组织结构以及社会制度层面，四是物质经济生活模式，包括资源利用及其发明创造层面②。他认为，作为人类文化的一

---

① 爱德华·泰勒：《原始文化：神话、哲学、宗教、语言、艺术和习俗发展之研究》，连树声译，桂林：广西师范大学出版社，2005 年，第 678 页。

② 曲金良：《海洋文化与社会》，青岛：中国海洋大学出版社，2003 年，第 26 页。

个重要的构成部分和体系，海洋文化是人类认识、把握、开发、利用海洋，调整人与海洋的关系，在开发利用海洋的社会实践过程中形成的精神成果和物质成果的总和，具体表现为人类对海洋的认识、观念、思想、意识、心态，以及由此而生成的生活方式，包括经济结构、法规制度、衣食住行习俗和语言文学艺术等形态①。这一概念为学术界广泛引用，但是，很明显，这是一种宽泛意义上的界定。特别是，"海洋文化，就是有关海洋的文化"这一表述不但包罗万象，而且过于泛化，外延过大，难以反映出海洋文化的起源与本质。确实，在诸如游牧文化和商业文化的划分中，游牧和商业都是必不可少的因素，但是，它们只是那些文化生成的必要载体，而并不是充分条件。

当前，学术界已经对海洋文化概念界定中的问题进行了理性考察。比如，霍桂桓批判了海洋文化界定方面存在的"大而无当"缺陷。他认为，必须采取哲学上的批判反思态度，把海洋文化既不同于一般文化，又区别于陆地文化的基本内容和本质特征真正揭示出来②。吴继陆认为海洋文化是在"认识和开发海洋活动中形成的"③，这种表述事实上指出了海洋文化的起源，具有重要意义。

概念的界定并不容易。比如，在文化这一概念的界定中，哲学家、社会学家、人类学家、文学家、语言学家都在试图给出一个清晰的界定，但是，至今仍没有统一的答案，而界定海洋文化似乎更不易。整体上看，现有研究解决了"如何认识、如何理解海洋文化"这一基本问题，为开展海洋文化研究提供了重要基础。但是，当前有关海洋文化的概念界定过于宽泛，概念的外延太大，确实存在"大而无当"的缺陷。此外，有关海洋文化批判性的研究，指出了海洋文化概念界定中存在的问题和缺陷，具有重要的学术价值，但对海洋文化的整体性和特殊性阐述依然不足。

（二）海洋文化的概念界定

虽然具有整体性，但海洋文化的概念界定，不能脱离文化的基本范畴。同时，它也不能离开这样一个基本社会事实，即人类的海洋开发实践活动。

---

① 曲金良：《发展海洋事业与加强海洋文化研究》，《青岛海洋大学学报》1997年第2期。
② 霍桂桓：《非哲学反思的和哲学反思的：论界定海洋文化的方式及其结果》，《江海学刊》2011年第5期。
③ 吴继陆：《论海洋文化研究的内容、定位及视角》，《宁夏社会科学》2008年第4期。

由此，海洋文化可以这样界定：海洋文化是人类文化系统的重要组成部分，是人类在长期的海洋开发活动中逐渐积淀而形成的，是人类在认识海洋、理解海洋、开发海洋、利用海洋以及调试"人—海"关系中所形成的物质成果和精神成果的总和。这里有三点需要强调：一是海洋文化是人类文化系统的一部分，因此具有文化的一般性特征；二是海洋文化源于人类的海洋开发实践活动，即海洋文化是沿海社群在认识海洋、利用海洋和改造海洋的实践活动中所形成的；三是海洋文化的本质特征是社会性，它是在人海互动中形成的，反映的是人类在认识和开发海洋中所形成的思想观念、价值判断、精神信念、心理情感、制度习俗以及相应的物质载体。

（三）海洋文化与海洋文明

文化与文明混用的情况比较常见。比如，人类学家爱德华·泰勒在对文化的界定中，就将文化等同于文明。他认为："文化，或文明，就其广泛的民族学意义来说，是包含全部的知识、信仰、艺术、道德、法律、风俗以及作为社会成员的人所掌握的和接受的任何其他的才能和习惯的复合体。"[1] 很明显，文化与文明之间是"或者"关系，也就是说二者可以相互替代，是同义词。但事实上，文化与文明虽然有很大联系，也有很多的共同性，但它们是两个范畴，必须予以明确区别。当前，海洋文化与海洋文明的运用，同样存在这一问题。因此，阐释海洋文化的概念，有必要对海洋文化与海洋文明的区别进行交代。

曲金良认为，过去我们讲世界文明的起源，除了地中海爱琴文明是海洋文明外，其他如巴比伦文明、埃及文明、印度文明、中国文明，都被说成是内陆文明，是江河流域文明。比如，巴比伦文明是两河流域文明，埃及文明是尼罗河文明，印度文明是印度河文明，中国文明是黄河（或长江）文明，等等。而事实上，这些文明都是内陆文明与海洋文明的复合产物，追溯其始源，又多半是海洋文明的产物：巴比伦文明、埃及文明与爱琴文明一样，都是地中海文明的产物；印度文明是阿拉伯海与孟加拉湾文明的产物；中国文明是环（沿）中国海包括今日所称之渤海、黄海、东海和南海的产物[2]。事实上，中华文明的产生不是单一因素铸就的，而是海洋文

---

① 爱德华·泰勒：《原始文化：神话、哲学、宗教、语言、艺术和习俗发展之研究》，连树声译，桂林：广西师范大学出版社，2005年，第1页。

② 曲金良：《海洋文化与社会》，青岛：中国海洋大学出版社，2003年，第39页。

明、河流文明等多种文明形态共同孕育的。

目前，在各类出版物和日常用语中，海洋文化与海洋文明一词的出现频率都比较高，但学术界并没有对海洋文化与海洋文明进行严谨的比较和区别。在实际应用中，这两个概念混用的情况也很常见。比如，"先秦时期海洋文明的发轫"与"先秦时期海洋文化的发端"之类的表述非常多，而在诸如此类的表述中，"海洋文化"与"海洋文明"似乎并无区别，而且二者所论述的内容以及所选取的素材也是大同小异。但事实上，海洋文化与海洋文明虽有联系，但存在本质的区别。我们可以从文化与文明的区别中①，透视海洋文化与海洋文明的区别。

首先，就时间范畴而言，海洋文化的产生比海洋文明的产生要早。"人类在有历史记载以前就有了文化，在达到文明阶段许多万年以前就有了文化，而文明的出现却是有了语言文字以后的事……文明是文化发展到高级阶段的特征。"② 海洋文化与海洋文明同样存在这一本质区别。沿海地区有人类活动的时候，就已经存在了海洋文化，也就是说沿海地区有先民的时候，海洋文化就已经存在。但是，海洋文明则是海洋文化发展到一定阶段的产物，具体而言，海洋文明是沿海地区进入文明时代之后的产物。简而言之，海洋文化是一个与沿海先民共始共终的一个概念，而海洋文明则是人类海洋开发达到一定阶段和水平的产物，它属于文明时代。

其次，就外延范畴而言，海洋文化比海洋文明所包含的意义要大。"海洋文化是海洋文明的具体体现。海洋文化是人类社会缘于海洋的精神活动、制度行为和物质生活创造的总和，是海洋文明的具体体现。"③ 但是，海洋文化是人类在海洋开发实践活动中所形成的，既包括积极进取的一面，也包括具有征服性、侵略性甚至血腥屠戮的一面，而海洋文明则是剔除了腐朽没落的部分之后的积极成果。因此，"海盗文化"这一概念是成立的，而当下有些文献采用的"海盗文明"的表述则失之严谨，是欠妥的。简而言之，海洋文化既有积极的成果，也包括消极腐朽的一面，而海洋文明则是沿海社群所创造的积极的、优秀的物质和精神成果。

---

① 关于文化与文明的区别比较，参见司马云杰《文化社会学（第五版）》，北京：华夏出版社，2011年，第415页。
② 司马云杰：《文化社会学（第五版）》，北京：华夏出版社，2011年，第415页。
③ 曲金良：《中国海洋文化观的重建》，北京：中国社会科学出版社，2009年，第4页。

57

最后，海洋文化是海洋文明存在的基础。"虽然文明和文化都是人类的社会现象，但文化主要表现为物质的或精神的发展状态，只有当它构成人们的社会物质生活方式、群体生活方式和精神生活方式时，它才能成为文明。换言之，只有当文化使人类脱离生物本能和野蛮行动而产生理智的行为，并建立起理性的物质或精神生活方式时，它才成为社会文明的表现"①。海洋文化的产生与发展是孕育海洋文明的基础，换句话说，海洋文明是海洋文化成就不断积累的结果。同时，虽然海洋文明的产生必须借助海洋这种媒介，但是靠近海洋只是海洋文明得以产生的必要条件，并不是充分条件。

三　海洋文化的基本类型

海洋文化具有一定的结构和类型。根据不同的标准，可以将海洋文化划分为不同的类型。整体而言，海洋文化包括以下几种类型：海岛文化、海防文化、航海文化、海洋渔业文化、海洋祭祀文化、海洋体育文化以及海洋文学艺术。当然，这种划分是相对的，不同类型的海洋文化之间存在着一定的交叉内容。

（一）海岛文化

海岛是人类海洋开发实践活动的重要支撑点。据统计，中国 500 平方米以上的海岛超过 6500 个，总面积达 6600 多平方公里，其中，455 个海岛人口达 470 多万。在长期的海洋开发实践活动中，岛上的先民留下了大量的物质财富和精神财富，形成了特色鲜明的海岛文化，这是认识和理解海岛历史与社会变迁的重要窗口。20 世纪 90 年代以来，我国学者对海岛文化的学术研究日渐增多。

海岛旅游业发展是海岛文化研究形成和发展的重要基础。彭静和朱竑指出，拥有 "4S"（Sun、Sea、Sand、Seafood）资源的海岛一直以来都是游客向往的天堂。作为一种经济行为，旅游产业一旦嵌入旅游目的地的社会文化系统中，必然会对其社会文化生态等方面造成不同程度的影响。而对于一个地理环境独特、外源性特征突出、文化生态环境相对脆弱的海岛来说，这种影响必然会更加复杂而深刻②。王辉等人认为，作为海岛历史的见

---

①　司马云杰：《文化社会学（第五版）》，北京：华夏出版社，2011 年，第 415 页。
②　彭静、朱竑：《海岛文化研究进展及展望》，《人文地理》2006 年第 2 期。

证与文化的载体，海岛文化具有科学、历史、艺术等方面的重要价值。但是，随着海岛旅游业的快速发展以及大规模游客的到来，岛上的传统生活方式、海岛文化结构也随之发生变化。由于海岛属于独立的系统，面对现代文化的冲击，存续岛上原始文化的能力较弱，海岛地区特别是旅游型海岛文化的原真性面临着被淹没的危险①。特别是，随着休闲时代的开启，海岛旅游逐渐升温。但是，海岛开发中的商业气息过浓，加之外来的现代文化的冲击，很多原生态的海岛文化处于被破坏的境地。因此，如何兼顾海岛文化资源开发与保护已经是一个重要的现实问题。

（二）海防文化

正所谓，"国之大事，在祀与戎"。在保家卫国的前沿阵地，不仅有广袤的陆域，也有绵延的海洋国防线。刘保铭认为，所谓海防文化，就是人们在依托海洋、保卫国家利益以及在解决国家利益冲突的海事实践中所创造和形成的物质财富和精神财富成果的总和。海防文化包括海防物质文化、海防制度文化、海防精神文化三个层面②。海防文化是海洋文化的重要组成部分。

出于军事防御需要，中国很早就在沿海一带修建了大量的军事设施，包括炮台、军港等。而在海防军事管理中，又产生了相应的制度文化。此外，海防官兵在生活中也产生了一定的精神文化。特别是到了明清和近代社会，在与倭寇以及外来殖民者斗争的过程中，我国海防形势发生了很大变化，也由此留下了大量的文化遗产。比如，浙江镇海是历代海防要塞，素有"海天雄镇、宁波门户"之称。据统计，它经历了抗倭、抗英、抗法等46次海防战争，拥有戚继光抗倭、林则徐抗英等大量可歌可泣的英雄事迹，至今遗留的海防遗址有30多处。目前，随着科学技术以及国家综合实力的提升，海防官兵正创造着具有当代中国特色的海防文化。

（三）航海文化

考古发现，人类早在新石器时代晚期已经开始航海活动。随着造船等技术的发展，人类的航海活动日益活跃。比如，中国在唐代开辟了海上丝绸之路，船舶已经能够远航到亚丁湾附近③。在长期的航海活动中，航海文

---

① 王辉、朱宇巍、石莹、王亮：《旅游型海岛文化保护与传承的思路探讨》，《海洋开发与管理》2012年第11期。

② 刘保铭：《海防文化建设是社会主义文化大发展大繁荣的重要一环》，《中国社会科学报》2012年5月11日。

③ 李嘉华：《1985年以来世界航运周期分析》，《世界海运》2013年第10期。

化得以产生和发展。航海文化，不仅包括各种航海活动，还包括航海学校创办和航海教育等内容。

15世纪是西方航海文化的快速发展期。比如，1420年，葡萄牙创办了航海学校；1487年，葡萄牙航海家巴尔托洛梅乌·缪·迪亚士航海到非洲最南端，将之命名为好望角；1492年，意大利航海家哥伦布发现了美洲大陆，等等。作为世界航海文化的发源地之一，15世纪也是中国航海活动的大发展阶段。在这一时期，中国航海家郑和率船队七下西洋，历经30多个国家和地区，远航至非洲东岸的现索马里和肯尼亚一带，成为中国航海史上的创举①。郑和七下西洋对发展中国与亚洲各国政治、经济和文化的友好关系，作出了重要贡献。现在，世界上很多国家都在以各种不同形式举办航海日等航海文化节日庆典。2005年4月25日，经国务院批准，7月11日被确立为中国的"航海日"，我国的航海节日庆典由此固定下来。

（四）海洋渔业文化

人类在海洋捕捞等生产实践活动中，产生了渔业生产习俗（包括相关禁忌文化）、节日庆典和诗词歌赋，由此形成了丰富的海洋渔业文化。限于篇幅，这里主要对休渔节和开渔节展开分析。

在传统社会，"日出斗金、日落斗银"现象很普遍。但是，到了现代社会，随着海洋污染和过度捕捞等问题的出现，海洋荒漠化日趋严峻。为了促进主要经济鱼类繁育和幼鱼的生长、促进渔业资源休养生息，国家在20世纪90年代开始推行休渔期等制度。相关研究表明，我国自1995年起在黄海、渤海和东海实行伏季休渔制度，1999年起在南海实行伏季休渔制度，这对缓解过多渔船和过大捕捞强度对渔业资源造成的压力，遏制海洋渔业资源衰退势头以及增加主要经济鱼类的资源量，起到了重要的作用。除了国家层面的休渔制度，民间社会也以多种方式举办休渔节。在浙江台州，每年农历大暑节，是台州湾渔民敬"五圣"、送"大暑船"的重大文化活动，即"渔休节"，届时数万渔民群众汇集在葭芷"五圣庙"举办喜庆活动②。由此不难发现，国家层面的休渔活动是由政府部门厉行推广的制度，注重的是生态效益和社会效益；而民间的休渔活动，主要是民间习俗和地

---

① 李嘉华：《1985年以来世界航运周期分析》，《世界海运》2013年第10期。

② 朱善军：《台州欢庆休渔节》，http://tupian.zjol.com.cn/05tupian/system/2004/07/17/003062370.shtml，最后访问日期：2013年5月12日。

方旅游结合在一起开展的，更加偏重经济效益。

开渔节是中国沿海地区以海洋渔业为核心的主题节日庆典活动，它创办于 1998 年，每年举办一届。当前，不少沿海城市和乡村将浓郁的渔乡风情和海滨旅游融为一体，举办丰富多彩的开渔节。其中，具有代表性的包括中国开渔节（象山开渔节）、舟山开渔节、江川开渔节等。2012 年 9 月 16 日，国务院发布了《国务院关于印发全国海洋经济发展"十二五"规划的通知》，在第六章"积极发展海洋服务业"中指出，"支持开展渔文化生态保护区建设，打造一批海洋文化品牌。要继续办好中国海洋文化节、青岛国际海洋节、厦门国际海洋周、象山开渔节、全国大中学生海洋知识竞赛等海洋文化活动"①。可见，开渔节已经得到了中央政府的重视，并有推广开来的发展迹象。

（五）海洋祭祀文化

海洋祭祀是一种民俗文化，源自渔民自发形成的民间信仰。和传统社会相比，当前的海洋祭祀文化已经发生了很大变化。

"祭海"是沿海渔民在出海时祈求神祇保佑的典祭活动，在传统社会被称作"上网节"（渔民出海前要把网具运上船，叫"上网"），它是渔民为祭祀主宰他们命运的海龙王举行的盛大的祭祀活动。在山东沿海地区，渔民历来有祭海的习俗，他们多在海边立龙王庙，并尊龙王敖广为"海神"。清明节前，渔民出海前会选一个黄道吉日到龙王庙祭神，祈求龙王保佑风调雨顺，海上平安②。就祭海节的社会影响力而言，青岛市周戈庄的"祭海节"具有很高的知名度。相传，它始于明末，距今已有 500 多年历史，比较完整地保存了传统的祭海习俗，已成为我国北方最大的祭海仪式。在传统社会，渔民对祭海的时间没有具体规定，一般在谷雨前选一个吉日进行。1992 年以来，由于各地搞民间节庆活动成风，周戈庄便将每年的公历 3 月 18 日定为"上网日"（祭海日），并定为该村的"渔民节"③。环顾各地的"祭海节"，基本都已经成为当地旅游的一大卖点。因此，传统的祭祀味道已经淡化许多，而旅游和经济消费色彩日益浓厚。在很大程度上，这已经

---

① 国务院：《国务院关于印发全国海洋经济发展"十二五"规划的通知》，http://www.gov. cn/zwgk/2013-01/17/content_ 2314162. htm，最后访问日期：2013 年 5 月 12 日。

② 佚名：《山东即墨渔民"祭海"风俗》，《海洋与渔业》2012 年第 4 期。

③ 佚名：《即墨周戈庄的祭海仪式》，http://www.jiaodong.net/wenhua/system/2006/12/22/ 000110779. shtml，最后访问日期：2014 年 4 月 20 日。

对传统的祭海活动构成了挑战。

在东南沿海，妈祖信仰很盛行。妈祖，又称天妃、天后、天上圣母等，她诞生和成长在公元10世纪的福建湄洲岛，是历代船工、海员、渔民、旅客以及商人共同信奉的神祇。明清时期，随着闽南人大批移居沿海岛屿和海外，移民还把妈祖信仰带到了中国台湾和菲律宾等移居地。此外，即使是以农耕为主的族群，他们在内河航运中也祭拜妈祖①。目前，妈祖信仰依然很盛行。比如，在海南省新海村，民众祭祀妈祖的习俗已有200多年历史。当地村民信奉妈祖，是要将妈祖热爱劳动、扶危济困、慈悲博爱、护国庇民的精神传承下去。2009年9月，联合国教科文组织将"妈祖信俗"列入世界文化遗产名录。目前，全世界的妈祖宫达5000多家，妈祖信徒达2.5亿人之多②。2013年，热播的电视剧《妈祖》就是一部反映妈祖生平事迹的神话励志剧，给公众理解妈祖文化提供了重要素材。

（六）海洋体育文化

海洋体育文化是体育文化与海洋文化相互结合的产物，是以海洋资源为依托，具有海洋特色的体育文化形态。郑婕与李明从广义和狭义两个维度对海洋体育文化进行了界定：广义上的海洋体育文化，泛指与海洋有关的体育文化，是人类受海洋影响逐步孕育、创造、形成的具有海洋特性的体育物质财富和精神财富的总和；狭义上的海洋体育文化，指的是人类以海洋环境为依托，在长期与海洋生态相互作用的体育实践活动和历史发展进程中形成的一种以海洋精神为主要特征的体育文化意识形态③。

目前，沿海城市纷纷以海洋资源与环境为依托，加快海洋体育文化建设。比如，舟山市已经建设了占地面积300亩的海洋体育文化公园，浙江省则在2011年举办了首届海洋体育运动会。在沿海地区，具有民俗特色的海洋体育文化也得到了较快发展。但是，随着社会的转型与变迁，海洋民俗体育活动发生了较大的转变，其内涵、传承方式以及活动形式等都发生了改变④。总体而言，在市场大潮与经济浪潮的冲击下，无论是一般的海洋体育文化，还是具有民俗特色的海洋民俗体育，都发生了较大的变化，形成

① 曾少聪：《闽南地区的海洋民俗》，《中国社会经济史研究》1999年第4期。
② 周正平：《海南妈祖文化交流协会成立　妈祖信众超2亿人》，http://www.tianjinwe.com/rollnews/gn/201101/t20110105_3074289.html，最后访问日期：2013年5月12日。
③ 郑婕、李明：《海洋体育文化概念及内涵解析》，《体育学刊》2012年第4期。
④ 黄玲：《海洋民俗体育的内涵、流变及发展策略》，《中国体育科技》2009年第3期。

了"文化搭台、经济唱戏"的目标取向。在此背景下，海洋体育文化成为商品经济的附属品。发展经济固然重要，但海洋体育文化本身的传承与发展更为重要，因此，"文化搭台、经济唱戏"的目标取向需要向"经济搭台、文化唱戏"转型。

（七）海洋文学艺术

人类在海洋开发实践活动中，创造了大量的诗词歌赋等文学作品，形成了璀璨的海洋文学艺术。中国的海洋文学艺术源远流长。其中，2000年前的中国先秦古籍《山海经》就记录了涉海异国奇闻和海洋神话与传说，被看作中国早期海洋文学艺术的典范。而诸如《老人与海》《白鲸记》等文学作品更是为青少年读者所熟知。

随着人类开发实践活动的深入以及科学技术的发展，海洋文学艺术取得了快速发展，并受到了越来越多的关注和研究。除了大量的文学作品，在影视题材领域，借助3D等科技手段，很多涉海题材的作品，以更加鲜活的形式呈现出来。比如，讲述名为理查德·帕克的孟加拉虎在海上漂泊227天历程的电影——《少年派的奇幻漂流》，获得了第85届奥斯卡最佳导演奖、最佳摄影奖、最佳视觉效果奖和最佳原创音乐奖4项奖项。

四 海洋文化的基本特征

作为整体性的海洋文化，具有其自身的基本特征。但现有研究存在一些欠妥与含糊之处，这一问题亟待厘清。

（一）现有观点的梳理

不少学者认为海洋文化具有冒险性、慕利性、崇商性以及法制性等特征。比如，徐杰舜认为，海洋文化具有冒险性和崇商性。他认为，冒险性就是海洋文化表现在心态文化层中不顾危险地进行某种活动的价值观念的特征。明清海禁时福建泉州人敢于冒险下海，20世纪80年代又率先与台湾进行贸易是海洋文化具有冒险性特征的正例。而崇商性就是海洋文化中从物质到精神所表现出来的重商主义价值取向的特征。广西北海早在汉代便是我国古代"海上丝绸之路"的起点之一即是一例，石狮在80年代自费办特区亦是一例①。曲金良认为，就海洋文化的价值取向而言，它具有商业性

---

① 徐杰舜：《海洋文化理论构架简论》，《浙江社会科学》1997年第4期。

和慕利性；就海洋文化的社会机制而言，它具有社会组织的行业性和政治形态的民主性，相应的也就具有法制性①。诸如此类的观点很多，在相关著作和教材中不一而足。

通过梳理，不难发现上述观点的逻辑是这样的：沿海国家和地区经济发达，商贸繁荣，同时，相比内陆地区的生产与生活而言，海上捕捞等生产方式风险高，需要更多的勇气。因此，海洋文化中具有崇尚力量的品格，具有冒险性、外向性乃至崇尚自由、民主和法制的特征。而古代海洋观念中就有"行舟楫之便"与"兴渔盐之利"的经济属性的认识，特别是随着生产技术和航海技术的发展，商品交换活动日益活跃，因此海洋文化具有商业性、趋利性特征。按此逻辑进行推论，凡是积极的、先进的属性，海洋文化都应具有，由此还可将诸如"勇敢"等特征付诸海洋文化。

可见，诸如此类的归纳过于宽泛，同时也不严谨。有关海洋文化特征的归纳，既要反映文化本身的核心特质，也要能够反映海洋文化的独特性。

（二）海洋文化的特征分析

1. 社会性

著名人类学家马凌诺斯基说过："文化是包括一套工具及一套风俗——人体的或心灵的习惯，它们都是直接地或间接地满足人类的需要。"② 文化的功能凸显源于其对人的功能性，文化的本质特征是人化。对此，司马云杰做过经典的表述："野生的禾苗非为文化，经过人工栽培出来的麦、稻、黍、稷等则为文化；天然的燧石非为文化，而经过原始人打制成的石刀、石斧、石锄等则为文化；天空的雷鸣电闪不是文化，而原始人把它们想象为人格化的神灵则为文化，等等。可见，文化原是人类创造的东西，而不是自然存在的事物。"③ 与此同理，海洋文化同样是与自然相对应的人的创造物，凝结了人类的思想感情乃至价值取向。因此，海洋文化的本质属性和首要属性就是社会性。

社会性特征体现的是一种符号，是一种文化表征与意义传递。航标与灯塔对此提供了形象的意义表述：航标文化极具符号性。浮标这种图标，它的颜色和形状具有交通上的指示意义。例如，红色的左侧标标示航道的

---

① 曲金良：《海洋文化与社会》，青岛：中国海洋大学出版社，2003 年，第 30～32 页。
② 马凌诺斯基：《文化论》，费孝通译，北京：华夏出版社，2002 年，第 15 页。
③ 司马云杰：《文化社会学（第五版）》，北京：华夏出版社，2011 年，第 6 页。

左侧界限，顺航道走向行驶的船舶，应将本标置于左舷通过；绿色的右侧标标示航道的右侧界限，顺航道走向行驶的船舶，应将本标置于右舷通过，由此界定了"左红右绿"的航行规则，如此等等。灯塔作为一种目视航标，在茫茫大海中看到了它，表示离陆地和港湾不远了；除此之外，灯塔具有极普遍的象征意义，无论在中国，还是在西方的文艺作品和现实中人的感知中，灯塔都具有方向、安全和光明的寓意①。可见，海洋文化通过相应的符号标示，传递的是文化意义和社会规则，凸显的是社会性特征。

2. 涉海性

任何一种文化类型都有其特定的生成背景。"生活在南海的人们不会去捕捉海豹和北极熊作为食物，自然条件要求他们以当地野生的果实为食物，并且学会在潟湖和公海中捕鱼"②。海洋文化是人类在长期的海洋开发实践活动和日常生产生活实践中逐渐积淀而形成的。作为海洋文化孕育的场域，海洋是海洋文化形成和发展的空间背景。因此，海洋文化必然具有浓郁的"海味"。涉海性是海洋文化的基本属性，这也是海洋文化相比草原文化等其他类型文化的特殊性之体现。

曲金良认为，海洋文化的涉海性，既包括海洋的自然属性，又包括海洋的文化属性。海洋的自然属性是其文化属性的基础和前提，离开了这一基础和前提，海洋文化就无从产生。海洋的文化属性是人类在与海洋互动中对海洋的认识、反应、利用及其结果，离开了这种认识、反应、利用及其结果，只有海洋的自然属性，所谓海洋文化就无从谈起③。在沿海国家和沿海地区，无论是雕塑与工艺美术品等物质文化，还是节日庆典等非物质文化，往往都与海洋有着千丝万缕的关系，呈现浓厚的海洋特色。比如，"世界海事日""国际海洋年""国际海洋文化节"以及有关国家的"航海日""海运节""海神节""航海节""开渔节""祭海节"等节日庆典的产生，都以海洋为基础，所有这些活动也都渗透着浓郁的海洋气息。简言之，海洋是海洋文化生成与发展的场域，相应地，涉海性构成了海洋文化的重要特征。正是这种涉海性，使得海洋文化与草原文化、农业文化等其他类

65

① 周大鸣主编《文化人类学概论》，广州：中山大学出版社，2009年，第71~72页。
② 戴维·波普诺：《社会学（第十一版）》，李强等译，北京：中国人民大学出版社，2007年，第89页。
③ 曲金良：《海洋文化与社会》，青岛：中国海洋大学出版社，2003年，第28页。

型的文化存在显著不同。

3. 习得性

所有文化都是习得的，而不是生物遗传的。人类学家拉尔夫·林顿（Ralph Linton）把这称为人的"社会遗传"。人们与文化一同成长，因而学会自己的文化，文化从一代人传递到下一代人的过程被称为濡化（enculturation）①。濡化这一概念是由赫斯科维茨提出的，他认为这是把人类和其他生物加以区别的学习经验，能使一个人在生命的开始和延续中，借此种经验以获得在该文化中生存的能力②。作为文化的一种，海洋文化同样具有习得性。正是习得性使得沿海地区的经济社会得到可持续发展；也正是习得性特征，使得海洋文化得以薪火相传、不断传递。

社会学家在提到文化时，所关心的是人类社会通过学习而非遗传获得的方面。这些文化要素只有被社会成员共享、合作和交流才能得以发生③。有关航标文化的研究可以深刻地反映出海洋文化的习得性。"从事航标行业的人要经过一个从非航标人到航标人，从新手到老手的学习和成长过程。例如，航标船上的新手一般要经过由老师傅传带的学徒阶段；一个航标工的培养要经过三四年的时间，新手通常一边跟着干，一边学，老手则在适当的时候给予新手必要的提醒和指点。20世纪80年代以前，航标人可以带家属或者由子女顶替，因此父子都从事航标工作的情况比较多，有的甚至是几代相传，小孩子在这样的家庭中长大，受长辈的影响，耳濡目染颇多，不仅从小了解航标，而且还对航标产生了浓厚的感情"④。习得性具有两个基本的面向。一是代际层面，即新生代向祖辈的学习，前述航标文化的继承和延续反映的就是这个问题。二是区域层面，即不同地区的学习，包括沿海地区之间的相互学习以及内陆向沿海地区的学习。改革开放之后，各地掀起的"学习沿海经验"就是这种类型。在某种程度上，正是海洋文化的这种习得性，使得海洋文化在历史的洗礼中得以去其糟粕、取其精华，并不断推陈出新，进而呈现鲜活性和先进性。

---

① 威廉·A. 哈维兰：《文化人类学》，瞿铁鹏、张钰译，上海：上海社会科学院出版社，2006年，第42页。
② 庄孔韶：《人类学概论》，北京：中国人民大学出版社，2006年，第286~287页。
③ 吉登斯：《社会学（第四版）》，李强等译，北京：北京大学出版社，2003年，第21页。
④ 周大鸣主编《文化人类学概论》，广州：中山大学出版社，2009年，第71~72页。

4. 地域性

按照不同的标准可以将世界上的海洋文化分为不同的区域，也可以归为不同的模式。曲金良认为，世界上的海洋文化区域，可以具体分为以"欧亚非地中海文化区""北欧北海文化区""英伦海峡文化区"为主体构成的欧洲海洋文化区；以阿拉伯半岛文化区、印度半岛文化区为主体所构成的环印度洋文化区；以中南半岛、东南亚群岛地区等环南中国海区域为主体所构成的南中国海洋与太平洋文化区；以山东半岛、辽东半岛、朝鲜半岛及日本列岛等环东中国海为主体构成的环黄海－东海文化区；以环加勒比海、墨西哥湾为主体所构成的中美洲海洋文化区；以澳大利亚、南太平洋群岛地区为主体所构成的大洋洲海洋文化区；以非洲、南美洲、环北极圈等地区为主体构成的多个影响力较小的海洋文化区，以及北美洲跨大西洋连接欧非、跨太平洋连接亚洲的现代新兴海洋文化区等①。在这些不同的海洋文化区中，无论是法律制度还是风情民俗乃至饮食文化，都存在很大的差异性。相应地，在这些不同的地域空间中，海洋文化除了具有一定的普遍性特征，还具有一定的特殊性，具有鲜明的个性和特色。

总体的海洋文化中具有区域个性，因此海洋文化具有相对性和区域性。不同区域的海洋文化特色不同、禀赋差异显著。所谓"十里不同风、百里不同俗、千里不同情"，不同的地域地貌、气候气象以及相应的风土人情和民俗历史，必然会造就不同的海洋文化。一般来说，人类活动越悠久，文化积累越深厚，海洋文化的地域性特征就越鲜明和独特。海域文化的地域性特征包括两个层面的含义。

首先，不同沿海国家的海洋文化差异甚大。人类的海洋文化既具有作为海洋文化的共性，又具有不同的时代特色和区域特色，呈现不同时代、不同区域海洋文化的不同范式，具体体现为不同的意识形态、社会形态和经济形态②。苏勇军认为，中国人对海洋的征服，只限于自然方面，而西方人则将对海洋的征服扩大为对人的征服，从而导出不同的海洋文化观。海神信仰中亦可看出这种差异性。西方信仰的海神波塞冬，从神话传说中可以看出其战神文化的实质，反映的是争夺海上霸权的欲望。而以妈祖信仰

---

① 曲金良：《关于海洋文化的几个认识问题》，载张开城、马志荣主编《海洋社会学与海洋社会建设研究》，北京：海洋出版社，2009年，第5页。

② 曲金良：《中国海洋文化观的重建》，北京：中国社会科学出版社，2009年，第13页。

为特色的东方海洋民俗文化，反映的则是和平、共存共荣的精神①。国度不同，制度习俗不同，必然会产生各有千秋的海洋文化。正是这种秉性，使得海洋文化呈现多元化特色，而这种多元性促使海洋文化彰显其绚丽多彩的一面。

其次，即使是同一个国家，在不同的地域，其海洋文化也会有不同的表现形式，甚至会有完全不同的表现形式。诸如辽宁海洋文化、齐鲁海洋文化、吴越海洋文化、岭南海洋文化、闽粤海洋文化、潮汕海洋文化等不同称谓本身，就说明了海洋文化的地域性特征。妈祖文化可以对此提供一定的说明。众所周知，妈祖是中国的海神。但是，在广东最大的海神庙——南海神庙供奉的海神不是妈祖，而是洪圣大王（广东人自己的海神）。洪圣大王在广东的影响丝毫不亚于妈祖。其庙宇之多，规模之大，祭祀规格之高，甚至还超过妈祖。新中国成立前，广东的妈祖庙不过300多座，而洪圣庙不下500座②。此外，即使是一省之内，海洋文化也会存在显著差异。明代万历年间的人文地理学者王士性在描述浙东地区区域差别时写道："两浙东西以江为界，而风俗因之。浙西俗繁华，人性纤巧，雅文物，喜饰般帨，多巨室大豪；浙东俗敦朴，人性俭啬椎鲁，尚古淳风，重节慨，鲜富商大贾。而其俗又自分为三：宁、绍盛科名逢掖，其戚里善借为外营，又佣书舞文，竞贾贩锥刀之利，人大半食于外；金、衢武健负气善讼，六郡材官所自出；台、温、处山海之民，猎山渔海，耕农自食，贾不出门，以视浙西迥乎上国矣。"③ 同为浙东，文化差异亦可见一斑。事实上，中国有着18000公里的海岸线。在如此长的海岸线中，无论是自然环境还是人文环境，都存在很大差异，从而形成不同的海洋观念、海洋艺术、制度习俗以及相应的生产生活方式，进而孕育了不同的海洋文化。

海洋文化的地域性非常鲜明。但是，在当前沿海城市的海洋文化建设中，存在的盲目仿效问题非常突出，已经扼杀了不同区域的海洋文化个性。在海洋文化建设以及海洋文化旅游资源开发中，要因地而异，切忌千篇一律，雷同重复。

5. 整合性

海洋文化是有模式可循的体系，具有整合性。一般而言，文化整合指

---

① 苏勇军：《浙东海洋文化研究》，杭州：浙江大学出版社，2011年，第102页。

② 苏勇军：《浙东海洋文化研究》，杭州：浙江大学出版社，2011年，102页。

③ 苏勇军：《浙东海洋文化研究》，杭州：浙江大学出版社，2011年，第12~13页。

的是各种文化协调为整体或整体化的状态，既表现为功能上的相互依赖，也表现为各种行为规范以及人的心理、情感上的适应，它可帮助社会成员形成大体一致的价值观，使规范内化为社会成员的行为准则[①]。相应地，海洋文化的整合性是指海洋文化特质在功能上具有相互关联的趋向性，是把不同的海洋文化特质综合在一起，使之可以相互吸收、调和，进而形成相互适应的文化模式。海洋文化的整合性对于协调甚至引导沿海社群及其成员的行为模式，具有重要的作用。

海洋文化的整合性，强调的是海洋文化的整体性。具体来说，海洋文化的整合性包括以下内容。首先，海洋文化的各个单元（要素、子系统、层次）之间能够相互适应、相互作用，进而演变为一个系统，形成具有整体性的海洋文化模式。其次，不同类型的海洋文化或者异质的海洋文化要素，经过碰撞和融合，能够综合为一个相互适应、和谐一致的文化模式和文化体系。因此，不同区域、不同体系的海洋文化要素和内容，经过相互吸收、融合和调和，在一定程度上能够趋于一体化。再次，海洋文化会随着社会环境的变化而发展，而且，那些发生演变的海洋文化要素能够整合为一个新的有机体。最后，海洋文化能够为沿海社群认同，并成为他们的行为指南。我们以航标文化为例进行说明。航标文化是整合的，正是在一定的特殊地理环境下应航行的安全需要才设立航标，而且不同的环境地段需要设置不同种类、形状和颜色的航标。文化中的成员受他们所在的文化的模塑，但同时又是能动的实践者。在日常的工作实践中，航标人形成了自己的基本价值，如20世纪50年代他们提倡的忠于职守、无私奉献，这些基本的价值观反过来又来指导他们的行为[②]。包括航标文化在内的海洋文化的形成和发展，都不是孤立的文化现象，而是一个系统的过程，与特定的自然条件和经济社会形势密切相关。此外，海洋文化中某一文化特质、文化元素的变化，也会引起海文化体系中其他部分发生相应的变化。

6. 共享性

戴维·波普诺认为，所有群体和社会的人们都共享非物质文化——抽象和无形的人类创造，如"是"与"非"的定义、沟通的媒介、有关环境

① 大辞海编纂委员会：《大辞海（政治学·社会学卷）》，上海：上海辞书出版社，2010年，第580页。

② 周大鸣主编《文化人类学概论》，广州：中山大学出版社，2009年，第73页。

的知识，以及处事的方式。人们也共享物质文化——物质对象的主体，它折射了非物质文化的意义①。海洋文化是一套共享的理想、价值和行为准则。正是这个共同准则，使个人的行为能为其他社会成员所理解，而且赋予他们的生活以意义。来自不同文化的人们流落到一座荒岛一段时期后，或许会形成某种社会。他们会有共同的利益——生存，而且会发展出共同生活和劳动的技术。然而，这一群体的每个成员会保持他或她自己的身份和文化背景，一旦群体成员从荒岛逃生，这一群体就立刻解体了②。海洋文化不是某一海域的专利，具有某些共同特质的社群能够共享其社会意义，从而在不同的时空层面产生广泛的社会影响力与辐射力。

在共时性的空间层面，海洋文化的共享性使其能够与其他地域的文化相互交流，实现海洋文化的区域辐射和空间传播。曲金良认为，海洋文化不是囿于一域一处的文化，人类借助海洋的四通八达，把一域一处的文化传承播布于船只能够到达的异域的四面八方，并由异域的四面八方再传承播布开去。这样的传承播布、再传承播布的过程，都必然会对异域的土著文化产生不同程度的影响，使其或多或少地具有了异域异质文化的内涵，这就是其联动性。同时，任何文化与外来文化之间的影响都不是单向的，这就是其互动性。这样的联动与互动的过程，就是异域异质文化相互辐射与交流的过程，也是海洋文化得以发展、变迁的历史过程③。此外，海洋空间本身也是人类共享海洋文化的媒介。曲金良的研究表明，在蒸汽机、电动机车业出现以前，异国、异族、异区域的人或人群进行文化辐射和交流的媒体主要是海洋，其运载工具主要是航船；即使在蒸汽机、电动机车业出现之后，甚至是在航空业出现之后，这种状况也只是部分地得到了改变，并没有也不会从根本上改变。海洋文明越发达，人类的海洋观念越强烈，海外的信息越多，海外异域异质文化的吸引力就会越大，因而通过人自身"亲自"体验的异域之间的交流、迁徙的愿望和实施也就越来越成为热点。中国改革开放以来的出国潮有目共睹，海外的出国潮——对于吸纳一方来说是"入国潮"，其温度同样越来越高，因而其异域异质文化之间的辐射和

① 戴维·波普诺：《社会学（第十一版）》，李强等译，北京：中国人民大学出版社，2007年，第72页。
② 威廉·A. 哈维兰：《文化人类学》，瞿铁鹏、张钰译，上海：上海社会科学院出版社，2006年，第36页。
③ 曲金良：《海洋文化与社会》，青岛：中国海洋大学出版社，2003年，第29页。

交流量也越来越大①。正如鲁迅说的，"越是民族的，越是世界的"，海洋文化是人类共享的物质财富与精神财富。

就历时性的时间层面而言，海洋文化的共享性使其能不断延续、泽被后人，从而得以不断发展。海洋文化的共享性得以可能，是因为前述海洋文化所具有的可习得性等特征使然。人类学家拉尔夫·林顿认为，"文化是由习得性行为和人们的行为结果组成的构型（configuration），这一特定社会的成员共同享有并传承行为结果的各种组成要素"。正是共享性，使得海洋文化实现了代际传承，并通过人的社会化实现了文化传递与文化更新。研究海洋文化，其本身就具有实现文化积累，推动文化发展与文化传承的功能。

五　中国的海洋文化

在对海洋文化的理解方面，学术界曾经有两种观点颇具影响。一是以不少西方学者为代表的观点，认为中国大陆文化源远流长，但并没有海洋文化，诸如"蓝色的海洋文化是指由西方所代表的文化类型，黄色农业文化则指由黄河水浇灌出来或在黄土地上生长起来的古老的中华文化"的观点并不少见。二是部分学者认为，海洋文化优于大陆文化。但研究表明，这两种观点都是谬论。

（一）中国海洋文化概况

海洋文化不是西方的专利，那种认为中国是"大陆文化""黄土文化""农业文化"，而西方是"蓝色文化""海洋文化"的观点与历史事实相违背。中华文化并非单纯的大陆文化，同样有着源远流长的海洋文化。

1. 中国"有无海洋文化"之辨

在"中国没有海洋文化"的观点中，最著名的论断来自哲学家黑格尔。他在《历史哲学》一书中有过这样的表述："中国、印度、巴比伦都已经进展到了这种耕地的地位。但是占有这些耕地的人民既然闭关自守，并没有分享海洋所赋予的文明（无论如何，在他们的文明刚在成长变化的时期内），既然他们的航海——不管这种航海发展到怎样的程度——没有影响于

---

① 曲金良：《海洋文化与社会》，青岛：中国海洋大学出版社，2003 年，第 29～30 页。

他们的文化。"① 黑格尔的这段论述为学术界广泛引用，我们需要对此进行深入解读。这段话的最后一句，即中国的"航海——不管这种航海发展到怎样的程度——没有影响于他们的文化"这种观点，毫无疑问存在谬误。中国航海事业的发展不仅向国外传播了中华文化，也影响了中国文化的发展。同时，中国海洋文化的发展有着自己的历史轨迹。因此，中国海洋文化源远流长。需要阐明的是，虽然中国海洋文化历史悠久，但是，长期以来，中国的海洋文化并没有在中华文化中占据主导地位，也没有非常深刻地影响中国的主流文化。

那种认为"西方文化是蓝色的海洋文化，而东方文化是土黄色的内陆文化"的论调背后，反映了中西方不对称的话语体系。长期以来，中国海洋文化被以欧洲文明为中心的话语体系强势遮掩和扭曲，他们习惯地认为中华古老文明基本上是农耕经济的产物，与海洋无涉，认为海洋文化是西方的专利或西方文明的标志②。那种认为海洋文化只属西方文化的论调是西方的话语体系，是文化中心主义（ethnocetrism）或民族中心主义的体现。那种认为"中国没有海洋文化"的思维是一种文化偏见，与社会事实并不相符。英国近代科学技术史专家李约瑟曾经指出："中国人被称为不善于航海的民族，那是大错特错了。他们在航海技术上的发明随处可见。"此外，罗伯特·坦布尔在《中国：发明与发现的国度》一书中也提出："如果没有从中国引进船尾舵、指南针、多重桅杆等改进航海和导航的技术，欧洲绝不会有导致地理大发现的航行。"③

在国内，由于历史上自中央王朝到民间社会的"重陆轻海"的思想，海洋文化从未占据主导地位，在很大程度上，学术界甚至忽视了海洋文化研究。发源于中原地区的华夏文化，以农业文化和大陆文化形态为主。而到了明清之后，中国社会逐渐走上了"背海"之路。因此，长期的历史发展中，学术界确实存在津津乐道于大陆文化，而对海洋文化不甚了解的情况。但是，中国毕竟是个不仅拥有广袤土地的大陆国家，同时也是一个具有漫长海岸线和辽阔海洋的海洋国家。中华文化中有很多有关海洋的耳熟

---

① 黑格尔：《精神哲学》，韦卓民译，武汉：华中师范大学出版社，2006 年，第 94 页。

② 卜建华、翟新、李龙森：《山东海洋文化特征的形成与发展研究》，成都：西南交通大学出版社，2010 年，第 27 页。

③ 转引自刘俊柯《海洋文明的初曙》，《海南师范大学学报（社会科学版）》2012 年第 1 期。

能详的成语、诗词和民间传说，这本身就说明了中国历史上的海洋文化。诸如"福如东海""人山人海""侯门似海"等成语反映了海洋的深邃无垠；诸如"沧海桑田""翻江倒海"等成语反映了海洋的变幻莫测；诸如"东临碣石，以观沧海""海水不满眼，观涛难称心"等诗词反映了海洋的大气磅礴；诸如"精卫填海""八仙过海"等民间传说不仅反映了人们顽强执着的精神，而且反映了远古社会的人海关系；而"以海为田"等成语直接表现了人类早期的海洋开发实践活动，即试图像开发土地一样开发海洋，通过海洋渔业等生产活动谋一生计。此外，中国还有"海上丝绸之路"、郑和下西洋等蔚为壮观之举。其中，所谓的"海上丝绸之路"是相对于连接非洲、欧洲和亚洲其他国家的陆路商业贸易路线而言的，是中国的封建王朝与国外开展交通贸易与文化交往的海上通道，是目前已知的最为古老的海上航线。20 世纪 90 年代初，福建省的泉州已被联合国教科文组织确认为海上丝绸之路的起点。可见，虽然没有占据主导地位，但中国的海洋文化一直有着自己的发展轨迹与发展特色，一直是中国文化的重要组成部分。因此，中华文化是大陆文化和海洋文化的合成体。

正如李德元的观点，农业文化和游牧文化二元结构并不能凸显中国传统文化的历史全貌。中国海洋文化不是中国传统文化的"异己力量"，而是一个支流，一种区域文化和社会文化[①]。因此，中国不但有着悠久的海洋文化，而且中国的海洋文化并不是大陆文化的延伸，而是有自己的起源和发展轨迹。

2. 中国海洋文化的发展历程

我国早在旧石器时代就有了认识海洋、理解海洋的人类行为与人类活动，并逐渐有了开发海洋、利用海洋的意识以及海神崇拜、航海造船技术和航海活动，留下了大量的海洋物质文化遗产与非物质文化遗产。需要说明的是，早期的海洋文化主要表现在器物文化层面，而后才逐渐扩张到海洋意识、海洋观念、海洋习俗以及海洋管理制度层面，同时，有关海洋的诗词歌赋等文学作品大量产生。

考古发现和历史研究表明，早在旧石器时代，我国先民就有了认识和利用海洋的活动。曲金良认为，在生活距今 2 万年左右的旧石器文化晚期的

---

① 李德元：《质疑主流：对中国传统海洋文化的反思》，《河南师范大学学报（哲学社会科学版）》2005 年第 5 期。

"山顶洞人"那里，不但其用来佩戴的饰品中有海蚶壳，而且还有大量的海产品遗弃物堆积。由此推测，那时的"山顶洞人"，就是一些和海洋打交道或打过交道的"靠海吃海"的中华民族先民①。自旧石器时代以来，居住在中国沿海地区和岛屿的先民就开始掌握渡海技术，开发和利用海洋蛋白资源。至今尚存的大量贝丘遗址为我们诉说着当年人类与海洋亲密接触、依海为生的历史②。此外，在旧石器时代，中国沿海及岛屿就已经有人类居住，至今尚存的大量贝丘遗址诉说着早期海洋文明的历史③。可见，在旧石器时代，中国先民就留下了广泛的海洋文化遗迹，这些都是中华文化的重要组成部分，也是中华传统文化的瑰宝。

在新石器时代，先民的海洋活动和海洋文化得到进一步发展。在距今7000 年以前的河姆渡文化时期，从先民们食用海洋生物的文化遗存中可以看出，讨海已是他们的主要生活方式之一④。新石器时代，沿海地区的先民活动频发。研究表明：居住在福建沿海的闽族先民已初步形成具有鲜明海洋特征的海洋文化，如漳州的覆船山、龙海的万宝山、漳浦的香山、东山的大帽山、诏安的腊州山、平潭的壳丘头、闽侯的昙石山等文化遗址出土的陶片、石器、石片、兽骨、贝壳等⑤。

到夏商周以后，海洋文化内涵逐渐丰富起来。人们开始关注近海海洋资源的开发与管理，以渔业和盐业为主体的海洋资源的开发，成了国家经济基础的重要构成部分。同时，部分海洋物产传播到内陆地区，正逐步朝着向适应中央王朝贡赋制度需要的方向发展。此外，当时已经有了一定的航海能力，出现了航海能力较强的海运船只，为海洋疆域的开拓、守护和跨海文化交流的产生和发展奠定了广袤的地理空间和丰厚的历史基础⑥。在春秋时期，我国先民已经开始利用海盐等海洋资源，并具有了较为强烈的海洋开发意识。此外，海洋科技已有了初步发展。这不仅表明当时已有开

① 曲金良：《海洋文化与社会》，青岛：中国海洋大学出版社，2003 年，第 41 页。

② 曲金良：《中国海洋文化的早期历史与地理格局》，《浙江海洋学院学报（人文科学版）》2007 年第 3 期。

③ 李强华：《我国先秦哲学中的"海洋"观念探索》，《上海海洋大学学报》2011 年第 5 期。

④ 徐晓望：《论古代中国海洋文化在世界史上的地位》，《学术研究》1998 年第 3 期。

⑤ 赵君尧：《福建古代海洋文化历史轨迹》，《集美大学学报（哲学社会科学版）》2009 年第 2 期。

⑥ 曲金良：《中国海洋文化的早期历史与地理格局》，《浙江海洋学院学报（人文科学版）》2007 年第 3 期。

发近海资源的能力，也说明沿海诸侯国已经认识到海洋资源的重要性。

秦汉时期，中央王朝已经十分重视海洋资源开发，海洋文化进入繁荣期。秦朝末期，徐福东渡是中国有史记载的第一次远航活动，而汉武帝则七次巡海，影响深远。到了西汉时期，山东沿海的琅琊和东莱等地已经建设了相当规模的造船厂。这一时期还打通了从山东半岛横跨黄海通向朝鲜、日本的远洋航线①，中国海洋文化得以借此向外传播。除此之外，国家政治制度也高度重视海洋。曲金良指出，中国很早就对自己的政治疆域和文化疆域内的海洋建构了具有中国特色的海洋观念、海洋意识和海洋意志。除了先秦时期的夏商周三代建立的"海陆一体"的"天下"观念、思想意志、管理体制和决策系统，秦汉以降，海洋更是进入了集权制国家中央政府的视野，秦始皇、汉武帝都在执政期间实施了大规模的海疆海域巡查、祭祀和海外世界的探求活动，建构了一系列的海疆行政管理、海洋产业管理以及对外交通贸易制度，并开启了海内外世界"万国来朝"的政治格局和"汉文化圈"的建构历史，充分体现了中国文化作为一个民族文化主体的"上层建筑"的海洋内涵与特性②。

李德元认为，中国海洋文化的发展出现过两次高潮。第一次开始于唐宋之际。随着中国经济重心在唐宋时期南移，海洋航海贸易快速发展。特别是宋高宗南渡时期，财政十分拮据，于是把开放海洋作为国策，市舶收入成为南宋王朝一项重要的财政来源。此时，一大批沿海港口城市，如杭州、明州、温州、漱浦和泉州应运而生，而且泉州成为东方第一大港和东南亚贸易网络的中心。元朝则把发展海洋作为国策，海洋经济发展达到鼎盛时期。第二次开始于明朝中叶。明清时代是中国海洋文化发展的转型时期。一方面，官方的海洋活动退却；另一方面，这种经济专制体制与海洋大国客观条件相违背的社会不适应性，随着中央对地方控制力的下降或失控而被局部突破，导致沿海民间社会海洋经济的孕育和发展③。明清时期，随着"海禁"政策的实施，中国海洋文化事业的发展进入低谷阶段。在近

75

① 卜建华、翟新、李龙森：《山东海洋文化特征的形成与发展研究》，成都：西南交通大学出版社，2010 年，第 36～37 页。

② 曲金良：《关于海洋文化的几个认识问题》，载张开城、马志荣主编《海洋社会学与海洋社会建设研究》，北京：海洋出版社，2009 年，第 11 页。

③ 李德元：《质疑主流：对中国传统海洋文化的反思》，《河南师范大学学报（哲学社会科学版）》2005 年第 5 期。

现代社会，由于中国频遭西方列强欺凌，海洋文化发展近乎停滞甚至走向衰弱。同时，沿海地区的海洋文化遗产被劫掠亦不在少数。

一个真正的海洋国家和民族，不会也不能闭关锁国。人类面向海洋的时代，就应该，也只能是开放的时代①。新中国成立后，国家就开始着手恢复传统海洋产业和海洋科技队伍，编制海洋调查科研长期规划，海洋文化事业由此迎来新的发展阶段。但是，这一时期的海洋文化事业发展主要表现在海洋科技和海洋经济等领域，表现形式仍然比较单一。1978年之后，"敢为天下先""摸着石头过河"等启动改革开放的号角首先在东南沿海地区吹响，海洋文化由此获得新的生机，同时，不断深入的海洋开发实践活动也为海洋文化的发展奠定了坚实的经济基础。进入21世纪，特别是随着"海洋强国"和"海洋世纪"等口号和战略思想的提出，中国的海洋文化事业发展迎来了新的战略机遇期，步入快速发展期。

（二）中国海洋文化自觉

文化事业的发展绝非单纯的政府重视、经济投入就可以解决的，必须要有"文化自觉"的思想意识。海洋文化事业的发展与中国海洋文化观的建立，同样迫切需要海洋文化自觉的战略思维。

1. 文化自觉

"文化自觉"是费孝通1997年在北大社会学人类学研究所开办的第二届社会文化人类学高级研讨班上提出的，也是他晚年的重要学术思想。费孝通认为："生活在一定文化中的人对其文化有'自知之明'，明白它的来历、形成的过程、所具有的特色和它发展的趋向，不带任何'文化回归'的意思。不是要'复旧'，同时也不主张'全盘西化'或'全盘他化'。自知之明是为了加强文化转型的自主能力，取得决定适应新环境、新时代文化选择的自主地位。"②"文化自觉"旨在回答："我们为什么这样生活？这样生活有什么意义？这样生活会为我们带来什么结果？也就是人类发展到现在开始要知道我们的文化是哪里来的？怎样形成的？它的实质是什么？它将把人类带到哪里去？"③坚持文化自主性，就是做到文化自觉，这是一个民族国家自尊、自重、自信的体现。在当前全球化的背景下，文化自觉既是

① 曲金良：《海洋文化与社会》，青岛：中国海洋大学出版社，2003年，第31页。
② 费孝通：《费孝通论文化与文化自觉》，北京：群言出版社，2005年，第232～233页。
③ 费孝通：《费孝通论文化与文化自觉》，北京：群言出版社，2005年，第227～228页。

中华民族与世界上其他民族之间的共处之道，也是中国社会内部多民族、多种文化之间的共生之道①。因此，文化自觉既是一种文化态度与思想意识，更是一种文化自信。

文化自觉也是一种自我反思与建设性的文化批判。费孝通认为："'文化自觉'的含义应该包括对自身文明和他人文明的反思，对自身的反思往往有助于理解不同文明之间的关系。因为世界上不论哪种文明，无不由多个族群的不同文化融会而成。尽管我们在这些族群的远古神话里，可以看到他们不约而同地在强调自己文化的'纯正性'，但严肃的学术研究表明，各种文明几乎无一例外是以'多元一体'这样一个基本形态构建而成的。"②后来，费孝通还通过"各美其美，美人之美，美美与共，天下大同"这十六字表达不同文化相处应该具有的基本态度。

近代社会以来，"西学东渐"盛行，传统泱泱大国的文化自信跌入谷底。当前，西方价值观念和文化思想仍在深刻地影响着国人。相比之下，虽然中国文化的影响力不断增强，但"西风压倒东风"的基本态势和话语体系格局依然没有改变。因此，建设和发展中国文化，必须具有文化自觉意识，强化文化认同意识与文化自信意识，增强文化批判与文化反思精神，这对全球化时代中的中国文化建设与文化发展具有十分重要的现实意义。

2. 海洋文化自觉

在经济全球化和世界一体化的背景下，尤其需要以文化自觉的精神审视海洋文化，可称为海洋文化自觉。运用海洋文化自觉的思维范式，需要正确认识中国自己的海洋文化、正确评估西方的海洋文化、善于学习西方海洋文化的长处、理性思考大陆文化与海洋文化的关系、科学地发展本土的海洋文化。具体来说，海洋文化自觉表现在以下几个方面。

第一，需要明确地意识到"海洋文化"与"内陆文化"是中国文化的"一体两面"，需要增强对中国海洋文化的自信心。文化自觉是一种自我觉醒和自我反省。费孝通指出，我们要承认我们中国文化里边有好东西，进一步用现代科学的方法研究我们的历史，以完成我们"文化自觉"的使命，努力创造现代的中华文化③。近年来，在媒体的宣传、学者的呼唤以及国家

① 苏国勋：《社会学与文化自觉》，《社会学研究》2006 年第 2 期。
② 费孝通：《费孝通论文化与文化自觉》，北京：群言出版社，2005 年，第 527～536 页。
③ 费孝通：《费孝通论文化与文化自觉》，北京：群言出版社，2005 年，第 482 页。

的建构中，国人的海洋意识得到强化，有了比较强烈的"海洋文化"自觉。但是，不少人往往把"中国海洋文化"与"中国文化"割裂开来。曲金良认为，不少人将"中国文化"理解为以中国大陆文化为主体的文化，将"中国海洋文化"理解为中国沿海和岛屿地区的文化，因此，把"中国海洋文化"从作为"中国文化"核心与精华的儒家文化中剔除。而事实上，"中国文化"是"中国海洋文化"的母体，"中国文化"的核心内涵和整体面貌，同样体现在"中国海洋文化"之中。既有"内陆性"又有"海洋性"，也就是说，"内陆性"和"海洋性"是"中国文化"的"一体两面"，是一个不可分割的整体①。中国海洋文化是中国文化的基本构成部分，而不是它的"剩余"。只有具备这样的思维，才可能对中国海洋文化充满民族自信心，才可能有底气加强对中国海洋文化历史的深入研究。也只有具备这样的社会氛围，才可能在东西方海洋文化的论辩中积极表达话语权的主张，而不至于唯西方的海洋文化马首是瞻，在他们设定的笼子里跳舞。

第二，需要正确评估西方的海洋文化，并对西方海洋文化的局限性保持清醒的认识。西方海洋文化中固然有其积极的一面，但也不乏颓废甚至黑暗的一面。西方海洋文化并不具有绝对的优越性，相反，在西方进行资本积累特别是殖民期间，西方的海洋文化既有积极探索新大陆的一面，也有掠夺的一面，甚至充斥着血腥味。因此，不能认为海洋文化特别是西方的海洋文化就是先进的、积极的。这也是前面论述海洋文化特征时，不认可学术界那种认为海洋文化具有"民主性""法制性"等所谓"先进性"的原因之一。增强海洋文化自觉意识，不仅需要文化自信，同时需要对历史上的，对西方的海洋文化加以审视，以批判的、发展的眼光予以正确评估，对其不合理性与局限性保持清醒的认识。

第三，需要积极学习西方海洋文化的长处。费孝通指出："文化自觉是一个艰巨的过程，只有在认识自己的文化，理解并接触到多种文化的基础上，才有条件在这个正在形成的多元文化的世界里确立自己的位置，然后经过自主的适应，和其他文化一起，取长补短，共同建立一个有共同认可的基本秩序和一套多种文化都能和平共处、各抒所长、联手发展的共处原则。"② 海洋文化自觉要求我们以开放的心态，以兼容并蓄的思想，学习西

---

① 曲金良：《中国海洋文化观的重建》，北京：中国社会科学出版社，2009 年，第 17 页。

② 费孝通：《费孝通论文化与文化自觉》，北京：群言出版社，2005 年，第 233 页。

方海洋文化的精髓。换句话说，对本土海洋文化自信心的增强，并不妨碍我们对西方海洋文化特别是其优秀因素的学习。"从冲突到融合，从求同到存异乃至尊异，尊重不同民族、不同国家、不同海洋文化的差异性，以'和而不同'的差异思维，消解冷战思维，以'和谐'、'对话'取代'冲突'、'斗争'，这不仅是文化选择问题，而且关系人类未来的命运。多元的文化交流中，本着尊重差异、理解个性以及和谐相处的精神，在东西方海洋文化之间保持必要的张力与平衡"①。当然，对西方海洋文化的学习，并不是不加鉴别，简单地照搬照抄，而是"取其精华，去其糟粕"，并对之加以适宜的改造，使之具有更好的本土适应性。

第四，需要理性地分析"大陆文化"与"海洋文化"。一方面，"大陆文化"与"海洋文化"的二分法本身是有问题的。这是因为，"大陆文化"与"海洋文化"的划分是相对的，而不是绝对的。正如曲金良的观点，没有离开陆地的"纯粹"的海洋文化，也很难找到与海洋文化根本无关的"纯粹"的内陆文化。"海洋文化"与"内陆文化"的区分，是某一文化类型和模式中"海洋"或"内陆"的文化元素的多寡及其分化结构和走向的"向陆"或"向海"的偏重②。另一方面，需要对诸如"大陆文化具有稳定与保守的特征，而海洋文化则代表进取和开放"的观点予以旗帜鲜明的批判。前述已经表明，海洋文化有其先进性，但同时也具有局限性，不能盲目地认为海洋文化比大陆文化先进。事实上，这仍然是西方的话语体系。因此，认识和评估所谓"大陆文化"与"海洋文化"，需要我们更加理性，强调反思精神和批判意识，强调海洋文化研究的主体性，而不是人云亦云。

第五，海洋文化自觉要求我们科学地发展本土的海洋文化产业。据考证，首先使用"文化产业"一词的，是以批判社会理论著称的法兰克福学派的两位领军人物。1947 年，社会学家西奥多·阿多诺（Theodor Wiesengrund Adorno）和马克斯·霍克海默（M. Max Horkheimer）在《启蒙的辩证法》一书中提出，资本主义的发展已经使电影和广播转变成了产业，故以"文化产业"指代这些新的文化现象。同时，他们还批判了商业化的"文化产业"的平庸和单一性。到了 20 世纪 90 年代初，美国前总统克林顿提出了

---

① 叶世明：《"文化自觉"与中国现实海洋文化价值取向的思索》，《中国海洋大学学报（社会科学版）》2008 年第 1 期。

② 曲金良：《中国海洋文化观的重建》，北京：中国社会科学出版社，2009 年，第 16~17 页。

文化产业（cultural industry）这一概念①。至此，各国政府开始强调以产业化和经济化的运作方式发展文化，并创造了可观的经济效益。作为文化产业的重要组成部分，海洋文化产业近年来取得了前有未有的发展。统计资料显示："十二五"期间，海洋文化产业将呈现滨海旅游业、新闻出版业、广电影视业、体育与休闲文化产业、庆典会展业五龙竞进的局面，海洋文化产业预计能达到大约12%的增速，到"十二五"末总产值可逼近1万亿元②。但目前，我国海洋文化产业发展中存在一些通病，其中最突出的问题有两个。一是政府主导性过于突出。沿海各地政府普遍过于强调经济效益和轰动效应，而忽视了海洋文化的本身属性，同时忽视了当地民众的社会参与。在此背景下，海洋文化产业具有鲜明的短期性，在节日庆典活动之外，公众的海洋文化活动鲜有体现。同时，为了经济效益，政府在海洋文化设施建设中常常好大喜功、盲目求大求全，有的项目建设甚至破坏了海洋文化底蕴。二是各地海洋文化产业发展的异质化程度低，缺少地方特色。海洋文化产业发展中强调相互学习无可厚非，但盲目照搬照抄西方或者国内其他地方的模式甚至千篇一律，则最终会限制海洋文化产业的发展。因此，发展海洋文化产业，在强调经济效益的同时，也需要强调社会效益；在强调海洋文化共同性的同时，更需要强调地方特色，强调差异性发展。

---

① 张廷兴、岳晓华：《中国文化产业概论》，北京：中国广播电视出版社，2008年，第5~6页。

② 汪涛：《研究海洋文化发展　推动海洋经济发展》，《中国海洋报》2013年10月14日。

第四章　海洋社会群体

在海洋开发实践活动中，人们总是处在或流动于各种社会群体中。这些规模与类型各异的社会群体塑造了人们开发、利用和保护海洋的实践过程中多姿多彩的行为，并满足了人们在海洋开发实践活动中所追求的不同需要。

一　海洋社会群体的含义

海洋社会群体并不是指任意一个从事海洋开发实践活动的人群，而是有着区别于其他人群的构成要素，只有在特定因素作用下才能形成，并拥有特定的存在基础与发展条件。

（一）定义

社会群体又称社会团体，有的研究者认为社会群体"有着共同的认同及某种团结一致的感觉，对群体中每个人的行为都有相同而确定的目标和期望"[①]，强调社会群体的结构与功能；有的则注重社会群体的形态和性质，强调社会群体是"处在社会关系中的一群个人的集合体"[②]。无论是从结构功能，还是形态性质来看，社会群体都被认为是区别于作为一般聚集体的人群。海洋社会群体也不是一般意义上的从事海洋开发实践活动的人群的聚集体，而是通过持续性的社会互动或社会关系结合起来、共同从事海洋开发实践活动、有着共同海洋利益的人类集合体。

[①] 戴维·波普诺：《社会学（第十一版）》，李强等译，北京：中国人民大学出版社，2007年，第191页。

[②] 郑杭生主编《社会学概论新修（精编版）》，北京：中国人民大学出版社，2009年，第154页。

如何界定海洋社会群体的概念是海洋社会的相关研究者们所共同关注的问题。杨国桢将海洋社会群体阐释为"人与海洋、人与人之间形成的各种关系的组合"中与海洋区域社会、海洋国家等处于"不同层次的社会组织及其结构系统",强调海洋社会群体是"和陆地社会具有显著差别的,是各种社会群体组合的'船上社会',它们都有自己的组织制度、行为方式,带有小社会的特征"①。庞玉珍等则将海洋社会群体定义为"在人类征服海洋的过程中,一些直接或间接从事海洋活动的人群以其独特的生活方式、行为方式和思维方式,形成的具有特殊结构的群体,强调海洋社会群体是有别于陆地人群的'海上社会'"②。

我们认为,海洋社会群体不仅仅是涉海人群的集合或类属,它展示的是人们在涉海实践活动中相互联系的独特模式,以及所形成的独特社会结构,包含对其成员在涉海实践活动中扮演某种角色的确定期望,并通过涉海实践活动所特有的意义和规范形成其群体文化,使其成员产生群体认同感,从而将海洋社会群体区别于群体外的人群。因此,海洋社会群体可定义为从事海洋开发实践活动的,有着对海洋开发实践活动的某种共同认同的,对其成员有着相同而确定的期望的,以特定生活方式、行为方式和思维方式形成的具有特定社会结构的群体。这一定义可具体从以下几方面进行理解。

第一,群体来源的共同性。海洋社会群体区别于其他群体的最为独特之处在于其通常拥有从事或参与海洋开发实践活动的共同祖先、共同文化、共同语言。因此,不仅其自身,其他群体也由此认定其作为独特社会群体的存在。无论是在山东威海周边的海洋渔村,还是日本濑户内海东岸的大阪港口,或是法国西海岸的渔村小镇,长期居住在那里的当地居民通常都有着与周边区域区别十分显著的方言,而这些村落的周边离海较远的广阔区域却通常没有如此明显的方言区别。传统渔村中祭祀和供奉海神的祭海仪式也可以体现这样的"共同性",当山东即墨田横镇渔民们为"上岸"的龙王供奉三牲、焚香祷告的时候,他们显然意识到,他们这些参与祭祀的

① 杨国桢:《论海洋人文社会科学的概念磨合》,《厦门大学学报(哲学社会科学版)》2000年第1期。
② 庞玉珍、蔡勤禹:《关于海洋社会学理论建构几个问题的探讨》,《山东社会科学》2006年第10期。

渔民们有着不同于其他群体的信仰对象——海龙王①。我国福建、台湾的信众之所以不辞辛劳定期举办跨越海峡的进香活动和海祭大典，为的正是黑脸妈祖这一共同信仰的海洋神灵②。

第二，群体界定的相对性。这是几乎所有群体在认定时都会产生的现象，即当界定自身是谁的同时，很明确地以"他们是谁"作为参照。从事海洋开发实践活动的独特性使得海洋社会群体不可避免地带有生产、生活等行为方式上的独特性，这将造成或加大其与其他群体之间的文化差异感，并形成其对自身所在群体和与之对比的其他群体之间内外差别的相对性认知。这样的文化差异感在日本漂海民群体中体现得异常明显，这个从日本中世时期开始就形成的、终年生活在船上、漂泊于濑户内海及周边海域的日本疍民群体不仅长期被濑户内海沿岸村落的农民视为异类，处于被孤立、边缘化的社会底层，漂海民群体本身也对与其他群体的互动十分排斥，除了交换淡水、蔬菜等最基本的生活必需品外，他们很少与周边村民建立稳固的交往关系，终年漂泊在海面上，即使靠岸也只是稍作停留③。而对海盗这一贯穿古今中外海洋史的社会群体来说，无论是活跃在古希腊、古罗马时代地中海海域的海上掠夺者，还是明朝环中国海海域的倭寇，或是今天依然出没于亚丁湾，给来往于苏伊士运河的各国商船制造麻烦的索马里海盗，显然都有着不同于其他群体的生存法则和行为方式，周边地区的统治者一次次的围剿并没有使他们臣服。

第三，群体意识源自利益与感情的有机结合。海洋社会群体在很大程度上是作为海洋开发实践活动的受益群体来加以定义的，因此其群体的形成过程在很大程度上是共享利益意识的结果，是其构建海洋利益的价值载体和文化载体的变动过程，是具有互动性的社会组织过程。换言之，海洋社会群体之所以区别于其他社会群体，一个重要因素就在于这一群体对其共享的特定海洋开发实践活动中获得的利益的意识。传统海洋渔村的祭海仪式就是依靠对航海平安、渔捞丰收这些渔捞活动中的共同利益的认同而使相关人群更强烈地意识到自己海洋渔民的群体属性。在各国历史上，海

① 叶涛：《海神、海神信仰与祭海仪式——山东沿海渔民的海神信仰与祭祀仪式调查》，《民俗研究》2002 年第 3 期。
② 林静娴：《朝天阁妈祖"黑脸"只因台湾信众虔诚》，《海峡导报》2012 年 3 月 26 日。
③ 宋宁而：《社会变迁：日本漂海民群体的研究视角》，《中国海洋大学学报（社会科学版）》2013 年第 1 期。

盗都是统治者的清剿对象，但总是屡禁不止，每每置之于死地而后生，转眼间又群聚穿梭于波涛汹涌的海上，如此顽强的群体生命力无非源自对海上掠夺所带来的巨大利益的极力渴望。

第四，群体意识塑造其群体特有的海洋观。独特的海洋文化不仅孕育其群体的差异性，同时这种差异性也反作用于群体文化，使其形成异于其他群体的思维方式，从而使得"冒险性、多元性、开放性、进取性"等特色鲜明的海洋观得以形塑。无论是我国东南沿海地区富于进取精神的潮汕商人，还是琉球群岛上从日本明治时期就进入日本列岛、东南亚海域进行渔捞活动的糸满渔民群体，抑或是出没于北欧周边海域的维京海盗，以及伊丽莎白一世时期凭借海上掠夺致富发家的德雷克兄弟这样的商船船主，我们都可以看到，海洋开发实践活动赋予了世界各地区的海洋社会群体以相比其他群体更多的冒险、进取、多元、开放特色的海洋观。

（二）构成要素

在人类海洋开发实践活动中，海洋社会群体和涉海人群的集合或类属之间的界限并不清晰，但海洋社会群体具有以下可与涉海人群的集合或类属相区别的基本构成要素。

第一，群体标志鲜明。海洋社会群体通常期望本群体拥有某种涉海的标志，可与群体外人群进行区分，从而获得来自本群体的成员以及非本群体成员关于"他们是属于该群体"的一致认同。居住在沿海地区的特定社会群体常常拥有与相邻地区差异很大的独特方言，潮汕地区是我国重要海商群体的聚集地之一，潮汕方言就是我国保留古音古词古义最多的方言之一，其难学难懂程度显然已影响到外地移民的文化认同，有时甚至达到了阻碍该地区经济社会发展的地步①。远洋海员对自己操纵船舶练就的特有胆魄、手腕、语言，甚至对商船船员制服都普遍拥有荣耀感，并视此为"船员像"的基本标准②。

第二，有持续的较为密切的海洋开发实践活动的互动。由于海洋开发活动对特定经验技艺、协作能力、精神面貌等方面的要求，海洋社会群体成员通常比较稳定，成员之间不仅一般都保持着较长久的交往，并且通常

---

① 冯祥武：《潮汕方言淡化论》，《汕头大学学报（人文社会科学版）》2011 年第 3 期。

② Saburou Suzuki, Ninger Song, "Study on Chinese Seafarers' Education System", *The Journal of Japan Institute of Navigation*, 2003, 109（9）：191－198．

都是面对面的较为亲密的交往。渔民、海员、海军、海盗这些传统海洋社会群体以渔船、远洋商船、军舰等船舶为工作场所，工作通常都在面对面的亲密交往中进行，无论捕鱼、操船、战斗，都需要彼此间较长期的磨合。海洋产业人员、海洋科教管理人员等其他海洋社会群体虽然受其活动场所——公司、单位、机构等海洋社会组织的属性影响，决定了群体成员的互动相对传统海洋社会群体较为间接、疏远，但其所从事的涉海实践活动依然使其群体交往较为密切，船舶管理、船检、海运金融保险业的工作通常都需要其成员拥有长期船上工作经验，以便对现任海洋产业工作的许多相关群体有着相当深入的了解和把握，否则工作进展将十分艰难①。海洋科教人员必须通过对海洋的实践调查或以海洋为教学实践对象才能完成其工作，海洋开发实践活动对协作互助的需要使得这一群体的互动较为持续而密切。海监、海警、海事、渔政等海洋管理人员的工作性质决定了其海洋管理工作必须以船舶为载体，密切的互动配合是必不可少的。

第三，群体意识和规范统一明确。海洋社会群体在涉海实践活动的互动过程中，会产生一些共同的海洋观、海神信仰。海洋社会群体成员由于同舟共济的工作性质，显然具有许多共同的兴趣和利害关系，并通常会遵循特定的明确规定的行为规范。妈祖信仰之所以成为我国乃至东亚、东南亚地区海洋社会群体普遍的海神信仰，不仅因为妈祖"预测风云、拯救海难"的功能②为渔民、海商等长年驾船出海的群体所必需，同时也反映了海洋社会群体希望以自身的智慧、勇气和能力去征服大海的共同生存态度。日本的海商、渔民、船员、海军等众多海民群体③在共享着对金毗罗神和惠比寿神等共同的海神信仰的同时，也保留了海神祭祀方面的众多共同习俗与节庆文化④。

第四，群体内部分工明确。尽管在不同海洋社会群体中，内部分工合作的程度各不相同，但群体内部的明确分工、密切协作却是普遍存在的现

---

① Ninger Song, Kinzo Inoue, "Gap Analysis of Expectation for Ship Management Superintendent (S. I.)'s Competence", *The Journal of Japan Institute of Navigation*, 2007, 116 (3): 285 – 291.

② 陈宪章:《妈祖信仰为何千年不衰》,《寻根》1996 年第 1 期。

③ 宋宁而:《日本海民群体研究初探》,《中国海洋大学学报（社会科学版）》2011 年第 1 期。

④ 姜春洁:《功能主义视角下的日本海神信仰研究》,《广东海洋大学学报（社会科学版）》2012 年第 2 期。

象。无论在驾驶帆船的大航海时代还是船舶驾驶高度自动化的今天，同一商船上的海员群体总是等级森严，各司其职。海盗船之所以普遍令古今中外的商船感到威胁，正是因其群体分工明确、行动迅捷、纪律严明。现代渔民群体在捕捞金枪鱼等大型海鱼群时通常是渔船队共同出动，不仅要求一艘渔船上的成员必须各尽其责，甚至需要整个渔船队之间也需就拉网、收网等工作进行十分明确的分工配合。值得注意的是，海洋社会群体中的一些小群体并没有因为人数规模有限而显得分工不严格。渔民家庭、海员家庭中的"男主外、女主内"的分工通常都较为明确，在一些就职于高度现代化的海运公司的远洋海员家庭中，由于丈夫长年在外，这一点表现得尤为明显[1]。

第五，群体保持较高的一致行动能力。在海洋开发实践活动中培养出的群体意识和群体规范的作用下，海洋社会群体通常会保持高于其他社会群体的一致行动能力，使得海洋社会群体与涉海人群的集合或类属产生了明显的区别。船员群体，只要处于船上的工作状态下，就必须维持严明的纪律，以便随时保持高度一致，应对随时可能出现的问题；海盗群体的一致行动能力是不言而喻的，有些海盗群体在平时就是一些沿海渔村的渔民群体，这种情况下，甚至出现过整村渔民一致行动，在休渔期共同参与海盗行为的事实[2]；海监、海警、渔政等海洋管理人员保持高度一致的行动能力是这些群体开展工作的基础；海洋科技工作者无论是在乘坐调查船出海，还是在海岛、海岸带或特定海上平台上进行科研调查，都必然有着明确的共同目标，并就达到目标的方法和途径保持一致，否则工作的开展将是难以想象的。

（三）形成原因和存在条件

1. 形成原因

西奥多·米尔斯关于群体形成过程五阶段的理论为我们研究社会群体的形成原因提供了理论上的启示与指引。米尔斯认为，群体赖以产生所需经历的五个阶段分别是行为、情感、规范、群体目标和群体价值观[3]。从事

---

[1] 史兆光：《航海伦理学》，大连：大连海事大学出版社，2001年，第140~144页。

[2] Philippe Jacquin：《海盗历史》，后藤淳一、及川美枝译，大阪：创元社，2003年，第100页。

[3] 西奥多·米尔斯：《小群体社会学》，温凤龙译，昆明：云南人民出版社，1988年，第62页。

海洋开发实践活动的社会成员之所以能形成具有一定结构、分工并共享一定意识的社会群体，需要从这些群体形成过程的不同阶段中寻找原因。

第一，海洋社会群体得以形成首先必然是基于特定行为、秩序与互动系统的形成。人类的海洋开发实践活动以海洋及其资源为行为的对象及载体，必然需要从事相关实践活动的人们为获取相应利益而建立具有一定规模的、有着一定角色分工的、较为系统与复杂的系统。即使是在人类海洋开发实践活动的较早时期，捕鲸、航海、海盗等传统海上活动都离不开相当规模的人员来共同从事这些实践活动，成员之间也显然需要为谁作为船上的舵手、桨手、攻击手进行协商与分配。时至今日，海洋开发实践技能的不断提升促使从事这类实践活动的社会群体必然要实施更为系统的行为模式，形成更有序的互动模式，以便从这些海洋开发实践活动中获取更大的利益。

第二，在特定行为秩序获得确定的基础上，海洋社会群体的形成也是基于群体内部成员之间所建立起的感情以及成员对所从事的海洋开发实践活动的感情。正如一些社会学家所说："人们形成群体并非是由于人们选择成为一部机器的一些部件，也不是由于人们服从的天性或者想这样那样地调节其行为。互动是因为成员受到强烈的刺激，带着自己的愿望。人们走在一起，呆在一起，是因为他们具有强大的动机基础。"① 海洋开发实践活动的风险性、不确定性与艰苦性常能促成彼此间依赖、信任、坦诚、同舟共济等感情的培养，使得共同参与海洋开发实践活动的人们产生同属一个群体的感觉。

第三，海洋社会群体得以形成，必然也需要经历群体规范以及规范控制的形成阶段。群体规范不同于群体的行为模式，是成员心中所具有的关于人们应该如何活动、感觉及表达感情的思想观念。海洋社会群体正是在其共同参与海洋开发实践活动的人们逐渐形成了关于成员应当这样做、怎样感受、如何调节以及个体行为不合规范时应当如何惩罚等可共享的思想的过程中逐渐形成、系统化并对成员及其行为产生影响的。

第四，海洋社会群体的形成在经历了以上的行动、情感和规范这三阶段之后，还需完成确立群体目标这一阶段。海洋社会群体的目标不同于共同参与海洋开发实践活动的个体目标的简单相加，而是作为一个整体的一

① 这一观点源自 M. 谢里夫与 C. 谢里夫的群体研究。（摘自西奥多·米尔斯《小群体社会学》，温凤龙译，昆明：云南人民出版社，1988 年，第 73~74 页。）

种理想状态，并被个体内化为自己实施海洋开发实践活动的目标。海洋社会群体得以形成并持续存在的一个重要环节就是：共同从事海洋开发实践活动的个体构想群体目标，接受这一目标，将其个人资源、潜力、技巧和能量致力于实现目标，把实现群体目标放在实现自己的目标之上，并认为实现群体目标比遵守群体规范、维护成员间的感情关系既定模式等更为重要。

第五，海洋社会群体的形成所需经历的最后一个阶段是从事海洋开发实践活动的特定群体价值观念的产生。实施相应实践活动的个体需要最终形成一些统一的思想判断，即自身所在的海洋社会群体实际上是什么，这一海洋社会群体希望成为什么，以及群体要如何实现其所希望达到的理想，实现理想的过程中应保持怎样的群体范式。

2. 存在基础与存续条件

所有社会成员的共同需要有两类，即工具性需要和表意的需要。这两方面的差异也可以解释海洋社会群体得以形成的基础。

首先，许多海洋社会群体的形成是为满足其群体成员的生存、安全及其他工具性需要（instrumental needs）。绝大多数渔民的海上作业显然无法独立完成，更不用说那些进入远离海岸的深海海域的远洋渔船，群体合作是捕捞作业得以完成的基础。即使是航行于海上的三角帆，通常也需要依靠多人共同合作，才能乘风破浪，何况那些常年行驶在国际航线上的远洋商船，无论现代商船的高度自动化达到何种程度，船长、轮机长、航海士、管轮和水手等20名左右的基本成员都是必不可少的，否则远洋航行的基本操作及安全将无法保障。海洋社会群体同舟共济的工作性质决定了其成员群聚的工具性需要。

其次，一些海洋社会群体之所以形成也是为满足其成员表意的需要，亦即帮助其成员实现情感方面的欲望，提供归属感、自我实现等需求的满足。海上活动的危险、艰苦、疲劳以及成员所在群体所必须掌握的技能的困难程度等因素反而会激发海洋社会群体对自己所属的内群体另眼相看，倾向于从内群体中寻找优点，并转而用怀疑的眼光看待外群体，认为外群体不如内群体优秀、重要。获得类似的自我形象对群体成员来说是极为重要的[①]。

---

① 戴维·波普诺：《社会学（第十一版）》，李强等译，北京：中国人民大学出版社，2007年，第206～207页。

海洋社会群体形成之后，便有了自我维持的倾向。但这些群体得以持续存在却必须具备以下几个必要条件。

第一，海洋社会群体必须能够适应自己所在的自然环境和社会环境的状况。海洋开发实践活动的性质决定了海洋社会群体的存续要比其他社会群体更多地依赖海洋环境及其相关环境。海洋渔业资源的枯竭会直接影响渔民群体的生存，竭泽而渔的结果自然会导致渔民群体的萎缩乃至消失；海岸线的扩张或退缩都会直接影响以海为生的海盐民、渔民、漂流民等群体的规模、状态以及存在本身①；一些生活在沿海地区渔村的渔民群体会在无法从海洋中获得生存资源的季节里转变成海盗群体②，适合以海为生的自然环境是海洋社会群体持续存在的基础。同时，海洋社会群体还必须适应自身所处的社会环境才能保证其存续。城市化进程会挤占渔村生存空间，现代化建设会破坏海岸带的环境，失海渔民必将面临转产转业，从而直接导致群体的萎缩和消失；海洋勘探业，特别是近海海域的勘探业对海域环境所造成的威胁是不难想象的，这些活动一旦造成海上溢油，对周边海域水产养殖业、捕捞业、滨海娱乐业的影响将是显而易见的，对相关群体生存环境的威胁也是不言而喻的。

第二，海洋社会群体的成员利益必须受到保护，在不妨碍群体目标实现的前提下，成员能为实现自己的目标从事活动。只有当群体成员的个体追求自身利益的行为获得保障、各种需求获得了满足时，才能真正提升成员从事涉海实践活动的能动性，群体才能长期稳定地持续运行。休渔期过长、渔业资源减少、捕捞环境恶化、油价高涨，如果以上因素导致某一特定渔民群体的成员自身及家人的社会保障、子女教育、医疗卫生等利益普遍受到损害时，那么这一群体的持续存在将很可能面临威胁。亚丁湾海域之所以目前海盗群体横行，与世界各国渔船纷纷侵入该海域抢捕金枪鱼，货船争相在该海域倾废，造成该海域渔业资源枯竭密切相关③。当这些渔民个体的生存利益无法获得保障时，渔民群体的消失和海盗群体的壮大也就不足为奇了。

---

① 宋宁而：《日本海民群体研究初探》，《中国海洋大学学报（社会科学版）》2011 年第 1 期。

② Philippe Jacquin：《海盗历史》，后藤淳一、及川美枝译，大阪：创元社，2003 年，第 100 页。

③ 春岩：《"公有地悲剧"与索马里海盗的兴起》，《西部论丛》2009 年第 1 期。

第三，群体赋予其成员以一定的地位和作用，并以此谋求成员之间的统一。海上工作的性质使得保证群体结构的稳定尤为重要，海洋社会群体要得以存续，就必须确保群体成员能在群体中获得稳定的地位和作用。商船上的每位船员都有着不同的位阶和相应的职能，这样的群体结构是船员群体能够长期稳定进行船舶驾驶的基本保障。日本海运公司由于本国船员人工费昂贵，因此转向聘用较为廉价的外国船员，一味追求成本廉价的结果是日本船员所特有的对商船的责任心、对公司的忠诚度、对港口物流相关群体的文化熟悉度等优势不断遭到海运公司忽视，于是整个海事社会很快就发现，本国船员不断离开商船队，优秀的船员群体人力资源正在全国范围内迅速枯竭①。

二 海洋社会群体的基本特征

海洋社会群体作为从事海洋开发实践活动的特定社会结构的群体，既与从事纯粹陆上实践活动的社会群体有着显著的差异，又不同于所从事的生产生活实践活动中带有一定涉海性质的社会群体，海洋社会群体具备以下几项区别于其他社会群体的基本特征。

第一，涉海性。海洋社会群体是人们在海洋开发、保护和利用等涉海实践活动中形成的，这是海洋社会群体区别于其他社会群体的最大特征。从事渔捞业、养殖业、盐业、勘探业、海洋生物研发业等海洋开发事业的渔民群体、海盐民群体、海洋勘探群体、海洋科研工作者群体以海洋及其中的生物与资源为活动对象，涉海性不言自明；海上运输、海滨娱乐、海上安全保护等相关服务业的船员群体、海军群体以海洋为活动的根本性载体，离开了海洋就失去了生存的基本空间；从事环境监测、海洋管理等海洋保护事业的海洋管理群体以海洋为活动的主要空间，群体的行为模式带有十分显著的海洋特性。海洋社会群体所从事实践活动的本质都具有鲜明的涉海特性。

第二，生产性。海洋社会群体中的大部分都是从事生产性实践活动的群体。海洋社会群体的核心部分主要围绕其所从事的海洋产业，形成以海洋养殖和捕捞等海洋第一产业为主的渔民及其相关群体；以海洋盐业、海

---

① 富久尾义孝：《海事社会的变更提言》，东京：海文堂，2006年，第9~29页。

洋矿产业、水产品加工业、海洋海岸工程建筑业等海洋第二产业为主的海洋盐业者、矿业者、加工业者和工程业者及其相关群体；以为海洋开发、流通和生活提供社会化服务的海洋第三产业为主的船员、船东、租船者以及海商等海洋交通业者、滨海旅游业者及其相关群体①。其中，从事海洋第一、第二产业的群体，其活动的生产性特点是显而易见的，海洋第三产业虽然只是为生产提供服务的实践活动，但从事这些产业活动的社会群体却与从事生产性实践活动的其他海洋社会群体普遍保持着相当密切的联系。海员群体的海洋运输活动是世界生产分工的必要条件，与其相连的海商、海事相关群体也同样与全球生产紧密相连。从事滨海旅游业的群体在实践活动中虽然并不直接创造出生产性成果，但这些群体的活动却显然能够带动滨海地区的其他生产性实践活动的发展。

第三，性别差异性。男性占有较大比例是海洋社会群体的一个重要特征。海洋开发实践活动大多风险高、难度大、体力要求高、精神压力大、经常需要在恶劣气候下进行工作，这样的社会活动特点决定了相比女性海洋社会群体更倾向于吸纳男性让其成为群体成员。绝大多数出海的渔民群体和船员群体由男性成员组成，女性成员即便有，也属于绝对少数，其亚文化通常都淹没在男性群体的主流文化之中②，很难引起关注。即便是诸如海洋科教群体、海洋管理群体等非传统海洋社会群体，也会因为涉海工作外出较多、不稳定、风险系数大，而使得男性成员比女性成员更容易被吸纳为群体成员。男性群体人数居多导致男性文化理所当然地成为许多海洋社会群体的主流文化，英国17～18世纪船员群体中形成酗酒、嫖娼、斗殴等群体文化就是一个例证③。海盗显然也是男性占绝对多数的海洋社会群体，历史上出现的极个别女性海盗倒成了醒目的个例，反而"青史"留名④。

第四，流动性。海洋社会群体实践活动的涉海特性决定了其活动形态必然较为频繁，活动区域必然较为广阔，具有明显的流动性特征。渔民群体出海捕捞，其活动线路、互动区域几乎完全由鱼群等海洋生物的移动及

① 宋宁而：《日本海民群体研究初探》，《中国海洋大学学报（社会科学版）》2011年第1期。
② Kitada Momoko, *Women Seafarers and their Identities*, Ph. D., Cardiff University, 2010.
③ 宋宁而：《18～19世纪英国船员群体研究》，载徐祥民主编《海洋法律、社会与管理》2010年卷，北京：海洋出版社，2010年，第130～166页。
④ 白海军：《海盗帝国》，北京：中国友谊出版公司，2007年，第106～110页。

潮流、天气等流动因素所决定，冲绳专事渔业的糸满渔民在百年之前就曾为追逐鱼群而远航至东南亚海域[①]，江户时期活跃在日本濑户内海海域的渔民也曾为追踪金枪鱼群，进行过环绕日本列岛的航行[②]。一些以捕捞大型鱼类为目的的远洋渔船更是需要在深海的广阔空间中流动，受到索马里海盗袭击的船只中，有很多就是远赴亚丁湾海域进行捕捞的远洋渔船。船员群体驾驶船舶，依照一定的航线进行海上移动，通过天文观测、卫星定位来判断移动的方向和速度，通常来说，一年中的大部分时间，远洋船员群体都在航行海上、进出港口、通过运河，并且长年过着这样的流动性生活。海盗群体为来往商船所惧怕，主要是因为其移动速度快，行动极其灵活，其所驾驭的船只在某些海域的流动性明显强于其他船舶。更有甚者，亚洲各国广泛存在的疍民[③]都是长年吃住在船上，几乎不上岸，成为终年具有流动性的海洋社会群体。

第五，高技能性。海洋社会群体成员需经过较长时期的训练，掌握高超的涉海实践技能。渔民群体必须掌握驾船、拉网、拖曳、捕捞、观察气象、养殖等繁多而技术性强的生产生活技能。船员群体不仅需要掌握当值、驾驶、通信、雷达等船舶驾驶方面的技能知识，还需要掌握缆绳、潮流、天文观测等相关技能，商船船员还必须掌握英语会话、提单票据、货物保存、燃料安全、港口物流等全方位的实践技能，由于其所需掌握技能的重要性和多样性，甚至需要 STCW[④] 这样的国际公约来进行明文规定。即便是从事海洋科教工作的社会群体，也不能只拥有理论上的科学知识，而必须在海洋科考、实习这样的实践活动中打磨技能技巧。因此，海事大学、海洋大学轮机驾驶及海洋科考领域的教师和科技工作人员也常常以作业服、工作服的形象出现，与普通教学人员和科技工作人员的群体形象有着比较明显的区别。

第六，高度组织化。现代社会，越来越多的海洋社会群体开始将各种

---

① 片冈千贺之：《糸满渔民的海外出渔》，载中循兴主编《日本海洋民综合研究》上卷，福冈：九州大学出版会，1987 年，第 379 页。

② 宋宁而：《社会变迁：日本漂海民群体的研究视角》，《中国海洋大学学报（社会科学版）》2013 年第 1 期。

③ 以船为家，在特定海域从事渔业的群体，如我国的疍民、日本的漂海民等。

④ STCW 是《1978 年海员培训、发证和值班标准国际公约》的简称，用于控制各国船员的职业技术素质。

社会组织作为其活动的载体，以组织化的形式从事涉海实践活动。传统的渔民群体虽然存在以家庭成员、朋友熟人为单位的群体，但这样的形式在捕捞技术日益现代化的当今已非主流，一些主要海洋国家的渔民群体多选择加入渔业协同组合、渔业公司等海洋社会组织来从事捕捞业。现代海员群体基本上也是作为海运公司的员工来从事海运活动的，即便是一些发展中国家的海员，也多依托海员人才派遣公司、船舶管理公司来进入合适的商船队伍。海洋开发实践活动的产业化带来了海洋社会群体的高度组织化，在当今社会的全球化影响下，海洋社会组织的跨文化、跨国界、跨领域的特征已越发明显，海洋社会群体的组织化程度必将不断提升。

第七，文化的独特性，海洋社会群体的整合离不开其文化的独特性。在海洋社会群体中，区别其内群体与外群体的界限正是以各种特殊的文化符号形式来表现的，这使得海洋社会群体成员形成团结感，得以与其他群体成员区别开来。海神信仰是渔民、船员等海洋社会群体赖以建立和保护群体认同的重要方式，作为群体认同的重要文化符号，它可以保护海洋社会群体避免在这个世界上失去其独一无二的位置，甚至通过信仰来确立群体自身。日本海民群体正是通过管弦祭、竞赛网鱼，甚至捕猎海豚这些特殊的节庆形式来认识并确保了自己独特的海民群体身份[1]；妈祖信众则通过"仿古祭妈祖"等特殊民俗文化形式[2]来表达对彼此属于同一社会群体的认同。总之，海洋社会群体的内、外群体的界限总是通过其衣食住行这些文化符号而被一再强调：渔民的饮食自然离不开浓郁的海味，这一点只要对各国渔民的海鱼类饮食略加了解就十分清楚了；船员群体在许多发达国家是典型的富裕阶层，但比起公司白领的西装革履，船员们却更喜爱船员制服，甚至船上的作业服；日本濑户内海地区长期活跃着许多从事渔业、行商的社会群体，他们完全以船为家进行日常生活起居[3]；无论中外，渔歌调子总是洋溢着拉网、号子等浓厚的海洋生产作业气息，一听便知。

---

① 姜春洁：《功能主义视角下的日本海神信仰研究》，《广东海洋大学学报（社会科学版）》2012 年第 2 期。

② 黄瑶瑛：《台湾进香团泉州会香祭妈祖》，《两岸关系》2007 年第 7 期。

③ 姜春洁：《功能主义视角下的日本海神信仰研究》，《广东海洋大学学报（社会科学版）》2012 年第 2 期。

三 海洋社会群体的构成

在这些直接或间接从事涉海实践活动，并以其独特的生活、行为和思维方式形成的具有特殊结构的群体中，从对海洋的"渔盐之利""舟楫之便"的意识开始，到对渔业、盐业、水运业、海商业，或从事海上掠夺及获取海洋资源等方式为生的行业的兼事乃至专事，海洋社会群体的分化围绕其所从事的海洋产业经历了一个漫长的过程。目前，活跃于世界各国及地区的海洋社会群体主要由渔民群体、海员群体、海盗群体、海商群体、海军群体、海洋科教管理人员群体、海洋产业人员群体等构成。

（一）渔民群体

1. 定义

在许多涉海国家的人口构成中，渔民都是重要的组成部分，但同时渔民也是一个复杂的概念。广义上的渔民是指以捕鱼为生的人，因此，无论是在海上捕鱼的人，还是在河上、湖上捕鱼的人，都可以称为渔民。有些文献中把内陆从事池塘养殖的人也称为渔民。显然这是一种从职业角度出发的广义上的界定。狭义上的渔民是指居住于海岛渔区，以从事渔业生产为主要职业的劳动者[①]。这一定义除了界定了渔民的职业，也界定了其居住范围，即沿海地区。因而，在狭义的理解下，渔民专指在海上捕鱼或者依靠海洋而进行渔业生产活动的人。本章的分析主要采用狭义的理解，指沿海渔民。

2. 特点

渔民在包括我国在内的诸多涉海国家的人口构成中都不同程度地占有重要的地位，与在陆地上依靠耕地从事农业生产的农民一样，他们都处于社会结构的底层，但是与后者相比，他们还有一些属于自身的特殊的群体特征。同时，渔民与其他海洋社会群体相比也有着独特的群体特点。

第一，渔民的生活习性有其特殊性。如前所述，渔民主要居住在海岛渔区，在衣、食、住、行等生活的各个方面都有其特殊性。渔民在进行生产活动时，喜欢穿宽大的"笼裤"，这与其生产环境有密切的关系；食物方

---

① 韩立民、任广艳、秦宏：《"三渔"问题的基本内涵及其特殊性》，《农业经济问题》2007年第6期。

面，较之内陆的居民，对海产品的消费更多一些；渔民居住的海岛、渔村具有偏僻、边远性特征，经济基础、通信、交通运输等条件比较差；出行上，居住在海岛的渔民，因交通不便往往更加依赖渔船。

第二，渔民有其独特的文化艺术。渔民生活在海边，与内陆居民的生活环境有着较大的差异，因而其文化艺术中也带有浓厚的海洋特色。以舟山渔民画和渔民号子为例，舟山渔民画于 20 世纪 50 年代初期才萌发于舟山渔村，20 世纪 80 年代逐步走向成熟，影响越来越大，主要由一些渔村青年，在弄桨操舵、引梭织网之余，用画笔描绘渔家的赶潮生活、民间传说、神话故事、海岛习俗等，运用绚丽、强烈的色彩关系，以奔放、主观等手法演绎海洋民间文化，至今舟山所辖的定海、普陀、岱山和嵊泗四县区均被文化部命名为"中国现代民间绘画之乡"①。舟山渔民画是我国海洋文化的重要组成部分，以独特的绘画形式，多彩的风格吐露了渔民们对生活的真情和对大海的深情眷恋，反映了渔民们坚忍不拔、勤奋向上的品质，百折不挠征服大海的决心，强烈地表现了对美好生活的热爱及对幸福的祈盼②。历代渔民在耕海牧渔过程中，需要用号子来统一劳动节奏，进而逐渐形成了特定的劳动习惯，通过打拍子喊号子来协调劳动、增进团结，日积月累世代相传也就演化成了广泛存在于各地渔民中的渔民号子，比较突出的有舟山渔民号子、荣成渔民号子、长岛渔民号子和日照岚山渔民号子。岚山渔民号子既展现了岚山渔民平日生活的真实景象，又在真实生活基础上有所升华，再现了岚山渔民在捕鱼劳作时驯海驭浪的激情和对美好生活的向往。岚山号子有十几种，种类非常多，主要有成缆号、箍桩号、拿船号、推关号、撑蓬号、撑篙号、棹棹号、悬斗号、淘鱼号、溜网号、点水号等。号子音调高亢，铿锵有力，旋律优美，词句简洁，朗朗上口，具有较强的互动性和感召力，在当地渔民中有很强的影响力③。

第三，渔民有特殊的民俗文化。民俗文化是由不同地域、不同民族的广大民众传承的思想意识和生产生活方式所表现出来的文化形态。它涉及的范围十分广泛，内容几乎涵盖了人类生活的各个领域和层面，并通过物

① 王艳娣：《论舟山渔民画的艺术特质》，《浙江海洋学院学报（人文科学版）》2008 年第 3 期。

② 罗江峰：《海洋民间美术的奇葩——舟山渔民画》，《美术》2009 年第 5 期。

③ 李明：《浅谈非物质文化遗产保护——以山东岚山渔民号子为例》，《安徽文学（下半月）》2010 年第 4 期。

质、心理、语言、行为等方式表现出来①。祭海民俗在世界许多国家都有着悠久的历史，是渔民在漫长的耕海牧渔生活中创造的独具地域特色的渔家文化，是对特定区域海洋民俗文化的集中性体现，也是对这一区域空间中渔民群体的生动诠释。时至今日，传统渔捞活动因近海渔业枯竭、海洋环境污染、沿海地区变迁等因素而经历着转型，祭海民俗也在这一过程中孕育着社会功能的转变。例如我国山东的田横祭海节、福建莆田的海祭妈祖节以及日本濑户内海严岛地区的管弦祭，都是从渔捞丰收、航海平安的祈祷典礼向区域海洋民俗文化盛会转变的典型例子。渔民在禁忌方面，与陆上居民有很大的不同，如在船上不能大声说话，以免惊动龙王；船上，忌双脚悬于船舷外，以免"水鬼拖脚"；船上吃饭，先吃鱼头，意为"一头顺风"，盘中的鱼不可翻身，亦不得先攫食鱼眼，隐示"翻船"；遇到不吉利的谐音、方言都用改称等。

第四，渔民面临高风险。这里的高风险既有政策风险、自然风险、人身风险，也有市场风险。政策风险对渔民活动造成的影响是来自多层面的。首先，国际公约会影响一国或地区的渔民活动，自 1994 年《联合国海洋法公约》生效以来，一方面，沿海各国在本国专属经济区内的渔业捕捞活动有了显著的发展；另一方面，日本等早在此前远洋渔业活动已经较为发达的国家则因各国专属经济区的建立，使得本国的远洋捕捞业受到了较大的冲击②。其次，一国或地区与周边国家、地区之间签订实施的渔业协定也会影响渔民的生产生活，《中日渔业协定》《中韩渔业协定》的签订与实施无疑对中、日、韩三国的渔民从事捕捞活动的范围、方式、路线都带来了一系列的影响与风险。最后，一国或地区的政策也会影响沿海地区渔民的活动。休渔期政策的实施、休渔期的长短、对休渔期造成的渔民损失的补贴等一国或地区政策对本国渔业活动造成的影响显然比前两个层面带来的影响更直接、更深远。随着近海渔业资源渐趋减少、枯竭，国家层面、地区层面的渔业相关政策的调整幅度会加大，相应地，对沿海地区渔民生产生活所造成的不确定性影响也会越来越大。

面对海洋这一难以控制的生产场所，自然风险也会给渔民的生命和财

---

① 周彬：《浙东地区渔民俗文化旅游资源开发研究》，《生态经济》2009 年第 12 期。

② 范其伟、王福林、郭香莲：《日本远洋渔业支持政策及其对我国的启示》，《中国渔业经济》2009 年第 5 期。

产带来严重的影响。《2005 年中国海洋灾害公报》显示，我国海洋社区海洋灾害频发，共发生风暴潮、赤潮、海浪、溢油等海洋灾害 176 次，沿海 11个省（自治区、直辖市）全部受灾，造成直接经济损失 332.4 亿元，死亡（含失踪）371 人[①]。如 2001 年台风"飞燕"使福建省渔业遭受严重损失，渔业直接经济损失达 22 亿元人民币，渔船沉没损坏 6430 艘，网箱被毁坏20.38 万个，虾塘被冲毁 34200 亩，吊养的牡蛎被冲毁 55000 亩；2003 年台风"杜鹃"给广东省内造成重创，因灾死亡人数为 40 人，直接经济总损失22.87 亿元；2004 年 14 号台风"云娜"正面袭击浙江省台州市，共有 2563艘渔船受损，其中 284 艘渔船沉没，2000 余艘渔船搁浅（185 马力以上钢质渔船 300 艘左右），死亡、失踪渔民 13 人，渔船直接经济损失达 1 亿元[②]。渔业被世界公认为风险最大、死亡率最高的产业，尤其海洋渔业捕捞业遭受自然灾害和意外事故的可能性远远高于陆地其他产业。

同时，渔区渔民也面临较大的市场风险，海洋水产品受市场影响巨大，其价格完全由市场调节，波动剧烈。因为其高风险性，商业保险往往不会涉及对渔民遭受自然灾害后的保障，造成渔民抵御风险的能力低，遇到一次自然灾害可能就会破产，负债累累，甚至失去生命，只能寄希望于政策性渔业保险。青岛市政府曾经号召商业保险公司为养殖户办理商业保险，但均因风险难以评估，加之一旦出现自然灾害往往也会造成保险公司的收益损失，出于自身利益考虑，在投保工作开展后的第二年，保险公司便停止了对养殖渔业的保险经营。

第五，渔民文化程度低，择业能力差。由于渔业的特殊性，渔民要追逐鱼汛到处迁徙，使一些孩子仅小学期间就要多次转学，一般勉强读到小学，受教育年限少。渔民长期以打鱼为生，加上大多数以船为家，四处漂泊，青壮年以上大多数未接受过文化教育，文化素质极低，无法适应岸上日益强烈的竞争环境。[③]

正是这些特殊的群体特征，形成了渔民群体与其他社会群体之间的差异性和边界性，也为对渔民的相关研究提供了着眼点。

3. 渔民群体与社会发展

渔民群体作为沿海国家人口的重要组成部分，其生产生活活动对社会

---

① 宋广智：《海洋社区渔民社会保障问题探讨》，《法制与社会》2009 年第 12 期。
② 宋广智：《海洋社区渔民社会保障问题探讨》，《法制与社会》2009 年第 12 期。
③ 韦文芳：《防城港市沿海渔民生计发展制约因素分析》，《经济与社会发展》2009 年第 3 期。

发展以及其他社会群体都带来一定的影响，同时，他们的生产生活各方面也相应地受到社会发展和其他社会群体的反作用。渔民为社会的发展无论从经济方面还是文化方面，都贡献了自己的力量，也在社会发展过程中改善了自身的生活条件，从这个意义上说，渔民既是社会发展的贡献者，也是受益者。但是，随着社会的不断发展，一些问题也逐渐暴露出来，如社会保障问题、海洋环境问题等，而渔民在面对这些社会问题时，其自身利益受到了一定的损害，从渔民社会保障的不完善、海水污染导致的渔民返贫等问题带来的社会影响来看，渔民也是受害者。

海洋环境变迁会带来渔民群体的纵向变化，渔民群体会因沿海地区经济、社会的发展而发生群体分层。沿海经济的快速发展会带动沿海工业区、经济开发区、宜居新区和观光旅游区等沿海新型社区的建立，海洋物探、石油天然气开采、海沙抽挖等活动也会陆续获得拓展，占用了大量的沿海滩涂和浅水海域，致使从事养殖业的沿海渔民丧失养殖水域，海岸工程项目、国防建设用海、各种管线敷设直接和间接用海、现有航道和规划新增航道直接和间接用海等大面积影响了渔民传统的生产渔场，渔场面积大幅缩减。随之而来的海洋污染又导致海洋渔业资源被破坏，致使沿海渔民赖以生存的传统渔场消失，传统渔民生活受到影响①。随着社会经济的不断发展，工业、陆上农业产生的大量废水、污水排入大海，造成海洋环境形势严峻，污染严重，渔民成为最直接的受害者，因污返贫者大有人在。一份关于塘沽北塘渔村和山东无棣县水沟村的调查研究显示，两村因为海洋污染和过度捕捞，海产资源越来越少，人们纷纷卖船，多数人失业，有的更是由于捕鱼破产而"卖房还债"②。

沿海地区的社会变迁同样会带来渔民群体的横向变化，即这一社会群体的分化。一份对山东省烟台市长岛县渔民群体的调查研究显示，黄海、渤海及长岛县海洋环境的变迁推动长岛县的渔民群体发生职业分化与收入分化，形成了近海捕捞渔民、远洋捕捞渔民、海洋运输船员、水产养殖业者、休闲渔业者、水产加工业者、失海渔民等多个群体③。同理，日本中世

---

① 苏文清：《关爱渔民　科学规划　维护渔区和谐稳定——解决沿海渔民失海问题的建议》，《中国水产》2008 年第 10 期。

② 王君明：《沿海渔民因污返贫——建议成立环境法庭强化环保》，《绿叶》2008 年第 8 期。

③ 崔凤、杨海燕：《海洋环境变迁与渔民群体分化》，载徐祥民主编《海洋法律、社会与管理》2009 年卷，北京：海洋出版社，2010 年，第 323～336 页。

时期濑户内海沿海地区的社会变迁也促使以濑户内海海域为活动区域的渔捞集团逐渐演化出漂海民、捕鲸业群体、沿岸捕捞渔民、水上运输业者、潜水渔业者、海盐业者、海盗等群体①。

4. 渔民群体的管理

海洋渔业资源是渔民赖以生存的重要物质基础，我国通过对海洋渔业资源管理，实现了对渔民群体的管理。1986 年 1 月 20 日第六届全国人民代表大会常务委员会第十四次会议通过《中华人民共和国渔业法》，并在 2000 年和 2004 年先后进行了两次修正，这部法律是为了加强渔业资源的保护、增殖、开发和合理利用，发展人工养殖，保障渔业生产者的合法权益，促进渔业生产的发展而制定的。其中规定，国务院渔业行政主管部门主管全国的渔业工作，除国务院划定由国务院渔业行政主管部门及其所属的渔政监督管理机构监督管理的海域和特定渔业资源渔场外，由毗邻海域的省、自治区、直辖市人民政府渔业行政主管部门监督管理。对养殖业和捕捞业等做了具体的规定，并规定了渔业资源的增殖和保护以及法律责任等相关内容②。具体来看，捕捞许可证制度、休渔制度和捕捞限额制度等在我国对渔民群体的管理控制中发挥着重要的作用。

第一，捕捞许可证制度。捕捞许可证是政府向单位和个人颁发的从事捕捞作业的许可证书或资格证书。从事捕捞作业的单位和个人，必须按照捕捞许可证关于作业类型、场所、时限、渔具和捕捞限额的规定进行作业。渔船必须同时具备"渔业船舶检验证""渔业船舶登记证"和"捕捞许可证"才能从事捕捞作业。但是捕捞许可证通常只规定了渔船的主机功率大小、渔具数量、作业类型、作业区域、捕捞品种等，没有明确限制捕捞数量，所以，渔民可以通过延长作业时间、改造渔业技术等手段增加捕鱼量。

第二，休渔制度。休渔制度是我国采用的比较早的渔业资源保护和管理制度，它是根据渔业资源的繁殖、生长、发育规律和开发利用状况，划定一定范围的禁渔区（保护区、休渔区），规定一定的禁渔期（休渔期），在禁渔区内或禁渔期间禁止某些渔具渔法的使用或全面禁渔的一系列措施和规章制度的总称。但禁渔区、保护区和伏季休渔三种制度之间存在一定的差别，主要体现在禁渔时间上，禁渔区一般是全年或半年以上，休渔期

---

① 大林太良等：《濑户内的海人文化》，东京：小学馆，1991 年，第 423 ~ 626 页。

② 《中华人民共和国渔业法》第二章至第五章。

一般是半年以下，为若干天或若干月，保护区的时间一般也是若干天或若干月，但在期间允许一定数量的作业或捕捞非保护品种的作业。

第三，捕捞限额制度。捕捞限额是根据可持续最大捕捞量所确定的总允许捕捞量来制定的。总允许捕捞量再按照特定的方法分配于从事捕捞作业的单位和个人，捕捞作业者所分的份额称为配额。

（二）海员群体

由于生活环境与工作环境的特殊，使得船员①这一群体与其他群体尤其是陆上群体有很大的区别，我们将从船员的定义、特征及影响其产生与发展的社会因素、社会影响与社会对策进行初步的分析与阐释。

1. 定义

关于船员的定义，各国海商法都有具体规定，且大陆法系与普通法系在分类上也不尽相同，但随着海运业的全球化及国际公约的缔结，在对该群体的认识上逐步统一。《中华人民共和国船员条例》（以下简称《船员条例》）规定，船员是指依照本条例的规定经船员注册取得船员服务簿的人员②。船员有广义和狭义之分，广义的船员是指包括船长在内的船上所有任职人员。狭义的船员则不包括船长，仅指与船舶所有人签订船员雇佣协议的人。各国的海商法都明确规定了船员的法律地位、权利、义务和任职资格等，普通法系国家多采用船长和船员分离的狭义船员定义法，大陆法系国家则采用合并设立的方式，把船长与海员统称为船员，采用广义的船员定义。《中华人民共和国海商法》规定，船员是指包括船长在内的船上一切任职人员③。社会学研究人的社会行为也是最常见的现象，正如韦伯所认为的，"社会学是一门试图深入理解社会行动以便对其过程及影响作出因果解释的科学"④。因此，海洋社会学的研究对象应是人类的海洋开发行为，对船员群体的研究也应将这一群体的海上航海实践行为视作研究对象。海洋社会学对船员的定义是在海上航行的船舶中从事与航行有关实践活动的任职人员。海洋社会学定义中的船员仅指海上航行船舶中任职的海员。

2. 分类及职责

根据船员所担任职务的等级不同，船员可分为船长、高级船员和普通

---

① 本章节主要就船员中属于海洋社会群体范畴的海船船员，亦即海员进行探讨。

② 《中华人民共和国船员条例》第四条第一项。

③ 《中华人民共和国海商法》第三十一条。

④ 刘少杰：《现代西方社会学理论》，长春：吉林大学出版社，1998年，第141页。

船员。其中，船长是指依照《船员条例》的规定取得船长任职资格，负责管理和指挥船舶的人员；高级船员是指依照《船员条例》的规定取得相应任职资格的大副、二副、三副、轮机长、大管轮、二管轮、三管轮、通信人员以及其他在船舶上任职的高级技术或者管理人员；普通船员则是指除船长、高级船员外的其他船员。

根据船员在船舶上的工作区域不同，船员可分为甲板部①、轮机部、事务部、电台部四种。其中，甲板部包括船长、大副、二副、三副、水手长、水手、舵工；轮机部包括轮机长、大管轮、二管轮、三管轮、电机员、机匠长、机匠；事务部包括管事（事务长）、大厨、服务员、船医；电台部包括电台长（报务主任）、无线电话务员、无线电报务员。

根据船员操控船舶的分工不同，船员可首先分为驾驶船舶的驾驶部船员和控制船舶设备的轮机部船员。其中，驾驶部船员中，船长负责全船的管理与驾驶；大副负责甲板部分的工作、货物的配载、装卸和运输管理；二副负责驾驶任务，指挥船舶靠离港口、驾驶设备的技术管理；三副负责船舶航行、停泊，主管救生、消防设备的技术管理。轮机部船员中，轮机长负责船舶机械推进职能；大管轮负责轮机部设备的安全和预防；二管轮和三管轮负责相应的机器养护和锅炉操控工作；电机员主管船舶电机和船上电气设备。

3. 特征

第一，不确定性。船员的不确定性主要是指工作时间与工作地点、环境的不确定性。船员的工作时间并不确定，且工资待遇与其有直接联系，一般情况下船员职业实行综合计算工时制度，远洋船员一年内在船工作6~10个月，下船休息3~6个月，平均每月在海上航行20多天（航行率约70%），近洋和国内沿海航线的船员平均每月在海上航行15天左右（航行率约50%），其他时间则在码头进行装卸作业或在厂维修等。同时，由于工作地点、环境的不确定性，船员之间的生活较为单一与枯燥，彼此可交流的话题较少，且大多处于工作的等级分工之中。

第二，有限性。船员的有限性主要是指工作生活空间、资源与获取信息渠道的有限。船员活动空间狭小且船员工作、生活环境具有重叠性，获取的生活资源与娱乐资源十分有限，如新鲜食品与蔬菜供应受限。尽管信

---

① 也称驾驶部。

息时代计算机技术高度发达，船员获取信息渠道仍然不畅，对船员了解社会发展趋势与社会主流价值观不利，容易带来思想波动。

第三，流动性。船员的流动性是指工作性质造成的长期脱离陆地及其家庭与社会网络生活。船上工作需要船员在不同的水域、不同的港口码头作业，这种流动性产生的后果更多地体现在家庭关系的处理上。由于工作性质的原因，形成长期的两地分居生活方式，容易出现与家人感情淡薄的情况，尤其是在孩子社会化的重要过程中，这些问题显得更为突出与迫切，因此，需要给予船员群体及其家人更多的关注，探讨在这种职业背景下更多地维系家庭与社会关系的渠道与手段，挖掘船员角色转化过程中出现的问题与应对措施。

第四，单一性。船员的单一性是指船员较为单一的社会网络、缓解压力方式、性别结构。船员的工作环境与工作时间长期与大陆地区隔离，一般具有较为单一的社会关系网络，这一方面使得船员群体受大陆群体的生活生产方式影响较小，另一方面也使船员更换职业与工作环境的几率降低，这种较为稳定的职业促进了船员积极规划职业生涯，恰恰也可能是那些晋升机会较少的船员的矛盾与生活困扰的来源之一。船员缓解压力的方式较为单一且多靠自身的觉悟与承受力，枯燥单一的业余生活，贫乏的文化生活远不能满足船员身心健康的需求，使得船员需要强烈的信仰支撑。船员群体中的性别具有单一性特征，这种特有的性别结构对于群体内部结构也具有重要的影响。

4. 影响其产生与发展的社会因素

随着人类对河流、海洋的开发与利用，承担驾船运输职能的船员群体也随之孕育而生。现代船员群体的诞生源于海外殖民时代的到来。殖民宗主国在海外殖民地利益争夺战中为获取海运霸主地位，产生了对满足现代航运要求的船员群体的大量需求，殖民利益的急速膨胀又加速了这一队伍的壮大、持续不断的补给和进一步的群体分化，船员开始脱离船东、海商以及租船人，完成了现代船员群体的形塑。

在现代社会，船员群体除了受到航运业及船员职业本身的流动性、待遇丰富等因素吸引而得以发展，主要还受到以下几方面社会原因的影响，在现代社会中呈现一些发展趋向。

第一，科学技术的进步。现代科学技术的发展，使得船员工作过程中疾病的风险大大降低，为船员的持续有效补给提供了一定的保障。医学的发展使我们获知船员长期航行中必不可少的营养元素及医疗护理知识，避免了从大航海时代以来长期困扰船员的坏血病及其他疾病①。更为关键的是航海技术的进步，使船员对海上自然环境恐惧降低，增加了其工作信心。船舶 GPS 系统的开发与运用使得远洋作业的船舶在确定船舶所在的海上位置、发送求救信号、实施避险救险的能力大幅提升，也为船员的海上航行活动提供了更为可靠的安全保障。STCW 等国际公约的缔结、实施及其各国相应的国内立法使得船员的任职资质、船员培训、船上职能分工等有了更为明确的规范，相应的培训设备、软件及其相关法律已日趋完善和普及，为船员群体在全球范围内的蓬勃发展提供了重要动因。

第二，全球化背景下的航运业发展。全球化为世界经济的发展带来了巨大的机遇，各国的资源与产品流动频繁，各国寻求劳动力成本的降低，使得更多发展中国家的人力资源获得重视。国际航运业的蓬勃发展，为船员的发展提供了广大的平台。大量发展中国家船员派遣公司的出现使得发展中国家的廉价船员群体成为发达国家海运公司商船队的理想劳动力。以日本航运公司及其商船队为例，这些日籍公司雇佣的，在日本商船上任职的工作船员来自菲律宾等东南亚国家及中国、印度、韩国等，同样的情况也出现在欧盟各国的航运公司中②。

第三，各国海运竞争力的差距。虽然进入全球化时代的各国海运业呈现前所未有的密切联系，但各国的海运业毕竟与本国经济发展最为紧密相连，发达国家相比后发展国家更早发展起来的经济导致这些国家的船员人工费用、船舶相关费用水涨船高，致使海运成本上升，竞争力相应下降。因此，发展中国家的廉价船员群体和方便旗船的发展在很大程度上弥补了发达国家本国籍船员不足的困难。但同时，非本国籍船员的大量雇佣也使得商船队的安全问题成为关注焦点。船员群体已成为现代航运中包括海难、溢油、海盗袭击、海上战略通道控制在内的诸多政治、经济、社会问题的核心。

5. 社会影响

船员作为一个重要的海洋社会群体，其产生与发展对其他社会群体具

---

① 宋宁而：《18－19 世纪英国船员群体研究》，载徐祥民主编《海洋法律、社会与管理》2010 年卷，北京：海洋出版社，2010 年，第 147～150 页。

② 富久尾义孝：《海事社会的变更提言》，东京：海文堂，2006 年，第 14、66 页。

有一定的影响作用，群体之间的互动也进一步推动着社会的发展。关于船员群体的社会影响，我们将从以下五个方面进行探讨。

第一，对船员自身的影响。"船员"首先作为一种职业直接影响着船员的生活条件，尤其是经济条件，也决定着"船员"作为一种职业的吸引力，同时，"船员"作为一种特殊的职业其对船员自身的影响也是显著的，目前，船员群体面临的普遍问题在于其心理健康问题、安全问题与权益保护问题。对船员的心理健康问题，我们应以动态的视角去探析不同环境、不同时段船员的心理浮动状况，这也可能恰恰是船员群体区别于其他群体的重要研究点，因此，分析船员互动的心理基石，是研究船员以及社会背景结构下船员群体的重要内容。

船员的安全问题从宏观上来说包括身体健康、心理健康等多方面，而微观来讲主要是指海上的风险，从目前国际航运业发展来看，船员遭遇海盗袭击而产生的一系列心理与身体的伤害造成的影响正在上升，海上交通事故也成为威胁船员安全的一大因素。船只安全航行作业基本技术条件、安全设备（施）装配与使用、渔船船员配备与持证上岗等基础工作的夯实，防浅、防风、防碰、防工伤等一系列安全措施的建立，对保证船员安全有重要的作用。

关于船员群体的权益保护，主要涉及船员的保险、船员管理机构、再培训权利、社会保障、工资、人身损害赔偿以及相关的法律法规缺位等问题。船员特有的群体结构包括其内部的规模、制度、角色以及运作过程，尤其是内部的分层与等级制度，这对于船员权益的保护与维护至关重要。

第二，对船员家庭的影响。目前，对船员的家庭相关研究较少，长期的分居生活使得船员的家庭有着特有的结构与分工，另外，相应的问题也会随之而来，船员亲属之间的联系与互动、照顾与关怀以何种方式进行是值得我们去探讨与关注的。船员配偶所应承担的责任，应具备的能力、素质，在教育子女方面所扮演的角色，以及以上因素对船员子女的心理、生理、成长、择业等各方面造成的影响都是这一群体社会影响中不容忽视的方面。目前，关于船员的家庭生活质量、离婚率、代际感情等领域的研究都属空白，需要社会学者进行调查并提供相关的建议。

第三，对船员公司的影响。一名优秀的船员培养需要较长的周期、昂贵的培训成本与长期的运输经验，要将一名航海院校毕业生培养成为一名船长或轮机长，需要8年至10年甚至更长的时间，然而在市场经济的冲击下，船员流失现象严重，我国船员公司同样存在一些问题，主要是船员数量严重不足，尤其是高级船员的缺失与流失，在国际海员劳务市场占有份额上，中国仅排名第四位，约占 4%。目前，高级海员出现了全球性短缺，缺口达 1 万人[①]。因此，船员公司需要不断完善船员管理制度，在注重培养船员的专业技能的同时关注船员对公司、对船员职业的忠诚度及归属感，并合理有效开发船员，特别是高级船员的专业技能相关能力等附加价值，以更多航运相关岗位留住船员，保证船员作为航运业核心人力资源的持续有效供给，减少船员因成本问题对公司及航运业造成的负面影响。

第四，对海洋环境的影响。从目前的研究来看，船员对海洋环境的影响主要集中在船员犯罪问题上，尤其是船舶污染事件的责任认定，在船舶污染事故中船员犯罪问题是目前国际社会广泛关注的问题之一，基于海洋对人类的重要性，治理海洋环境污染迫切需要通过建立切实可行的法律体系进行开发、利用与保护海洋资源与环境，分析研究船舶污染事故中船员犯罪问题对海洋世纪下海洋发展具有重要意义。在社会学的研究中，对船员犯罪问题关注体现社会控制中外在控制的重要性与发展的必要性。

第五，对国际航运格局的影响。航运业的全球化使得发展中国家船员群体成为各国航运公司理想的雇佣对象，从而进入国际航运秩序角逐的舞台，也使得航运业发展中国家在与发达国家依然存在航运竞争力一定差距的情况下，也进入了国际航运格局的角逐之中。在欧美船员、日本船员、韩国船员相继成为高成本雇佣对象的过程中，中国、东南亚、南亚甚至非洲船员派遣市场的逐一开发使得这些航运中等发达或发展中国家的船员登上了发达国家的商船，也把属于本国的船员群体文化一并带来，迫使航运发达国家在制定国际航运战略时不得不兼顾以上船员群体的文化因素及其所代表的国家政治、经济因素。国际航运格局受船员群体影响颇为深远。

（三）海盗群体

海盗作为传统的海洋社会群体，在其行动过程中有着不同于其他群体的逻辑与判断。

这一节我们将从海盗的定义、特征、影响其产生与发展的社会因素、社会影响与社会对策进行初步的分析与阐述。

---

① 马先山、卫桂荣、刘加钊：《关于建设船员大省的研究》，《青岛远洋船员学院学报》2008年第 1 期。

1. 定义

关于海盗最早的记录目前存在两种说法：一种是认为公元前 2500 年，"海盗"这个词语第一次出现在爱琴海附近一块楔形石板上①。另一种认为最早有关海盗的文字记录出现在公元前 1350 年，它被记载在一块黏土碑文上②。关于海盗的定义，公元 100 年左右，古希腊历史学家普卢塔克古首次对海盗作出了清晰的定义，即"海盗为非法对船只和海上城市进行攻击的人"③。而随后的研究中对海盗的定义多从法律角度进行界定，《联合国海洋法公约》明确定义了海盗行为。《联合国海洋法公约》第 101 条规定，下列行为中的任何行为可构成海盗行为：（1）私人船舶或私人飞机的船员、机组成员或乘客为私人目的，对下列对象所从事的任何非法的暴力或扣留行为，或任何掠夺行为：①在公海上对另一船舶或飞机，或对另一船舶或飞机上的人或财物；②在任何国家管辖范围以外的地方对船舶、飞机、人或财物；（2）明知船舶或飞机成为海盗船舶或飞机的事实，而自愿参加其活动的任何行为；（3）教唆或故意便利（1）或（2）项所述行为的任何行为。《联合国海洋法公约》第 102 条规定，军舰、政府船舶或政府飞机由于其船员或机组成员发生叛变并控制该船舶或飞机而从事第 101 条所规定的海盗行为，视同私人船舶或飞机所从事的行为。国际海事局将海盗行为的定义为：登入或企图登入任何船舶旨在偷窃或其他任何犯罪行为，以及企图使用或使用暴力达到上述行为的任何行为④。

目前学术界对海盗以及海盗行为的概念并没有达成共识，然而海盗的概念界定可以从以下几个方面去理解：海盗属于非法群体，其以非法手段，如偷窃、抢劫、暴力、索要赎金等来获取私人利益；其掠夺行为具有主观故意性，行为的实施对其他行为主体的利益造成伤害，对社会有一定的危害性；其活动的领域是海洋及其与海洋相关的地区与设施，如油轮、渔船和商船、军舰、码头、港口、沿海和海岛旅游胜地乃至沿海居民聚集区。

2. 特征

海盗作为一个海洋社会群体，与陆地社会联系紧密，甚至把沿海的渔

---

① 鲸鱼客：《大海盗时代》，西安：陕西师范大学出版社，2007 年，第 197 页。

② 沧海一丁：《纵横四海——世界海盗史》，武汉：武汉大学出版社，2009 年，第 1 页。

③ 石刚：《全球海盗问题综述》，《国际资料信息》2004 年第 3 期。

④ 联合国第三次海洋法会议：《联合国海洋法公约》，北京：海洋出版社，1983 年，第 71 页。

村作为藏匿窝点，但海盗群体的特殊性在于利用海洋地理位置的特殊性（如海峡的狭窄性、海岸的曲折）、海洋管理的漏洞（如领海与专属经济区的主权不可侵犯性），且袭击的目标群体多为海上运输船，因此，海盗群体又与其他社会群体相区别具有自身的特征，我们拟从下几个方面对海盗群体的特征进行归纳。

第一，认同性。海盗的认同性是指其形成了一种独有的内部结构，具有统一的规范、地位和角色系统，分工细致，成员之间的期望与目标高度一致，并对获取利益的非法方式持肯定态度，具有较强的认同感。近年来猖獗的索马里海盗具有高度职业化、网络化、集团化的特点，海盗已成为一个"新兴产业"，内部分工精细，有指挥官、副指挥官、通信人员、会计、谈判代表、看守、厨师、技术人员等，甚至还有"新闻发言人"①，外部形成了巨大的国际利益链条。Peter leeson 指出海盗内部制度主要包括船长－军需官的双核管理制度、人性化的海盗法典及其透明化的财务管理体系。船长－军需官制度是指二者在战争期与非战争期分工合作、相互制衡，由海盗成员进行选举与罢免②。

第二，差异性。海盗的差异性是指海盗根据规模大小划分为不同的类型，彼此之间在人数、运作方式、行为目的等方面存在较大差异。有学者将海盗分为以下四种类型：一是小偷小摸型海盗，通常 4~10 人，属于机会主义者；二是明火执仗型海盗，多是通过暴力手段作案；三是有组织的犯罪团伙，被称为海盗行业中的"托拉斯"，背后有严密的国际运作网络，内部有明确的分工且运用高科技手段、计划周密、背后有巨大的商业利益链；四是分离主义者或恐怖分子性质的海盗，多以海盗为依托，从事具有政治目的的活动，威胁性最大③。

第三，多重性。海盗的多重性是指其角色的多重性，包括两个方面：一是自身角色的多重性；二是被利用角色的多元化。海盗群体的复杂在于其角色的多重性，海盗群体成员只有在特殊情境下，如制订袭击计划、实施计划过程中，才会以海盗的身份存在，在实施海盗行为时间以外多以其他角色存在，如渔民、海商，甚至是帮助国家修筑公路、医院、学校的社

---

① 刘军：《索马里海盗问题探析》，《现代国际关系》2009 年第 1 期。
② Peter Leeson：《海盗组织的双核管理》，《发现》2009 年第 10 期。
③ 石刚：《海盗——海洋上的新威胁》，《领导文萃》2010 年第 9 期。

会慈善家，过着奢华生活的上层人士；另一方面，在历史上，由于西方殖民地扩张政策的实施，各国争夺利益驱使一些国家对海盗行为视而不见，甚至颁发私掠许可证使其合法化，如英国的私掠船可以随意攻击和抢劫西班牙的货船而不受惩罚，甚至当时的英国国王还给著名的海盗授予爵位，以资奖励①。而现代海盗（主要是指 20 世纪 80 年代以来）不仅通过贿赂等方式与一些官方进行勾结，甚至从事组织贩卖人口、主导走私、勾结恐怖分子、贩毒和偷渡等犯罪行为②。

第四，组织性。海盗的组织性是指其趋于成熟的运作体系与持续的社会动力。从海盗的发展历史与成员之间的常规性替代来看，其已经形成了一种较为成熟的制度体系，包括人员引入、替换、内部管理、分工协作等。由于一些客观原因，至少目前来看我们无法对海盗群体进行实地调查，但从早期海盗兴起源于核心领导人物的判断与胆识（如历史上的黑胡子爱德华·蒂奇、黑色准男爵罗伯茨等）到目前利用高科技设备、制订周密的计划袭击目标来看，海盗群体越来越少依赖核心人物的性格，使得即使骁勇善战的海盗船长消失海盗行业仍然蓬勃发展。而其持续的社会动力在于海盗的"示范"效应，尤其是当地海盗"一夜暴富"，使得当地居民多以海盗为参照群体进行模仿，同时在当地贫富差距拉大的形势下从事海盗具有较低的社会排斥与准入门槛。

第五，工具性。海盗的工具性主要是指其通过彼此之间的协作来完成由单个人无法完成的工作，且目标群体由利益相关者向非利益相关者转变。以索马里海盗为例，索马里海盗最初形成以保卫国家海洋权益为由，一些渔民、军阀组成海上武装组织，对付在索马里海域非法捕鱼、倾倒有毒物质的船只，对其进行攻击、抢劫，获得利益后逐步扩大范围③。从目前来看，油轮、渔船、商船以及军舰等非利益相关者都已经成为其目标，因此，索马里海盗实际上是将国内战乱、贫困的社会矛盾转化为国际社会问题，通过对不相关群体的掠夺来解决由本国社会带来的问题，这也是在全球化背景下国内社会问题的国际化，需要我们去进一步的思考与研究。

---

① 石刚：《全球海盗问题综述》，《国际资料信息》2004 年第 3 期。
② 樊守政：《防范和打击海上恐怖威胁问题研究——以索马里海盗为对象的分析》，《警察实战训练研究》2009 年第 3 期。
③ 檀有志：《索马里海盗问题的由来及其应对之道》，《国际问题研究》2009 年第 2 期。

3. 影响其产生与发展的社会因素

海盗作为一个古老的海洋社会群体，其产生与发展是受到政治、经济、社会、法律等因素影响的。

第一，政治方面，海盗的产生与发展是国内与国际政治共同作用的产物，国内政治的动荡以及国际政治利益的争夺使得海盗具有了生存空间，如索马里海盗最初就是由于国内政府的不作为，为维护本国海洋权益而形成的自卫队演变而来。吴晋清通过研究南中国海的海盗行为指出，各国以谋取利益为目的在治理海盗的借口下进行活动，甚至是军、商、政勾结鼓励海盗，以达到自身的利益目的[①]。另外，各种势力对海盗的利用，如伊斯兰激进组织对索马里海盗的支持，也加剧了海盗的活动。因此，政治利益的争夺是海盗此起彼伏的重要影响力量。

第二，经济方面，全球化的发展使得不同国家与地区贫富差距拉大，随着全球化贸易的发展，国际海运业在运输业中具有不可替代的作用，经济的繁荣、技术的发展、利益的诱惑，使得海盗这个低投入、高风险、高收入的谋利手段经久不衰，因此，经济的驱动是海盗屡禁不止的根本动力。

第三，社会方面，海盗频发地区一般都具有较为复杂的社会结构，社会利益格局交织，大部分存在严重的贫困问题，社会信仰的缺失使得公众自发寻求解决之道。从目前海盗的发展来看，海盗对国际社会安全来说是强有力的威胁，而对国内社会来说却具有吸引力与发展力，形成了独特的亚文化。因此，社会基础或是社会支持系统的存在是海盗愈演愈烈的关键，这也显示了从社会视角探析海盗猖狂根源的必要性。

第四，法律方面，主要表现在对海盗管理与制裁相关的法律、法规不健全，涉及国际法与国内法两个方面，国内法问题在于对海盗罪的定义、法律规制和刑法对海盗罪的适用等方面；国际方面在于国际法规制关于海盗罪的缺陷、国际刑法和国内刑法在惩治和打击海盗罪方面衔接不畅等。有学者提出有必要订立一部统一的"反海盗公约"，加强反海盗国际合作机制[②]。因此，法律的缺失与缺陷是打击海盗不力的薄弱环节。

第五，其他方面，地理位置优势及现代技术的发达也是当前海盗屡禁不止的重要原因，现代航运的发达及船方应对海盗的不力客观上诱发了海

---

① 吴晋清：《菲律宾海盗问题与中美关系》，《法制与社会》2009年第29期。
② 李方：《海盗罪法律规制问题研究综述》，《西安政治学院学报》2010年第2期。

盗的攻击行为,船方往往忽视对船员抗击海盗能力和方法的培训,以致船员在面对海盗时惊慌失措,无法采取正确的方式来抗击海盗①。除此之外,宗教信仰也影响着海盗的行为方式与袭击对象。

4. 社会影响

关于海盗群体的社会影响,在海盗产生初期,有学者指出其客观上推动了沿海城市化进程,但从目前来看,海盗的社会影响涉及更广的群体、领域与范畴。

第一,海盗问题造成了严重的经济损失。据联合国统计,海盗活动每年造成全球经济损失达 130 亿美元至 160 亿美元。目前由于统计技术的局限、信息的缺失,大部分只是直接经济损失,而由此带来的港口有选择性的停靠、货运成本尤其是保安成本增加、赎金的交付、停运的损失等,也是一笔不小的费用。另外,用于治理海盗的费用也成为各国重要的军费支出。除此之外,海盗集团背后巨大的商业链条造成的经济损失也会是一个巨大的数字。

第二,海盗问题引发了国际社会冲突。现代海盗武装技术装备先进,各国护卫舰在执行任务时不可避免地与其发生冲突,而对不同国籍的护卫舰,海盗也会对其国家的船只实施报复行为,造成更大的经济损失。另一方面是海盗与恐怖组织的相结合,这不仅加大了打击海盗与恐怖组织的难度,更为重要的是将给国际社会的稳定与发展带来更具破坏性的冲击。

第三,海盗问题冲击了国际社会管理制度。海盗作为一个重要的海上安全问题已经引起了国际社会的重视,打击海盗的国际合作机制也初步达成共识,1992 年 10 月,联合国国际海事组织(International Maritime Organization)和国际商会(International Chamber of Commerce)为了遏制海盗,在国际海事组织的协助下,国际商会下属的民间性机构——国际海事局(International Maritime Bureau)在马来西亚首都吉隆坡成立海盗报告中心(The IMB Piracy Reporting Centre)。除了成立专门的国际管理组织外,对法律法规制度体系的建立与完善也提上了日程。

第四,海盗问题影响了当地社会发展模式。海盗频发的国家与地区一般社会动荡,缺失集体主义信仰,甚至形成以海盗为荣的不良社会风气,另外,进入海盗群体由于门槛低、社会排斥小,使得当地社会发展陷入了

---

① 李凤宁:《当前海盗犯罪的特点、成因及对策研究》,《经济与社会发展》2007 年第 3 期。

恶性的循环之中，不利于社会结构的良性发展。如自 1991 年初西亚德政权被推翻后，索马里一直处于军阀割据、政局不稳状态，海盗的猖狂更是延缓了社会的稳定与进步。

第五，海盗问题损害了其他群体的利益。受海盗影响最为直接的就是海盗袭击的对象，如船员、船客、护卫队，尤其是对没有接受过训练的船员与船客，使其产生畏惧心理，恐惧出海。而海盗对于航运业的影响也是多方面的，主要表现在以下几个方面：保险费用增加、赎金负担、航线成本、潜在业务（如雇佣武装护卫）、船员成本。同时，海盗的嚣张气焰可能引发其他海峡地区的海盗复出，成为威胁国际社会安全的重要问题。

（四）海商群体

1. 定义

海商群体指从事海上商业活动的商人，尤其是指从事海外贸易的商人的集合体①。活跃在人类漫长的航海活动史上的，除了船员群体外，也总是少不了海商群体的参与。古今中外海上民族不胜枚举，有三千年前活跃在地中海的腓尼基人②，有着古老海上贸易传统的阿拉伯人，开创中世纪商业航海帝国的威尼斯人，成就了帝国 300 年海上霸业的英国人，垄断了欧洲海洋贸易的荷兰人，也有曾书写下中国历史上海洋贸易传奇的东南沿海海民和活跃在整个东北亚、东亚和东南亚海域的日本海洋民，这些海上群体中无一例外地都活跃着海商的身影。早期的海商很难与船员及其他群体严格区分，他们常常以冒险家、航海家、商人甚至海盗的形象出现，垄断海洋贸易，历尽海上风险，追逐海洋利益。近现代以来，人类海洋开发实践活动能力的提升与对海洋利益需求的扩大促使海商及其他海上群体不断分化，海商群体开始逐渐形成了与船员、海盗、海军等截然不同的海洋社会群体。显然，海商群体的产生需要具备一些必要的社会条件，其活动又为其所置身的社会带来了深刻的社会影响。

2. 特征

海商的特征因各地不同的地理、历史和文化环境而各不相同，但各地海商群体却有着一些普遍性特征。

第一，挑战性和冒险性。海商追逐海上贸易的高额利润，就必须经常

---

① 陈伟明：《明清粤闽海商的构成与特点》，《历史档案》2000 年第 2 期。
② 公元前 14 世纪至公元前 6 世纪。

性地尝试进入法律、政策禁止或尚不明确的领域，开拓未知航线、面对未知世界、交往未知群体来进行海洋贸易的实践，其挑战性与冒险性是相生相伴的。世界著名的海上贸易民族无一不是具备冒险精神的海商群体，在近代科学和航海技术发达之前，海洋对于任何企图跨越它的人来说都是一种挑战，只有富于冒险精神的人才有勇气走向海洋，把这种冒险精神与海外经商结合起来。显然，这种跃跃欲试的进取精神是与向来注重安土重迁的中国传统文化格格不入的。

第二，逐利性。与冒险、挑战相伴的必然是海商群体的高度趋利性。利益的产生和扩大是海商群体形成、汇聚、壮大的根本动因。欧洲的腓尼基人生来缺乏可依赖的土地，且竞争对手克里特人的突然覆灭使得腓尼基人得以垄断地中海沿岸的各大港口，正是陆上无利可图而海上财源滚滚的事实成就了这个公元前 14 世纪到公元前 6 世纪垄断地中海贸易的海商群体[1]。中国明代中叶商品经济显著膨胀，高额利润促使越来越多的人投入海商行列，嘉靖名士何良俊曾感慨地写道："昔日逐末之人尚少，今去农而改业为工商者三倍于前矣。"[2]"竞趋商贩而薄农桑"的盛况在当时农耕文明一统天下的中华大地上竟成了东南沿海地区的一种社会时尚。

第三，网络性。海商群体的成员之间存在网络状关联性。固定化的上下关系会使得群体信息传递效率降低，渠道不畅，对海上交易活动的发展造成危险；而临机应变的人际网络、横向联系的重视态度、多元文化的共生关系才是掌控信息的有效方法。明代著名海商群体郑氏集团的领袖郑芝龙在其资本原始积累过程中在沿海城市中建立起北方以金木水火土的山路"五行"与南方以仁义礼智信的海路"五行"为基点的十大商业经营网络[3]。这样的网络关系构筑行为绝不限于个别海商群体，而是我国东南沿海地区海商的普遍做法。对日本海商群体的研究发现，能够自由使用各种人脉选项，构筑新关系，注重相对关系的"对人主义"网络性特色，实际上也已经渗透到了日本海商群体的社会文化中，成为其人际关系构筑所遵循

① 白海军：《海上角逐》，北京：中国友谊出版公司，2007 年，第 20 页。
② 王恩重：《17 世纪台湾郑氏海商集团在中国社会经济史上的地位》，《宝鸡文理学院学报》2010 年第 2 期。
③ 王恩重：《17 世纪台湾郑氏海商集团在中国社会经济史上的地位》，《宝鸡文理学院学报》2010 年第 2 期。

的行动准则①。

第四，扩张性。在世界各地，海上贸易与殖民扩张总是紧密相连的，这使得扩张性也成为海商群体的特征之一。早期的地中海海商群体腓尼基人本身就是欧洲最早的殖民主义者②；中世纪的威尼斯海商群体之所以能建立自己的商业航海帝国，很大程度上要归功于十字军东征和蒙古西征这些战争，这群拥有精明商业能力的群体利用军队的渡海运输乘机对外扩张，并一举控制了从黑海到北海、从阿拉伯到爱尔兰的整个地中海地带的贸易，被称为"集抢劫者、船长与狡猾的商人三种角色于一身"③；至于近代西方资本主义国家的海商群体，无一例外都在进行海上贸易的对外扩张；中国崛起于明代的东南沿海的海商群体虽然无法将其扩张与政权结盟，但其海上贸易行为也总是与走私、掠夺和奴隶贩卖等行为联系在一起④。

第五，亦商亦盗性。海商群体的形成与发展过程总无法绕开其亦商亦盗的无序阶段，这一阶段的海商群体通常都兼具海盗的特性。腓尼基人的海商群体与海盗有着紧密联系，他们一方面软弱地忍受海盗的剥削，另一方面却又以同样的方式侵占其他小型商船的利益⑤；在大航海时代，欧洲出现的私掠许可证制度⑥使得近代海商群体正式染上了亦商亦盗的色彩；中世纪时期的日本，活跃于东亚海域贸易线上的许多海商都是兼具海盗角色⑦的家族势力；至于中国明代海商集团，正如嘉靖时的主事唐枢所言："寇与商同是人也，市通则寇转而为商，市禁则商转而为寇"⑧，因此称这些时代的海商群体为海上盗商似乎更为贴切。

3. 影响其产生与发展的社会因素

海商群体在一个地区的大量出现并非出于偶然，而是一系列的社会因

---

① 山口彻编著《濑户内群岛与海上通道》，东京：吉川弘文馆，2001年，第226页。

② 白海军：《海上角逐》，北京：中国友谊出版公司，2007年，第20页。

③ 白海军：《海上角逐》，北京：中国友谊出版公司，2007年，第69页。

④ 鲍义来：《16世纪的徽州海商》，《安徽日报》2005年3月4日。

⑤ 白海军：《海上角逐》，北京：中国友谊出版公司，2007年，第3页。

⑥ 例如，一个荷兰商人的货物在德国被偷，他不能通过合法或外交手段来获得他损失的赔偿，那么他就能得到一封荷兰政府授权的私掠许可证，允许他可以通过劫获德国商船来弥补自己的损失。

⑦ 海商进行走私贸易难免有时被官府当作"倭寇"加以镇压，这也使得海盗与海商的角色更加密不可分（参见武光诚《由海而来的日本史》，东京：河出书房新社，2004年，第90页）。

⑧ 孟庆梓：《明代的倭寇与海商》，《承德民族师专学报》2005年第1期。

素作用的结果。

第一，港口及海岸带经济的繁荣发展。海商群体产生并壮大首先决定于所在港口及沿海地带民间经济的蓬勃发展。地中海港口及沿岸地带活跃的民间经济是这一带海商群体云集的根本原因，从公元前 14 世纪的腓尼基人到中世纪的威尼斯，直至大航海时代的西班牙、葡萄牙，近代的荷兰与英国以及位于亚、非、欧之间的阿拉伯，海商群体辈出的这些海上贸易大国无一不处在地中海周边地带。日本海商群体集中的琉球、九州、对马和濑户内海沿岸也都是日本海上贸易最为繁荣的地带①。自古以来中国东南沿海就是海上贸易的活跃之地，而明代海商崛起之时那一带更是呈现空前繁荣的景象，鄂多立克笔下的广州是一个比威尼斯大 3 倍的城市。他说："该城有数量极其庞大的船舶，以致有人视为不足信。确实，整个意大利都没有这一个城的船多。"②

第二，造船及航海技术的进步。海商群体的发展同样离不开当地造船及航海的硬条件。三千年前的地中海之所以能成为腓尼基人的天下，很大程度上得益于他们不断改革的造船技术，他们所造的三层桨船舰③在此后的数百年间横扫地中海。宋元以来，福建一直是中国海船，尤其是远洋海船的制造中心，其所造"福船"的造船技术之精良，为海内外所罕见。当时，福建海运业也逐渐掌握了帆、桨、舵等操船技术和指南针、航海图、天文航海及海洋、气候预测等航海技术，帆、桅、橹、桨、篙、舵、锚等齐全的航器设备也是航海技能提高的明证。④ 海商群体的汇聚之地往往也是造船、航海技术者汇集之所。

第三，专业分工的发展。海商群体的大量涌现还取决于当地从事非农业生产群体的人数规模。地中海沿岸多山崎岖，土地狭窄，使得人们无法依赖顺应自然的农耕，但同时，环海而成的众多良港又为海上贸易的展开提供了优厚的地理条件，为大规模的海商群体的存在提供了土壤。中世纪的海商帝国威尼斯几乎无人从事农业生产，整个城市的所有生活需求全部来自海上贸易，威尼斯甚至直接使用塞尔维亚雇佣兵，而本国公民则基本

---

① 秋道智弥：《海人的世界》，东京：同文馆，1998 年，第 125 页。

② 王秀丽：《海商与元代东南社会》，《华南师范大学学报（社会科学版）》2003 年第 5 期。

③ 公元前 1000 年左右，腓尼基人改良建造了三层桨船舰。（参见白海军《海上角逐》，北京：中国友谊出版公司，2007 年，第 21 页。）

④ 王晓文：《试析历史地理环境中福建海商的兴衰》，《经济地理》2003 年第 5 期。

上都从事贸易活动①。明代东南沿海商品经济的繁荣促进了与工商业专业生产相关的市镇的出现，专业分工的扩展使得大量的失地农民加入佣工队伍，成了海上贸易发展的社会基础，也为郑氏集团等著名海商群体的发展准备了条件。

第四，海洋政策的指向。政府的经济政策是否有利于民间海上贸易的发展是海商群体兴衰的重要影响因素。近代海上贸易强国葡萄牙、西班牙、英国、荷兰，无一不是应着政府对海上活动的政策鼓励而将其海商群体繁荣壮大起来。在政府放任、鼓励的态度下，日本中世纪的海上商人等海民群体为日本带来了国内外海上贸易的繁荣，可此后政府所发布的海上活动禁令②却成为导致这些海民群体消失的直接原因。五代两宋期间政府所采取的建立"榷货务"、"槽引江湖，利尽南海"③ 等相对开放的海洋政策直接带来了海上丝绸之路的开辟，而明清时期政府持续采取的固守重农抑商的国策④，以及为防止国内外海寇威胁自身统治而推行的海禁政策⑤，使得当地海商的发展受到了长期的抑制，与有着本国政府做后盾的西方海商已不可同日而语⑥。

4. 社会影响

海商群体受一定社会因素影响而产生和发展，同时，这一群体的存在又会对所在地域产生一定的社会影响。

第一，促进当地经济发展。经济的繁荣孕育并壮大了当地的海商群体，海商的活跃又进一步促进了当地乃至周边地区的经济发展。我国东南沿海地区面向东亚及东南亚海域的地理位置使得海商群体有了孕育和发展的土壤，而形成的潮汕商人等海商群体又通过自身的努力拼搏为繁荣广东及东南沿海区域的经济作出了贡献。位于欧洲、非洲及西亚之间的环地中海区域、日本环濑户内海地区都因各自便利的交通、周边区域多样化的生产分

---

① 白海军：《海上角逐》，北京：中国友谊出版公司，2007 年，第 69 页。
② 指丰臣秀吉等日本战国时期当权者在中华文化的影响下，秉承农本主义理念对海民群体的活动所颁布的禁令。（参见森浩一、网野善彦、渡边则文《濑户内的海人们》，广岛：中国新闻社，1997 年，第 126～127 页。）
③ 王晓文：《试析历史地理环境中福建海商的兴衰》，《经济地理》2003 年第 5 期。
④ 鲍义来：《16 世纪的徽州海商》，《安徽日报》2005 年 3 月 4 日。
⑤ 孟庆梓：《明代的倭寇与海商》，《承德民族师专学报》2005 年第 1 期。
⑥ 王晓文：《试析历史地理环境中福建海商的兴衰》，《经济地理》2003 年第 5 期。

工使得以交换为目的的海上商业行为大行其道，孕育而生的海商群体在该海域的海上贸易活动又进一步推动了该海域周边区域的经济发展，使当地成为名副其实的商贾繁荣之地。

第二，促进海外贸易的发展。海商群体的活动不仅促进了当地经济的发展，也使当地成为海外贸易的窗口，成为国内外商贸、文化甚至政治的交汇场所。我国商人在近代以来的"下南洋"，不仅将东南亚各国纳入中华文明圈，同时也毋庸置疑地繁荣了马来西亚、新加坡、菲律宾等国的区域经济。日不落帝国的海上贸易长期处于全球领先地位，即使在帝国海运业步入衰退期之后，首都伦敦依然稳固占据世界海事产业中心地位，究其原因，就在于大英帝国有着一群规模庞大、勇于冒险、努力钻营的从事海上贸易的商人群体。

第三，社会的不安定。海上贸易总是与殖民、掠夺相伴而来，海商群体的活跃也总会在一定程度上造成当地社会的不安定。鸦片战争不仅给我国带来了战争的创伤以及丧权辱国的条约缔结，同时也迫使我国几个沿海城市成为开放港口，迎接国外商人及其船舶的到来，一部中国近现代史正是一部充斥着代表西洋文明的军队、海商、传教士等海外殖民、掠夺活动的历史。

第四，促进经济文化的调整与转型。海商活动会带动商业的发展，会促使当地经济结构进一步转型，也会促使传统文化对商业发展引起的社会变革进行自我调适。从中世时期开始，活跃在濑户内海海域的海上贸易把日本当时的政治、经济中心近畿地区与中华文化圈紧密联系在一起，使得日本社会、经济、文化各方面都深受中华文明影响。到明治维新前，这个藩国割据的幕府统治的封建国家与中国、朝鲜、琉球等东亚海域国家间的海上贸易活动已初步形成格局，但规模始终受限；明治维新后包括海商活动在内的对外交往活动渐趋活跃，推动了日本列岛的社会结构转型，社会文化也开始转向效仿西方文明，进行自我调整与转变。

（五）海军军人群体

1. 定义

海军军人群体是一国以海上军事和防御为主要任务、以舰艇部队为主体进行海洋作战的全部军事人员的集合体。早期的职业海军可以追溯到公元前 16 世纪克里特文明时期的诺萨斯王国海军舰队，这支轻型舰船组成的职业海军几乎终年征战，以维护诺萨斯海洋帝国的霸主地位①。此后逐一崛起的波斯、雅典、罗马、奥斯曼帝国都曾拥有强大的海军群体。大航海时代西班牙的无敌舰队以及此后的大英帝国海军、荷兰海军都是本国海上利益的有力护航者。明治维新之后，日本精心培养了本国的海军，从而一举赢得了日清战争与日俄战争的胜利，走上了富国强兵的道路。"二战"后，美国凭借本国强大的海军优势，真正实现了其全球战略，海军在任何时代都是海洋社会群体中瞩目的一员。

2. 特征

海军军人作为群体的特征，可以从区别于其他海洋社会群体和区别于其他军种的军人群体这两方面进行综合把握。

第一，较高的综合素质。海洋社会群体中的远洋渔民、海员、海盗等许多船上群体都具有相对较高的纪律性，但相比而言，海军群体对其成员的纪律、技巧、体力和涉海专业知识等综合素质要求则更高一筹。这是由海军的职业所决定的，普通的海上工作只为获得更理想的收获而形成对成员的严格要求，而战争规则只认优胜劣败，因此任何国家或民族评价军人优劣的标准中必然有着更高的综合素质要求，这一群体必须纪律严明，航海及战斗技巧娴熟，体力及耐力出众，并熟知航海、船上器械等涉海专业知识。

第二，与产业界的密切关联性。海军群体所开展的活动与涉海产业的需求总是关联密切。西方国家的海军史就是一部保卫本国海运业及相关海洋产业的历史，先后称霸地中海的各国海军，主要任务都是通过保护本国商船队免受海盗及其他国家海上力量的袭击与掠夺，来维护本国的海上霸主地位，当然，早期这样的保护更多的是以进攻的形式展开的。日本明治维新之后，培养海军与培养船员的任务几乎是同时展开的，学校的培养方针、办学理念也长期高度一致②，战时商船学校为海军输送军备物资，平时海军则为商船队保驾护航。如今，海军的活动方式、范围、任务和规模与保护远洋渔船、确保商船航线及港口、预防海盗侵扰、保卫渔业及海底矿藏能源等海洋产业的需要产生了全面而密切的关联。

① 白海军：《海上角逐》，北京：中国友谊出版公司，2007年，第18~19页。
② 宋宁而：《海事社会的海技者人力资源问题研究》，博士学位论文，日本神户大学，2007年，第28页。

第三，与时俱进的特点。时代的变迁，海洋格局的变化会给海军活动带来很大的影响。古代及中世纪的西方国家，海军的主要任务是维护本国在地中海的海上利益，因此其活动基本围绕地中海及周边海域展开。大航海时代及此后的殖民扩张时代的到来使得海军的活动范围大幅扩展，无论是鸦片战争时的英国海军还是日俄战争时的俄罗斯海军，都是在经历长途跋涉后开展作战活动的。"二战"期间，技术的大幅提升使得海军的活动空间呈现从海面到海底的立体格局。而此后航空母舰、导弹、海上空军等领域的技术革新又使得海军的活动空间进一步呈现海、陆、空三维立体的格局。

3. 影响其产生与发展的社会因素

首先，海军群体的产生源于保护海上利益的需求。对任何国家和民族来说，有着需要维护的海上利益的存在是海军产生的必要条件，作为农业大国的统治者，中国古代许多当政者看不到本国海上利益的存在，因而海防建设和海军培养也就随之失去了意义。

其次，海军群体的产生源于海上利益依靠其他手段无法获得有效保护。人类海上贸易古已有之，职业海军群体的出现却要晚了许多，这是因为只有当贸易、航行等海上利益以商船自我防卫及其他方式无法得到确保时，职业海军这种高成本的保护方式才会获得启用。

最后，海军群体的产生与发展也是应了时代的呼唤。古代的西方，控制地中海就意味着控制整个欧洲，筹建一支能自由航行于地中海上的海军是周边国家的首选。在大航海时代，保护殖民主义的海上利益离不开适宜于远洋航行作战的海军。在近现代，海上角逐需要装备更精良、战术更先进、配合更娴熟的海军群体。而在海洋世纪的今天，海军不仅是一国海上利益无可替代的保护力量，也是其他兵种的坚强后盾，具有决定性的战略意义。

4. 社会影响

海军作为海洋社会群体的一员，其社会影响可归纳如下：第一，海军是一国或民族海洋社会群体的坚强后盾，无论是对航线上的海商、离岛上的本国居民，还是活动在特定海域的渔民群体，海军的存在始终都是他们最坚强的保障；第二，海军是一国或民族海上利益的保护者，无论是以威慑还是以实战的形式出现，海军作为保护者的角色自古以来从未改变；第三，海洋秩序的维护者，无论是维护现有国际海洋秩序，还是形成国际海洋新秩序，海军都是海洋秩序的主要构建者。

（六）海洋科教管理人员群体

1. 定义

海洋科教管理人员群体是从事涉海科研、教育、勘察、保护、管理的相关人员的集合体，海洋科教管理人员是人类海洋开发保护活动发展到现代才以群体形式出现的，具体包括海洋科学研究工作者、海洋教育工作者、海洋地质勘查人员、海洋技术服务人员、海洋环境保护人员、海洋行政管理人员、海洋社会团体与国际组织工作者及其相关群体。

2. 特征

第一，专业上呈现海洋特色专业与陆上相关专业领域的高度综合性。这一群体既需要陆上相关教学研究、科学技术、行政管理、环保调查等领域的专业知识技能基础，又需要海洋生物、海上航行、海洋环境、海洋区域管理等方面的涉海专业知识技能。

第二，实践经验与理论知识的有机结合。这一群体的工作性质决定了群体活动中涉海实践的必不可少，无论是管理人员、科研人员、教学工作者还是环保人士，都必须亲临现场，进行调查、检验、监测、教学等相关工作。但同时，缺乏相关理论的指导也会使这一群体的实践活动止于实务经验，缺乏系统性、有效性，难以发挥群体应有的作用。

第三，团队协作精神。涉海实践活动的风险和难度决定了这一群体必须在很大程度上依赖集体行动，因此，分工明确、纪律严明的团队协作精神是不可缺少的，这也使得这一群体组织化的程度越来越高。

第四，活动模式的不确定性。这一群体是在进入现代以来才逐渐产生发展起来的，因此其活动的内容、方式、规律等缺少以往的经验可循，因此，无论是海洋行政的管理模式、海洋教育的教学模式、海洋环境的治理模式，还是海洋技术服务的提供模式上，这一群体都还处在不断向新领域的摸索拓展之中。

3. 影响其产生与发展的社会因素

首先，海洋科教管理人员群体的产生与发展是源于人类海洋开发行为变迁所引起的人海秩序格局调整的需要。海洋自古以来都是人类海洋开发利用活动的接纳者，随着海洋开发能力的提高，人类对海洋开发的力度、规模、次数、范围都发生了显著的提升，推动人类对海洋开发实践活动中所获利益的需求日益膨胀，这一切都促使人类思考，对海洋的开发利用实践活动需要遵循哪些规律才能更为有效、有序并可持续地发展。相应地，人类对待海洋的认知心理也从早期的无知、畏惧逐渐变得有恃无恐、索取无度，海洋环境在受到了人类的过多干扰的同时，也给人类生存造成了前所未有的困境，这些问题也促使人类对海洋进行更深层次的认识与理解，思考如何建立起符合当代人类海洋开发实践活动需要的人海秩序。这些任务唯有依靠海洋科教管理人员这样的海洋社会群体才能完成。

其次，这一群体的产生与发展也是源于人类海洋开发行为变迁所引起的人类本身的社会秩序格局调整的需要。随着海洋开发利用活动的不断发展，更远的航线，更深的海底勘探，更大规模的海洋及海岸工程使得人类在对海洋的利用问题上不断拓展自己的活动空间，世界各国围绕海洋渔业、海底矿藏、海洋能源以及海洋空间本身的纷争已日渐增多，今天的海洋对人类而言，已不再是广袤无边的未知世界，而是相互争夺的战场。面对这样的用海矛盾，人类必须思考如何为自身的海洋开发实践活动建立新规则、设定新秩序、确立新标准、构建新模式，这些任务必须依靠海洋科教管理人员群体来完成。

4. 社会影响

海洋科教管理人员群体的存在与发展所带来的社会影响可归纳如下。

第一，海洋科教管理人员群体的活动将有助于为人类海洋开发实践活动提供新秩序、新标准、新模式。人类海洋开发实践能力的不断提升促使海洋开发利用的格局不断改变，海洋科教管理人员群体通过对海洋自然规律、人类从事海洋开发行为的规律、人类在共同参与海洋事业过程中的社会秩序所应遵循的规律等问题的思考、梳理、引导、调整与干涉等实践活动，为人类海洋开发实践活动提供新的秩序、标准与模式。

第二，这一群体将有助于人类构建更为和谐的与海洋共生的活动模式。海洋科教管理人员所从事的实践活动实际上就是对人类的海洋认知的引导、特定用海方式的激励、获取海洋利益时所应遵循规则的设定和管理，以及获取利益的同时对社会成员所应履行义务的监督管理，这一群体活动的有效开展显然将有助于人类构建更为和谐的与海洋共生的海洋开发实践活动模式。

第三，这一群体的活动将为海洋世纪中人类海洋开发利用保护活动的可持续进展提供有效的建言。21 世纪以来，从人类海洋开发实践活动的规模、效率、范围、速度来看，人类向海洋索利的步伐显然正在大幅加快，然而海洋资源枯竭、海洋环境污染、海洋生态安全等问题也同时显现，如何建立有效的社会机制，为人类海洋开发实践活动的可持续开展提供制度上的支持，这些正是海洋科教管理人员群体所肩负的使命，也是这一群体的实践活动必然会带来的社会影响。

（七）其他海洋产业人员群体

1. 定义

除了以上所提及的从事渔业、海运业、海商业、海洋科教管理服务业等传统海洋产业活动的社会群体外，从事其他海洋产业活动的人员群体也是海洋社会群体的重要组成部分，因此我们还有必要对除以上海洋产业以外的新型海洋产业人员群体进行系统把握。海洋产业人员是指传统海洋产业以外的因开发利用和保护海洋而进行生产和服务活动的相关人员集合体。这一社会群体与传统海洋产业各社会群体共同从事着人类利用海洋资源所进行的各类生产和服务活动，或人类以海洋资源为对象的社会生产、交换、分配和消费活动[1]。

在对其他海洋产业人员群体进行系统把握前，首先必须对海洋产业人员群体进行整体性梳理。根据海洋及相关产业分类，海洋产业具体包括海洋渔业、海洋油气业、海洋矿业、海洋盐业、海洋化工业、海洋生物医药业、海洋电力业、海水利用业、海洋船舶工业、海洋工程建筑业、海洋交通运输业、滨海旅游业 12 个主要海洋产业以及海洋科研教育管理服务业[2]。相应地，以上产业领域中的海洋产业人员群体根据不同分类标准可分为以下分类。

首先，根据三次产业分类法，海洋产业人员群体则可按此标准分为海洋第一产业人员群体、海洋第二产业人员群体和海洋第三产业人员群体。

第一，海洋第一产业人员群体是以海洋养殖和捕捞等海洋第一产业为主的渔民及其相关群体；第二，海洋第二产业人员群体则是以海洋油气业、海洋矿业、海洋盐业、海洋化工业、海水利用业、海洋生物医药业、海洋船舶工业、海洋电力业、海洋工程建筑业等海洋第二产业为主的海洋盐业者、矿业者、工程业者和加工业者及其相关群体；第三，海洋第三产业人员群体是以海洋交通运输业、海洋旅游业、海洋科研教育管理服务业等提

---

[1] 徐敬俊、韩立民：《海洋产业布局的基本理论研究》，青岛：中国海洋大学出版社，2010年，第15~16。

[2] 何广顺、王晓惠：《海洋及相关产业分类研究》，《海洋科学进展》2006年第3期。

供社会化服务的海洋第三产业为主的船员、船东、租船者以及海商等海洋交通业者、滨海旅游业者、海洋科研教育管理服务业者及其相关群体。

其次，根据海洋产业发展的时序和技术标准，海洋产业人员群体还可以分为传统海洋产业群体，新兴海洋产业群体和未来海洋产业群体①。第一，传统海洋产业群体指20世纪60年代以前已经形成并大规模开发且不完全依赖现代高新技术的产业人员群体，主要包括海洋捕捞业者、海洋运输业者、海水制盐业者和船舶修造业者及其相关群体；第二，新兴海洋产业群体指在20世纪60年代至21世纪初由科学技术进步发现了新的海洋资源或拓展了海洋资源利用范围而成长起来的产业人员群体，包括海洋油气业者、海水增养殖业者、滨海旅游业者、海水淡化业者、海洋药物业者及其相关群体；第三，未来海洋产业群体是指21世纪刚刚起步，依赖高新技术的海洋产业人员群体，包括深海采矿业者、海洋能利用业者、海水综合利用业者以及海洋空间利用业者及其相关群体。

2. 特征

第一，生产性，海洋产业人员群体中的大部分所从事的活动都带有明显的生产性特点。无论是直接从海洋中获取产品的生产和服务，还是直接对从海洋中获取的产品所进行的一次性加工的生产和服务，抑或是直接应用于海洋的产品生产和服务，又或是利用海水或海洋空间作为生产过程的基本要素所进行的生产和服务，其生产性都是显而易见的。海洋科学研究、教育、技术等其他服务和管理，虽然活动本身的目的不是生产，但却都是直接为生产提供服务的实践活动。

第二，组织性，海洋产业人员群体中的绝大部分都是以超越初级群体的组织形式出现的。无论是多以企业形式出现的海洋油气业、海洋矿业、海洋盐业、海洋化工业、海水利用业、海洋生物医药业、海洋船舶工业、海洋工程建筑业等相关从业人员群体，还是多以事业单位及国家机构形式出现的海洋科研教育管理服务业相关从业人员群体，都是以现代化的社会组织形式来从事涉海实践活动的，即便是一度以家庭等初级群体形式出现的渔业从业人员群体，现在也正在朝着组织化的方向发展，许多发达国家的渔业、增养殖业相关从业群体更是已进入高度组织化阶段。

---

① 徐敬俊、韩立民：《海洋产业布局的基本理论研究》，青岛：中国海洋大学出版社，2010年，第17页。

第三，技术性，海洋渔业、海洋油气开发等依赖海洋资源的相关产业需要在生产实践中掌握海洋生物及其他海洋资源的相关知识，海洋交通运输业等依赖海洋空间的相关产业和仓储物流、海上供给等海洋供给的相关产业则需要就如何熟练运用海洋空间掌握相关技术，水产品贸易、滨海旅游接待、商业服务等空间便利型产业需要大量的实务技巧，高度技术性是海洋产业人员群体区别于其他社会群体的重要特征。

3. 影响其产生与发展的社会因素

海洋产业人员群体的产生与发展同样需要具备一定的社会条件。首先，海洋产业人员群体无疑是应海洋经济发展的现实需求而产生和发展起来的。随着社会生产力水平的提高，海洋产业的内容日益丰富，人类开发利用海洋的活动正逐步由传统的"渔盐之利、舟楫之便"向海洋油气资源开采、固体矿产资源开采、海水增养殖、滨海旅游、海水综合利用、海洋能开发等现代海洋综合开发利用进行模式的转变。海洋产业的规模性发展对相关从业人员的数量、质量都有着越来越高的要求，促使海洋产业人员朝着逐步专业化、组织化、正式化的方向发展起来。

其次，海洋产业人员群体也是应海洋世纪的时代需求而发展起来的。随着海洋产业活动的逐步复杂化和多元化，海岸带和邻近海域开发利用程度越来越高，人类的海洋开发利用活动正逐步朝着纵深方向挺进，这一变化过程不仅促进海洋油气业、海水淡化、海洋药物等产业的从业群体变得愈加专业化、细分化和组织化，也催生并壮大了深海采矿业、海洋能利用、海水综合利用、海洋空间利用等依赖高新技术的 21 世纪海洋新产业从业群体。同时，海洋开发利用活动利用程度的不断提高也使得海域纷争、海洋环境污染等问题越发严峻，海洋管理人员、海洋科研人员等相关群体也由此应运而生，发展壮大。

最后，海洋产业人员群体也是应全球化的发展趋势而产生与发展起来的。全球化的大分工不仅直接促使海洋运输业及其相关物流行业和海洋船舶工业的从业人员发展壮大，也使得海事金融服务业、海事保险服务业、海事法律服务业等与之构成技术经济联系的海洋科研教育管理服务业的从业群体获得了产生和发展的社会动因。

4. 社会影响

海洋产业人员群体的存在与发展也会带来一系列的社会影响，具体可归纳如下。

第一，海洋产业人员群体的发展将逐步改变国家产业结构，使得海洋产业及海洋相关产业所占比重不断增大，使得海洋产业对国家经济发展的影响日益加深。

第二，海洋产业人员群体的发展也将逐步改变涉海国家的空间格局，沿海经济及涉海经济的不断发展将吸引人群趋海而动，以更快的速度和更大的规模向海岸带聚集，使得滨海城市、沿海地域、沿海省份的经济、社会、文化格局不断发生改变。

第三，海洋产业人员群体的发展也将影响海洋产业本身的布局，传统海洋产业人员群体的规模将随着技术改进、沿海地域的发展变迁而进一步精简，从而使其所处海洋产业中的比重或地位发生改变，新兴产业人员群体和未来产业人员群体将在今后很长一段时间内规模不断扩大，群体进一步细化，地位进一步提升，引领这些产业相应地不断发展壮大。

第五章　海洋社会组织

满足于"舟楫之便"和"渔盐之利"目标的传统海洋社会早已一去不复返，海洋社会初级群体间的简单分工显然已无法完成现代社会的各种海洋实践活动，为完成这些任务，人们需要专门建立能够达成特定目标的海洋社会群体，也就是海洋社会的各种正式组织。

当今时代人们对理性和效率的高度重视推动海洋社会组织的结构、规模、形态朝着高效、庞大、多元的方向不断变化，不仅出现了美国海岸警备队这样功能高度综合的国家海洋行政管理组织，还出现了世界海事大学①这样的跨国界海洋教育组织，英国石油公司等全球性海洋勘探业组织，国际海事组织等政府间海洋事务的协商组织，绿色和平等全球性海洋非政府组织，海洋社会组织的活动范围和社会影响正在变得日益显著。

一　海洋社会组织的含义

（一）海洋社会组织的含义

对海洋社会组织的理解有广义与狭义之分。广义的海洋社会组织泛指一切人类从事共同海洋实践活动的群体，包括从事渔业捕捞的渔民家庭、海员及其家人所组成的家庭、从事共同海洋养殖业的沿海村落等；狭义的海洋社会组织则是相对于海洋社会初级群体的次级组织形式，也就是海洋社会的正式组织，指人们为实现海洋开发利用和保护的实践活动目的，开

---

① 世界海事大学（World Maritime University）是由国际海事组织（International Maritime Organization，简称 IMO）于 1983 年建立的一所旨在为各国海事当局、航运公司及港航企业、航海院校培养高级管理人才的大学，学校现址瑞典马尔默市，以研究生教育为主，学制两年，无本科教育。

展行为协调与合作所形成的社会团体。对海洋社会组织概念的理解应包括以下几方面内容。

第一，海洋社会中正式组织的存在使人类自身海洋实践活动的能力获得了提升。海洋实践活动的环境对人类驾驭海洋的能力有着较高的要求，随着人类对海洋相关需求的不断增长，海洋社会对人类开发利用海洋能力的要求也在不断提高。出海捕鱼不再是渔民个人或家庭单独的活动，而是更多地演变成远洋渔船队的合作捕捞活动，因为捕获价值不菲的大型海洋生物需要多艘渔船之间合作配合、共同购买价格昂贵的声呐等渔船设备等。海洋运输早已不再是古代海洋商人单独行驶在地中海上的冒险行为，而是形成了航运公司、物流公司、船舶管理公司、海事金融保险公司等正式组织共同构成的高度组织化的海事产业社会，以便最大限度地提高效率、降低成本。对海盗的防范不再仅仅依靠商船自求多福的自我防卫，在亚丁湾等海盗出没频繁的海域，商船甚至可以获得来自本国或他国海军舰队的护航，以使生命财产的安全获得更好的保护。事实证明，海洋实践活动中组织的力量要远超出个人能力的总和，海洋社会组织已经成为人类实现海洋利益不可或缺的工具和手段。

第二，海洋社会的个体和群体加入或组成正式组织可以更好地实现自身的目标。人类对海洋利益需求的持续增长促使社会系统对获取海洋利益的稳定性提出了更高的要求，而海洋实践活动以海洋为空间、载体和对象的特性却决定了其相比其他社会活动更高的风险性，海洋社会群体依靠个人和初级群体的力量来获取海洋利益，显然无法回避这一高风险性的存在，但加入正式组织却可以降低风险，更接近自身目标的实现。渔民个体从事捕捞活动不仅需要承担渔船维修、油价上涨、设备更新等各种成本费用，还要面对疾病、海难、休渔、海上溢油等因素对获取渔捞利益的阻碍。进入渔业公司或渔业协会组织却可以分摊成本、加入保险、获取更多的航海及渔业相关信息、通过团队合作捕捞更丰硕的渔业资源，从而达到获取更丰厚渔捞利润的目标。海洋科技工作者依靠个人的力量从事海洋科考显然要面临资金、设备、安全等各方面的困难，但系统化的科研组织及大型海洋科考船队的存在却可以为科研人员很好地解决这些问题，使得定期的极地考察、深海考察等变得切实可行，相应的科研成果也无疑会变得更加可以期待。

第三，日益系统化、组织化的海洋社会结构使得海洋社会个体与群体越发无法脱离海洋社会组织而存在。海洋社会组织的存在和发展使得海洋社会实践活动的效率逐渐提升，日益提升的活动效率又反过来促使海洋社会系统对这些组织有了更多的依赖，从而使得社会资源越发倾向于提供给组织，导致海洋社会各种活动的开展越发无法脱离海洋社会组织范畴。近年来，近海渔业资源衰退和海洋环境污染等问题的大量出现使得我国沿海地方政府开始着力于探索远洋渔业发展路径，远洋渔业公司也因此获得了来自国家扶持、政府补助、社会筹资等多渠道的社会资源支持，远洋渔业规模和经济效益的全面提高更加速了从事近海渔捞的个体渔民的转产转业①。大型航运公司的存在使得海员群体成为公司派遣命令的接受者，系统化的海事技术培训方式使得航海活动成了特定港口、特定航线、特定的货物装卸方式、特定操船方式的综合体，海员形象逐步失去了富于个人能力、勇气和魅力的航海活动者色彩，渐渐蜕变成航运公司塑造下的海事技术者。更多的海洋社会组织的存在和发展本身就是对一系列海洋实践活动进行社会建构的过程。在没有海上治安管理组织之前，海上治安秩序的维持基本依靠约定俗成的习惯来进行，是这些组织的出现和发展对如何维持海上社会秩序的规范进行了定义。争议海域的海洋资源开发如果没有相邻国家政府之间的协议，开发活动就很有可能演变成某些海洋勘探公司的自由发挥②。同样，争议海域上的岛礁也可能通过某些海洋旅游业组织的进入和开展经营活动使得小海岛旅游模式获得新的诠释③。海洋社会的实践活动已日益演变成海洋社会组织的结构性和整体性的组织活动。

（二）海洋社会组织的构成要素

人们为实施特定的海洋开发实践活动而开展行为协调与合作，从而形成海洋社会组织，因此，形成了的海洋社会组织一般都需要具备组织目标、组织活动、组织结构、组织环境、组织成员和组织规范等构成要素，以完成特定海洋开发实践活动的实施。

第一，组织目标。海洋社会组织是有着特定目标的海洋社会群体，目

---

① 练兴常：《宁波市沿海捕捞渔民转产转业调研报告》，http：//gtog. ningbo. gov. cn/art/2006/11/13/art_ 13228_ 653892. html，最后访问日期：2012 年 4 月 30 日。

② 单之蔷：《一份十八年没有执行的合同》，《中国国家地理》2010 年第 10 期，第 138 ~ 143 页。

③ 单之蔷：《弹丸礁虽有惊人的美丽，但已被他人占据》，《中国国家地理》2010 年第 10 期，第 147 ~ 163 页。

标决定了海洋社会组织的发展方向，是海洋社会组织区别于普通海洋社会群体的标志。海洋社会组织的目标在于通过海洋社会成员特定的合作与协调方式达到海洋开发实践活动所期望的成果。渔村中聚在一起聊天的渔民只是群体，可一旦渔民们有了共同担负渔捞活动盈亏和分摊海上活动风险的目标，渔业协同组合这样的组织的成立就有了明确的方向。同样，一群在港口酒吧里欢庆共饮的海军士兵只是好友间组成的小群体，可当他们返回舰船，回到自己所在的等级岗位，开始执行接到的防御某一海域军事安全的命令时，就成了有着明确行动目标的舰队组织成员。

第二，组织活动。海洋社会实践活动以海洋为活动空间、载体，或将海洋及其环境资源作为活动对象，涉海活动的特殊性决定了组织活动对海洋社会组织的重要性。海洋社会组织的活动是指人们为实现开发海洋、利用海洋和保护海洋的共同目标而联合起来完成特定职能的海洋开发实践行为的总和。海洋社会组织的活动场所、活动方式、活动规模等是塑造组织成员之间互动模式和互动特点的关键。商船、渔船、军舰、海洋科考船等直接从事海上活动的组织通常都具有分工明确、注重等级、纪律严明、集体主义等成员互动模式。此外，远洋海员海上活动长期封闭的工作环境会对船舱中的沟通模式的建立造成很大影响。

第三，组织结构。海洋社会组织的结构是指海洋社会组织内部正式且较稳定的相互关系形式，是海洋社会组织的全体成员为达到海洋开发实践活动有效的通信和协调，对海洋开发实践活动的工作任务进行分工协作，在职务范围、责任、权利等方面所形成的结构体系。组织结构决定着海洋社会组织的运作方式以及组织对外部环境的适应程度。海洋社会组织的结构应从三个层次上进行把握，第一层次是海洋社会组织中负责具体操作海洋实践活动的子组织，如航运公司中的商船队、渔业公司中的远洋渔船队、海洋科研机构中的海洋科考团、海岸警卫队的巡逻艇舰队等，这一层次虽然在组织等级结构中处于底层，但组织以海为生的特殊性却使得这一层次的子组织成为组织的核心；第二层次是海洋社会组织中的各级管理部门，这一层次除了从事组织中的管理任务外，还需要处理本组织与海洋社会其他组织之间的关系，如航运公司中负责招聘海员的人事部门、海洋石油勘探公司中对外宣传和事故处理的负责部门、海洋科研教学机构中负责向社会募集捐助资金的领导者及相应主管部门，海洋社会日益复杂的系统使得这一层次的重要性日益提升；第三层次是位于海洋社会组织等级结构中最高层次上的制度系统，正如帕森斯所指出的，"技术组织接受管理组织的控制和'服务'，管理组织也依次接受'制度'组织和社区机构的控制"①，海洋社会组织的活动必须服从高于管理系统的制度规范，国际海事组织在国际海事事务协商活动的开展中要依据明确的国际公约，航运公司的海员培训要依据各国的船员管理条例。无论是美国的太平洋舰队还是日本的海上保安厅巡逻艇队，在航行时都不能不遵守《国际海上船舶避碰规则》及相关条例，而商船队的走私行为同样必须受到国家相关法规和海关条例的控制，这一层次的系统正在随着人类海洋开发实践活动的增加而不断完善。

第四，组织环境。海洋社会组织的环境指海洋社会组织在从事的海洋开发实践活动过程中周围决定组织及其成员行为的所有外部力量的总和，包括海洋领域的政治、文化、经济、教育等社会系统所构成的环境因素。海洋社会组织必须开启并维护与外部环境的密切互动，输出外部环境所需要的产品及服务，同时获得所需要的资源与信息，才能使组织更好地适应这一环境。各国的航运公司等海洋产业组织都很注重维护与海洋教育组织之间的沟通，以便从后者那里获得更多优秀的海事技术人才及其他海洋科技人才。世界各大石油勘探公司都会对拥有丰富海底石油资源的国家的最新政策动向保持密切关注，只为在竞争日益激烈的国际能源市场上占得先机。滨海城市的海洋娱乐文化氛围会受到游艇制造厂和邮轮公司等海洋娱乐业组织的高度重视，为的是其中潜藏的巨大商机。

第五，组织成员。海洋社会组织成员之间的协调是组织存在发展的基础，组织中的成员在组织中拥有不同地位，扮演不同角色，海洋社会组织的运作过程实际上就是组织成员之间的互动过程，组织成员的结构性互动决定着海洋社会组织各种社会活动的实施。海洋社会组织的成员是海洋社会组织中从事海洋开发实践活动的所有组成者和参与者。商船船队中从船长到大副、二副、三副及各级水手的等级制度可谓森严，指令通达、分工明确的团队关系是商船安全航行的基础。同理，海洋国际组织的各成员能否在国际海洋事务的交往中达成协议也是这些组织得以运作的关键。

（三）影响海洋社会组织形成的社会因素

人们在征服海洋的漫长征程中为了更好地完成海洋开发利用和保护的

---

① 王敏、章辉美：《帕森斯社会组织思想的几个问题》，《求索》2005 年第 6 期。

各种任务而逐渐建立起能够达成特定目标的社会团体，那么这些海洋社会组织的产生需要具备怎样的条件？人类又是出于怎样的动机来创造并发展这些组织的？对海洋社会组织形成原因的分析可以回答这些问题。

第一，海洋利益的时代需求。海洋社会组织形成的根本原因是人类对海洋利益不断膨胀的需求。随着时代的变迁和人类开发利用海洋能力的提升，人们对海洋利益的需求也在不断增长，从"渔盐之利"和"舟楫之便"逐渐演变为垄断海上贸易的需要、探索未知海域和新大陆的需要、远洋捕捞的需要、深海勘探的需要、极地考察的需要、海上战略防御的需要、确保海上航道的需要等，人类对海洋利益的索取正向着全面化、综合化、可持续化的方向发展，使得海洋实践活动的形式越发复杂，任务越发艰巨，规模越发庞大，对效率、质量和成功率的要求也越发严苛，这样的需求已不再是海洋社会群体的简单分工所能完成的，只有当群体形成规范完整、分工明确、目标精确、富于权威、与外界既有清晰的边界又拥有完善的沟通机制的正式组织时，人类日益强化的海洋利益需求才能不断获得满足，海洋社会系统才能持续运作，是人类海洋利益的时代需求催生了海洋社会组织。

第二，外部环境的发展变化。仅仅拥有海洋利益需求的动力尚不足够，海洋社会组织的孕育还需要外部环境的土壤，经济、政治、社会、文化系统等外部环境构成了海洋社会组织产生及发展的必要条件。地域经济的发展达不到一定规模，就不会激发人类对能源的高度需求，也就不会产生远赴深海进行海底能源勘探开采的目标，海洋勘探业组织也就无从产生。资本主义革命的成功为海洋国家扩张海外殖民地、发展海上贸易创造了成熟的政治环境，也为大型海外贸易公司、航运公司的出现创造了必要的环境，同时也使得维护海上权益的海洋军事组织的出现拥有了充分的理由。没有全世界对人类赖以生存的海洋环境进行保护的意识觉醒，没有现代化媒体等社会系统的帮助，绿色和平组织这样的全球性海洋非政府组织就无以产生，出现了也很难唤起公众的关注。休闲理念的普及则使得滨海旅游业、豪华游轮业、游艇业组织获得了发展的基础。外部环境发展到一定程度是海洋社会组织得以孕育的条件。

第三，国家海洋政策战略的制定。在海洋社会组织的发展过程中，各国的海洋战略规划以及国际社会的海洋秩序格局也起着关键的作用。一国对海洋利益的整体性需求会带动国家层面的政策、规划的系统性制定，为本国海洋社会组织的发展提供指引、框架、支持和激励，甚至改变作为海洋社会组织存在基础的社会系统的结构、规模和形态，从而对海洋社会组织的形成、发展和改变造成影响。16～18世纪英国历代君主及其政府扩张帝国海上利益的战略无疑对其本国海军组织的强大，航运组织及其海事相关组织的产生及其繁荣提供了政策、战略上有力的鼓励和支持。日本政府鼓励商业捕鲸的政策也是该国捕鲸船队敢于一次次不顾世界舆论反对，深入世界各大海域从事大量鲸类捕杀活动的重要原因。世界海事大学这一全球海事教育的最高学府之所以落户瑞典，而后又与中国的两所海事大学分别建立长期合作办学机制，都与两国政府对海洋科教事业的支持政策密不可分。

第四，国际海洋秩序的变化。一国的海洋战略政策制定主要对与该国有关的海洋社会组织的发展产生影响，而各国间海洋利益的博弈、海上力量的角逐、海域控制范围的变化则会带动全球范围内海洋社会组织的存续与兴衰。现代社会海洋事务的开展对国际社会系统有着高度的依赖性，海洋社会组织的发展因此深受国际海洋秩序格局变化的影响。美国在20世纪建立起来的海上霸权为该国海军的发展壮大提供了最坚固的后盾，"二战"后美国海军舰队的发展规格和规模显然是他国同行望尘莫及的；英国在全球建立的日不落帝国海上霸主地位为该国各种海事产业组织的繁荣发展提供了坚固的保障，但进入20世纪之后国力渐趋衰落，使得英国世界航运中心的地位不可避免地发生动摇，海事产业组织也因此不得不面临转型，今天伦敦的世界航运服务业中心的地位正是这一转型的结果；日本"二战"后经济的崛起带来了海运业的繁荣，航运公司在世界海运界的地位一时无二，可20世纪末经济的不景气使得这些航运组织的国际竞争力江河日下，海事业界对调整海事社会系统、海事社会组织转型的呼声不绝于耳①。目前看来，韩国、中国海运业的相继崛起指日可待，不过业界人士已经在提醒这些国家早做准备，因为英国、日本的经验已经表明，海运业兴衰的国际接力是这一产业的基本发展规律，因而，建立海事产业组织结构，使其与外部环境间建立良好的沟通机制，会对这些组织更好地适应国际海运秩序的变化有所帮助②。

① 富久尾义孝：《海事社会的变更提言》，东京：海文堂，2006年，第120～121页。
② 井上欣三：《海事教育的历史与变迁——今后人才培养的方向》，《海事交通研究》2005年第54号。

第五，海洋社会相关群体及集团的需求。社会系统对海洋利益的需求不断增长，受益群体的要求也随之持续提升，原有的海洋社会结构必然无法满足社会需求，促使现有的海洋社会组织继续分化和细化，其所承担的一部分社会功能逐渐分离，被一些新出现的海洋社会组织所取代，因此，海洋社会相关群体及利益集团的需求是新型海洋社会组织在现代社会中不断产生和发展的重要因素。随着人类海运事业的不断发展，船公司的航运职能逐渐缩减至海上运输这一项，而把船舶检验、陆上运输、物流、仓储、货运代理、船舶管理等社会职能逐步交给了船级社和海事产业链上的其他产业组织。各国的海洋捕捞活动原本多为各国渔船队及渔业组织的分内事，可随着各国远洋渔业规模的迅速发展，国际渔业纠纷和渔业资源枯竭问题愈演愈烈，于是便有了国际捕鲸委员会、中西大西洋渔业委员会、印度洋渔业委员会、东北大西洋捕海豹委员会等各色国际渔业组织的不断涌现，并在国际渔业秩序的调整活动中显得越来越不可或缺。

（四）社会功能

海洋社会组织应特定需求而生，在特定环境中发展成长，随着特定群体及组织的要求而改变，在多变的战略格局中求得生存发展空间，众多社会因素决定或影响着海洋社会组织的形成，而组织一旦形成，又会具备一系列社会功能，为社会系统带来各种影响。

第一，海洋社会及相关群体的整合功能。各种海洋产业组织的存在使得海洋社会群体获得了在现代社会中实现自身海洋利益目标的空间。渔民可以通过成为大型渔业公司的员工而获得驾驶大型渔船远赴深海捕获金枪鱼、鲸鱼等大型鱼类和鲸类的机会；海员可以受雇于航运公司来实现自己成为指挥万吨集装箱巨轮船长的梦想；没有大型海洋科考船队，海洋科学研究人员无法实现自己的研究设想；有志于守卫人类海洋家园的志愿者会因为加入海洋非政府组织而更接近自己立志海洋环保的理想。

海洋社会组织也为海洋社会不同系统之间的关系协调、交流合作提供了更有效的沟通机制。没有国际海事组织主办召开的国际会议，各国政府间关于海上航行安全、防止船舶海洋污染等诸多国际事务的交流、协商和博弈将失去活动平台；在许多情况下，渔业协会可以代表一国参与各种国际的关于渔业发展问题的商讨；绿色和平组织要想唤起公众对反捕鲸公益事业的支持，一个切实可行的有效办法就是在国际捕鲸委员会主办的各种国际会议上进行呼吁宣传。同样，海事大学、海洋大学等教学组织的存在为航运公司、水产养殖公司等产业组织提供了人才培养计划的商讨伙伴，产学合作的人才培养机制可以由此逐步成形。

海洋社会组织同时还为调整各种海洋社会关系的规范、制度的形成提供了平台。组织管理需要制度规范的帮助，因此组织的存在也为制度规范的制定和完善提供了操作的空间。没有国际海事组织，《1978 年海员培训、发证和值班标准国际公约》《国际防止船舶造成污染》等调整国际航运安全和船舶海洋环境污染的重要国际规范将失去施行的平台；各国的海岸警卫队、海上保安厅和海军组织的存在本身就是本国海洋制度规范的实施主体；大量国际货代物流的实务规范都是在航运公司、货代公司、物流公司和船公司的实际运作中形成并固定化的。

第二，促进海洋社会实践能力的持续提升。海洋社会组织使得海洋社会开发、利用和保护海洋的实践活动的效率得到了极大的提高，相关群体会由此更倾向于通过组织来完成这样的实践活动，从而使得海洋社会组织对整个海洋社会系统的影响力进一步提升。海洋产业组织可以通过整个海洋产业链的力量带动地域海洋经济生产能力的全面提升，是海事金融、保险、法律等海事产业链的综合效应造就了伦敦世界航运服务业中心的地位；成为豪华邮轮停靠的母港可以为港口经济带来强大的"邮轮经济"[①]；休闲渔业在解决就业、带动相关产业方面显著的综合效应也是世界各国对发展这一产业重视有加的原因[②]。

一国负责海上治安、海洋环境管理等海洋行政管理的组织对渔业管理、海上交通、海洋环境保护等采取的干预行动可以提升海洋实践活动的效率，使得渔民、海员、海盗、海军、海洋科研人员、海商、相关海洋产业人员等海洋社会群体在海洋开发利用和保护过程中所产生的群体内部及群体之间的社会秩序获得协调，确保航道通畅、防止海洋环境污染和海洋生物资源的枯竭、实现海洋相关产业的发展，使一国海洋实践活动的能力获得持续提升。

海洋各领域的科研机构的存在为海洋科技力量的发展提供了必要的基地，无论是海洋渔业及水产品养殖技术还是深海资源勘探所需的深海钻井技术和卫星遥感技术，抑或是海洋环境监测技术、造船技术和航海技术，

---

① 王凌峰：《国际邮轮公司跃跃欲试进入中国》，《中国外资》2010 年第 8 期。
② 柴寿升、张佳佳：《美、日休闲渔业的发展模式对我国休闲渔业发展的启示》，《中国海洋大学学报（社会科学版）》2007 年第 1 期。

都因为有了专职从事相关研究的群体及其组织的存在而获得持续的推进，人类的海洋实践活动由于这一类科研机构的大量存在和发展而获益良多。

第三，促进海洋社会的可持续发展。海洋社会组织的存在与发展可以有效维护各海洋产业之间的协调发展、海洋经济与海洋环境的协调发展、各国间的海洋事业协调发展，促进公众海洋环保意识的普及，从而达到推动海洋社会可持续发展的目的。现代社会中海洋经济发展迅速，但海洋社会系统的发展却未必同步，海洋社会组织的存在恰好可以对海洋社会系统起到相应的调节作用。现代渔业正在实现从传统捕捞向现代化作业的全面转型，但传统的渔业支援体系却未必能对这样的转型提供有力的支持，渔民面临转产转业过程中的种种困境都需要渔业协会等渔业相关组织来与整个社会系统进行全方位的协调，日本等国的经验表明，渔业协同组合可以帮助渔业实现社会功能的多种转变，也可以为渔民社会角色的转变提供各种灵活多样的支持①。

海洋产业在世界各国间发展程度存在很大的差距，这些差距固然会带来海洋生产活动的世界分工，但同样会造成地域发展的不平衡，并由此导致各种海洋社会的发展问题，海洋社会组织的存在可以在一定程度上缓解这些状况。发展中国家较低的渔业管理水平会导致其周边海域海洋渔业的过度捕捞，全球可持续渔业伙伴组织等海洋国际组织可以通过派遣专家、提供资金等渠道帮助发展中国家及其国内渔业组织实现渔业的可持续发展。渔业捕捞技术上存在的巨大差距使得发达国家在远洋渔业上获取的利润远高于发展中国家，而中西部太平洋渔业委员会这样的国际渔业组织却可以为中西部太平洋水域的中小岛国建立与发达国家的对话平台，获得发达国家的资金技术支持②，帮助这些岛国金枪鱼产业的可持续发展。

海洋环境对海洋经济发展的重要性已经开始为人类所知，但海洋经济发展的过程却不必然伴随海洋环境保护的同步发展，相反，各种潜在或已知海洋利益的存在驱使着人们一次次明知故犯，对海洋环境及生态造成难以逆转的破坏。经验表明，这些破坏行动的有效制止同样离不开海洋社会组织。绿色和平组织长期致力于反捕鲸、反海洋倾废等海洋环保的公益事

---

① 日本全国渔业协同组合联合会：《日本渔业协同组合社会责任报告书》第 1 卷，2009 年 10 月，第 11 ~ 16 页。

② 郁维：《中西部太平洋渔委会呼吁严控金枪鱼捕捞》，《中国渔业报》2010 年 1 月 4 日。

业，这个世界性海洋环保组织一直在用自己的实际行动阻止各种无节制的海洋利益索取活动。国际海事组织的一项重要工作就是通过促成世界各国缔结公约，并督促其执行公约，来防止各国船公司为节约成本在商船，特别是油轮建造中偷工减料对海洋环境造成的污染。

第四，调节各国间海洋利益的分配。自从初涉海洋的时代起，各国各地的人们就有了驾驭海洋能力上的差距，导致海洋利益在各国各地区之间的分配从未真正均衡。腓尼基人在人类成为航海者的早期就已经拥有了地中海周边各国各民族难以齐肩的高超航海技术，大英帝国的坚船利炮为这个国家赢得了巨大的海外殖民利益，拥有深海钻井和卫星遥感世界顶尖技术的跨国石油勘探公司可以轻易获得世界各海域的海洋石油开采权，美国的太平洋舰队凭借其庞大的航母、核潜艇、巡洋舰、驱逐舰等舰群在整个太平洋海域通行无阻，海洋利益的分配不均会给国际社会带来不安定，而海洋社会组织的存在与发展却在一定程度上缓解了不均衡局面。国际捕鲸委员会以及各种国际渔业组织的出现为海洋渔业等生物资源在各国间的不均衡分配起到了一定的调节作用，为世界各国渔业纠纷的解决提供了平台，也为各种合作交流机制的建立作出了各种努力。联合国所属的国际海事组织、国际劳工组织、联合国粮农组织长期致力于国际航运事务的协调、海上劳动社会保障的监督以及各国渔业的均衡发展，是当今国际社会调节海洋利益分配的重要力量。

具备调整各国间海洋利益功能的海洋社会组织并不限于海洋国际组织，海洋产业组织虽然以追求海洋经济生产利益为目的，但也会扮演各国间海洋利益调节者的角色。跨国的大型航运公司会出于成本降低的需要或出于公司国际营销战略的需要，将海洋运输、船员培训等公司职能转移到成本更为低廉的发展中国家，在公司本地化的过程中将本国较为先进完备的培训体系、管理方式和其他海事管理技能输出到这些发展中国家。船级社在为各国航运公司的商船队提供船舶设备检验的服务过程中，也把各种船舶节能减排的世界先进技术带给公司与商船队所属国家，技术的受益可以推动这些国家的海事产业更好地发展。

二 海洋社会组织的特征

人们为了实现海洋开发利用和保护的目的组成海洋社会组织，在通过彼此的行为协调与合作来达到组织目标的过程中形成了不同于其他社会组织的特征。

第一，海洋社会组织在空间上具有涉海的区位性。海洋社会组织区别于其他社会组织最明显的特点就是在组织活动地点上依托海洋或临近海洋、趋向海洋的区位性。直接以海洋资源获取或海上航行为目的的组织，如远洋渔船队、商船队、海军军舰等组织活动场所基本以海上为主，组织成员的活动空间与其他陆上组织有着根本的区别，处于这些海上封闭空间中的船员、渔民、海军群体也因此形成了独特的互动模式。即使不是以海洋或海上为组织活动的主要空间，海洋社会组织的活动依然有着临近海洋或趋向海洋的区位特点，只是根据其活动的涉海程度不同而各有不同，各种从事海洋经济生产活动及其相关活动的产业组织的临海性和趋海性是显而易见的，远离海洋会造成生产成本必然的增加。产业组织对临海、沿海地域的趋近会带动更多的相关组织向这些地域汇聚。同理，各国的海洋大学、海事大学等海洋教育机构以及海洋科研机构也会将自己的组织活动核心地点选在临海或就近地区，以便为实习船停靠、涉海训练、海洋调查、海洋实验等各种涉海教学科研活动的开展提供尽可能的便捷。

第二，组织活动具有较高的科技性。人类从远离海洋到初涉海洋、熟悉海洋、深入海洋甚至于在某些领域试图征服海洋，海洋实践活动从摸索到熟知的过程依靠的是不断提升的科技水平，海洋社会组织所从事活动的涉海特性决定了其组织手段所具有的高度技能性、技术性与科学性。从事海洋捕捞的渔船队需要掌握海洋生物的活动规律，并由此积累渔捞活动的各种技能；操船技艺和各种航行技巧自古以来就是商船、军舰等各种船队活动中不能缺少的技能；深海勘探、极地考察这样的生产活动和科考活动更是离不开世界尖端科技的支持；从事海洋行政管理的政府部门不能只熟知国家的行政管理系统，还要对航海技能、海洋监测、海上作业等多种海洋相关技能加以掌握和运用，并对海洋环境、海洋生物、商船海事等多个海洋领域的科学知识熟知或理解。国际海事组织等海洋国际组织建立的依据就是一些技术含量极高的国际条约和标准，而极地科学委员会这样的组织本身就是由各海洋领域的专家共同组成的，国际海洋事务的处理缺少海洋领域的科技知识是难以为继的。

第三，应时代需求的变化发生组织变迁。人类海洋实践能力的不断提升增强了社会对海洋利益的需求，不断膨胀的海洋利益需求又反过来推动人类进一步提升自身的海洋活动能力，海洋社会组织的发展正是产生于这个相互作用的过程之中，因此必然需要为应对时代不断增长的海洋利益需求和不断提升的海洋活动能力而进行组织的目标扩充、目标接续，实施组织的结构改变、重心转移或规模调整。船舶自动化、雷达及全球卫星导航系统等人类航海能力在 20 世纪的突飞猛进促使全球海运规模的全面提升，巨大的海运利益需求促使海事产业组织不断转型，从包揽一切的船公司到逐渐分化和细化成航运公司、船舶管理公司、物流公司、货代公司、船级社、海事金融保险服务公司等海事产业组织，同样的变迁也发生在海洋勘探业、海水养殖业以及许多从事海洋经济生产的产业组织中。国际海事组织成立的初衷是促进国际航行安全，近年来却一直致力于促进国际社会对海洋环境污染的防治，其组织目标的扩充与海洋环境污染、海洋生物资源枯竭以及国际原油运输量激增的能源危机时代背景有着密切的联系。许多海洋环保组织，如绿色和平组织，我国三亚的蓝丝带海洋保护协会本身就是人类进入海洋开发与保护并重时代的变化产物。

第四，各类海洋社会组织关联性强，发展具有整体性。海洋社会因海洋开发、利用和活动进程的推进而结构化、系统化、复杂化，由此不断新发展起来的各类海洋社会组织必然是基于原有海洋社会组织的分化与细化的结果，因此相比其他社会组织，海洋社会组织之间的合作机制更为完善、成员互动更为频繁、利益关联更为密切。从事海洋经济生产的各类产业组织之间普遍存在着强大的产业链效应，航运业与造船业、船检业、保险业、金融业等海事相关产业之间，休闲渔业与传统海洋捕捞业、海水养殖业、渔具销售业、海洋娱乐业、游艇业之间，邮轮业与港口城市旅游业、港口物流业等之间，海洋产业组织间的密切联系堪称盘根错节。此外，海洋社会组织间即使所从事的活动原本各不相干，但只要这些活动以海洋为共同的平台，就有可能发生各种联系。海上治安管理、海洋环境监测、渔业秩序维持、海上作业监督、航行安全确保、海上走私检查等海洋秩序维护活动原本应分属不同的海洋行政管理范畴，但由于这些干预行动空间上的同一性，最终使得这些活动彼此交叉，很难界限分明，这也是美国、日本、英国、韩国等越来越多的国家纷纷建立海岸警卫队、海上保安厅等单一部门对以上事务进行统一管理的主要原因。各类海洋国际组织的建立宗旨也几乎都与如何协调同一海域的各种活动秩序有关，国际极地委员会对共同前往极地地区的世界各国科考活动秩序的协调，国际渔业组织对特定海域的各国海洋渔捞活动秩序的协调，国际捕鲸委员会对如何限定各国商业捕鲸活动的协调都是海洋社会组织整体性的体现。

第五，组织活动及组织发展趋势具有国际性。海洋社会组织以海为生，与海共存，活动于特定海域的各国海洋社会组织必然要学会对同一海洋空间的共享、共存、共事，这样的必然性使海洋社会组织普遍具备较好的与国际社会沟通的能力，或显示国际性的发展趋势。从事海洋生产性实践活动的产业组织为了更便捷、持续、有效地获得海洋利益，必须使组织具备良好的面向国际的沟通能力，这一点不仅表现在航运公司、石油勘探公司等大型海洋产业组织对海外事业的大幅拓展上，也表现在这些组织对其组织成员的外语水准、与不同文化人士的沟通能力等国际化的资质上，同时还表现在组织对海外分公司与当地文化如何有效交融的组织文化建设中。从事海上治安等海洋行政管理活动的组织要在日常执法中与通航、作业的国外商船、渔船等船舶保持沟通以调整海洋社会秩序，对国外海洋勘探公司在本国海湾、海域的钻井开采活动进行监督管理，对国外船舶的非法海洋倾废、越境捕捞行为进行警告、干预和制止，组织活动具有明显的国际性特点。并且这类组织往往需要将国家间缔结的公约、条例和标准内化为本组织的标准，用《STCW 公约》的标准来开展本国海员的培训管理，用《MARPOL 公约》的标准来监测各种涉海活动所产生的海洋污染情况。同时，各类海洋社会组织在各自的组织活动中越来越注重以各种形式与国际社会建立更为密切的沟通与合作机制。绿色和平组织的活动对各国政府的海洋政策影响日益加大；各国渔业协会、水产业公司与国际渔业组织之间的合作也日益增多；发起于我国三亚的蓝丝带海洋保护协会虽然目前阶段只是我国国内海洋环保组织，但已将"组成全球海洋保护大联盟"定为组织发展的目标[①]；同样，没有各国海洋教育组织对国际交流的向往和要求，也就不会有位于瑞典的国际海事大学的建立。

三　海洋社会组织的构成

海洋社会组织的恰当分类是由作为局部的具体海洋社会组织在系统中

---

① 李景光：《促进海洋环境保护与可持续发展的新生力量——记蓝丝带海洋保护协会》，《海洋开发与管理》2010 年第 8 期。

实施的功能类型决定的，而具体海洋社会组织日益差异化的目标正是各类海洋社会组织不断分化与专门化的功能的体现，反映具体海洋社会组织与作为整体的海洋社会组织系统之间的关系。随着人类海洋开发能力的不断提升，海洋社会组织也从最初以"渔盐之利"和"舟楫之便"为目标而形成的社会团体，发展到现今社会的休闲渔业协会、豪华邮轮公司、海洋生物制药公司、跨国海运公司、大型航空母舰及其战舰群，以及各类名目繁多的海洋国际组织和海洋环保组织，海洋社会组织的组织目标正在经历不断地细化。以不同类型的组织目标为标准，目前世界各国及地区的海洋社会组织主要由以使用海洋资源并进行分配为目标的海洋产业组织、通过对海洋空间及相关活动采取干预行动来达成特定目标的海洋行政管理组织、以维持海洋社会各国及地区间协调为目标的海洋国际组织、以海上军事和防御为目标的海洋军事组织、以海洋领域的科学规律探索及相关人才培养为目标的海洋科教组织，以及以拓展海洋公益事业为目标的海洋非政府组织等构成。

（一）海洋产业组织

1. 含义

海洋产业组织是指以使用海洋资源并进行分配为目标，由从事开发利用和保护海洋的生产和服务活动的相关人员形成的社会团体。这一类海洋社会组织的目标是通过从事获取或利用各种海洋资源并在海洋社会系统中进行分配的相关活动来适应海洋社会环境。

这一类海洋社会组织所进行的各类以海洋资源为对象的社会生产、交换、分配和消费活动可以根据其目标对象的不同进一步分为以下几类。第一类是以海洋养殖和捕捞等直接将海洋生物资源作为对象进行生产、加工、交换、分配、消费等相关活动为目标的渔民组织及其相关社会团体；第二类是以海洋油气业、海洋矿业、海洋盐业、海洋化工业、海水利用业、海洋生物医药业、海洋船舶工业、海洋电力业、海洋工程建筑业等利用海洋资源作为生产资料进行加工、交换、分配、消费等相关活动为目标的海洋盐业、矿业、工程业和加工业组织及其相关社会团体；第三类是以海洋交通运输业、海洋旅游业等提供社会化服务为目标的海运业、造船业、租船业、金融业、保险业及其他海事相关服务产业、滨海旅游业、休闲渔业、邮轮业、游艇业及其他海洋娱乐业的组织及其相关社会团体。

2. 组织特征

海洋产业组织作为以海洋资源为对象的从事经济生产相关活动的组织，既区别于其他非海洋类的产业组织，又有别于海洋社会组织中不以经济生产为目标的其他社会组织，海洋产业组织的特征可以归纳如下。

第一，高度技术性。海洋产业组织从事开发利用和保护海洋的生产和服务的社会活动性质决定了这一类组织对技术性的高度依赖。现代渔业公司要保证渔业捕捞量，纷纷向深海远洋进军，渔业调查技术、新渔场勘探技术、深海捕捞技术等各种渔业技术已经利用卫星、遥感、声学和光学等科技发展起来[1]。

高度技术性在海洋勘探业组织中表现得尤为显著。美国地质调查局提供的数据资料显示，石油勘探开发技术的进步直接决定了海洋勘探开发成本的降低以及海洋钻井及采收率的提高[2]。我国之所以在南海权益维护上步履维艰，原因之一就是中国海洋石油总公司等我国海洋勘探业公司长期以来受海洋石油勘探开发技术所限，无法独立完成深海石油勘探[3]。受技术条件限制的不止我国的海洋勘探组织，近年来印度政府拍卖位于印度东海岸以外的克里希纳戈达瓦里海底盆地的海上油气田区块，正是为了吸引国外石油公司对其进行技术等方面的投资[4]。同时，海洋勘探业组织需要拥有的绝不限于先进的勘探技术，而是海洋石油钻采工艺及海洋工程设计，海洋钻井、井下作业、试油试采工程、海洋石油工程建造、安装、使用和维护，海洋石油作业船舶服务及相关装备的设计、制造、维护及维修技术的高度综合[5]。

在海事产业领域，目前世界造船业公司都将提升自身组织竞争力的焦点转移到诸如液化天然气（LNG）船等特种船的设计和建造技术的提升上[6]。海事产业不仅在海运业、造船业这些传统产业上对现代航海技术、工业、冶金业等造船相关的重工业技术有着高度的依赖性，就连船级社等从事航运管理、监督、保障的海事相关产业也是建立在高技术性的前提之上的。

[1] 胡学东：《论海洋新制度下的国际渔业资源争夺》，《中国渔业报》2006年3月27日。

[2] 翟光明：《技术进步促进了石油工业的发展》，《中国石油报》2006年6月2日。

[3] 李记：《我国海洋油气勘探开发迈进深水区》，《地质勘查导报》2005年12月10日。

[4] 江山：《印度将拍卖油气田勘探区块》，《中国贸易报》2006年3月30日。

[5] 王明毅、栗清振：《中国石油集团海洋工程有限公司在京成立》，《中国石油报》2004年11月4日。

[6] 曹斌、陈启华：《中远造船公司凸显规模化生产优势》，《中国船舶报》2010年12月10日。

中国船级社为提升自身建造检验技术，不惜在上海、北京、武汉等地斥巨资筹建科研实验中心，为船级社的发展提供技术支持①。闻名世界海事界的劳埃德船级社之所以能长期保持高度竞争力，关键原因在于知识技术方面的强大优势②。日本海运交易所是日本海事业界首屈一指的承接海事仲裁业务的社团法人，这家成立至今七十余年来事业日益拓展的著名交易所为保证业务的顺利开展，特地从海运、造船、贸易、钢铁、海损保险、经纪等各行业中选任学识渊博、实务经验丰富的委员来担任交易所的业务工作，充分说明海事仲裁业的操作在很大程度上依赖各海事相关产业的实务技术③。同样，海运发达国家的船舶管理公司及其他海事产业组织几乎一致认为，虽然这些组织的业务主要是海事管理，但这些岗位却都需要拥有丰富的航海、船舶、港务、提单等全方位海事技术的人员前来担任④。

海洋娱乐业组织虽然旨在为海上休闲提供服务，但这一类组织对技术的要求却并不比其他海洋产业低，游艇虽小，却拥有一整套动力、操纵、通信、导航等配套系统，且技术上相比普通船舶要求更为精巧灵便，这给我国刚起步的游艇制造公司的发展构成了很大的挑战⑤。而美日等国休闲渔业组织的蓬勃发展实际上也得益于这些国家相应研究所持续开展的关于休闲渔业对海洋资源的影响评估⑥。

第二，整体性。海洋事业的进展殊非易事，其中的每一步都需要海洋产业社会系统中各种组织间的精诚合作，因此海洋社会组织的发展常常体现"一荣俱荣、一损俱损"的整体性特点。以海事产业社会中的船公司、航运公司和船级社为例可知，这三种组织之间正是一种互为需求、互相依托、互为支撑的关系。航运业的需求带动造船业的发展；造船业的装备又

141

① 桂雪琴：《造船强国呼唤强有力的船级社》，《中国船舶报》2007 年 8 月 31 日。
② 刘光琦：《LR 与中国企业共度寒冬——专访英国劳氏船级社 CEO Richard Sadler》，《中国储运》2009 年第 1 期。
③ 王俊霞：《日本海运交易所的海事仲裁》，《前沿》1996 年第 4 期。
④ 宋宁而：《海事社会的人力资源问题研究》，博士学位论文，日本神户大学，2007 年，第 119 ~ 139 页。
⑤ 王阳：《"艇"而走险的中国游艇业 中国游艇业的现状与分析》，《机电设备》2006 年第 2 期。
⑥ 参见柴寿升、张佳佳《美、日休闲渔业的发展模式对我国休闲渔业发展的启示》，《中国海洋大学学报（社会科学版）》2007 年第 1 期；陈思行：《美国休闲渔业现状》，《北京水产》2005 年第 1 期。

推动航运业的发展；船级社为造船业和航运业提供技术支撑和服务；船级社的规范、技术根植于造船业与航运业，而造船业和航运业的发展，特别是其组织所培养的大量技术人员又会极大地促进船级社的发展①。日本海运交易所起初只涉及海运方面的仲裁，但海事产业社会的高度关联性促使该所的业务一步步扩展，把造船、海上保险、海上贸易组织的活动也纳入了自己的业务范围，成为本国及国际海事仲裁组织发展的典范②。高度密切的联系带来的不全是积极的效应，各国货币汇率直接影响着各国航运业组织，日本航运公司在 20 世纪 80 年代国际竞争力每况愈下，主要原因就是 1985 年的广场协议③导致日元升值，致使其海运成本大幅提升，而航运公司迫于成本压力弃用本国籍船员，改为雇佣国外廉价船员的举动又导致了本国的船舶管理公司等海事相关产业组织中人力资源渐趋枯竭④。

海洋勘探业组织虽然因其独特的作业条件而在区位空间上相对远离其他海洋产业组织，但其从事的海底原油开采等高风险活动却与多种海洋社会组织休戚相关，墨西哥湾原油泄漏事件中的英国石油公司、康菲漏油事件中的康菲石油公司之所以引起广泛关注，除了漏油对海洋生态环境的严重威胁外，还因为海洋溢油给周边海域的渔业、养殖业、滨海旅游业等众多海洋产业组织带来了巨大的损害。

海洋休闲娱乐业方面，美国休闲渔业协会中存在 600 多个相关产业组织，包括游钓代理机构、传媒集团及钓客组织，同时休闲渔业支持着全国近 2400 个渔具批发商、6000 多个渔具店和 3800 多个运动器材店⑤。而业界人士也指出，邮船公司运营的关键之一就是与位于邮船业上下产业链上的众多公司之间的协调问题⑥。

第三，时代性。海洋产业组织是以海洋以及海洋中的各种资源为其活动客体、载体、媒介、平台和环境的社会组织。海洋的易变性、多元性加

---

① 桂雪琴：《造船强国呼唤强有力的船级社》，《中国船舶报》2007 年 8 月 31 日。
② 王俊霞：《日本海运交易所的海事仲裁》，《前沿》1996 年第 4 期。
③ 1985 年 9 月 22 日，美国、日本、联邦德国、法国以及英国的财政部长和中央银行行长在纽约广场饭店举行会议，达成五国政府联合干预外汇市场，诱导美元对主要货币的汇率有秩序地贬值，以解决美国巨额贸易赤字问题的协议。因协议在广场饭店签署，故该协议又被称为"广场协议"。
④ 富久尾义孝：《海事社会的变更提言》，东京：海文堂，2006 年，第 31~40 页。
⑤ 陈思行：《美国休闲渔业现状》，《北京水产》2005 年第 1 期。
⑥ 佚名：《产业重心东移带来历史机遇》，《解放日报》2010 年 6 月 24 日。

之人类开发利用保护海洋能力的不断变化，使得海洋产业组织的形态也随着时代变迁而不断改变，时代性是海洋社会组织的重要特征。人类开发利用海洋的进程伴随着海洋环境污染，海洋生态破坏的逐步加剧也促使海洋产业组织在 21 世纪的今天不得不将海洋环境保护当作组织的社会责任来加以重视。世界各国的渔业协会的主要职能都是保护各国及地区的渔业发展，但近年来，不少国家的渔协组织却要在很大程度上扮演环保卫士的角色。日本渔业协同组合①自从明治时期以来就在该国渔业发展中起着举足轻重的作用，该组合在近年来的公开的《渔协报告书》中明确将海洋资源管理及其环境整治称为渔协"受国民托付的任务"②。

劳埃德船级社是世界最古老的船级社，却深谙与时俱进之理。该组织每年将企业利润的半数投入环保等社会事业③，近年来积极为船舶提供多种"绿色服务"，尽可能帮助船舶降低营运过程对环境造成的影响④。日本三大航运集团——日本邮船、商船三井和川崎汽船近年来都不约而同地打起社会责任牌，把环保、安全和社会贡献列为自己的组织目标⑤。

海洋产业组织的与时俱进不仅表现在环保的社会责任上，同样也表现在对当前竞争环境的适应上。20 世纪 70 年代，日本的航运公司雇佣本国的船员作为正式员工，对其进行系统化培训，使其不仅擅长操船，还可以胜任公司中各部门的工作业务，可今日国际航运业的激烈竞争和日本企业国际竞争力的下降迫使这些公司放弃了社会学家津津乐道的"日本模式"⑥，越来越多地雇佣廉价的发展中国家船员充当公司的契约雇员，为自己的商船队临时掌舵⑦；三十年前各发达国家的航运公司可以慷慨地为自己的每艘商船配备 30 名船员，可如今，即使是马士基航运集团的巨型集装箱轮，所有船员数也只限于 20 名，有的甚至只有 15 名；三十年前的船东在建造商船时甚至有着比船级社更为严格的要求，可现在的航运界，无论船东多么富

143

---

① Japan Fisheries Co-operatives（简称 JF）。

② 日本全国渔业协同组合联合会：《日本渔业协同组合社会责任报告书》第 1 卷，2009 年 10 月，第 7 页。

③ 佚名：《劳氏在中国》，《中国远洋航务》2010 年第 3 期。

④ 盛文文：《劳氏（LR）率先打造"绿色船舶"新概念》，《世界海运》2010 年第 2 期。

⑤ 费思：《日本三大海运公司发展策略》，《水运管理》2008 年第 5 期。

⑥ 安东尼·吉登斯：《社会学（第五版）》，西蒙·格里菲斯协助，李康译，北京：北京大学出版社，2009 年，第 547～548 页。

⑦ 富久尾义孝：《海事社会的变更提言》，东京：海文堂，2006 年，第 14 页。

于社会责任感，都必须面对一个严酷竞争的航运市场，巨大的商业压力促使船东公司必须尽可能降低造船成本，船级社也不再只是船舶建造的建议者，而变身为严格的把关人，以避免成本压力下的缺斤短两①。

随着时代的变迁，一些全新的海事产业组织也应运而生。伦敦是世界著名航运服务业中心，即使英国海运业的繁荣期早已逝去，伦敦依旧凭借其海事保险业、海事金融服务业等领域的优势保持着航运服务业世界中心的地位，但近年来日益激烈的世界航运竞争环境还是促使伦敦相关海事业界成立了海事伦敦、海洋视觉等前所未有的非营利性推广机构，推动在伦敦的所有航运利益团体与其他组织进一步加强合作，并提供更多的便利，以吸引外国航运利益集团汇聚英国伦敦②。

全球范围内不断增长的能源需求使得海洋石油勘探成为世界各大石油公司竞争的一个热点领域，海洋油气勘探开发范围也已从浅海、半浅海逐渐延伸至深远海。随着南海深水区石油勘探的不断进展，国内三家石油巨头中国石油天然气集团公司、中国石油化工集团公司和中国海洋石油总公司的活动也受到了越来越多的关注③。经济增长与能源需求的压力同样存在于其他发展中国家，印度近年来在提高能源安全方面压力日增，促使海洋勘探业迅速崛起，不仅使国外石油公司对印度勘探业一改从前的"谨慎观望"，变得充满信心，也使得其国内石油炼油组织印度斯坦石油公司、大型能源组织信心工业公司等开始崭露头角④。

游艇业也不例外，20 世纪 90 年代上海举办第一届国际船艇展时，欧洲游艇业的权威人士曾断言在中国举办游艇展还为时过早，然而时过境迁，如今中国的游艇业早已今非昔比，同样来自欧洲的法国船艇工业联盟常务理事史澜博在十年后公开宣称"这正是我们进入中国市场的最好时机"⑤。游艇业原本是西方国家的传统优势，但近年来我国台湾地区的游艇制造公

① 王孟霞编译《船级社必须改革——ABS 总裁谈船级社面临的新挑战》，《中国船检》2003 年第 8 期。

② 董岗：《伦敦国际航运服务集群的发展研究》，《中国航海》2010 年第 1 期。

③ 林威：《南海深水石油勘探明年起进入高潮》，《中国证券报》2007 年 4 月 5 日。

④ 江山：《印度将拍卖油气田勘探区块》，《中国贸易报》2006 年 3 月 30 日。

⑤ 王阳：《"艇"而走险的中国游艇业　中国游艇业的现状与分析》，《机电设备》2006 年第 2 期。

司却异军突起，台湾高鼎游艇公司所打造的约 64 米的游艇堪称全球顶级①。休闲渔业是海洋第一产业渔业与第三产业服务业的结合成果，是时代的产物，契合了现代社会向往自然的心态，即使是澳大利亚这样的发达国家，休闲渔业的兴起也是近十年的事②。大型豪华邮轮曾是西方国家的传统优势，但现在邮轮产业发展的重心已产生东移趋势，各大邮轮公司不仅已开始考虑制定前往我国的邮轮航线，邮轮产业公司甚至已经在探讨将上海等港口建设成邮轮母港的可行性③。

第四，国际性。海洋产业组织与海洋密切相关的活动性质决定了这一类社会组织与海外交往密切的国际性特征。虽然大多数海洋产业组织都不是跨国性组织，但却几乎无一例外地深受全球性经济、社会、文化格局的影响。各国渔业协会的组织目标虽然是本国渔业的发展，但其主要工作之一却是开展与周边国家的民间交流与合作、协调和处理与周边国家及地区之间的涉外渔业纠纷和事故、维护海上作业安全等。中国渔业协会自成立以来一直致力于与周边国家间的渔业协议签署，执行双边协议中有关海上安全作业的相关规定，处理涉外渔业海事纠纷和海损事故④。渔业组织的国际性特色并不局限于海域邻近国家之间，一些海洋国家的渔业组织为了获取更多的渔业资源，早已在全球范围内开展自己的渔业生产、交换、分配等活动。日本鲣鱼金枪鱼渔业协同组合联合会的会长就曾于 2010 年专赴坦桑尼亚联合共和国，只为与当局签订日本远洋金枪鱼延绳钓船在该国海域入渔的民间渔业协定⑤。

对航运公司而言，国际性几乎是与生俱来的特色。虽然对一国海运业来说，能成为跨国公司的航运企业总是屈指可数，但所有立足国内的航运公司却无一例外的都是国际原材料、能源、汇率市场最敏感的晴雨表。广场协议后日元升值给了日本沿岸的海运企业致命的打击，经历了痛苦的兼并重组，虽然奠定了日本邮船、商船三井、川崎汽船三足鼎立的局面，但

---

① 唐文：《台湾欲投资 4.5 亿发展大型游艇业》，《中国船舶报》2006 年 9 月 1 日。
② 刘雅丹：《澳大利亚休闲渔业概况及其发展策略研究》，《中国水产》2006 年第 3 期。
③ 佚名：《产业重心东移带来历史机遇》，《解放日报》2010 年 6 月 24 日第 16 版。
④ 胡复元、郭云峰：《加强行业自律　提高渔业组织化程度》，《中国渔业经济》2002 年第 2 期。
⑤ 缪圣赐：《日鲣渔协与坦桑尼亚签订了 2010 年金枪鱼延绳钓渔业的民间协定》，《现代渔业信息》2010 年第 6 期。

近年来海外劳动力成本提高、世界原油价格上涨、全球性经济危机的接踵而至，使得日本海运业步履维艰，也难怪世界海运业被日本业界人士比作国际接力赛，从19世纪的海运霸主英国到"二战"后的日本，如今接力棒又传到了韩国的航运企业的手中①，海运业界的发展实在有着太强烈的国际性色彩。其实面临国际接力局面的又何止航运公司，各国的造船企业也正在一轮轮的国际造船市场接力赛中接受洗礼。尽管不断进行造船业的产业结构大调整，但日本造船企业国际竞争力每况愈下，霸主地位不再已是不争的事实，后来居上的韩国造船企业虽然在20世纪90年代订单大增，但近年来中国造船工业的长足发展已足以令韩国造船企业认清自己潜在的竞争对手②。与此同时，我国业界人士已经指出，我国造船公司的风险不容忽视，人民币汇率的变化势必影响中国造船企业的发展壮大③。

船级社虽然与上市企业的航运公司有着经营方式上的显著区别，但其国际性特色却同样鲜明。某一船级社旗下的商船如果因非不可抗力的原因遭遇海难，那么这家船级社将丧失国际船级协会的会员资格④，这将对该船级社在全球业界的信誉度造成致命打击。

全球性的能源需求把海洋勘探业变成了名副其实的国际化舞台。无论是在墨西哥湾、泰国湾、西非几内亚湾，还是中国南海，海洋石油勘探的热点地区从来不会缺少世界各大石油公司的身影⑤。发展中国家要想解决经济增长带来的能源需求，就必须谋求本国海洋勘探公司的发展，但勘探技术的限制又使得这些公司必须寻求与发达国家勘探公司的技术合作。

第五，区位性。海洋产业组织以海为生，与海为伴，因此必然也具有邻近海洋的区位性特征。海洋渔业相关组织与渔民群体、渔业生产、渔村发展密不可分，自然只能位于沿海地区；海盐工业的原料是海水，因此海盐生产组织也必然依海而建；海洋勘探组织的作业平台就位于海上，因此其相关产业组织也不能离开海洋；滨海娱乐业组织顾名思义，只能位于滨海；邮船公司不仅要建在港口，而且肯定会更青睐邮轮母港，其相关产业

① Kinzo INOUE, "Human Resource Flow in Maritime Community", *Ocean Law*, *Society and Management*, Vol. 2, Beijing: Ocean Press, 2010, pp. 128 – 129.

② 曹杰：《日大型造船企业 强力"整编改组"》，《国际商报》2000年6月17日。

③ 孙自法：《张广钦 中国造船发展风险不容忽视》，《中国水运报》2005年7月4日。

④ 刘凡编译《国际与行业组织》，《中国船检》2007年第5期。

⑤ 林威：《南海深水石油勘探明年起进入高潮》，《中国证券报》2007年4月5日

组织也必然在同一地点汇聚，共同打造邮轮经济；世界上第一家船舶检验机构——英国劳埃德船级社就是在伦敦泰晤士河畔的一家咖啡馆中诞生的，只因伦敦泰晤士河口是当时英国最大的海运中心①。事实上，伦敦并不只是船级社的发源地，还是历史最悠久的世界航运服务中心，正是海事产业链上的各种组织在泰晤士河口的大量汇聚成就了英国海事产业的经久不衰。伦敦海事当局一直对海事产业组织的区位性优势重视有加，早在20世纪40年代就通过港区分离模式，建设泰晤士河畔的航运服务软环境，大力发展航运融资、海事保险、海事仲裁等海事产业链上游产业，如今这里不仅拥有数千家上规模的各类航运服务企业，还聚集着国际海事组织总部、国际海运联合会、国际货物装卸协调协会、波罗的海航运交易所、波罗的海和国际海事公会等诸多海事产业组织和海事国际组织②。

3. 组织产生与发展的影响因素

海洋产业组织从海洋社会群体逐步演变成有特定目的的海洋社会团体，从泰晤士河畔的咖啡馆到今天海事产业组织云集的伦敦现代航运服务中心，从浅海海域的小规模海洋勘探到如今触角遍及全球各大深海湾的世界石油勘探公司，海洋产业组织从无到有，从小到大，其产生与发展历程并非偶然，而是在特定的社会影响因素的作用下才得以形塑的。

第一，时代的需求。各种海洋产业组织的产生与发展首先是时代需求的产物。在人们驾驭海洋的能力只能满足"渔盐之利"的时代里，即使是海岛国家，也只有沿海渔村中的渔民形成的小型组织在从事着近海的渔业活动，有的地方的渔民组织甚至长年在岛屿周边海域从事潜水捕捞③，可时代的需求让渔业组织的结构、规模和活动区域不断扩展，现代渔业公司的远洋渔船可以深入地球另一端的广袤海域，只为寻求更丰富的渔业资源。我们已不会再为日本渔业公司谋求挪威附近海域的金枪鱼资源这样的组织行为而感到惊讶；同样，国际社会或许可以理解"二战"后食不果腹的年代里，日本渔业组织通过捕杀鲸鱼、海豚来摄取蛋白质的渔业活动，却无法接受时至今日这些渔业公司还要在太地地区猎杀海豚④、生产鲸鱼生鱼片

----

① 邱桐：《从泰晤士河畔咖啡馆谈起——验船史话》，《航海》1981年第4期。
② 王捷：《伦敦国际航运中心模式变迁》，《市场周刊（新物流）》2009年第2期。
③ 羽原又吉：《漂海民》，东京：岩波书店，2008年，第84~85页。
④ 佚名：《日本小镇太地以捕杀海豚而闻名　近日一环保组织成功潜至水下切断渔网救出海豚》，《青岛早报》2010年10月2日。

的行为①，脱离时代需求的渔业组织发展是无法获得海洋社会普遍认同的。中国渔业协会成立以来一直致力于我国渔业发展，但成立之初的直接动因却是因为中日两国尚未建交，亟须海上渔业纠纷的解决渠道，正是这样的时代诉求促使周恩来总理特批了该协会的成立②。

航运组织的产生源于人们对"舟楫之便"的需求，大航海时代对海外贸易激增的需求为近代航运公司的诞生提供了土壤，对 17 ~ 18 世纪的英国冒险海商组织和东印度公司进行考察可以发现，当时海商、船东、船员群体已经开始逐步分离，航运公司的目标也开始进一步分化、细化，终于为英国成为世界海运霸主奠定了基本的海事社会格局③。随着时间的推移，全球航运业逐步进入了规模化、迅捷化时代，航运业也越来越离不开金融业的支持，正是融资、结算、兑换等各类金融服务组织紧跟时代步伐在伦敦的集聚④使得这座城市在 20 世纪上半叶完成了从航运业中心向航运服务业中心的"华丽转身"。

能源危机时代的逐步临近不仅让众多世界著名石油勘探公司将自己的触角伸向全世界一切可以企及的海域、港湾，也让许多发展中国家的海洋勘探公司走到了时代的前沿。近年来，能源短缺已成为制约我国经济发展的一个瓶颈，也让同为金砖四国之一的印度感受到日益增加的能源安全压力，因此无论是中国海洋石油总公司在南海，还是印度信实工业集团在印度东海岸，都必将在这个时代扮演越来越重要的角色。同样，淡水资源日益匮乏的时代背景也让海水淡化产业组织走入了人们的视野。以色列的海水淡化厂拥有世界最大规模的海水淡化运作设施，成百家公司活跃在水管理领域，正是中东地区"水比油贵"的时代背景成就了以色列的"水奇迹"⑤。

第二，相关海洋社会群体的人力资源。海洋社会组织是有着特定目标的海洋社会群体，海洋社会群体是海洋社会组织形成的基础。海洋产业组

① 黄恒：《日本：政府拼命推动捕鲸，国民反感》，《新华每日电讯》2007 年 2 月 12 日。
② 胡复元、郭云峰：《加强行业自律 提高渔业组织化程度》，《中国渔业经济》2002 年第 2 期。
③ 宋宁而：《17 - 18 世纪英国船员群体研究》，载徐祥民主编《海洋法律、社会与管理》2010 年卷，北京：海洋出版社，2010 年，第 131 ~ 135 页。
④ 王列辉：《高端航运服务业的不同模式及对上海的启示》，《上海经济研究》2009 年第 9 期。
⑤ 成杨：《以色列的"水奇迹"》，《河南水利与南水北调》2011 年第 9 期。

织由因开发利用和保护海洋的生产和服务活动而形成的海洋社会群体组成，因此其发展和存续也在很大程度上依赖由海洋产业人员群体及其他相关海洋社会群体构成的人力资源。渔业公司、渔协组织等渔业组织在不同的政策和环境下壮大或衰落，但如果渔业技术后继乏人，志在从事渔业活动的年轻人不断减少，那么再优惠的政策、再理想的外部环境也无法促使渔业组织发展壮大。

发达国家的航运公司为了降低成本，不惜弃用本国籍的船员，而改用相对廉价的外国合同工船员来驾驶商船，成本倒是减少了，但本国船员这一海事技术人员群体却渐趋萎缩，本国的海事产业社会的各种海事相关组织也因此濒临人力资源的枯竭状态[1]。同样是高端航运服务业中心，新加坡和挪威的港口十分清楚，自身的历史传统、软硬环境无法与伦敦抗衡，要想吸引全球的航运公司到这两个国家的港口开展业务，就必须大力发展研发以提升港口竞争力。如果说以市场交易为核心的伦敦模式的成功依靠的是金融人才的汇聚，那么以知识经济为驱动力的新加坡、挪威模式的成功则要归功于研发人才的云集[2]。

20 世纪 60 年代初，游艇业在法国还只是贵族阶层的特殊娱乐活动，游艇之所以在今天的法国成为大众普及的海上娱乐品，游艇业之所以能迎来今天的繁荣局面，实际上得益于法国国内开设的各类游艇驾驶培训学校，这些学校都拥有自己的船只，以经济低廉的价格供给学员练习，现在法国有 900 多万游艇运动参加者，这为游艇业的发展提供了源源不断的后备力量[3]。

第三，组织发展的硬环境。海洋产业组织的发展离不开软硬环境的支持，其中，硬环境是指海洋产业组织发展所需的交通、通信、区位、资源、生态等物质条件的外部因素的总和。近年来，全球很多地区渔业水域生态环境恶化、渔业资源严重衰退的现状已经令各国渔业组织遭遇发展的瓶颈。为保障休闲渔业组织健康持久地发展，日本休闲渔业组织和渔业协同组织一直致力于建造人工渔场，改善渔村渔港环境，完善道路、通信等基础设施的建设[4]。

[1] 富久尾义孝：《海事社会的变更提言》，东京：海文堂，2006 年，第 31～40 页。

[2] 王列辉：《高端航运服务业的不同模式及对上海的启示》，《上海经济研究》2009 年第 9 期。

[3] 王孙：《大众化：法国游艇业成功之道》，《中国船舶报》2006 年 4 月 14 日。

[4] 柴寿升、张佳佳：《美、日休闲渔业的发展模式对我国休闲渔业发展的启示》，《中国海洋大学学报（社会科学版）》2007 年第 1 期。

神户港曾是日本第一大港，但在经历了 1995 年的阪神大地震后，港口硬件设施破坏严重，城市交通系统一度几近瘫痪，神户港也因此一蹶不振，大量海事及物流相关公司撤离，货物吞吐量再难重现往日的辉煌。豪华游轮的到来会为港口带来巨大的油轮经济效益，但要想吸引大量豪华邮轮停靠、吸引众多邮轮公司安家落户，就必须有十分过硬的基础设施。上海港于 2008 年建成国际客运中心，打造能同时停靠三艘 8 万吨级的豪华邮轮的码头，只为获得邮轮发展必不可少的硬件支撑①。这样的硬环境对其他海洋产业组织同样必不可少，海盐组织也不例外，在中国海盐总公司的负责人看来，要想打造世界级盐业企业，就必须保证三大硬环境上的优势，包括盐资源的控制优势、企业与市场顺利衔接的区位优势、基地位于交通黄金节点上的交通优势②。

海洋产业组织发展的硬环境并不限于基础设施和生活服务设施建设，也包括海洋产业活动的周边环境。中国三亚凤凰岛国际邮轮港已受到越来越多的国外邮轮公司的关注，虽然三亚港在港口建设方面未必具有出众的吸引力，但却有着发展邮轮业无与伦比的生态优势，三亚海岸沿线污染少，海水环境优越，相比世界其他港口城市，工业少反而成为三亚在生态环境上的优势③。虽然欧洲游艇业总体上相当发达，但葡萄牙的游艇企业发展却因缺乏天然良港、临近大西洋水温偏低、海况恶劣等环境原因而无法与地中海沿岸的其他国家并驾齐驱④。同样，青岛、日照之所以能成为滨海娱乐业组织的汇聚之地，当地海域的水文、气象、风力、涌浪、海流等海洋环境起着决定性的作用。

第四，组织发展的软环境。软环境与硬环境一样，也是海洋产业组织发展必不可少的支持条件。这里的软环境是指海洋产业组织发展所需产业结构、政策条件、文化特色、制度设置、法制体系、思想观念等非物质条件的外部因素的总和。我国渔业协会组织的建设经验证明，要想让渔协发挥好为渔民提供生产服务、解决渔业纠纷等方面的作用，就必须不断完善渔协自我服务体系的制度建设。制度设置的影响同样可以来自国际，《联合

① 佚名：《产业重心东移带来历史机遇》，《解放日报》2010 年 6 月 24 日。
② 李希琼、李凌：《实施"两步走"战略　打造世界强大盐业企业》，《中国经济时报》2008 年 9 月 24 日。
③ 王凌峰：《国际邮轮公司跃跃欲试进入中国》，《中国外资》2010 年第 8 期。
④ 王荣：《葡萄牙的游艇业》，《船艇》2006 年第 8 期。

国海洋法公约》带来了新海洋制度在全球范围内的建立，各国由此对海洋权益的关注达到了前所未有的程度，也使得我国海洋渔业组织的作业范围和作业方式受到很大限制，近年来我国与周边邻国不断发生的渔业纠纷足以证明这一影响。影响同样来自世贸组织，加入世界贸易组织在给我国海洋渔业组织带来有利发展机遇的同时，也在渔业产品出口时带来品种质量达标问题上的巨大挑战①，这一点从事渔业出口的相关组织一定深有感触。

伦敦之所以能吸引世界各国海洋产业组织云集，至今维持国际航运中心的殊荣，一个重要原因是伦敦拥有世界上最为完备的航运交易、航运融资、海事仲裁、海上保险等服务体系的软环境。不同于伦敦的金融服务模式，新加坡和挪威的知识经济驱动的高端航运服务业模式则要更多地依靠鼓励海洋知识枢纽建设的开放政策和国家战略规划的支持②。

海洋勘探业组织的发展同样不能忽略软环境的建设。蓬莱油田溢油事件及事后康菲石油公司的欺瞒、不作为、处置不力以及主管部门的监管困难充分说明了我国海洋勘探业组织相关立法、监督、执法、司法体系建设的不到位③。

海洋娱乐业的发展不仅需要依靠港口基础设施等硬环境的支撑，同样不能离开软环境的支持。在满足大型邮轮靠泊硬件条件的同时，经营环境、口岸通关环境、市场营销网络、上下游产业链的衔接等软环境的建设也是邮轮公司发展必不可少的条件④。同理，游艇俱乐部和游艇制造公司在澳大利亚的良好发展离不开该国蓬勃发展的游艇文化⑤。而法国游艇业成功的经验则告诉我们，普及游艇文化也需要致力于发展船艇租赁业务和二手船艇市场的产业链，与此同时，减税政策的刺激和扶植对游艇业也是不可缺少的，法国多达11500余家的游艇制造企业和协会以及高达40亿欧元的行业年营业额充分说明了这些软环境建设的良好效果⑥。

---

① 胡复元、郭云峰：《加强行业自律 提高渔业组织化程度》，《中国渔业经济》2002年第2期。

② 王列辉：《高端航运服务业的不同模式及对上海的启示》，《上海经济研究》2009年第9期。

③ 李小晓：《相关方为何一拖再拖 康菲溢油案：一场难打的官司》，《中国经济周刊》2011年第50期。

④ 佚名：《产业重心东移带来历史机遇》，《解放日报》2010年6月24日。

⑤ 苏红宇：《澳大利亚游艇业发展的几点启示》，《船艇》2007年第23期。

⑥ 王孙：《大众化：法国游艇业成功之道》，《中国船舶报》2006年4月14日。

4. 组织的社会功能

海洋产业组织的形成、发展过程，也是其社会影响不断产生、扩大、发展、演变的过程。渔业组织可以为国民，特别是海洋国家的国民提供蛋白质来源，海洋勘探业组织的发展牵动着国家能源经济的命脉，邮轮公司的汇聚可以振兴整个港口乃至周边腹地的经济，休闲渔业组织的繁荣可以在一定程度上解决一国的就业问题。海洋产业组织所具有的社会功能是海洋社会组织的重要课题。

第一，产业链的综合效应。海洋产业组织的整体性特点决定了特定海洋产业组织的兴衰将对整体产业链产生综合效应。休闲渔业组织得以在许多国家的国民经济中扮演重要角色，这主要得益于休闲渔业的发展可以很好地带动其他相关产业。美国休闲渔业的产值是常规渔业的三倍以上，极大地带动了渔具、车船、修理、交通、食宿等相关产业的发展与社会就业[1]，一项 1996 年作出的经济学家的调查显示，美国每年休闲渔业对全社会的直接间接经济总效益达 1084 亿美元，为其全国各地提供了 120 万个就业机会，创造 283 亿美元的消费，为联邦政府提供的 31 亿美元税收甚至占据联邦农业税收的三分之一，显示了巨大的产业链综合效应[2]。

海事产业组织的综合效应是再明显不过的了。航运公司的繁荣可以带动船舶管理业、船舶检测业、海事保险业、海事金融业、海事法律服务业等众多海事相关组织的迅速、持续发展，一直以来，日本邮船、商船三井、川崎汽船三大航运巨头的经营状况都是日本海事产业景气与否的风向标。造船业也如出一辙，虽然世界造船业重心逐渐由欧洲向远东转移已不可避免，但欧盟却绝不甘心自己的造船业就此衰落，不惜加大对造船公司的扶植力度，只因为造船业对促进国防及上游工业的发展、对扩大就业人数等都具有非常重要的意义[3]。

邮轮业素有"水道上的黄金产业"之称，邮轮经济能以超过 1∶10 的高比例带动多产业发展[4]，而一个港口一旦被定为邮轮母港则意味着该区域将受到邮轮经济的巨大影响，邮轮在港口添加补给、油料、淡水与处置废品、

① 柴寿升、张佳佳：《美、日休闲渔业的发展模式对我国休闲渔业发展的启示》，《中国海洋大学学报（社会科学版）》2007 年第 1 期。

② 陈思行：《美国休闲渔业现状》，《北京水产》2005 年第 1 期。

③ 蔺士忠：《欧盟国家大力扶植造船业》，《中国船舶报》2000 年 9 月 1 日。

④ 王凌峰：《国际邮轮公司跃跃欲试进入中国》，《中国外资》2010 年第 8 期。

接受港口服务、邮轮的维护与修理，以及国际邮轮及其乘客在本地的消费与支出，都将直接推动邮轮码头及其所在区域的产业与经济发展①，这几乎可以说是所有港口都梦寐以求的。游艇业组织的产业链综合效应同样不容小视，游艇生产将带动新型材料、涂料、电子仪器、仪表、动力、推进系统等几十个配套工业的发展，游艇消费也将带动游艇码头、游艇运输、游艇维修、燃料加注、水上娱乐、餐饮服务等一大批相关行业的迅速发展，整个产业链将受益巨大②。

第二，社会整合。海洋产业组织凭借着自身发达的产业链效应，对相关组织所在地区的社会起着重要的影响，随着产业链的不断完善，海洋产业组织的影响也在逐步获得延伸，组织的社会功能也渐渐超越了经济发展的范畴，向着各个方面的社会整合绵延。

船级社的功能转变十分典型，从一开始通过退休船长或船上木匠的目测、刀捅来为船舶提供质量检测，到现在成为国际社会公认的世界性公共品检验认证机构和向各业界"融知"的技术银行③，并投身环保等社会事业，为石油天然气和风能等可再生行业提供技术保障和咨询服务④，其影响所及早已超越了海事业界范畴，几乎成为整个工业社会的支持平台。

世界各国港口之所以争相完善各自软硬环境，以图成为豪华邮轮母港，就是为了获得作为邮轮母港的巨大社会影响。这样的影响不仅在于其提升港口基础设施和周边交通条件、完善港区邮轮相关产业组织的聚集、改善城市规划布局等方面为港口社会的整合提供硬件基础，更在于其能提升消费、打造品牌、敦促环境改善、培养海洋文化，进而促进港口所在经济腹地的整体社会效应，使港口社会乃至整个经济腹地社会获得社会整合的软件支持。

近年来各国渔协在社会整合方面的功能延伸和影响增加十分值得一提。我国各地渔业协会都在扮演"社会减压阀""协调交流者"的角色，为渔村社区的社会管理提供了强有力的支撑⑤。日本渔协近年来的社会功能除了渔

---

① 李小刚：《国际邮轮城渐进上海北外滩》，《国际金融报》2003 年 8 月 18 日。
② 钟华：《游艇业：漂浮在黄金水道上的商机》，《北方经济时报》2005 年 8 月 1 日。
③ 桂雪琴：《造船强国呼唤强有力的船级社》，《中国船舶报》2007 年 8 月 31 日。
④ 龚艳萍：《高质量专业化的国际海事培训——记英国劳氏船级社上海海事培训中心》，《世界海运》2009 年第 6 期。
⑤ 魏如松、王仪、陈蔚林等：《潭门渔协：渔家信赖的"减压阀"》，《海南日报》2011 年 7 月 25 日。

业生产服务和海上安全救助以外，还主要涉及普及鱼食文化、促进都市渔村居民交流、传承地域文化传统、渔村高龄人口的福利活动等方面，对渔村及其周边区域的社会整合影响是显而易见的①。

第三，为海洋产业人员群体提供发展空间。海洋社会群体的高度组织化特性是上一章中已论及的，海洋产业组织为各种海洋社会群体的存在及相关活动提供了重要的存在平台和发展空间。渔业协会的存在不仅为渔民提供了来自各方的社会支持力量，同样也为渔民作为一个群体与其他社会群体、社会组织进行对等交流提供了理想的平台。为更好地普及鱼类饮食，日本渔协组成"全国渔连海苔事业推进协议会"，将每月第三个星期六定为"手卷寿司日"，让渔民以城市家庭为对象，讲授手卷寿司的制作方法；爱知县渔协定期举办"体验渔业"活动，邀请城市居民上渔船进行拉网捕鱼体验；各地一年四季举办的海神祭上，几乎都是当地渔协在唱主角，吸引四方来客共同参与地域欢庆活动②。

虽然航运公司迫于成本压力无法雇佣本国籍船员进入公司的事实人尽皆知，但日本海事业界还是只能把培养本国海事技术人员的希望寄托在航运公司身上，因为远洋船员群体只有依托航运公司这样的海洋产业组织才能存在并获得培养③，而实际上，同样的情况也发生在造船公司和造船相关产业组织之间。

游艇业原本是法国贵族阶层的高雅消遣活动，正是大量游艇培训学校的存在和学员的大批量培养，才使得海上游艇业消费者越来越多，终于形成法国社会一个重要的社会群体，真正带动法国游艇业走向大众化④。

最早的船检只是退休船长或熟练木匠的随意性极大的个人行为，但自从有了船级社，这些群体的验船行为便逐步得到规范，趋向专业化，终于以专业船检工程师群体的形象出现，到了现代社会，更是成为船东的有力

---

① 日本全国渔业协同组合联合会：《日本渔业协同组合社会责任报告书》第 1 卷，2009 年 10 月，第 17 ~ 26 页。

② 日本全国渔业协同组合联合会：《日本渔业协同组合社会责任报告书》第 1 卷，2009 年 10 月，第 17 ~ 26 页。

③ 井上欣三：《海事教育的历史与变迁——今后人才培养的方向》，《海事交通研究》2005 年第 54 号。

④ 王孙：《大众化：法国游艇业成功之道》，《中国船舶报》2006 年 4 月 14 日。

监督者①。

这种为海洋产业人员群体提供发展空间的社会影响也表现在组织对技术发展的有力支持上。现代海洋勘探业以大型石油公司、能源公司的形象出现，凭借着集团化的优势，一面获得政府的有力支持，一面大力投入研发力量，目前，英国石油公司、巴西国家石油公司、挪威国家石油公司、埃克森美孚、壳牌、哈斯基、优尼科这些大型石油公司都拥有顶尖的研发专业团队，掌握并优化海洋深水勘探开发的核心技术②，海洋油气田开发专业技术人员作为海洋社会群体的新成员在这些组织中获得了生存发展的土壤。

第四，对国计民生影响重大。海洋产业组织的发展对一国及地区的社会生活的基本状态、国民经济的发展根基、地区乃至国家海洋战略的实施都有着举足轻重的影响。渔业组织虽然随着时代发展，社会功能获得了很大的延伸，但一切功能最终都是围绕着渔业资源的供给展开的。渔业资源在许多海洋国家中是国民维持营养甚至生存不可或缺的来源，"二战"后一段时间里，日本曾依靠渔业组织的捕鲸事业来维持国民所需蛋白质的供给；日本渔业协同组合在其近期的发展报告中依然将"为全体国民提供安心、安全的海洋水产物"视为该组织的"第一使命"③。休闲渔业虽然与国民经济的饮食生活未必有所关联，但由于近年来一些国家的休闲渔业组织发展势头迅猛，大有超越商业捕捞，与商业捕捞争夺有限渔业资源之势，这就直接对邻近海域的渔业资源、海洋生态平衡造成了极大的压力④，也引起了国际社会各方的密切关注。

海洋勘探业组织的发展几乎事关国民经济发展所有重要环节。由于能源安全涉及国家最高利益，因此石油公司等相关海洋勘探业组织的发展都会获得政府的高度关注。对我国而言，实施海洋发展战略不仅是创建海洋文明、建设海洋强国的根本，也牵动着国民经济的跨越式发展，有利于国内能源产业进行优化组合、摆脱能源依赖进口的不利局面，油气资源的开

155

---

① 邱桐：《从泰晤士河畔咖啡馆谈起——验船史话》，《航海》1981 年第 4 期。
② 江怀友等：《世界海洋油气资源勘探现状》，《中国石油企业》2008 年第 3 期。
③ 日本全国渔业协同组合联合会：《日本渔业协同组合社会责任报告书》第 1 卷，2009 年 10 月，第 2 页。
④ 孙吉亭、R. J. Morrison、R. J. West：《从世界休闲渔业出现的问题看中国休闲渔业的发展》，《中国渔业经济》2005 年第 1 期。

发甚至将极大改变左右国际原油价格的供求关系和需求结构①。一些发展中国家基于国家能源安全的战略考虑，急于摆脱对原油进口的依赖，从而对本国海洋勘探业组织给予政策上的重点扶植，在本国周边海域开展海底油气田的勘探业务。而发达国家在支持石油公司海洋勘探事业的同时，迫于来自社会的巨大压力，也不得不就其生产过程对海洋环境的污染实施严格监管，虽然奥巴马总统在墨西哥湾溢油事故后对英国石油公司进行了严厉抨击，甚至称自己想知道"该把谁狠揍一顿"②，但依然被社会各界认为表现不力，可见海洋勘探业组织兹事体大③。

（二）海洋行政管理组织

1. 含义

海洋行政管理组织是指通过对海洋空间和海洋活动采取干预行动，来达到海洋研究、资源收集、存储与分配、财政资助、税收、监测、法律实施、冲突解决、政策法规规范制定及执行④，以及维护海洋生态环境及资源可持续发展等目的的政府组织。这一类组织包括了从事渔业资源研究、渔业数据采集研究、渔业资源分配、国内外渔业纠纷解决和相关渔业规定制定及执行等活动的政府渔业管理组织；从事海事产业税收、补贴资助、政策规范和国内法制定及执行，参与国际条约制定等活动的海事管理组织；从事特定海域海洋环境数据采集、国内外海洋活动对环境影响的监测、海洋环境相关政策法规规范制定及执行等活动的海洋环境管理组织；以及从事海上治安、海上交通安全、海难救助和海上防灾等综合管理的海上治安管理组织等。近年来，这些不同类型的海洋管理行政组织开始有了越来越多的职能交叉，组织界限也渐趋模糊。

2. 特征

海洋行政管理组织为维护特定海上秩序而产生，在为协调海洋的开发利用和海洋环境、资源、生态间的平衡运作的过程中呈现一些特点，使其既区别于陆地上的、非涉海的行政管理组织，也不同于海洋产业组织等其他海洋社会组织。

① 王秋蓉：《实施海洋石油发展战略推动国民经济跨越发展》，《中国海洋报》2008年4月25日。
② 王丕屹编《奥巴马批评英国石油公司》，《人民日报（海外版）》2010年6月12日。
③ 王丕屹编《漏油成美历史性环境灾难》，《人民日报（海外版）》2010年6月12日。
④ 王琪等：《海洋管理：从理念到制度》，北京：海洋出版社，2007年，第49页。

第一，协调性。海洋行政管理组织既要维持相关海洋社会群体在海上生产生活等活动中形成的社会关系及社会秩序，又要协调人类在活动过程中所产生的与海洋之间的矛盾、关系以维持持续、稳定的人类用海秩序，还要协调与其他起到海洋管理辅助作用的海洋社会组织之间的关系，协调性是海洋行政管理组织的重要特性。许多海洋行政管理组织为了多种协调活动的同时开展，都以多部门联合的形式来开展活动。成立于1984年的全国海洋环境监测网是我国较早期的海洋行政管理组织，在十年的过程中发展成一个由100余家分属国家海洋局、国家环保局、交通部、农业部、水利部、中国海洋石油总公司、海军的政府部门共同组成的跨地区、跨部门、多行业、多单位的全国性海洋环境监测业务协作组织①，可见部门间协调在海洋环境监测领域的必不可少。

各方利益协调这一与生俱来的特色也可能导致海洋行政管理组织面临运作上的效率低下、分工不明、合作困难等问题，2013年国家海洋局重组之前我国海洋行政管理的"五龙闹海"局面就是这一问题的集中反映，渔政、海事、海关、海警、海监五大海洋行政管理组织虽然有着各自的组织目标、组织任务，组织之间也不乏各种沟通渠道与合作机制，却很难避免成本高、效率低、纠纷多、执法难等问题的产生。

利益协调的困难促使更多的海洋行政管理组织功能趋向综合化。许多海上治安管理组织的职能范围超出了狭义的海上治安管理范畴，成为集多种职能于一身的管理组织。日本海上保安厅内设行政部、装备技术部、警备救助部、海洋测绘部、海上交通部五个职能部门，分别负责海上治安、海上交通、海难救助、海上防灾、海洋环境保护以及国际合作的任务②。除日本外，美国、意大利、英国、印度、西班牙、巴林、加拿大等一百多个国家都拥有自己的海岸警卫队或海上保安厅③，虽然各自职能还是略有不同，例如美国海岸警卫队的职能还包括监视海上非法移民、进行破冰等作业确保航线畅通④、从事海洋科学研究、支援极地工作⑤等，但海洋行政管理组织功能的综合化趋势却是毋庸置疑的。

---

① 韦兴平、臧凡：《对我国海洋环境监测工作的若干建议》，《海洋环境科学》1996年第3期。
② 刘江平：《21世纪的海岸警卫队》，《海洋世界》2009年第6期。
③ 王琦、万芳芳：《法国海岸警卫队的组建及对中国的启示》，《海洋信息》2011年第4期。
④ 王正和：《话说美国海岸警卫队》，《现代兵器》1999年第8期。
⑤ 石荣生：《美国的第五军种海岸警卫队（一）》，《现代军事》1995年第2期。

海洋行政管理组织还常常为各方利益集团博弈提供载体和空间。美国渔业管理组织虽然有着严格的金字塔型组织结构，商务部长对全国的渔业管理工作、人员配置及资金安排都有绝对权威①，但联邦政府同时还在全国设立了八个区域性渔业管理理事会，理事会成员包括政府官员、防卫队官员、科研人员和渔民及渔业代表②，共同商讨渔业管理具体事宜，为各方渔业利益相关群体在渔业管理上的共同参与以及监督政府提供了必要的平台。

第二，科学性。海洋行政管理组织以海洋及其资源作为活动载体及客体，由此决定了这类组织在运作过程中强调科学性的特征。我国的海洋环境监测组织每年都必须对海洋环境进行观测、采样、数据收集和分析等科研调查，并基于调查结果撰写海洋环境质量公报，以供社会各界进一步实施各领域的研究。

海事管理组织对海上溢油的处理离不开对船舶构造、洋流、水文、潮汐及海洋环境、海洋生物等多方面科学技术的综合，而海事管理相关的许多标准，例如船员技术能力标准、船舶救生设备标准等本身就有着相当高的技术含量。

20 世纪 70 年代，许多国家的渔业管理都是从国家水产科研部门的捕捞技术和助渔设备的研究开始的③，当代渔业管理组织在科研性上更是获得了全面的发展，美国为有效进行渔业管理，每年投入大量人力物力开展科研，把资源保护建立在科学研究的基础上。其国家海洋局下设五大渔业科研中心，每个中心下设 2～8 个研究院所，形成海洋渔业科研网络，并为每个中心配备约 500 名工作人员，其中 80% 的科研工作者中过半数人拥有博士学位④，其以科学为依据的特点十分鲜明。

第三，逐步系统化与标准化的组织规范。海洋事务综合、多变，涉及的利益主体多元化，大部分有待调整的海上秩序都是传统法律规范很少涉及的新领域，因此，海洋行政管理组织的发展过程就是组织规范不断系统化、标准化的过程。

① 张利：《借鉴美国渔业管理模式大力发展内蒙古休闲渔业》，《内蒙古农业科技》2008 年第 4 期。

② 陈刚、陈卫忠：《对美国渔业管理模式的初步探讨》，《上海水产大学学报》2002 年第 3 期。

③ 陈松涛：《国外的渔业管理》，《海洋渔业》1982 年第 6 期。

④ 中国水产科学研究院科技情报研究所：《国外渔业概况》，北京：科学出版社，1991 年，第 309～315 页。

三面环海的加拿大拥有世界上最长的海岸线，也使得管理海洋成为该国政府的一项重要工作，这项工作主要由加拿大海岸警卫队完成。近年来，这一海洋行政管理组织尽管每天都要承担数千公里海岸线上的巡逻、破冰、救援、安检、航行、防污等多项任务，却总能不辱使命，这主要得益于执行任务过程中有着完善的法律规范可以依据。除《联合国海洋法公约》外，还包括《海洋法》《渔业法》《沿海渔业保护法》《领海和渔区法》《大西洋渔业管理区规定》《太平洋渔业管理规定》《沿海省份渔业管理规定》《200海里专属渔区法》《北冰洋管理法》《大陆架法》《海洋倾废法》《加拿大航海法》《防止油类污染法》等十多个经加拿大议会通过和海洋渔业部长批准的法案①，加拿大立法部门的努力是卓有成效的，逐步系统化和规范化的法律规范让海上警卫队的工作越来越有条不紊。

各国海事管理机构的运作也离不开各种法律规范的完善。有关船员的管理需要依据《1978年海员培训、发证和值班标准国际公约》（简称《STCW公约》）及相应国内法的标准制定；船舶防污处理需要遵照《国际防止船舶造成污染公约》（简称《MARPOL公约》）及相应国内法标准行事；船舶救生设备的配备检查则需要达到《1974年海上人命安全公约》（简称《SOLAS公约》）及相应国内法的标准要求。

同样，澳大利亚联邦渔业管理局及其他渔业管理机构也必须接受系统化的法规管理，这一系统包括《1991年渔业行政法》《1991年渔业管理法》《1981年船舶登记法》《托雷斯海峡渔业法》《1991渔业税收法》《1991外国捕鱼许可证税收法》《濒危物种保护法》以及其他诸如检验检疫、海关和环境保护以及生物多样性等法律法规②。

系统的组织规范还需要严格的执行体系加以配合。挪威是世界上最早成立渔业部的国家，这个渔业行政主管部门在调整渔业发展秩序的工作中不仅有着专门的渔业立法体系可以遵循，还能获得本国海上警卫队的执法配合。挪威海上警卫队每年由渔业局负责进行六周渔业法律、法规方面的培训，专门负责渔业秩序的维护③。

---

① 刘少才：《加拿大海岸警卫队：海洋的保护神》，《水上消防》2010年第4期。

② 袁华、唐建业、黄硕琳：《澳大利亚控制IUU捕捞的国家措施及其对我国渔业管理的启示》，《上海水产大学学报》2008年第3期。

③ 陈林兴、黄硕琳：《挪威渔业管理的初步探析》，《福建水产》2004年第1期。

第四，时代性。海洋行政管理组织虽然比较倾向于依靠标准、规范来管理自己的组织，但却并非一成不变，而是经常要随着时代的变迁产生新功能，进行新演变。随着各国海洋开发能力的不断提升和海洋利益需求的不断膨胀，对海洋实施行政管理的力度也会不断加大，一些从前海洋管理空白领域的新型海洋行政管理组织则会相应出现。日本在内阁建立综合海洋政策本部也不过是 2007 年的事，这一海洋行政管理最高组织的出现显然并非偶然，只要看一看组织建立前后，《海洋与日本：21 世纪海洋政策建议》《海洋基本法》《海洋基本计划》的相继出台就可知，这一组织的建立正是日本进入海洋立国战略时代的重要标志。

随着时代的发展，许多海洋行政管理组织都会逐渐承担起新的职能。加拿大警卫队最初的职责是破冰和海上治安巡逻；后来随着大多数人的休闲时间的增加，小型游艇及飞机越来越多地出现在加拿大沿海区域上，警卫队的海上救助活动开始不断发展；最近则又开始在三大洋及五大湖沿海配备应急队，随时准备应对北极海域的油料泄漏事故[1]。

虽然北冰洋的渔业捕捞活动尚未正式启动，但美国北太平洋渔业管理局及相关渔业管理组织已于 2009 年初将"北冰洋渔业管理计划"筹措完毕[2]，可见海洋行政管理组织的建设有着明显的时代性特点。

第五，国际性。与其他行政管理组织在各自国内自成体系，较少与国际社会产生联系不同，海洋行政管理组织不仅隶属国内行政管理体系，同时也普遍与国际组织保持着密切的联系。海洋行政管理组织以海洋及其资源为管理对象或活动载体、活动空间，活动性质的开放性决定了组织本身对国际秩序较强的依赖性。与国际组织保持密切联系正是这一依赖性的表现，前面已经提到，海事局的许多职能都必须依据国际条约来进行，实际上《STCW 公约》《SOLAS 公约》和《MARPOL 公约》都是国际海事组织（IMO）最重要的公约。

海上保安厅和海岸警卫队是包括英国、日本、美国在内的世界一百多个国家进行海洋行政综合管理的重要组织，以英国海上保安厅为例，组织进行工作时所依据的法律基本上也是以国际海事组织（IMO）、欧洲共同体技术委员会、国际劳工组织（ILO）及其他国际性组织所制定的公约、规则

①　陈旗：《加拿大海岸警卫队》，《航海》1995 年第 5 期。
②　缪圣赐：《最近美国领先制定出北冰洋渔业管理计划》，《现代渔业信息》2009 年第 12 期。

等为主①。

国际性并不仅仅表现在与国际组织的联系以及对国际公约的依赖上，随着人类海洋活动空间的不断拓展，海洋行政管理组织人员本身也有了更多机会直接进行国际秩序的维持。近年来，远洋捕捞导致相邻国家间纠纷不断，我国与邻国海警之间在争议海域的冲突就是海洋行政管理组织国际性的表现。2010年9月7日中国渔船遭日本海上保安厅巡逻船冲撞，2011年12月12日韩国海警遭中国渔民刺死，2012年3月30日帕劳警方开枪打死中国渔民，海洋行政管理组织活动的国际性显然也带来了组织活动更多的不确定性和风险性。

3. 产生与发展的影响因素

海洋行政管理组织的产生源于对海洋社会秩序进行维持、调整和干预的需要，是人类社会不断向海洋进军，拓展海洋活动空间的结果，随着人类开发利用和保护海洋活动范围的扩大，活动方式的多元化，以及活动能力的提升，各种新的社会关系开始出现，其中既包括人类社会作为整体与海洋环境、海洋生态、海洋资源之间的人海关系，也包括人们在海洋开发、利用、保护等生产生活活动中产生的人人关系，海洋行政管理组织的孕育、发展、细化及其功能的演变、延伸都是在这些海洋社会关系变化的影响下产生的，海洋社会秩序的影响决定了海洋行政管理组织的形塑与变化。

第一，相关利益集团。海洋社会秩序的主体是从事海洋社会生产生活的活动中代表不同海洋利益的各类利益集团，海洋行政管理组织所采取的行动是对各利益集团之间海洋利益获取、分配、调整的格局、要求、形式和条件的干预。远洋渔业的发展使得渔民的活动海域越来越广阔，相应地带动了不同国家的渔业利益集团的渔业资源和活动空间的分配的新变化。我国渔民为从事远洋捕捞，越来越多地涉足与周边邻国的争议海域，使得周边国家海警在维持渔业生产秩序和渔船航行秩序的干预活动遇到了一些新的局面，无论是韩国海警的被刺还是我国渔民在帕劳海域的遇袭，都是对这些利益分配矛盾的干预活动缺乏足够惯例可循的结果，新出现的利益分配格局在呼唤海上治安管理组织行动策略和行动准则的新变化。

各国海事局在过去的几十年中，对船舶构造，特别是油轮船底构造的

---

① 孙凯、杨丹：《英国海上保安厅的职能及与我国相应机构的初步比较》，《世界海运》1997年第3期。

设计标准和检验标准的要求日益严格，原因就在于船舶搁浅、沉没造成的漏油，特别是油轮的漏油将对海洋环境造成不可逆转的影响。正是海洋环境保护团体、海洋渔业资源利益集团以及位于海岸带的相关利益集团越来越多的呼吁、要求和抗议，使得海事管理组织不得不就商船的设备标准、检验程序、港口应急预案等海事干预行动采取更为严苛的要求。

海洋娱乐的相关利益集团也会影响海洋行政管理组织的职能演变。加拿大海岸警卫队从原本为船只通航进行破冰作业的海岸巡逻队逐渐演变成小型游艇的海上搜救队，各国渔业局陆续开始对海上休闲渔业设立专门的管理部门，都是由于人们生活理念的改变，进行海上垂钓、私人游艇等海洋娱乐活动的人群迅速增加的缘故。

第二，海洋利益。海洋行政管理组织干预海洋社会秩序的目的是为了维护和调整各国及地区的海洋利益分配格局。对海洋利益的需求也是海洋社会秩序，特别是国际海洋社会秩序变化的动力和依据。北极冰层加速融化使世界各国谋求极地海洋利益的意图逐渐成为现实，也带动了北极地区的国际海洋社会秩序格局的新变化。正是北极海洋利益促使加拿大海岸警卫队配备沿海应急队，对北极海域油料泄漏事故未雨绸缪；同样是北极海洋利益，催促美国北太平洋渔业管理局早早出台"北冰洋渔业管理计划"，以便提前为维护本国的北极海洋渔业资源生产活动提供行动准则，以备不时之需。

各国海上治安管理组织的本国领海及专属经济区海上巡逻活动也是以保护本国各种海洋利益为准则的。近年来，日本海上保安厅的巡逻艇多次对进入钓鱼岛海域的我国保钓船及渔船进行驱逐和冲撞，主权之争背后潜藏的是东海资源的经济利益之争和地缘政治利益之争，具体包括东海地区丰富的天然气资源、矿物资源和渔业资源，以及大陆架划分所带来的美日对中国海上航道封堵的战略利益。

韩日之间的独岛（日方称竹岛）海洋利益之争也为两国海上治安管理组织提供了活动空间。自从李承晚线①设立直至近年，韩国海事警察厅对日本籍渔船的捕拿、临检和枪击活动从未真正停止，日本海上保安厅的持续性

---

① 历史上一条日本和韩国有主权争议水域的分界线，于 1952 年 1 月 18 日设立。当时，韩国总统李承晚称为了宣示海洋主权范围及保卫当地的水产物，单方面在日韩两国之间的日本海公海海域上划定这条界线，并禁止外籍渔船闯入。

监督也从未间断；进入 21 世纪以来，两国海洋行政管理的相关组织又开始争相开展独岛（竹岛）海域的海底地形勘探和海洋环境调查①。日益频繁的海洋行政管理活动背后的目的无非是独岛（竹岛）周边暂定水域的渔业秩序之争、专属经济区归属之争以及两国从"夺岛圈海"开场的海洋扩张战略之争。

第三，法律规范。海洋行政管理组织干预海洋社会秩序的依据来自调整各种人海关系与人人关系的国内国际法律规范及其法制体系，一国海洋法制体系的完备程度、与国际海洋法制体系的联系密切程度也在很大程度上决定着该国海洋行政管理组织的活动方式和活动准则。

日本为实现其"海洋立国"的目标，近十年来不断进行机构精编，逐步完成了本国综合型海洋行政管理机构体系的建设。这些海洋行政管理部门由综合海洋政策本部进行统一协调，而各部门的行动准则和职责范围则严格依据《海洋基本法》的明确规定，分别围绕"开发利用海洋与保护海洋环境相结合""确保海洋安全""充实海洋科学知识""健全发展海洋产业""综合管理海洋""国际合作"六大理念展开，持续有效地进行海洋综合管理②。当然，《海洋基本法》只是指导日本海洋行政管理的基本规范，对海洋综合管理进行具体指导的是一个相当全面的法律体系，由海洋资源开发利用、海洋环境保全、海域开发的推进、海上运输的确保、海洋安全的确保、海洋调查的推进、海洋科技的研究开发、海洋产业振兴和国际竞争力强化、海岸带综合管理、离岛保全、国际合作与国际协力、海洋人才培养等方面的法律、规则和规划共同构成③。

完备的海洋法制体系可以为有效开展海洋行政管理活动提供活动范围、行动准则、行动程序上的明确依据，为海洋秩序的建立提供协调、保护、服务和监督；相反，缺乏法律依据也可以使海洋管理活动无据可依，不仅难以有效维持海洋秩序，还会对组织本身的活动造成明显的阻碍。康菲漏油事故④发生后，海洋局等海洋环境管理机构未能对事故责任方进行严厉有效的处理，主要原因在于我国国内仅有的一部针对海上漏油事故的法律《中华人民共和国海洋环境保护法》，无法对漏油造成的海洋水质破坏、海洋生态、渔业水产

---

① 《日本海上保安厅报告》，2007 年。
② 日本《海洋基本法》，2007 年。
③ 日本《海洋基本计划》，2008 年。
④ 指 2011 年 6 月发生在渤海湾蓬莱 19－3 油田 B、C 平台上的溢油事故。

养殖的损失以及对沿海居民健康构成的持续性影响提供明确的法律依据。

第四，海洋环境。海洋行政管理组织的干预活动有着特定的客体，即作为人类开发利用保护海洋活动的载体、空间和对象的海洋环境、海洋资源和海洋生态。海洋环境是海洋行政管理组织开展活动的基本前提，近年来，随着人类海洋开发利用活动力度不断加大，空间不断拓展，关于海洋资源枯竭、海洋环境污染和海洋生态安全的人海矛盾不断呈现升级趋势，也使得几乎所有类型的海洋行政管理组织都把保护海洋环境视作组织的基本任务。

大多数国家海事管理组织最初的组织目标都只是维护海上航行秩序，但近年来，对油轮漏油所造成污染的担忧使得海事管理组织纷纷把海上污染防治列入组织的核心任务之中；同样，海岸警卫队在世界各国成立之初几乎都只是负责实施海岸巡视的海上治安管理组织，但近年来频繁发生的漏油、赤潮、火灾等海上灾害使得越来越多国家的海岸警卫队扮演起海上救援队、海上防灾队的角色；世界各国设立渔业管理部门的初衷都是发展本国渔业，但时至今日，许多渔业部门却变成了海洋环境保护组织与渔捞活动的商业组织之间的利益协调者，甚至不少发达国家的一部分渔业管理部门俨然已演变成休闲渔业活动和商业捕捞活动的监督者、名正言顺的渔业资源保护者，这与日趋枯竭的海洋渔业资源现状是分不开的。

此外，为了凸显海洋环境保护的重要性，海洋行政管理组织也会直接以海洋环境管理机构或国家环境管理组织的一个独立部门的形式出现，例如我国早在 20 世纪 80 年代就成立的"全海网"这一全国性的海洋环境监测业务协作组织①；瑞典王国政府设有环境部，在海洋与海岸环境管理方面，环境部与海岸警备队、国家海事局、瑞典气象与水文研究所都有着明确的合作机制②。日本中央政府设有环境省，下设水环境局，对日本海域海洋水质污染、封闭性海域污染以及海洋漂浮垃圾处理进行专门管理③。

4. 组织的社会功能

海洋行政管理组织以干预海洋空间及其社会活动为目的而产生并发展，因此一旦形成，必然会具备特定的社会功能，对海洋社会的各方面产生特定的社会影响。

---

① 战秀文、王玉银：《"全海网"工作十年回顾》，《海洋环境科学》1994 年第 4 期。
② 栗茂峰：《瑞典的海岸与海洋环境管理》，《交通环保》1999 年第 6 期。
③ 日本环境省主页：http://www.env.go.jp/water/，最后访问日期：2012 年 4 月 30 日。

第一，协调相关海洋社会群体关系。海洋社会秩序的产生源于渔民、船员、海盗、海军、海洋科研人员、海商、相关海洋产业人员等海洋社会群体在海洋开发利用和保护过程中产生的群体内部及群体之间的互动，海洋行政管理人员以组织形式介入社会互动，顺应海洋自然环境的规律，依据渔业管理、海上交通、海洋环境保护等相关法律规定采取干预活动，以达到推进国家海洋战略、确保航道通畅、防止海洋环境污染和海洋生物资源的枯竭、实现海洋相关产业发展为目标，协调不同海洋社会群体彼此之间及群体内部的社会秩序。

第二，维护本国海洋利益。社会的发展催生了人类对海洋的更多能源和矿藏、更广阔的生存空间、更绵长的海岸线、更复杂的海洋工程、更密集的海上航线等种种需要。各海洋国家不断膨胀的海洋需求已难以从传统国际海洋秩序的旧格局中获得满足，全新的国际海洋秩序的构建已是时代的必然，海洋行政管理组织在这个海洋秩序破旧立新的时代里，很大程度上已成为国家海洋利益的维护者。这类组织正在以先进的海上设备、综合的管理体系、迅捷的应急机制和灵活的行动能力配合、代替甚至指引海军，在海洋地缘战略的确保、海底矿藏资源的保护、海洋国土的守护和海洋环境保护等国家海洋利益的维护活动中扮演着不可替代的角色。

第三，规范海洋开发利用保护活动的社会秩序。从初民社会远离海洋、惧怕海洋，到逐渐有了"渔盐之利"和"舟楫之便"的海洋意识，再到后来的远洋航行，围海造田，直到深海作业、极地开发，人类对海洋这一全新的生存空间从恐惧敬畏到逐渐熟知，直至有恃无恐，进而变本加厉，无序的海洋社会活动终于使得人海秩序几近失衡，也使得海洋领域的规范成为必需。海洋行政管理组织应此需要而生，以特定的活动方式来规范人类社会的各种海洋社会活动秩序，变无序为有序，使人海秩序保持平衡。

第四，确保海洋社会的可持续发展。海洋社会不同利益集团及由此产生的海洋社会组织有着各自开发、利用和保护海洋的不同目的，因此在保护海洋环境、维护海洋生态平衡和振兴海洋产业、发展海洋社会经济之间存在始终相伴、如影随形的社会矛盾。海洋行政管理组织肩负调和这些矛盾的组织任务，行动必然十分艰巨，但正是这一不可或缺的海洋社会组织的存在，为各种群体组织的利益博弈提供了必不可少的空间，成为海洋利益各方的重要仲裁者和最终的协调员，才使得保持海洋社会发展与保护之间的平衡成为可能，也才能最终确保海洋社会的可持续发展。

（三）海洋科教组织

1. 含义

海洋科教组织是指以海洋领域的科学研究及培养教育为目的形成的涉海科研、教育社会团体。海洋科教组织产生得相对较晚，是人类海洋开发保护活动发展到近现代才以组织形式出现的。具体包括：第一，海洋、水产、海事领域的专门教育机构，这一类组织以高等教育为主，也包括一些高中等专科学校，如中国海洋大学、东京海洋大学、大连海事大学、广东海洋大学、远洋船员学校等，同时，这一类中也包括了只设研究生院的世界海事大学；第二，涉海的综合教育机构，如厦门大学、集美大学、上海交通大学、日本神户大学、英国南安普顿大学等拥有涉海专业的综合高校；第三，从事海洋研究及相关涉海研究的独立研究机构以及海洋行政管理机构、海洋产业组织、海洋教学组织的下属研究机构，如贝德福海洋研究所、日本海洋地球科学技术署、魏格纳极地与海洋研究所以及中国国家海洋局第一海洋研究所、中海石油研究中心、中国海洋大学海洋法研究所等；第四，海洋科研的相关协会组织，如中国社会学会海洋社会学专业委员会、中国海洋学会、中国太平洋学会、郑和研究会等。近年来，海洋教育机构，特别是其中的海洋高等教育机构在科研领域所产生的社会影响日益增大，许多海洋科研机构也同时承担着培养海洋技术人才的教育职能，研究协会的组织成员也主要来自教育与科研机构，这使得海洋教育组织、海洋科研组织和海洋研究协会的组织界限日益模糊，呈现彼此交叉的发展趋势。

2. 特点

海洋科教组织是实施涉海科研及教育职能的社会团体，这类组织的存在形态与特征既与以实现海洋资源的使用分配为目标的海洋产业组织，以海洋空间及活动的特定干预管理为目标的海洋行政管理组织有着明显的区别，又显然不同于其他非涉海性的教育机构和科研单位。

第一，实务性与理论性的结合。海洋科教组织的实务性特点是十分显著的。世界各国海事大学都是围绕航运、港口、物流等实务性知识来开展海事教育活动的。在海事教育的发源地英国，其大学船员教育一直以注重实务训练的传统而著称，在航海专业的四年本科学习中，乘船实习时间与课堂学习交替进行，前者常常比后者占用时间更长，这样的实务教育特色被称为"三明治式教育"①。即便是世界海事大学这样"全球海运界公认为一流"的海事科研机构，也把"与全球海运界广泛紧密的合作"视为组织的最大特色，每年接纳大量政府海事领域的资深官员、IMO 高级官员、从事海事法律工作的律师、验船师、海运公司的 CEO、海岸警备队高级官员等国际海运界的顶尖人物，为学生与科研人员带去海运界最前沿的实务信息②。同样，各国的海洋大学、水产大学也把海洋水产养殖、海洋生物资源视为自身开展教育活动不可或缺的内容。各种海洋研究所更是无不将解决海洋领域所面临的实际问题作为组织的首要目标，围绕如何为海洋开发利用和保护的实践活动提供服务来安排自身的组织活动。

海洋科教组织对海洋领域实务性知识进行积累的同时也注重对理论的提炼和结合，探讨海事法的法理为航运实务提供指导，思考如何用社会学理论来解答渔民群体中存在的特殊社会问题，研究如何从流体力学的角度使船舶的设计构造更趋安全稳定，探索生物学的基本理论如何指导对海洋生物资源的调查和保护活动等。将服务于海洋实践活动的实务性积累与指导海洋实践活动的理论性探索进行结合，是海洋科教组织开展活动的重要特点。

第二，特殊性向综合性的过渡。海洋领域的教育活动常常应时代的需求而生。始于明治维新初期的日本商船教育在其发展初期，完全是出于明治政府服务本国航运的"殖产兴业"这一目的，由三菱商船会社受政府委托特定培养的③，直至"二战"后的很长一段时间，商船教育在日本一直是政府主导下的商船大学与海运公司的共同培养，其教育特色与其他日本高校有着根本的区别。只是这样的特色并非一成不变，对东京商船大学与神户商船大学这两所日本商船教育的最主要组织的百年校史进行考察可知，商船大学的特殊教育在"二战"后不断发生着教育方针的转变，逐渐向着接近日本高校一般教育系统的方向发展。直至 21 世纪初，东京商船大学与东京水产大学合并，成为具有海洋专业特色的综合高等院校，而神户商船大学则并入日本国立综合大学神户大学，成为高校教育机构的一个涉海专业学院④，其

167

---

① 谷初藏：《英国船员教育史的各断面之三》，《船长》1991 年第 1 期。

② 余宏荣：《世界海事大学》，《航海》2005 年第 1 期。

③ 宋宁而：《海事社会的人力资源问题研究》，博士学位论文，日本神户大学，2007 年，第 28 页。

④ 参见东京商船大学百年史编辑委员会《东京商船大学百年史》，1976 年；神户商船大学 75 周年纪念志编辑刊行委员会：《神户商船大学 75 周年志》，1996 年。

特殊性向综合性的过渡特点不言而喻。

这样的特色并不为海事教育机构所独有，世界各国的海洋大学和海洋领域的科研机构也有着相似的发展特色。以中国海洋大学为例，这所高校产生于当年山东大学迁往济南时唯一留在青岛的海洋系、水产系等海洋相关学科，组织的特殊性不言而喻，可经过半个世纪的发展，如今已成为集理学、工学、农（水产）学、医（药）学、经济学、管理学、文学、法学、教育学、历史学等文理各种学科的综合性大学。中国海洋大学的发展过程就是对海洋科教组织从特殊性向综合性过渡的组织特点的最好诠释。

第三，滞后性与前瞻性共存。海洋科教组织应国家海洋事业的发展需要而生，无论是对海洋科技人才的培养，还是对海洋实践活动的服务，都是在产业界和政府提出了特定要求之后，才应运而生的，组织的发展具有明显的滞后性。但这类组织所同时具有的指导海洋实践活动的明确目标又促使其在发展过程中形成了兼顾前瞻性的组织特色。

船员教育机构是应国家航运业的需求孕育而生的海洋教育组织，在人才培养上具有十分典型的滞后性特点。日本海洋教育机构在应对海运业界的需求变化方面显得十分被动滞后，在海运业迅速发展的"二战"后，其国内两所商船大学一直应航运公司的要求，定额培养商船船员，长期形成的习惯使得这两所教育机构的组织结构日趋僵化，直到 20 世纪 80 年代中期，广场协议带来的日本海运业成本的全面提高，让日本航运公司对雇佣从两所大学毕业的日本籍船员所需要花费的高额成本逐渐变得难以承受，可直到这些航运公司的人事部门正式宣布大幅减少新船员的招收人数的那一刻，两所大学才意识到，自己学校目前已经招收的航海、轮机两个系的大部分学生将不得不在不久后的毕业之日面临无船可驾的局面，四年的商船学习将无用武之地[1]。海事教育机构明显的滞后性让日本海运界开始了集体性反思，反思的结果一致认为，必须用前瞻性的眼光来对海事技术人才的培养进行规划，让日本海事业界真正摆脱人才培养滞后所带来的消极连锁反应[2]。

---

① 井上欣三：《海事教育的历史与变迁——今后人才培养的方向》，《海事交通研究》2005 年第 54 号。

② 宋宁而：《海事社会的人力资源问题研究》，博士学位论文，日本神户大学，2007 年，第 144～146 页。

第四，国际化的发展方向。海洋科教组织从发展初期就具备了国际化的组织特色，这与该类组织所从事的科研教育内容有着必然的联系。海事教育是为了培养国际航运的人才，教育机构为保证人才的资质，必须随时保持教育水准与国际接轨，在国际社会支持下成立的世界海事大学就是这一发展趋势的最有力证明。各国从事海洋自然科学研究的科研人员必然会以海洋作为共同的工作平台、载体和研究对象，海洋的本质属性决定了这些领域联合研究的必要性，近年来，许多海洋相关科研工作都是以各国海洋科研人员共同合作的形式完成的，海洋科研机构的国际化合作趋势十分明显。再来看海洋社会科学领域的研究机构，海洋法、海事法的相关研究必须依靠对相关国际公约、国际惯例的熟知与解读，同时还需要对各种国际海洋事务纠纷案例进行深入分析。海洋社会学的研究必须深入到人类海洋开发实践活动的最前沿，将海洋环境问题、海洋移民、海洋社会变迁等主题置于全球化视野中加以关注。国际化是所有海洋科教组织与生俱来的组织特点。

3. 组织产生与发展的影响因素

海洋科教组织应国家及产业界的特定需求而生，随着海洋社会的发展而变化，对这类组织的形成和发展具有影响力的社会因素包括以下几方面。

第一，海洋产业界的需求。海洋相关业界的需求通常是海洋科教组织形成的直接原因，同时，来自业界的需求变化也将影响海洋科教组织的组织规模和组织目标。海运业对船员的需求是许多国家船员教育机构诞生的直接原因，而一国海运业的发展方向也将对该国海事教育机构产生重要影响，英国高校目前的海事教育大量涉及海事法律、海事社会发展等领域，这与英国目前作为世界航运服务业中心的地位是息息相关的。同理，海底勘探业、海洋药业、海水利用业等海洋产业的发展也会促使海洋科教组织发生目标扩充，相应的学科发展和组织结构的改变也会随之而来。海洋产业各界对海洋环保的日益重视也使得环保技术在海洋科研的各个领域获得了深入发展。

第二，国家海洋战略规划。国家对本国海洋利益的战略需求以及由此产生的战略规划也会在很大程度上影响海洋科教组织的发展。英国商船教育在伊丽莎白一世时代的开启不仅受到本国海运业对外贸易需求的影响，更是源自大英帝国女王及政府海外殖民的国家战略。日本《海洋基本法》明确把海洋教育纳入国家战略，无论是中小学教育及市民层面的海洋环保普及教育和海洋国土教育，还是大学及科研机构的海洋专业教育及海洋技术的高端教育，其发展变化都在国家战略规划的运筹之中①。国家对特定区域的海洋利益的重视也会促使一些特定海洋科研机构的形成，如日本的国立极地研究所，我国的中国南海研究院均属此列。

第三，国家及地区的国际化程度。海洋科教组织所处国家及地区等外部环境的国际化程度也会对这类组织的发展产生深远的影响。国家及地区的国际化程度直接决定了该国参与国际事务的能力、海洋产业的发展水平、海洋利益的需求程度以及国家的海洋战略制定水准。没有海洋产业的需求，海洋科教组织将缺乏产生和发展的根本动力；没有国家战略规划的指引，海洋科教组织的发展将会迷失方向；没有国家对国际海洋活动的介入和参与，海洋科教组织将失去许多重要的组织活动舞台，国家如果缺席国际社会对海洋利益的分配，则必将导致海洋科教组织的很多活动从根本上失去意义。

4. 组织的社会功能

海洋科教组织的存在既服务于海洋开发、利用和保护的实践活动，又对这些活动进行指导，这类组织的社会功能可归纳如下。

第一，为社会发展持续提供海洋科技人才。海洋科教组织的存在最直接的社会意义就是为海运业、造船业、海洋勘探业、海洋渔业及水产养殖业、海事法律金融保险业等海洋产业持续性地提供一定规模的海洋科技人才。海洋产业发展的实践证明，高素质的综合人才是一国海洋产业得以持续发展的根本原因，也是海洋产业提升和保持国际竞争力的关键因素②。

第二，成为国家孕育海洋科技力量的基地。国家对海洋利益的获取能力取决于该国海洋科技实力，而孕育海洋科技力量的基地正是各领域的海洋科教组织。深海石油勘探高度依赖深海钻井以及卫星遥感的技术设备，国家海洋能源利益的争取急需来自海洋科研机构的技术支持。

第三，指导与服务海洋产业的发展。海洋科教组织既可以通过实验、考察、观测、评估等方式来为海洋产业组织的发展进行信息提供、技术支持、人才培养、设备制造等必要的服务，又可以通过预测、分析等手段来为相关产业组织的发展进行方向纠偏、建言和指引，是海洋产业组织可持

---

① 《日本海洋基本计划》，2008 年。

② Kinzo INOUE，"Human Resource Flow in Maritime Community"，*Ocean Law*，*Society and Management*，Vol. 2，Beijing：Ocean Press，2010，pp. 119–120.

续发展必不可少的社会支援力量。

第四，为国家海洋战略及政策制定献策建言。海洋科教组织献策建言的受益对象并不限于海洋产业组织，也包括海洋行政管理组织以及国家海洋战略的制定部门。国家海洋战略的制定只有以科学调查以及事实考察为依据，才能有效指导整个国家相关政策制定和海洋社会实践活动的开展，也才能真正有效维护国家海洋利益，海洋科教组织的献策建言对相关部门的海洋战略政策制定是至关重要的。

（四）海洋军事组织

1. 含义

海洋军事组织是指一个国家以海上军事和防御为主要任务，以舰艇部队为主体进行海洋作战的全部军事组织，现代海洋军事组织通常由水面舰艇、潜艇、海军航空兵、海军陆战队及各专业部队共同组成。海军是海洋社会组织中拥有历史最悠久的组织之一，从古代先后称霸地中海的波斯、雅典、罗马、奥斯曼帝国海军舰队，到大航海时代的西班牙无敌舰队，18世纪后期直至20世纪初驰骋世界三大洋的大英帝国海军舰队，再到当代拥有辐射全球沿海地区能力的美国太平洋舰队、大西洋舰队及海军陆战队，海军组织的舰队装备、体积、规模在经历不断的改良、优化和扩充，海军组织的人员在日趋尖端化、精锐化、专业化，海洋军事组织的结构在日趋系统化和复杂化，但海洋军事组织在海洋国家中的重要性却很少改变，它始终是国家维护其海洋利益的最大利器、最根本手段和最有效的威慑力量。

2. 组织特征

海军作为组织存在早已拥有了几千年的悠久历史。早在公元前16世纪就出现在爱琴海上的诺萨斯海军舰队不仅已初步具备不同于海盗集团、海商组织的职业海军组织结构，还树立起那个时代的其他军事组织难以企及的组织目标——垄断东西方贸易和维护海洋帝国霸主地位[①]。海军组织伴随着人类的海洋漫漫征程一路走来，既保留了一些固有的组织特点，又随着时代的推移演变出一些新的特色。

第一，精英性。海军组织是所有海洋社会组织中最重要的国家海洋权益维护者，为震慑一方海域、掠夺他国商船、维护本国海上贸易航行安全、守卫国家海洋国土及资源作出了其他海洋社会组织所难以比肩的卓越贡献，

---

① 白海军：《海上角逐》，北京：中国友谊出版公司，2007年，第18～19页。

海洋利益的重大性使得海军组织成为海洋国家荣誉的标志，海军组织的存在带有强烈的精英文化色彩。

从伊丽莎白一世时期走来的英国海军形成了纪律严明的传统组织文化，这些传统在以后的数世纪中一直被认为是"英格兰国家荣誉的柱石"①。英国海军皇家海军陆战队是英国武装力量中历史最悠久的部队之一，其长达340年的建军历史跨越了四个世纪，它不仅是英国人眼中与英国光荣历史和传统共始终的功勋部队，也是英国最为精英荟萃的部队之一。以皇家海军陆战队第九突击中队为例，这支仅由2名军官、5名士官和16名士兵组成的中队因队员个个都是装备调配专家、出色的两栖战车和登陆艇驾驶员、通信专家以及登陆战专家的"多面手"而闻名海内外②。精英特色的组织文化还表现在武器的尖端性上。英国海军之所以能在16世纪帮助大英帝国走上全球殖民扩张的道路，凭借的就是对海军武器装备与海战技术日新月异的改进革新③。

精英特色的组织文化并非英国海军专有。尽管根据日本宪法规定，这个国家不能拥有军队，因此日本海上自卫队的组织目标只能定位于防卫日本领海，但这一海洋军事组织却是一支不折不扣的精英队伍，不仅在海上扫雷、反潜作战、常规潜艇领域拥有世界一流的技术，更因其全体官兵受教育程度都在高中以上这一罕见特色而成为当之无愧的精英组织④。

第二，扩张性。海军组织不仅有着固守的传统特色，更富于与时俱进的变化色彩，扩张性就是这一特点的集中表现之一。海军为本国海洋利益保驾护航，因此一国的海洋利益触及哪里，海军组织的活动范围就会延伸到哪里。

英国海军是英国海外扩张的中坚力量，从16世纪起的几个世纪里一直决定着英国扩张的方向与方式⑤。扩张性并非发达国家海军组织的固有特

① 谷雪梅：《英国海军与第一次英荷战争（1652－1654）》，《宁波大学学报（人文科学版）》2006年第6期。

② 沐阳：《不落的辉煌——英国海军陆战队》，《世界报》2006年6月7日。

③ 王银星：《安全战略、地缘特征与英国海军的创建》，《辽宁大学学报（哲学社会科学版）》2006年第3期。

④ 松林：《日本自卫队暗藏7项"世界第一"》，《中国国防报》2005年11月1日。

⑤ 谷雪梅：《英国海军与第一次英荷战争（1652－1654）》，《宁波大学学报（人文科学版）》2006年第6期。

点，发展中国家的海军组织也具备程度不一、形式各异的扩张性。综合国力不甚发达的印度海军近年来以扩大海上霸权为目标，提出所谓"东方海洋战略"，进出南中国海，不断加强舰艇建设，积极拓展海外势力，与周边国家进行联合演习①。不过这些"区域性威慑与控制"似乎也只是印度海军的中期目标，其长期目标则在于"远洋进攻"②，海军组织的扩张性表现为持续性的特点。在南中国海上不断扩充势力范围的绝不止印度海军，马来西亚、菲律宾、越南、印度尼西亚等国海军近年来与美国海军日益密切的军事合作关系也是这些海军组织在南中国海域不断扩张的明确信号。

海军组织的扩张性有时候也表现为区域海洋之间的海军合作。虽然长年在北方四岛等领土问题上针锋相对，但进入21世纪以来，日本海上自卫队却在与俄罗斯海军的交流中显得日趋活跃，并于2003年，首次派遣本国驱逐舰与舰载直升机参加了俄罗斯海军在日本海、鄂霍茨克海南部和白令海等远东地区广大水域举行的最大规模海军演习③。近年来两国在北方四岛领土问题上关系依然严峻，因此日俄海军组织的合作关系并非两国间和平解决领土问题的积极信号，而是两国海军在远东海域意图拓展其势力范围的理性选择。同理，韩国近年来数度派出潜艇、驱逐舰、反潜机参与美国海军在夏威夷举行的环太平洋多国联合军演，正是为了将其活动范围向朝鲜半岛周边海域扩张④。

第三，前瞻性。海军组织所具有的并不仅仅是与时俱进的鲜明时代特性，更是颇富引领时代发展步伐的前瞻性色彩。进入21世纪以来，美国不断在亚太地区部署"宙斯盾"导弹驱逐舰，固然有拦截跨海飞行的战术弹道导弹的军事目的，但不可否认的是，随着亚太安全形势的变化和朝鲜半岛局势的紧张，亚太地区在美国全球战略中的重要性已经不断提高，加强亚太地区的军事力量正是美国海军前瞻性的战略抉择⑤。

和平年代，海军组织为了保持一定的技战术水平就必须定期举行海上军事演习，传统的活动名目通常围绕地区战略安全展开，但近年来海上溢

---

① 伊凡：《印度海军咄咄逼人》，《甘肃日报》2000年10月18日。
② 左立平：《日本海上自卫队和印度海军》，《瞭望新闻周刊》2004年第30期。
③ 天籁：《日舰队司令访俄有深意》，《中国国防报》2005年6月14日。
④ 郑继文：《迅速崛起的韩国海军（上）》，《世界报》2007年3月28日。
⑤ 冰山：《太平洋的"不速之客"——"宙斯盾"导弹驱逐舰加入美国海军太平洋舰队》，《海洋世界》2003年第3期。

油、海盗突袭、海上火灾、海难事故等海上风险的增加促使海军演习越来越多地为预防海洋防灾减灾和海上反恐的目的而展开。这样固然为增加海上军演提供了无可争辩的借口，但同时也是海军防患于未然的组织理念的体现。

第四，联合性。国际海洋新秩序时代的到来使得各国海军组织都呈现加速扩张的态势，而扩大的海域活动范围又导致缺乏本土支援保障的远征作战成为必然，从而推动海军舰队趋向大型化和舰群化。以美国太平洋舰队为例，这支辖区覆盖太平洋与印度洋的庞大舰队拥有导弹核潜艇4艘，核动力攻击潜艇29艘，导弹巡洋舰14艘，导弹驱逐舰19艘，导弹护卫舰13艘等总计129艘舰艇，其核心则是4艘核动力航母和2艘常规动力航母。再加上美国西海岸、中太平洋、西太平洋40余个海军基地和可供美国海军使用的外国港口所形成的庞大基地群，使得该舰队成为名副其实的太平洋上的超级舰队①。

海域活动范围的扩大以及远洋作战可能性的提升，也使得海军与陆军、空军之间配合的联合作战，甚至多国间的联合作战成为海军组织活动的一种发展趋势。英国皇家海军的"海军服务于联合作战"的理念②正是这一趋势的体现。此外，多国联合的不仅是海军的海上活动，还包括海军舰船设备的联合研发。现代舰艇及其武备的研制均以高技术为基础，需要强大的科研实力和巨额投资，为节省投资、降低成本、缩短周期，同时为充分取长补短，整个欧洲率先走上了联合研制的道路③。

联合性不仅表现在海军舰队的构成上，同时也表现在海军组织与海洋产业界长期以来的密切关联上。英国海军自亨利八世时期创建以来，在很长的一段时间里，都是由武装商船和专业战舰共同组成的，前者在英国的对外海战中一直占据着重要地位④。时至今日，英国海军与海洋产业界仍保持着密切的关系。英国对建造民间船舶提出要能改装成军舰的要求，以便战时能迅速将其改装成所需的军用舰只，对舰船武备的研究与发展也总是

① 刘江平、刘渊博：《亚太美军的战略打击力量 太平洋舰队》，《现代军事》2004年第6期。
② 风卿：《英国海军新世纪》，《世界报》2006年1月25日。
③ 佚名：《宝刀不老的英国海军》，《海洋世界》2008年第2期。
④ 谷雪梅：《英国海军与第一次英荷战争（1652－1654）》，《宁波大学学报（人文科学版）》2006年第6期。

尽量让工业部门承担①，其目的无非是为了降低海军的研发成本，充分利用产业界的社会资源。

3. 组织形成与发展的影响因素

海军舰队自出现以来已经历了漫长的发展历程，海军应时代、社会、政治、经济的需求而孕育、壮大，进而系统化、高端化、立体化、精锐化，海军组织的产生与发展是一系列影响因素的综合作用结果。

第一，海洋战略的需求。海军组织应国家海洋利益的战略需求而生，随着国家海洋战略的方针转移而相应改变。在帝国需要与西班牙进行海上利益争夺，却又苦于没有足够资金时，英国海军可以成为武装商船、海盗私掠船、专业舰队的结合体；在需要打造"日不落帝国"时，皇家海上陆战队便成了被殖民国家的噩梦和大英帝国的功勋部队、荣誉象征；在"二战"后则形成行动灵活迅捷的精锐部队，活跃在海洋军事区域性联合的多个层面上。

海疆安全的需要是许多国家建设海军舰队的基本动力。我国清末海军从无到有，北洋海军、福建水师这些"龙旗舰队"②的出现就是清政府在经历了鸦片战争等一系列来自海上的侵略之后不得已而为之的海防建设。虽然建设效果截然不同，但中日海军舰队的相同点在于，日本明治政府建设近代海军的直接动力也是海疆安全的需要，正是1853年美国以炮舰威逼日本德川幕府打开国门的"黑船事件"③让日本意识到建设现代海军的必要性。

第二，海洋产业发展程度。海军组织是由舰船、人员和海军机构共同构成的。其中，除了海军机构的设置是由一国海上军事防御战略的思路、不同海洋利益的重要性、海军基地的布局等因素决定之外，决定海军人员和舰船的因素都与海洋产业密切相关，两者都是由造船、电子、通信等相关产业的发展程度以及相关产业科研人员的素质，海军组织与相关产业组织之间的沟通机制等因素决定的。

朝鲜战争后的韩国出于防止陆上军事威胁的需要，一直以陆军建设为

① 佚名：《宝刀不老的英国海军》，《海洋世界》2008年第2期。
② 姜鸣：《龙旗飘扬的舰队：中国近代海军兴衰史》，北京：三联书店，2002年，第13~70、262~326页。
③ 1853年7月，美国东印度舰队司令马修·培里将军率领四艘军舰开到江户湾口，以武力威胁德川幕府打开国门，此事件因舰队中的黑色近代铁甲军舰而得名"黑船事件"。

主，海军如同陆军的附属军种①。可时至今日，尽管来自朝鲜的陆上军事威胁依然强大，韩国海军却在迅速崛起，原因就在于韩国造船业逐渐雄起，舰艇设计、制造工艺和电子科技等相关产业有了飞速的发展，舰船本身与舰载设备的生产不再过多依赖国外技术②。

英国海军在维护海上航道、保护海上贸易的同时，也受益于造船业和航海业等相关产业的发展，没有武装商船这些来自民间的商船力量，以英国国王的财力是很难在海上与西班牙国王的无敌舰队相匹敌的；同样，马岛海战中英国之所以能成功将集装箱货船改装成两栖登陆舰③，正是得益于其与民间造船业紧密的联系，既然民间商船在建造之初就被要求要能够改装成军舰，那么真到需要时，受益的自然就是海军组织了。

第三，区位条件。一国的区位、地缘及自然条件对该国海军组织的发展有着至关重要的影响。以大陆国、大陆濒海国和岛屿国为例，大陆国的国防力量主要由陆军构成，进行边疆保卫和经济政治中心的防御；大陆濒海国需要兼顾海防与陆防两方，因此需要全方位的国防建设；相比之下，岛屿国的地缘关系却相对简单，加之陆上空间狭窄，发展基本依赖海上交通线的畅通与安全，拥有一支强大的海上力量因而成为关键与必然。岛国英国与日本一度所拥有的强大海军正是这种区位条件影响下的结果。同样，三面环海的韩国也越来越清楚地意识到，海洋航道正在成为国民经济生存与发展的生命线，因此建设一支强大的海军舰队是必不可少的。

海军发展的区位条件有时候也需要与时代背景相结合。地理大发现彻底改变了欧洲漫长发展历程中以地中海为中心的格局，欧洲与东方的交往不再局限于地中海自西向东的传统通航商道。对外商路的转移，使得大西洋沿岸国家的地位大为提高，大西洋和西欧成为战略竞争的重心④，英国海军的发展由此获得了时代的机遇。

第四，海洋意识。海洋瞬息万变，国际海洋秩序格局也总是变幻莫测，海军建设要想跟上时代步伐，就需要时刻保持与时俱进的海洋意识。海军的历史证明，海洋意识，特别是当权者的海洋意识对海军的建设、发展、

---

① 郑继文：《迅速崛起的韩国海军（上）》，《世界报》2007 年 3 月 28 日。
② 郑继文：《迅速崛起的韩国海军（下）》，《世界报》2007 年 4 月 4 日。
③ 佚名：《宝刀不老的英国海军》，《海洋世界》2008 年第 2 期。
④ 王银星：《安全战略、地缘特征与英国海军的创建》，《辽宁大学学报（哲学社会科学版）》2006 年第 3 期。

兴衰起着决定性的作用。中国清政府在历经鸦片战争等丧权辱国的失败和列强的铁蹄践踏之后才勉强有了海防建设的想法，但几千年农耕文明的意识又岂能轻易被撼动，中国近代的海军建设是在上至最高领导者，下至舰队指挥官和普通水手都普遍缺乏海洋意识的前提下的依样画葫芦的行为，因此，尽管斥巨资打造出了龙旗飘扬的北洋舰队，却难以形成有效的进攻，最终的失败是必然的。反观日本，明治维新之后，美国的黑色铁甲军舰让日本上上下下都深感震惊，再有中国鸦片战争的前车之鉴，即便是德川幕府本身也深知本国海防之落后，改革之必需。明治维新成功后，虽然国贫民弱，百废待兴，但天皇、贵族、资产阶级、武士阶层都励精图治，终于在建立本国近代海军之后成功获得了日清战争、日俄战争的胜利。

177

在漫长的中世纪，英国海军是在急需时才组建的临时性舰队，这样的建军思想到了都铎王朝时发生了变化，为了满足帝国对海外市场的渴求，亨利七世建立了一支比其他任何大西洋沿岸国家更加先进和更强大的海军；亨利八世执政期间英国海军又得到了长足的发展，作战舰队被从商船中分离出来，并有了"海军事务委员会"这一常设机构来专门负责船只和船坞管理工作，英国的船坞和海军行政管理因此得以优于西班牙和法国；伊丽莎白一世又对海军事务委员会班子进行了调整和整顿，并改进了海军武器装备和革新海战技术[1]；此后的历代君主和历届政府也都有意识地推行海军优势政策，坚守"控制海洋是英国的传统"这一信念。在英国海军领导者锐意进取的海洋意识指引下，英国海军不仅成为帝国海疆的守护者，更与海外贸易、殖民扩张形成有机结合的三位一体，使大英帝国最有效地利用和控制了海洋。

4. 组织的社会功能

海军的产生总是顺应着时代的需求，海军的发展往往承担着国家的使命，海军的兴衰承载着民族的荣辱，海军的存在对社会必然有着巨大的影响力。

第一，守护国家海疆安全与维护国家海洋权益。守卫海洋国土安全、保护本国海洋利益不受侵犯是海军责无旁贷的职责。随着海洋开发在空间上的全面扩展以及国际贸易航运规模的日益扩大，国际社会对海洋利益渐趋白热化的争夺已成必然趋势，海军的存在是维持世界和平最有效的威慑

---

[1] 王银星：《安全战略、地缘特征与英国海军的创建》，《辽宁大学学报（哲学社会科学版）》2006年第3期。

力量、最低廉的成本和最基本的保障。无论是海军大国对核动力舰艇、舰载航空兵和具备核进攻能力兵种、远程海空预警部队的发展，还是其他濒海国家注重海军近海攻防能力，发展海军远洋作战能力的努力，都是为了对本国海洋利益进行最大限度的保障。进入21世纪，世界各国都把海洋视作可持续发展的空间，海洋利益已成为国家实力的标志，强大的海军组织对保障海洋国家经济持续、稳定和高速发展有着深刻的现实和战略意义。

第二，引领本国海洋产业发展。首先，海军舰队本身的建设就会对重工、材料、电子、通信、飞机、卫星等产业提出需求，海军舰队的建设会不断推动这些领域的行业发展；其次，由于海军舰船、舰载设备和武器的尖端性，用于海军建设的科技知识往往还能引领相关领域的科技发展，最终应用于相关产业的发展中；最后，不少海军基地本身就是港口，海军基地的建设、维护和改造会促进当地港口基础设施的建设，为海事、造船、物流等相关产业的发展打造基础。

第三，维护地域乃至世界海洋秩序格局。当各国海军在一定区域内的海上军事防御能力达到平衡时，可以使得一定海域的地缘关系趋于稳定，从而有效维护该区域的海洋社会秩序；当这一平衡在全世界范围达成时，就能为世界海洋秩序带来较为稳定的局面。相反，当今世界，许多区域地缘关系的不安定都是各国不断扩张本国海洋军事规模、装备、活动范围的结果。发展均衡的各国海军组织的存在也可以在一定程度上维护国际海洋秩序的稳定。

第四，成为人类征服海洋的里程碑。人类从远离海洋到初涉海洋、熟悉海洋，再到企图征服海洋经历了一个漫长的过程，而海军就是这一过程中人类驾驭海洋能力的标志。在古代的西方世界，人们为拥有一支控制地中海的海军舰队而自豪；在航海大发现的时代，人们以能够派遣远洋作战的海军而骄傲；在"二战"期间，人们为夺取整个区域海洋的制海权而展开激战；今天，人们以建设海陆空三位一体的海军来为国家海洋利益进行全方位的保驾护航。海军舰队拥有人类海洋活动的尖端技术，又总是游走在征服海洋活动的最前沿，因此海军的存在最能代表各国征服海洋的能力，是人类征服海洋的里程碑。

（五）海洋国际政府组织

1. 含义

海洋国际政府组织是以便利各成员之间海洋事务的交往为目的，通过政府之间缔结海洋相关条约而创立的国际组织。海洋国际政府组织包括出于海上航行安全为目的而成立的国际海事组织（IMO）等海事领域的国际组织，以促进海洋渔业发展为目的而成立的粮食及农业组织（FAO）等海洋渔业领域的国际组织，以海洋社会群体等的社会福利为目的而成立的世界劳工组织（ILO）等海上工作的社会保障领域国际组织，以保护海洋生物资源为目的而建立的国际捕鲸委员会（IWC）等海洋生物管理国际组织等各领域的政府间涉海国际组织。这类组织主要解决政府层面的国际海洋事务交往问题。海洋国际政府组织在当代各国海洋事业的发展，各国间海洋事务的交往以及建立有序、协调、安全、均衡的国际海洋社会秩序等方面发挥着越来越大的作用。

2. 组织特征

海洋国际政府组织与立足本国产业的海洋产业组织、维持本国海域海洋社会秩序的海洋行政管理组织、推动本国海洋科教事业的海洋科教组织、承担本国海上军事防御任务的海军组织有着组织结构、组织成员、运作方式等方面的明显差别，但与绿色和平组织等从事海洋环保、海洋动物保护的全球性非政府组织之间又存在目标、理念、立场和活动方式等方面的很大不同。

第一，协调性。海洋国际政府组织以跨政府的组织机构为平台，致力于成员之间的交流机制建设、交流方式的改善和交流规则的制定等活动，以期为国际社会提供特定海洋问题的秩序规范，这样的组织目标使海洋国际组织在运作过程中为国际海洋利益提供了各方利益集团博弈的场所，从而成就了海洋国际组织的协调性特点。

国际捕鲸委员会（IWC）是一个被联合国认可的负责保护鲸类及管理捕鲸行业的政府间机构。这一海洋国际组织诞生于商业捕鲸盛行，鲸类命运岌岌可危的 1946 年，可这个本应以保护鲸类为宗旨的组织却从 20 世纪 90 年代中期开始有了为捕鲸国服务的态势，日本和接受日本"渔业援助"的众多 IWC 成员所形成的"捕鲸派"为了实现捕鲸正常化的目标，在 IWC 历届会议上与"反捕鲸派"进行着长期的激烈交锋①。只是，IWC 出现这样的局面并不出人意料，因为《国际捕鲸公约》早已明确了 IWC 的宗旨——

① 佚名：《IWC 告急》，《海洋世界》2007 年第 4 期。

"谋求适当地养护鲸类并能使捕鲸渔业有秩序地发展"①，可见国际捕鲸委员会早在成立之初就已明确将自身定位于"捕鲸派"与"反捕鲸派"的博弈场，妥协性与协调性不言自明。

同理，以提高世界海员素质、确保航海安全为宗旨的《1978年海员培训、发证和值班标准国际公约》（简称《STCW公约》）其实也只是国际海事组织（IMO）在海运发达国家与海运发展中国家间的协商产物。《STCW公约》生效后，日本、中国等海运大国不仅依据公约来进行本国海员的培训，还制定了同样严格的国内法标准，只为培养高素质海员，以最大限度降低航运风险；可也有不少海运发展中国家虽然加入公约，但其培养并不能真正达到公约要求，为此IMO不得不定期公布STCW黑白名单，以便时刻督促各成员履行当初定下的国际标准②。

第二，保护与开发并重。人类既要为生存不断开发海洋资源、拓展海洋可利用空间，又在海洋环境污染和生态失衡的现实面前意识到了保护海洋的重要性，海洋开发与海洋保护如影随形的现状培养了人们在关于海洋事务的交往中保护与开发并重的行为特点，海洋国际组织作为世界各国海洋事务交流的重要载体，这一特性表现得尤为明显。既然国际捕鲸委员会的成立宗旨就是为了谋求"适当地"养护鲸类，那么给捕鲸国适当地捕杀鲸鱼的空间也就势在必行了。尽管日本政府拼命推动捕鲸的行径连日本本国国民都觉得反感③，但IWC还是给日本呼吁恢复商业捕鲸提供了大量的活动空间，看来短期内IWC只能为"使捕鲸渔业有秩序发展"而在保护鲸类和捕杀鲸类之间寻求现实的出路了。

徘徊在保护资源与开发资源之间的并不限于捕鲸组织，许多国际渔业组织都有着类似的职责与特点。印度洋渔业委员会的职责是协调制定印度洋和邻接海洋的渔业发展和保护资源规划④；国际北太平洋渔业委员会的任务是为北太平洋及邻接海除领海以外海域的所有渔业资源的开发建立调节体制；北太平洋海狗委员会管辖着北太平洋的海狗资源，规定这一海域

① 刘小兵：《第55届国际捕鲸委员会会议在德国柏林召开》，《世界农业》2003年第9期。

② 长河：《首批STCW"白名单"公布——71个成员及1个准成员首先入围》，《世界海运》2001年第4期。

③ 黄恒：《日本：政府拼命推动捕鲸，国民反感》，《新华每日电讯》2007年2月12日。

④ 佚名：《国际渔业组织介绍》，《中国渔业报》2004年10月18日。

猎捕海狗的性别、年龄组成等养护措施，并对猎捕方法进行建议①；东北大西洋捕海豹委员会对费尔韦尔角以东的东北大西洋的海豹类资源进行保护与开发，并提出科学研究和养殖措施的建议以及规定禁猎期和禁猎区、总捕获限量等②；联合国粮农组织甚至会给特定渔业捕捞企业授予"负责任的渔业捕捞管理证书"，表彰这些捕捞企业对生态环境负责任的捕捞行为③。

第三，科学性。人类海洋事业的发展就是对未知领域不断探索的进程，是人类对海洋的科学认知能力不断积累的过程，因此，科学性是人类海洋活动的根本属性，海洋国际组织的涉海活动也不例外。联合国粮农组织一直通过提供资金、派遣专家④、举办国际学术研讨会⑤等手段致力于提高世界各国的渔业研究和科研管理水平。从船舶设备技术规范，到航海技术培训，再到船舶防污，可以毫不夸张地说，国际海事组织（IMO）更像个技术论坛，为了满足国际海事事务中越来越高的技术需求，国际海事组织不仅需要依靠自身的技术力量来帮助发展中国家，敦促发达国家的海事技术提升，还需要不断借助国际技术组织和技术机构来解决各类海事技术问题⑥。同样，几乎所有的国际渔业组织都把渔业资源信息监测检测、有关统计数据和资料分析、培训渔业研究人员、发展捕捞和保护技术、制定发展报告等职责视为己任⑦。国际捕鲸委员会（IWC）对商业捕鲸进行管理的工作也需主要听取该组织所属科学委员会和各国专家对鲸类资源评估的意见⑧。

第四，规范性。海洋国际政府组织促进世界各国海洋事务交往活动基本上是围绕国际条约和国际标准等规范来进行的，规范性是这类组织的重

---

① 佚名：《国际渔业组织介绍》，《中国渔业报》2004 年 11 月 8 日。

② 佚名：《国际渔业组织介绍》，《中国渔业报》2004 年 11 月 15 日。

③ 佚名：《阿拉斯加大比目鱼获得联合国粮农组织认证》，《水产养殖》2011 年第 7 期。

④ 乐美龙：《金枪鱼类渔业管理问题的研究之二：金枪鱼渔业区域性管理组织和其管理新趋势》，《中国水产》2008 年第 5 期。

⑤ 中国水产学会：《第二届联合国粮农组织、中国渔业统计研讨会在云南昆明召开》，《渔业致富指南》2006 年第 20 期。

⑥ 刘正江、张硕慧、张爽、费珊珊：《IMO 防止船舶污染公约的制定和修改进程》，《中国海事》2009 年第 2 期。

⑦ 佚名：《国际渔业组织介绍》，《中国渔业报》2004 年 11 月 1 日。

⑧ 濯瑜：《国际捕鲸委员会第 37 届年会在美国举行——确定新增日本海—黄海—东海的小鳁鲸和东海鳁鲸等为保护品种》，《中国水产》1985 年第 9 期。

要特征。国际上对捕鲸的管理和对鲸类资源的保护始于 1931 年由 26 国共同签署的《日内瓦条约》和 1937 年 37 国签署的《捕鲸管理国际协定》，虽然这些条约除了在禁止捕获露脊鲸和灰鲸方面外没有发挥实质性的作用，但却为国际捕鲸组织的建立提供了国际规范的基础，而此后于 1946 年由 15 个捕鲸国共同缔结的《国际捕鲸管理条约》则直接带动了两年后国际捕鲸委员会的成立①。

国际条约并非代表这一海洋事业领域的国际最高水平，恰恰相反，这些规范标准的制定只是为各国的海洋活动设定了起点和最低标准。近年来渔业船舶安全问题引起了国际海事组织的高度关注，国际海事组织秘书长米乔普勒斯先生在 2011 年 5 月举行的海上安全委员会（MSC）第 89 届会议致辞中指出，《1977 年托雷莫利诺斯国际渔船安全公约 1993 年托雷莫利诺斯议定书》和《1995 年渔船船员培训、发证和值班标准国际公约》尚未生效和国际上缺少具有约束力的国际安全制度，是导致商船安全已受到国际社会高度重视的今天渔船航行每年仍有大量人员死亡的根本原因，海洋渔业的船舶航行安全急需国际规范为世界各国渔业活动设定最低达标要求②。同样，国际劳工组织的《海事劳工公约》也是对世界各国船员在船上工作生活条件所做的基本规定，自从近代航运业形成以来，船员的船上工作住宿环境、营养标准、卫生条件、薪金酬劳及其他社会保障从无到有，并不断改善提高，其中有着 ILO 相关国际条约的重要影响。

第五，联合性。海洋国际政府组织对国际海洋事务的规范调整也需要各国政府、其他国际组织以及各国产业组织之间的密切联系与配合。联合性首先表现在各种区域性同盟上。2010 年，巴布亚新几内亚、马绍尔群岛、基里巴斯、所罗门群岛等太平洋八个岛国政府开始筹措建立金枪鱼卡特尔，八岛国虽然控制着约占美国领土一半面积的赤道海域，八国海域分布着世界四分之一的金枪鱼资源，但因为陆地少，经济实力较弱，因此决定组成区域同盟，以期在养护全球主要金枪鱼资源的同时，增强八国对金枪鱼利润的分享③。中西部太平洋渔业委员会（WCPFC）是管理中西部太平洋金枪鱼捕捞行为的决策主体，主要任务是为占世界金枪鱼捕捞资源一半以上

① 吴朋：《世界鲸类资源管理的历史与现状》，《世界农业》1996 年第 8 期。

② 黄新胜：《国际海事组织关注渔船安全问题》，《中国渔业报》2011 年 8 月 22 日。

③ 俞文：《太平洋八岛国建立金枪鱼卡特尔》，《中国渔业报》2010 年 4 月 19 日。

的中西部太平洋水域岛国提供渔业养护和管理措施，以及为这些岛国提供联合起来与渔业发达国家对话的平台，力求确保发展中小岛国的渔业权利①。

联合性也表现在海洋国际政府组织与各国政府及其他非政府组织在开展国际海洋事务过程中所保持的密切合作关系上。国际组织定期召开的各种会议就是这种合作活动的主要开展场所。长期以来，我国农业部渔业局会就我国近期开展的鲸豚类救护工作、相关国内法规的建设情况等鲸类保护救助活动所取得的成果形成报告，提交国际捕鲸委员会举办的国际会议，相关工作曾受到委员会的积极评价②。调整世界捕鲸活动不仅需要国际组织与政府间的密切配合，还需要不同国际组织之间的合作，关于渔业与捕鲸之间的关系一直是国际捕鲸委员会与联合国粮农组织共同关心的问题，这些组织需要开展共同研究，致力于鲸类每年要消耗多少渔业资源、捕杀鲸类是否可以对相应渔业资源进行保护以及全球渔业活动会导致多少鲸类遭捕致死等问题的解答③。与非政府组织之间的合作与联系更多地出现在环保、动物保护等领域，IWC 对捕鲸问题的探讨离不开绿色和平组织等非政府组织的参与，而国际海事组织（IMO）所属海洋环境保护委员会（MEPC）的活动大量涉及海洋环境保护，因此总是与非盈利气候变化集团④以及海洋环保的国际非政府组织息息相关⑤。

3. 组织产生与发展的影响因素

海洋国际政府组织本来就是国际社会在特定时机，出于特定需要所孕育产生的促进国际海洋事务运作的组织机构，其发展也必然要受到国际社会各种需求变化的影响，这样的影响因素可以归纳如下。

第一，特定的时代背景。海洋国际政府组织形成基于对特定海洋领域的国际社会秩序调整的需要，基于特定时代背景下相关各国的政府共同倡议而组成，时代需求是海洋国际政府组织产生的必要条件，也是这类组织存续发展的根本动力。国际捕鲸委员会成立于商业捕鲸盛行，鲸类命运危机的"二战"后；国际海事组织对各国航行海上的船舶等设备的规定都是

① 郁维：《中西部太平洋渔委会呼吁严控金枪鱼捕捞》，《中国渔业报》2010 年 1 月 4 日。
② 续展、何建湘：《第 55 届国际捕鲸委员会会议闭幕》，《中国水产》2003 年第 8 期。
③ 续展、何建湘：《第 55 届国际捕鲸委员会会议闭幕》，《中国水产》2003 年第 8 期。
④ 佚名：《国际海事组织举行海洋环境保护委员会全体会议》，《世界海运》2010 年第 4 期。
⑤ 刘昭青：《海洋环境保护委员会第 62 次会议概述》，《水运管理》2011 年第 9 期。

对海难、反恐等特定时代需求作出的反应；各类区域海的渔业国际组织的成立也都是基于远洋渔业得到了长远发展的当代背景下，特定海域内、特定渔业资源的过度捕捞对周边海域国家的渔业发展所造成的危害。

第二，国际形势格局。海洋国际组织既然作为各国间海洋利益的博弈场所，承担着协调各国海洋利益的职责，那么各种双边、多边关系的国际形势变化也会在很大程度上影响海洋国际组织的发展。国际捕鲸委员会在20世纪80年代一直处于商业捕鲸全面叫停之中，可却在进入90年代后形势急转直下，商业捕鲸正常化的呼声越来越大，究其原因就在于日本为维护本国捕鲸利益，通过对蒙古、柬埔寨等众多国家的"渔业援助"使得IWC中捕鲸派增多①。一些经济实力弱小，却掌控着重要渔业资源的岛国之所以要以各种名目的国际政府组织的形式实行联合，正是鉴于世界渔业大国的远洋渔业活动范围日益扩大、所获利润日益巨大的国际形势作出的维护自身渔业权益的行动。

第三，相关产业的发展。海洋利益的产生依靠的是人类海洋开发的生产活动，因此，协调各国间的海洋利益自然离不开海洋相关产业的发展。国际海事组织对海洋环境的高度关注，对防止船舶污染制定严格的规定，主要源自能源需求日益激增的当今世界油轮运输业的高度发达。国际渔业组织中与金枪鱼相关的国际组织数量最多，原因就在于金枪鱼的渔业产业链上存在丰厚的利润。同理，如果没有捕鲸业巨额利润的吸引力，日本政府也不至于在各种肉类蛋白质摄取完全满足国民健康的今天依然对商业捕鲸如此执着，甚至不惜"贿赂"国际捕鲸委员会成员，来谋求这个国际组织对商业捕鲸的支持。

第四，海洋环境及资源的变化。海洋开发利用所带来的海洋环境污染和海洋资源枯竭迫使国际社会不得不考虑对各国的海洋开发活动进行秩序的调整、行为的规范和利益的再分配，因此，海洋环境资源的变化是促使众多海洋国际组织采取海洋保护措施的重要原因。国际海事组织对海洋环境问题的高度关注源于船舶机油、油轮泄漏、海上钻井平台事故对海洋环境所造成的巨大污染。各种国际渔业组织对渔业捕捞和渔业资源保护并重，也是捕捞过度造成的众多海域的渔业资源枯竭的压力所致。

---

① 佚名：《IWC告急》，《海洋世界》2007年第4期。

4. 组织的社会功能

人类海洋开发进程不断发展，各种海洋事务日益复杂化、多元化和规模化，这不仅使得海洋国际组织的存在变得不可或缺，也促使海洋国际组织在各个海洋事业领域所具有的社会功能及其影响力日渐增大。

第一，维持国际海洋秩序。海洋国际组织推动各国海洋事务交流所带来的主要影响效果就是有效维持了国际海洋秩序。联合国粮农组织以消灭全球饥饿问题为宗旨，一直在为支持各国实现渔业发展目标，协调各国渔业政策及发展规划的冲突，帮助各国政府加强其在渔业管理中的作用，规范渔业捕捞活动，促进水产品的国际贸易，加强渔业研究和发展的国际合作[1]，协助部分国家地区消除非法雇佣渔业童工[2]等方面的海洋秩序的形成、规范和遵守而努力，为国际渔业及相关活动的均衡发展作出了不可替代的贡献。国际海事组织近年来也一直致力于发展中国家有效限制船舶温室气体排放的能力建设，建立相应船舶能源管理示范课程以培养人才，帮助海运发展中国家弥补与发达国家之间的差距，实现各国船舶更高效、更节能的航行[3]。在消除海盗给国际航运带来的威胁方面，国际海事组织也一直在呼吁国际社会的协同合作，用国际海事组织秘书长米乔普勒斯的话来说，就是敦促那些"对于海盗问题会起到关键性作用的那些政府应该将其政治意愿付诸行动"[4]。

第二，保护海洋环境与海洋资源。海洋环境问题与生态问题促使海洋国际政府组织调整职责，对保护海洋环境与资源倾注更多的心血；而越来越多的海洋国际政府组织对海洋环保领域的关注又确实有效地遏制了海洋环境污染的加剧，为人类海洋事业的可持续发展作出了重要的贡献。国际海事组织在成立至今的六十余年历程中，在海洋环境保护方面所形成的一整套关于"安全操作、防止污染、责任索赔"的国际规范，其影响已深入国际航运的每个角落，任何一个单位和组织都不可能无视国际海事组织的

---

① 水声：《联合国粮农组织渔委会在罗马举行第十五届会议　研究在新〈联合国海洋法公约〉体制下如何发展渔业》，《中国水产》1984 年第 1 期。

② 鑫彤：《关注渔业童工现象》，《中国渔业报》2010 年 5 月 17 日。

③ 李桢：《国际海事组织法律委员会第 98 届会议概况》，《中国海事》2011 年第 6 期。

④ 刘洋、王艳华：《"百年回溯，泰坦尼克之殇"将成为 2012 年世界海事日的主题——IMO 秘书长在第 27 届国际海事组织大会上发表讲话》，《中国海事》2011 年第 12 期。

公约和规则而从事国际航运①。联合国粮农组织长年来一直致力于可持续发展渔业政策的制定，帮助各成员意识到实施生态渔业政策和恢复全球日渐减少的鱼类数量之间的关联性和重要性，全盘考虑各种人类活动对渔业资源造成的影响②。

第三，为国际社会提供具有公信力的发展报告。海洋领域的问题一般来说都是需要世界各国共同面对的问题。海洋环境问题、海洋航行安全问题、海洋渔业问题等都必须置于全球范围内加以思考，这就需要由特定的国际权威机构来对特定海洋问题的发展现状及未来趋势进行监测、考察、预测，并发布具有公信力的发展报告，海洋国际政府组织正是这一角色的理想承担者。联合国粮农组织发布的《世界渔业和水产养殖状况报告》及相关新闻公报是世界各国了解全球渔业资源是否已获得改善③，过度捕捞是否还在特定海域继续上演，如何在渔业作业及其管理中避免渔业资源浪费④等问题的权威依据；同样，国际海事组织历年所公布的黑名单、白名单也是国际社会衡量各成员是否切实履行《STCW 公约》的重要标准。

第四，维护海上航行安全。海洋国际组织的存在确实在很大程度上降低了海上危险的发生率，保障了船舶的航行安全。国际海事组织致力于维护海上安全的各种重大事项，一方面，对全球海员的能力资质的标准化管理为日益繁忙的国际航线上的船舶安全行驶提供了人员技术上的保障；另一方面，对亚丁湾等海域的海盗行为的打击维护了这些海域正常的航运秩序与安全。近年来，国际海事组织又开始重点关注海上渔船的航行安全，正在通过具有约束力的国际安全制度的建设来降低渔船的海上航行风险。

第五，促进相关领域海洋法律规范的完善。海洋国际政府组织的产生常常以某项国际条约的缔结为标志，而事实上，对特定海洋国际政府组织进行组建、发展和改造的意愿正是各种调整海洋事务的国际规范准则及相应国内法规得以诞生的根本动力。这些法律规范涉及船舶操作规范、从业

---

① 危敬添、马艳玲：《制定国际规范　服务世界航运——国际海事组织辉煌成就及发展历程回眸》，《中国海事》2009 年第 10 期。

② 卞晨光：《联合国粮农组织呼吁发展生态渔业》，《科技日报》2006 年 9 月 30 日。

③ 佚名：《世界鱼类消费量已达历史高峰——联合国粮农组织最新资料和趋势显示：全球鱼类资源没得到改善》，《中国水产》2011 年第 7 期。

④ 玉琴：《联合国粮农组织预测——世界渔业产品将短缺》，《渔业致富指南》1998 年第 18 期。

人员资质认定、船舶及港口设备标准检测、海洋资源捕捞规划等海洋活动的各个领域，已形成相关领域海洋法律规范的基本体系，不仅为规范和调整国际海洋活动提供了行为准则，也为各国相关国内法规的制定提供了目标和依据。

（六）海洋非政府组织

1. 含义

海洋非政府组织是现代海洋社会结构分化的产物，是海洋领域的社会政治制度与其他非政治制度不断趋向分离的过程中所衍生出的海洋社会组织，是从事海洋环境及生物保护、海洋资源可持续利用、海洋社会可持续发展等海洋社会公益的事业型组织。

海洋非政府组织主要分为两类。第一类是全球性的海洋非政府组织，是根据各成员个体或私人组织之间的协定所创建的，由跨国成员组成的，在两个以上国家设立办事机构的从事全球性海洋社会公益事业的非政府组织。海洋非政府组织对海洋领域的社会问题投入全球性的关怀，大多从事海洋环境保护、海洋生物资源保护和特殊领域的涉海科学探索，借助海洋国际政府组织所创造的各种平台来实施组织的活动，达成组织的目标，或对特定国家的海洋政策造成影响。绿色和平组织（Greenpeace）、世界渔业中心（WFC）、持续渔业伙伴组织（SFP）、南极研究科学委员会（SCAR）、国际北极科学委员会（IASC）均属此类。这一类组织虽然由于缺少法律力量及其执行力[1]相比海洋国际政府组织影响力有限，但却在近年来的国际舞台上取得了不小的成就。

第二类是各国国内的海洋非政府组织，是主要在各国国内从事海洋社会公益事业的非政府组织。目前阶段，这类组织在我国比较知名的包括蓝丝带海洋保护协会（BOPA）、中国航海博物馆海洋保护志愿者组织等海洋环保组织，虽然其活动范围和影响力所及尚未跨越国界，但其组织目标多定位于"组成全球海洋保护大联盟"[2]"让蓝色海洋在我们的时代更加纯净"[3]，对

[1] 安东尼·吉登斯：《社会学（第五版）》，西蒙·格里菲斯协助，李康译，北京：北京大学出版社，2009年，第539页。

[2] 李景光：《促进海洋环境保护与可持续发展的新生力量——记蓝丝带海洋保护协会》，《海洋开发与管理》2010年第8期。

[3] 杨睿、张伟疆：《我们更文明 海洋更洁净 "中国航海博物馆海洋保护志愿者组织"成立》，《航海》2008年第4期。

海洋公益事业投入全球性的关怀。此外，澳大利亚、塞浦路斯、希腊、土耳其等国的国内海洋环保协会还联手成立了"国际海洋保护协会"①，由此赋予国内与国际的两类海洋非政府组织以新的内涵。

2. 组织特征

海洋非政府组织不同于国家间正式缔结的海洋领域的政府组织，但这类组织致力于海洋公益事业的全球化视野又与其他主要立足于维护各国国内海洋利益的海洋社会组织明显不同。

第一，公益性。海洋非政府组织不同于追求国家海洋利益最大化的海洋行政管理组织和追求产业海洋利益最大化的海洋产业组织，甚至也和寻求各国间海洋利益均衡化的海洋国际政府组织在组织特征上有着很大差别，它既不具备政治权力，又缺乏金钱利益，这类海洋社会组织运作的动力来自其所主张的权利诉求和价值主张中所具有的在全球范围内超越社会阶层、利益集团的公益性。成立于 20 世纪 70 年代的绿色和平组织宣称其使命为"保护地球、环境以及各种生物的安全及可持续发展，并且以行动做出积极的改变，实现一个绿色、和平和可持续发展的未来"②，是具有鲜明政治独立性与坚持国际主义方针的公益性组织；国际北极科学委员会是一个由从事涉海科学研究的专家组成的全球性国际非政府组织，其成立的宗旨是"鼓励、发起和促进对北极进行环极和与全球相关的基础研究和应用基础研究，为了解和解决北极事务提供科学咨询"③，其努力推动全球北极科学事业发展的公益性十分鲜明；全球可持续渔业伙伴组织以全球水产品的可持续提供为组织宗旨，一直致力于敦促海洋水产业组织注意保护环境，承担相应社会责任④；世界渔业研究中心一直在为推动非洲、阿拉伯地区国家和亚洲国家渔业发展以及解决全球贫困问题等公益事业不遗余力地贡献自己的力量⑤。

---

① 李景光：《促进海洋环境保护与可持续发展的新生力量——记蓝丝带海洋保护协会》，《海洋开发与管理》2010 年第 8 期。
② 张家玲：《绿色和平组织在国际环境保护中的地位和作用》，硕士学位论文，青岛大学，2010 年，第 4 页。
③ 陈立奇：《北极在召唤——中国加入国际北极科学委员会》，《海洋世界》1996 年第 7 期。
④ 毕朝斌：《可持续渔业伙伴组织到广西北海考察调研推动企业参与可持续水产品认证》，《广西畜牧兽医》2009 年第 5 期。
⑤ 朱雪梅：《中国水产院与世界渔业中心合作》，《科技日报》2006 年 12 月 28 日。

第二，擅长利用现代传媒手段。海洋非政府组织唤起全人类海洋良知的强烈愿望使其十分注重利用现代传媒来进行宣传。即使地理距离遥远，海洋非政府组织却仍可借助现代科技手段，通过各种信息传递、资源共享、共同行动等形式展开行动。绿色和平组织就十分擅长利用网络活动来影响人们对环境问题的观感。该组织曾于 2000 年成功利用网络摄像机将其所拍摄的法国 La Hague 核废料处理现场每天将 100 多万升放射性液体废料倒入大西洋的图像传输到正在讨论如何处置核废料的会议中心，让与会的官员们认识到问题的严重性，以此动员公众支持自己的立场①。网络性特点使得海洋非政府组织更容易将世界范围内的人们组织起来，形成新的身份认同感和共同价值观②。在全球数十个国家中掀起的"蓝色浪潮"就是海洋非政府组织依靠网络掀起的世界反捕鲸活动③，世界各国素未谋面的人士因为来自网络的呼唤而走到了一起。蓝丝带海洋保护协会成立至今不过五年，却因为对媒体综合利用的高度重视而迅速全国知名，报道"蓝丝带"各项活动的既有中央媒体，也有地方媒体；既有报纸等传统媒体，也有新浪网等新媒体；既有综合性媒体，也有专业性媒体。2010 年的"海洋环保中国行"活动有七家媒体全程追踪报道，组织对媒体的借助可谓不遗余力④。

第三，富于正义感。对海洋领域倾注全球性关怀的组织理念容易激励海洋非政府组织对正义感的培养和追求，使这类组织相比政府间的海洋国际组织以及其他海洋社会组织更富于正义感。正义感有时候会表现为较为激进的行动特色。绿色和平组织所从事的反污染、反转嫁污染、反捕鲸、反对南极商业活动、反对焚烧固体危险废料和向水中倾倒有毒废料、保护海洋生物等大量海洋环境生态维护活动使这一组织需要长期面对形形色色且并不固定的对手、敌人，任务之艰巨不言而喻，正是该组织"拯救地球"的正义使命感促使其形成了"通过包括冒险行为在内的实际行动来保护环境"的组织特色⑤。显然，这样的组织特色未必会受到各方欢迎，为阻止日

---

① 桑颖：《国际环境非政府组织：优势和作用》，《理论探索》2007 年第 1 期。

② 刘贞晔：《国际政治视野中的全球市民社会——概念、特征和主要活动内容》，《欧洲》2002 年第 5 期。

③ 佚名：《IWC——反捕鲸挑战"商业捕鲸"》，《海洋世界》2007 年第 7 期。

④ 胡速喜、卿志军：《NGO 品牌构建与媒介策略的思考——以海南"蓝丝带"为例》，《今传媒》2012 年第 1 期。

⑤ 佚名：《绿色和平组织》，《青海环境》1992 年第 4 期。

本的商业捕鲸，绿色和平组织的船队就曾在澳大利亚珀斯以南数千公里处海域，遭到日本捕鲸船队的挤撞及高压水炮袭击，冲突发生后，尽管其是为了反对商业捕鲸，但澳大利亚政府还是谴责了绿色和平组织的过激行为①。北极科学考察由来已久，多国的北极联合科研活动也具有悠久历史，之所以会成立国际极地委员会，主要是受到一些富于正义感的科学家对"北极考察应由竞争性的地理探险转入有计划地科学研究考察"的强烈呼吁②。

第四，独立性。海洋非政府组织所从事的公益性事业需要以政治立场上的独立来做支撑，而该类组织富于正义感的行动在很大程度上也是基于政治立场的独立性。这一点上，绿色和平组织坚持"在暴露对环境的威胁的存在和寻求解决办法方面，没有永远的敌人和朋友"以及"在财务方面，保证独立于政治或者商业团体"的基本原则③就是最好的诠释。很难想象，一个受制于某国政府、政党或利益集团的海洋非政府组织能够在活动中自始至终贯彻正义理念，甘愿从事这些随时都会树立敌人的全球性公益事业。

第五，非营利性。海洋非政府组织成长于政府与私营企业之间的制度空间，既不同于拥有特定政治立场的政府部门、政党组织，也显然有别于以营利为目的的企业组织，非营利性也是其组织的主要特征。海洋非政府组织的非营利性主要表现在资金来源主要依靠捐赠上。南极研究科学委员会（SCAR）虽然长期以来为各国及多国间的南极科学研究活动提供资金上的支持，但实际上 SCAR 本身的经费也只是来自各国政府及组织微薄的捐款④；我国三亚蓝丝带海洋保护协会的活动经费来自联想公益创投基金会的无偿资助⑤，各种民间基金会的捐助是许多海洋非政府组织得以成立的基础。

第六，对海洋国际政府组织等的依赖性。海洋非政府组织的独立性和

① 章磊：《"绿色和平"大战日本捕鲸船》，《新华每日电讯》2005 年 12 月 23 日。
② 陈立奇：《北极在召唤——中国加入国际北极科学委员会》，《海洋世界》1996 年第 7 期。
③ 张家玲：《绿色和平组织在国际环境保护中的地位和作用》，硕士学位论文，青岛大学，2010 年，第 4 页。
④ 佚名：《国际科学联盟理事会隶属下的南极研究科学委员会》，《海洋信息》1994 年第 Z1 期。
⑤ 李景光：《促进海洋环境保护与可持续发展的新生力量——记蓝丝带海洋保护协会》，《海洋开发与管理》2010 年第 8 期。

非营利性并不影响其开展活动过程中对其他组织的依赖性。基于个体或私人组织之间的协定建立起来的海洋非政府组织，组织控制多依靠组织理念对成员的号召力和吸引力，缺乏政治权力和经费支持的现实条件以及唤起全人类对海洋公益事业关注的强烈愿望决定了这类海洋社会组织的活动要在很大程度上借助和依靠其他海洋社会组织，特别是海洋国际政府组织的平台、机制和活动。自从 1970 年国际捕鲸委员会通过决议，允许环境非政府组织作为观察员参与年会并在会上发表见解以来，IWC 的国际会议场就成为环境非政府组织阐明、宣扬和呼吁保护鲸类的重要阵地，并且加入这一阵营的国际环境非政府组织数量也在 1976 年之后迅速增长①。除 IWC 之外，许多国际政府组织举办的国际会议都成了这一类组织的活动平台，《濒危野生动植物种国际贸易公约》的缔约方大会上也从不缺少海洋非政府组织的身影，对完成使命的迫切渴望和坚定信念促使这类组织不愿错过任何一个开展活动的机会②。

第七，科学性。海洋非政府组织所从事的各类海洋公益事业对海洋科学知识有着较高的要求，无论是海洋环保、海洋生物资源保护还或是海洋科学考察，都需要对海洋问题愿意倾注全球性关怀，富于正义感的科学工作者的参与，这使得海洋非政府组织在很大程度上形成了富于海洋科学性的特色。南极研究科学委员会、国际北极科学委员会等以促进全球海洋科学考察为宗旨成立的组织的科学性是不言而喻的，且这些组织的科学性往往已达到跨学科的综合性程度。国际北极科学委员会所运作的科研项目经常由包括自然科学、社会、经济甚至人文学科在内的全球众多专家共同参与，试图通过综合而深入的研究找出在北极地区可持续发展的有效途径③。南极研究科学委员会则被公认为是"唯一的国际性的、跨学科的、能吸收整个科学范畴内科学家综合经验和专长的非政府性机构"④。绿色和平组织

---

① 孙凯：《环境非政府组织与国际捕鲸机制的变迁——基于 1982 年"商业捕鲸禁令"的考查》，载徐祥民主编《海洋法律、社会与管理》2011 年卷，北京：海洋出版社，2011 年，第 204～205 页。

② 樊鸽：《捕鱼政策和保护海洋物种成焦点》，《中国环境报》2002 年 11 月 9 日。

③ 董兆乾：《国际北极科学委员会 1997 年年会在俄罗斯彼得堡召开》，《极地研究》1997 年第 2 期。

④ 佚名：《国际科学联盟理事会隶属下的南极研究科学委员会》，《海洋信息》1994 年第 Z1 期。

在致力于海洋环境生物保护的同时，也在从事着人类合理开发海洋的新技术推广与应用，这个组织中的许多学者和专家都在长期致力于海上风能、潮汐能、太阳能等海洋能源的研究工作①。海洋非政府组织中常常汇集着来自全世界各种肤色的科学家，从事着提高生产力、保护生态环境、维持生态多样性、改良政策等各领域的研究。

3. 组织产生与发展的影响因素

海洋非政府组织的形成源于人们对海洋的关怀与良知，活动空间依赖海洋国际政府组织及其他组织的平台支持，资金来源依赖各方援助，活动开展需要各领域的专业知识支撑，活动的影响力需要依靠现代传媒进行宣传、呼吁，总之，能对海洋非政府组织的产生与发展造成影响的社会因素显然是不容忽视的。

第一，对海洋社会问题的全球性关注。海洋非政府组织的诞生源自世界对特定海洋社会问题在一定程度上达成的共识。对海洋环境污染、海洋生物过度捕捞的严重性的认识是绿色和平组织等国际海洋环保组织诞生的根本原因；世界渔业研究中心的成立是基于非持续性水产品的生产会给海洋生物多样性造成严重影响这一世界共识；避免竞争性地理探险的极地研究是环北极各国乃至世界科学界组建国际极地委员会的初衷。

第二，各国政府以及海洋国际政府组织等相关组织的支持。海洋非政府组织活动的顺利开展，能否获得海洋国际政府组织等在活动平台、资金赞助等方面的支持至关重要。各种国际会议场所是这些海洋非政府组织宣传组织理念、唤起大众认识的重要战场；各国政府、政党、集团的资金支持是许多海洋非政府组织的主要资金来源；海洋非政府组织希望通过组织活动来影响国家海洋领域的社会政策的愿望也是建立在政府支持认可的前提之上的。

第三，各领域海洋科学的发展。海洋非政府组织展示海洋环境被污染、海洋生物多样性被破坏的事实需要以科学为武器，才能富有可信力，获得公众的支持；海洋非政府组织的科学考察、实地调查等活动更是离不开各领域的科学工作者的参与和支持；海洋非政府组织在活动开展过程中需要与各领域的海洋科学研究团体、机构保持密切的联系，海洋科学的发展是这类组织得以运作的关键因素。

---

① 李国庆：《海上"绿色和平"行动》，《海洋世界》1997年第3期。

第四，现代化传媒的运作。海洋非政府组织呼唤公众海洋意识的基本手段就是利用各种现代传媒进行宣传。没有现代传媒，绿色和平组织无法将海洋倾废的严重现实进行国际会场上的现场展示，各国环境非政府组织也无法获知日本捕鲸船的行踪动向，蓝丝带海洋保护协会的环中国海岸线环保宣传活动也无法引起全社会的关注。同时，这类组织本身的发展壮大也需要依靠网络等现代传媒。许多全球性的海洋非政府组织成员来自世界各国，很难通过面对面的互动来发展组织成员，现代媒体成了引导成员加入组织的重要媒介。

4. 组织的社会功能

近年来，海洋非政府组织的社会影响已日益变大，这些组织或是成为战斗在第一线的海洋环保卫士，或是甘冒生命危险阻止海洋生物的捕杀，或勇于向各国政府施加压力来改变各国海洋政策的制定进程，同时，这些组织还会成为人类未知海洋领域的科学探险先驱，甚至促进全球海洋事业的可持续发展。

第一，保护海洋及其环境生物。海洋非政府组织在海洋环境保护、海洋生物保护、海洋资源可持续利用方面所作出的贡献及产生的社会效应越来越不容忽视。绿色和平组织的船队为了保护海洋自然生态环境昼夜游弋在大洋之上，不仅活跃在阻止海洋倾废、海洋清污等海洋环境保护的第一线，也成为海兽的保护神，使大量的鲸类、海豹免受捕杀的劫难[1]。阿根廷环保组织采取特别保护措施，将栖息在福克兰群岛中海岛聚集点上的数千只白色信天翁的羽毛统一喷成黄色，以提醒附近的渔船和水手们注意避让[2]。海洋非政府组织不仅直接为海洋环境保护和动物保护作出了贡献，更重要的是这些志愿者组织通过自身的壮举使得海洋环境生物保护事业在全世界范围内获得了关注，海洋环保意识得到了普及。

第二，对各国政府的海洋政策制定施加压力。海洋非政府组织擅长利用国际会议等公众聚焦场所来进行理念宣传、事实揭露和社会呼吁，无论是揭露英法政府的海洋核废料倾倒行为，还是阻止日本商业捕鲸正常化，都是海洋非政府组织在利用政府间的国际海洋事务交流场所来对各国政府的海洋政策施加压力。这类组织正在用直接行动、游说、抗议和影响公众

193

---

[1] 李国庆：《海上"绿色和平"行动》，《海洋世界》1997年第3期。
[2] 刘少林：《"国际渔协"奖励环保渔具开发》，《中国渔业报》2004年9月27日。

舆论等各种方法来对各国政府制定海洋政策施加压力。

第三，推动海洋科学发展。用合理开发利用海洋的手段来提升全人类福祉的信念促使海洋非政府组织奔走在海洋科学探索的第一线，吸引来自各领域的科研专家共同致力于极地问题、海洋渔业问题、海洋能源问题的跨国界、跨学科、跨领域研究，为提升世界各国合理开发、利用海洋和保护海洋的能力和增进全人类的海洋利益福祉，提出科学设想，进行科学考证，作出科学评估。

第四，促进全球海洋事业的可持续发展。海洋非政府组织从事包括对各国政府海洋政策施压以保护海洋及其生物环境、促进海洋渔业及其他海洋产业在全球的均衡发展，为更合理地进行海洋开发利用作出科学的探索和国际间的协力等海洋社会各领域的公益事业，这类组织对海洋问题所倾注的全球性关怀正在全世界范围内为海洋事业的可持续发展作出越来越大的贡献。

第六章 海洋移民

在移民①史上，最早的和主要的移民模式都发生在陆地之间，而有规模的海洋移民历史只有 500 多年。就世界范围而言，随着 15 世纪末大航海时代的开启，国际海洋移民开始明显增加。就中国而言，明代中叶以后，海洋移民规模增长较快。海洋移民是多种因素综合作用的结果，并对移民输入地和输出地的社会、文化、政治、经济产生了广泛而深刻的影响。在这方面，史学界开展了较早的探索性研究，主要关注的是海外移民，并且主要集中在明清时期，但对人类海洋开发实践活动引发的趋海型的海洋移民研究有限。

一 海洋移民的含义

移民是社会学、历史学、人口学、人类学、地理学以及经济学等多学科共同关心的重要学术问题。海洋移民是移民的重要组成部分，就世界史而言，1500 年是个标志性的时间。随着新航路的开辟（标志性的历史事件包括哥伦布于 1492 年发现新大陆，麦哲伦于 1519 年横渡太平洋抵达菲律宾），全球开始紧密地联系在一起。正如曾少聪所言，由于新航路的开辟，西欧列国殖民活动的兴起，伴随这个活动出现了大规模的世界性海洋移民②。海洋移

---

① 根据《中华现代汉语词典》的解释，移民意思有二：一是居民由一地或一国迁移到另一地或一国落户；二是迁移到外地或外国去落户的人。《辞海》将之界定为：迁往国外某一地区永久定居的人和较大规模的、有组织的人口迁移。［参见说词解字辞书研究中心《中华现代汉语词典》，北京：华语教学出版社，2011 年，第 1454 页；辞海编辑委员会：《辞海（下）》，上海：上海辞书出版社，1999 年，第 4971 页。］可见，从名词的属性而言，只有落户也即定居才能称为移民。

② 曾少聪：《东洋航路移民：明清海洋移民台湾与菲律宾的比较研究》，南昌：江西高校出版社，1998 年，"致读者"第 2 页。

民活动引发了社会结构的调整、文化模式的整合、价值观念的嬗变以及社会变迁，在这一进程中往往也伴随着文化冲突与矛盾纠纷等社会问题。

（一）历史学视野中的海洋移民

据历史学家考证，"移民"一词最早出现在《周礼·秋官·士师》中："若邦凶荒，则以荒辩之法治之。令移民通财，纠守缓刑。"意思是，如果邦中发生谷物歉收引起饥荒，就应该采用救济的特殊措施，一方面可以让受灾百姓迁往谷物丰收、价格较贱的地区，另一方面可以从丰收地区调运谷物来救灾①。从 19 世纪下半叶开始，随着国际移民浪潮的涌动，移民研究开始升温。在此背景下，经济学、地理学、社会学等学科开始关注国际移民。1885～1889 年，美国学者埃内斯特·乔治·莱文斯坦（E. G. Ravestein）写作《移民的规律》（*The Laws of Migration*）一文，开创了对移民及其规律进行"一般性研究"的先河。在他研究的基础上，后来的学者提出了"推拉理论"（Push-Pull Theory），这些成果产生了深远的影响，莱文斯坦因此成为被公认的现代移民研究的奠基人②。20 世纪 90 年代末期以来，历史学界提出了"海洋移民"这一概念，并对中国历史上的海洋移民展开了专题研究。

在中国知网（中国学术期刊网络出版总库）对 1980 年 1 月 1 日以来的文献研究进行梳理，按照"主题""篇名""关键词""摘要"和"参考文献"检索海洋移民，匹配"精确"检索条件，发现相关研究很少，而且现有的研究都是历史学的学科视角（表 6-1）。

表 6-1　"海洋移民"的已有文献研究（单位：篇）

检索项目	文献总数	学术论文	学位论文	其他（书籍评介、会议纪要、年鉴、报纸）
主题	17	9	3	5
篇名	4	2	1	1
关键词	12	7	0	5
摘要	4	2	0	2
参考文献	12	12	0	0

检索时间范围：1980 年 1 月 1 日～2013 年 5 月 17 日 10：00。

历史学所称的"海洋移民"主要是指跨越海洋实现人口的国际迁移或

① 葛剑雄：《中国移民史（第一卷）》，福州：福建人民出版社，1997 年，第 3 页。
② 傅义强：《当代西方国际移民理论述略》，《世界民族》2007 年第 3 期。

者国内迁移（国内的岛屿与大陆之间），也有学者将向沿海区域流动的移民归到"海洋移民"的范畴内。综观现有研究格局，主要以历史学家杨国桢先生及其学术团队为主。

杨国桢认为，海洋性移民，狭义上是指直接跨越海洋航行的移民活动。但从海洋发展的全局观察，受海洋经济利益驱动，向沿海即海洋发展区域流动的陆路移民，虽然只有一部分后来转化为海洋移民，但他们在移居地的生产与生活，已与海洋活动直接、间接地联系在一起，在广义上也就具有了海洋性。因此，直接的海洋移民和间接地向海洋发展区域流动的移民，都是海洋性移民的考察对象①。

曾少聪认为，在中国移民史上，既有陆路移民，也有海洋移民。中国海洋移民有别于中国陆路的移民。他认为，海洋移民是指通过海路从甲地迁到乙地，或从甲国迁乙国并且定居的人或人群②。或者说，海洋移民包括海岸带和岛屿带间移动的国内移民与前往海外国家的国际移民③。

李德元认为，海洋移民是指个体或群体通过海路向异地迁徙定居（或一个时段的定居）。同时，海洋移民可分为国内移民和国外移民，国内海洋移民包括本国海岸带和近海岛屿迁徙两种类型④，而国外移民是向海外的岛国与大陆国迁徙⑤。

史伟认为，海洋移民是中国移民史的一股支流。海内移民与海外移民是中国海洋移民的两个流向和两种类型。海内移民指跨越海洋迁移到南北沿海各地和海岛的国内移民，海外移民则是跨越海洋迁移到海外国家和地区的国际移民⑥。

曾少聪认为，"从国际海洋移民的情况看，明清时期，中国的海洋移民开始明显增多，这也是世界海洋移民大迁徙的时代"⑦。目前，国内历史学

---

① 杨国桢：《闽在海中》，南昌：江西高校出版社，1998年，第115页。
② 曾少聪：《东洋航路移民：明清海洋移民台湾与菲律宾的比较研究》，南昌：江西高校出版社，1998年，"致读者"第3页。
③ 曾少聪：《明清海洋移民的两类宗族组织发展比较》，《厦门大学学报（哲学社会科学版）》1998年第2期。
④ 李德元：《浅论明清海岸带和陆岛间际移民》，《中国社会经济史研究》2004年第3期。
⑤ 李德元：《明清中国国内的海洋移民》，博士学位论文，厦门大学，2004年，第53页。
⑥ 史伟：《海内移民与海外移民》，《海洋世界》2008年第7期。
⑦ 曾少聪：《东洋航路移民：明清海洋移民台湾与菲律宾的比较研究》，南昌：江西高校出版社，1998年，"致读者"第2页。

界有关海洋移民的研究成果，主要就集中在明清时期的海外移民。就明清以来的海洋移民情况而言，具有代表性的学术成果是曾少聪对"东洋航路移民"①，即迁移到中国台湾和菲律宾的海洋移民的研究，以及林德荣对"西洋航路移民"②，即对闽粤移民荷属东印度与海峡殖民地问题的研究。在当代的与海洋有关或涉海的移民活动研究中，人口学等学科一般不使用"海洋移民"这一概念，而更倾向于使用"人口迁移"这一概念。

（二）社会学视野中的海洋移民

在20世纪中后期，移民活动的发生引起了学术界的关注，由此产生了移民研究热潮，并催生了移民社会学这一分支学科。其中，社会学家迈克尔·塞尼（Michael M. Cernea）提出了非自愿移民的"八大风险"③，这成为后续相关研究的重要分析框架。在工程建设和移民安置中，塞尼提出"将人放在首位"（putting people first）④ 的理念。在中国社会学界，"移民社会学"等概念正引起广泛关注，中国社会学会移民社会学专业委员会也已经成立。但是，这些移民研究主要涉及工程移民等移民类型，并不涉及海洋移民。

社会学视野下的海洋移民侧重通过社会流动视角加以界定和分析。当然，这种界定并不排斥历史学的既有研究成果，相反，它在一定程度上还建立在历史学研究成果基础之上。由此，社会学视野下的海洋移民指的是与海洋有关的社会流动，即由于海洋或海洋活动而发生的社会阶级、阶层、地位、职业的转变，这是海洋移民的第一层含义。在现代社会，海洋移民与人类海洋开发实践活动具有一定的交织性。因此，海洋移民还包括这样一种形态，即人类海洋开发实践活动所引起的或者伴随海洋开发实践活动进程所产生的社会流动，这是海洋移民的第二层含义。

深入理解海洋移民，还需要阐释以下问题。

首先，根据社会流动的方向，海洋移民包括水平流动和垂直流动两种

① 曾少聪：《东洋航海移民：明清海洋移民台湾与菲律宾的比较研究》，南昌：江西高校出版社，1998年。

② 林德荣：《西洋航海移民：明清闽粤移民荷属东印度与海峡殖民地的研究》，南昌：江西高校出版社，2006年。

③ Michael M. Cernea：《风险、保障和重建：一种移民安置模型》，《河海大学学报（哲学社会科学版）》2002年第2期。

④ Michael M. Cernea, *Putting People First-Sociological Variables in Rural Development*, New York: Oxford University Press, 1991.

类型。所谓水平流动，即是跨越海洋或趋海型的区域间的人口流动。所谓垂直流动，主要指的是移民社会地位的变化。在早期阶段，海洋移民实现垂直向上的社会流动的机会并不多。比如，中国早期的劳工移民美国后，并没有实现他们预想的社会地位和社会阶层的提升，相反，他们时常面临着移民排斥，而且所受到的压迫和欺诈甚至比在国内时还要严重，甚至因此出现社会地位下降的情况。海外华人作家严歌苓的《扶桑》描述的就是19世纪60年代被拐骗到美国的中国姑娘的悲惨境遇，也是展现当时华人卑微的社会地位的一面镜子。当然，在一定的社会条件下，移民也可以通过自己的"自致性"努力，实现向上的"垂直流动"。比如，英国新教徒为摆脱本国教会势力的压迫而移民美洲，其中部分成员抵达北美后实现了社会地位的提升。在现代社会，海洋移民实现向上流动的机会明显增多，也正是这种机会驱使着海洋移民规模持续扩大。

其次，海洋移民的主体是跨越海洋移居到其他国家或地区，或者是向沿海地带集聚，并最终在那里定居的人口。因此，判断一个群体是否是海洋移民群体，最终需要从"定居"或"落户"这一层面把握。当前，随着人类海洋开发实践活动的深入，大批内陆人口向沿海地区集聚，由此引发的趋海性海洋移民已经成为海洋移民的重要构成部分。在美国，海岸带区域始终居住着全国一半或一半以上的人口。在过去的40年间，全国海岸带的人口密度大致是内陆人口密度的5倍[①]，而且，人口向沿海地区集聚的趋势还在不断增加。

最后，就海洋移民的本质而言，它是具有涉海特征的人口迁移活动。海洋移民这种人口迁移是以海洋或者海洋开发活动为媒介而生成的一项社会流动，有的海洋移民则是海洋开发实践活动直接导致的。因此，海洋移民的本质属性是具有涉海性的人口迁移活动。

目前，社会性因素对海洋移民的影响越来越大。而海洋移民也对迁入地的社会文化结构产生了深刻影响。那些迁徙到沿海地区和岛屿的移民，促进了沿海滩涂和海岛资源的开发以及当地经济社会的发展。比如，中国台湾与海南岛的开发，菲律宾等南洋地区的开发以及美洲大陆的开发，都凝结了大批移民的卓越贡献。

---

① Pew Oceans Commission 编《规划美国海洋事业的航程》，周秋麟、牛文生等译，北京：海洋出版社，2005年版，第159页。

随着经济发展与社会变迁，海洋移民在形式和内容层面已经发生了很多变化。因此，不能仅仅关注历史上的海外移民，更需要关注移民群体内部的社会结构以及社会文化变迁。在研究视域层面，需要在三个层面拓展。一是要深入研究海外移民群体及其后代的现实生活；二是要关注目前的投资移民等"新海外移民现象"；三是要深入研究中国海洋开发实践活动所引发的趋海移民。

二　海洋移民的类型

根据不同标准，海洋移民可以有不同的分类。比如，根据是否受到政府和法律的认可，海洋移民可分为合法移民与非法移民；根据移民学常用的分析框架，可将之分为自愿移民与非自愿移民，等等。我们将海洋移民分为两种类型，即海外移民和趋海移民。

（一）海外移民

1. 概念界定

海外移民是以海洋为交通媒介的移民，是通过跨越海洋而到达其他国家与地区（包括陆地与岛屿）并定居下来的人口。

在社会学界，美国芝加哥派的经典代表作——《身处欧美的波兰农民》，是移民史研究中的经典著作。在书中，托马斯和兹纳涅茨基对19世纪末20世纪初，大批波兰人移民美国后组成的移民社区进行了深度考察，对波兰农民从以家庭为本位到以个人主义盛行、强调竞争的思想变化及其社会适应展开了深刻剖析[①]。学界认为，《身处欧美的波兰农民》一书开始了对跨越大西洋的欧洲移民活动的探索，对欧洲和美国移民活动的来龙去脉进行了深入研究。

海外移民促进了世界贸易往来与经济文化交流。比如，玉米等美洲特产传到中国、非洲等地，马铃薯、可可以及烟草等从美洲传到亚、欧、非各洲，非洲所产的咖啡传到欧美地区，成为人们的日常饮料。此外，世界不同地区文化之间的相互影响也越来越深。

---

① 威廉·托马斯、弗洛里安·兹纳涅茨基：《身处欧美的波兰农民》，张友云译，南京：译林出版社，2000年。

2. 历史与现状

在人类社会的早期阶段，海外移民数量十分有限。随着经济社会发展以及技术（造船与航行等）水平的提升，海外移民开始大幅增加。随着大发现和新航路的开辟，海外移民数量迅速增加。特别是，随着"地球村"时代的来临，海外移民规模变得更加庞大。由此引发的国际人口迁移成为社会学和人口学等学科关注的重要问题。当然，这种海洋移民活动也带来了严重的"土客矛盾"，即土著人口和外来移民人口的冲突与矛盾。

在早期阶段，海外移民的动力机制主要是殖民需求，移民方向是由旧大陆和已开发国家与地区向新大陆和未开发国家与地区迁移。比如，西班牙、葡萄牙、荷兰、英国和法国先后在美洲建立起殖民地，并向那里大量移民。从那时起至 18 世纪末，已有 200 多万以上的欧洲人口移居到新大陆；从 17 世纪初至 19 世纪中叶，非洲黑人移民人数估计不少于 1500 万至 1600万；从 19 世纪中叶至 20 世纪中叶，欧洲约有 6000 万移民涌向南北美洲、澳大利亚、新西兰以及南非等地；此外，日本约有 100 万人迁至美国和中国的台湾与东北①。"二战"之后特别是伴随着经济全球化的进程，国际人口迁移的频率和规模可谓史无前例，移民方向发生转向，由欠发达国家和地区向发达国家和地区的人口迁移迅速增加。根据社会学家吉登斯（Anthony Giddens）的梳理，关于 1945 年之后的全球人口迁移，学术界已经识别出如下四种移民模式。一是经典模式（classical model），以加拿大、美国和澳大利亚等国家为代表，他们已经发展成为"移民们的国家"。二是殖民模式（colonial model），以法国和英国为代表，他们更倾向于接纳来自前殖民地国家而不是其他国家的移民。英国的大量来自新英国国家的移民就说明了这种趋势。三是客居工人模式（guest workers model），以德国、瑞典和比利时等国家为代表。为了满足劳动力市场的需要，移民被暂时允许进入这个国家，但是移民们即使长时间定居后也不能获得公民资格。四是非法模式（illegal model），由于许多工业化国家的移民法日益严格，非法移民越来越普遍，秘密地或伪装成"非移民"进入某个国家的移民经常能够在官方社会的掌控之外非法地生存下来。这个例子可以在美国南部各州中大量存在的墨西哥"非

201

---

① 丘立本：《从世界史角度研究近代中国移民问题刍议》，《世界历史》1986 年第 3 期。

法侨民"以及日益增多的跨国界走私难民的国际贸易中看到①。

就中国而言，东南亚自古以来便是我国东南沿海社群移居海外的主要目的地。唐宋时期，中国海商远及东南亚沿海地区，商民往来频繁。15世纪初，爪哇、苏门答腊等地出现华人聚居区。明朝中后期，政府多次发布禁令限制出海，但由于海外贸易的兴盛，前往东南亚的人依然有增无减。然而，真正形成规模并影响至今的移民活动，则是近代以来被称为"下南洋"的移民潮②。当前，中国海外移民规模呈现前所未有的态势。2010年，国务院侨务办公室宣布，中国海外侨胞的数量已经超过4500万人，绝对数量稳居世界第一③。目前，中国大陆投资移民海外的人口还在不断增加，已经成为一种引起广泛关注的社会现象。《中国青年报》的报道称，改革开放以来，已经涌现了三次移民潮。与20世纪70年代末以底层劳工为主以及90年代末以留学生为主的两拨移民潮不同，第三次移民浪潮的主力军是新富阶层和知识精英，并且在21世纪的头10年中呈现愈演愈烈之势。仅加拿大一国，过去10年就有40万华人前往落户。这批移民的整体情况大概是家庭资产在人民币500万元以上、20世纪60年代至70年代出生，他们难以达到技术移民所要求的教育资历、英语水平和专业经验，但他们具有一定的经济实力，通常有自己的企业或者担任公司管理人员。另外，最近几年，这批移民群体呈现年轻化趋势④。而美国人口普查局（Census Bureau）公布的数据显示，中国和印度已经成为美国接收海外移民的两大来源地。其中，无论是从绝对数上来说还是从所占比例来看，来自中国的移民都排在首位，中国已经成为美国海外移民的最大来源地。数据显示，2005年之前进入美国的移民中只有不到5%的人来自中国（包括香港和台湾），而在2005～2007年进入美国的全部移民中，中国人所占比例却高达6%，这一数字在2008年则达到9%，在2009～2010年更是高达10%。也就是说，10名进入美国的海外移民中就有1名来自中国⑤，而且这一比例还在不断增加。

① 安东尼·吉登斯：《社会学（第四版）》，赵旭东、齐心等译，北京：北京大学出版社，2003年，第250页。

② 刘平：《下南洋：晚清海外移民的辛酸历程》，《中国文化报》2010年8月24日。

③ 中新：《中国海外侨胞超4500万》，《广州日报》2010年6月17日。

④ 汪东亚：《新富海外移民潮显示出的"忧患"》，《中国青年报》2010年12月6日。

⑤ 黄胜龙：《中国已成美国海外移民最大来源地 占比高达10%》，http://news.china.com.cn/rollnews/2011-11/18/content_11251211.htm，最后访问日期：2012年10月20日。

（二）趋海移民

1. 概念界定

改革开放以来，随着经济社会的发展和户籍政策的变化，中国人口迁移活动明显增加。主要方向体现在两个方面，一是由农村向城市迁移，二是由内陆向沿海迁移。其中，沿海城市和地区成为吸纳农村人口以及中西部地区人口的主要场所。这种迁移活动以自愿性为主，以求学、就业（包括农民到沿海地区务工、技术科研人员到沿海地区择业）和经商为主要动力。随着海洋开发实践活动进程的加快，人口由内陆向沿海迁移的规模呈现逐年增加的趋势。

这种人口迁移可称作趋海移民。趋海移民深受人类海洋开发实践活动影响，是海洋开发实践活动所引发的人口由内陆向沿海地区集聚并最终选择定居的一种移民模式。在趋海型的海洋移民中，"趋"是"趋向"之意，形象地表明了海洋移民的空间范畴和基本路径，即由内陆趋向沿海地区和岛屿的移民，而不包括沿海地区之间的移民活动。比如，由陕西向青岛的移民属于趋海型海洋移民，但从烟台到青岛的移民则不属于趋海型海洋移民。

在历史上，岛屿开发、海洋贸易、海洋交通运输等海洋经济活动，都在不同程度上促进着趋海移民活动的生成。封建社会的中央王朝也提出过类似于今天的"海洋开发"的国策或口号。比如，宋高宗南渡时期，把开放海洋作为国策，市舶收入成为南宋王朝一项重要的财政来源。元朝建立以后把发展海洋作为国策，海洋经济发展达到鼎盛时期。海洋上的贸易和商业交往促使海洋移民到达异地进行海洋拓殖、海岛开发以及繁衍生息①。随着海洋世纪的到来，沿海开发中提供了大量的就业机会，吸引了大批的内陆人前来淘金。此外，沿海地区优越的地理位置、气候环境以及开放的发展理念，也推动着内陆地区的人口向沿海集聚。

2. 历史与现状

在美国，自有渔业捕捞和贸易开始起，沿海地区就始终是购置房地产的首选区。在欧洲人到达北美洲之前，土著美国人的大陆边缘的密度就高于内陆地区。公元 1500 年，在西海岸，即从现在的墨西哥边界到加拿大边界的人口密度最高；在东海岸，沿切萨皮克湾和从佛罗里达州的顶部到南

---

① 李德元：《明清中国国内的海洋移民》，博士学位论文，厦门大学，2004 年，第 21~22 页。

卡罗来纳州的沿岸人口密度最高。此外，土著美国人的人口密度在墨西哥湾和从马里兰州到科德角沿岸也居最高点①。当前，人口趋海移动现象更加明显。美国国家海洋和大气管理局（NOAA）发布的报告称，占美国全国陆地面积17%的沿海狭长地带的人口，呈逐年增长的趋势。2003年，美国沿海地区人口为1.53亿人，占全国总人口的53%，比1980年增加了3300万人；到2008年又增加了700万人，到2015年预计还会增加约1200万人。美国沿海地区的人口35年间增加2亿，增长率颇为可观。此外，美国全国人口密度最大地区大部分分布在沿海县，25个人口密度最大县中有23个县位于沿海地区。673个沿海县（不包括阿拉斯加州沿海县）平均人口为每平方公里116人，大大高于全国每平方公里38人的平均数②。而且，在未来15年，美国人口增长数的50%以上的人口，都要迁到这占全美陆地面积17%的海岸带区域③。随着人类海洋开发实践活动的不断深入，趋海型移民规模还会不断增加。

在中国，趋海型移民历史悠久。早期的移民目的地主要是台湾岛、海南岛等岛屿。历史学家的研究发现，最早移民到沿海岛屿的是生活在六七千年前的百越人④。但是，该时期的海洋移民数量比较有限，初具规模是在明朝时期。杨国桢等人的研究指出，"明中后期以来，中国海洋私商贸易的勃兴与繁荣使民间海外贸易如潮汹涌，大量民间商船往来中国东南沿海与东南亚各国及东亚日本、琉球等地，这为沿海地区社会游离人口创造了众多离乡背井、谋业他国的机会。而商人回国传递的异域信息，'住番'开辟的移民地点，又提供了移民海外的现实条件。"⑤改革开放之后，中西部地区人口流动趋势同样呈现"孔雀东南飞"状态——"中国人口从内陆向沿海迁移的速度非常快。因此，中国在低海拔地区（海拔低于10米）的人口

① Pew Oceans Commission 编《规划美国海洋事业的航程》，周秋麟、牛文生等译，北京：海洋出版社，2005年版，第159页。
② 石莉、林绍花、吴克勤：《美国海洋问题研究》，北京：海洋出版社，2011年，第111页。
③ Pew Oceans Commission 编《规划美国海洋事业的航程》，周秋麟、牛文生等译，北京：海洋出版社，2005年版，第157页。
④ 李德元：《明清中国国内的海洋移民》，博士学位论文，厦门大学，2004年，第24页。
⑤ 杨国桢、郑甫弘、孙谦：《明清中国沿海社会与海外移民》，北京：高等教育出版社，1997年，第47页。

已经是世界上最多的了"①。根据第六次全国人口普查数据，越来越多的人口正在从内陆和西部往东部沿海地区迁移，沿海发达省份的常住人口占全国人口的比重不断增加——东部人口占全国常住人口的37.98%，比2000年上升了2.41个百分点；中部占26.76%，下降了1.08个百分点；西部占27.04%，下降了1.11个百分点；东北占8.22%，下降了0.22个百分点②。

相比较海外移民而言，趋海型移民受海洋经济发展的影响更深。中国沿海11个省（区、市）的陆地面积约占全国陆地面积的13.0%，但集聚着超过全国40%的人口，创造了全国约60%的国内生产总值③。"十一五"以来，全国涉海就业规模不断扩大，涉海就业占沿海地区的就业比重不断提高。沿海地区涉海就业人口从2001年的2107.6万人增加到2009年的3270万人，占地区就业总人口的比重从2001年的8.1%，提高到2009年的10.4%④。2010年，涉海就业人员3350万人，比2009年新增80万人。涉海就业人口比例的增加，在一定程度上凸显了就业人口的趋海性特征。

趋海型移民促进了沿海地区的工业化和城市化，不少沿海城市就是因为趋海型移民而形成和发展起来的。比如，深圳25年的发展史其实就是鲜活的移民史。这个城市的人口为1300万，原住民只有30万，也就是说占总人口97%左右的1270万深圳人都是移民。这个城市强调"文化立市"，其核心就是通过移民文化的沉淀和升华来塑造城市的文化精神。在这里，来自不同地域、不同文化的思维方式、生存方式以及审美方式融汇在一起，形成了绚烂的移民文化。移民与移民文化，已经是这个城市无法回避的主题⑤。

三 海洋移民的形成机制

海洋移民是政治、经济、军事、文化和宗教等多种"推""拉"因素综

① 田辉：《英美科学家报告称中国将成全球变暖最大受害者》，http：//news. sina. com. cn/o/2007 – 03 – 30/193011533211s. shtml，最后访问日期：2012年10月20日。

② 佚名：《我国人口东移迹象明显 内陆常住人口比重下降》，《山东商报》2011年4月30日。

③ 陈泽伟：《沿海重化工布局环境堪忧》，《瞭望》2010年第11期。

④ 国家海洋局海洋发展战略研究所课题组编《中国海洋发展报告（2011）》，北京：海洋出版社，2011年，第183～184页。

⑤ 佚名：《移民与海 制片人札记》，http：//news. sz. soufun. com/2007 – 04 – 13/1018724. htm，最后访问日期：2013年5月15日。

合作用的结果。就其类型而言，可以将海洋移民的形成机制分为政治驱动型、政府安置型、政策挤压型、军事驱动型、经济驱动型、"人地矛盾"推动型、宗教驱动型以及追求梦想型八种类型。当然，这八种类型并不是截然分开的，彼此之间存在一些交叉。

（一）政治驱动型

政治驱动型的海洋移民，是王朝更迭过程中因政治逃亡以及政治流放而产生的较大规模的人口迁移活动，往往发生于特定的历史时段。在很大程度上，这种海洋移民具有政治避难和逃亡性质。

历史学家通过"政治性集团海外移民"这一概念对此现象进行了深刻剖析。杨国桢等学者认为，政治性集团移民是16、17世纪中国海外移民潮的重要组成部分。在16世纪中后期，中国沿海居民为逃避明政府的苛税暴政，大量移民迁移到南洋群岛以及印支半岛（是亚洲南部三大半岛之一，现常称作中南半岛——引者注）。明朝灭亡后，许多明室遗臣和东南沿海的抗清势力，在清军的进逼下，不甘为清朝臣仆而逃往海外，也形成了几次政治性集团移民。东南亚的一些富庶地带就是由他们开垦发展起来的。比如，越南南部的河仙、边和等地的繁荣就是突出的例证①。在移民过程中，中国传统文化特别是中原地区的先进文化、生产技术与生产资料也传播到了移民地。此外，明朝中后期，东南沿海的一些海商集团，因与倭寇勾结，受到明王朝的打击，也移民到日本、南洋群岛以及印度半岛②，他们同样属于"政治性集团海外移民"的范畴。

除此之外，历史上的贬官制度、政治流放也造成了一定数量的海洋移民。被贬黜和发配之地主要是荒野之所，其中一部分是当时尚未开发的沿海地带，比如，岭南曾一度是主要的贬黜和发配之地，其范围包括今天的海南岛、广东以及广西等地。

（二）政策挤压型

政策挤压型中的政策主要指的是海禁政策。明清时期，中央政府出于沿海军事防御需要，强制实施了包括"迁界令"在内的海禁政策。海禁政策虽然限制了人口的海外迁移，但也导致一部分受此政策挤压而流离出去

---

① 杨国桢、郑甫弘、孙谦：《明清中国沿海社会与海外移民》，北京：高等教育出版社，1997年，第34~36页。

② 曲金良：《中国海洋文化观的重建》，北京：中国社会科学出版社，2009年，第154页。

的海洋移民。

明代前期，海洋移民主要是由海禁政策挤压而流离出来的人口。欧阳宗书认为，明清的海外移民主要是渔民，这是明清中国沿海剩余渔业人口向海洋发展的一个方向。因为"明清海外移民主要是东南沿海居民，而其时东南沿海居民的主体之一即是渔民。而且，在渔禁森严时代，远洋商船寸板片帆不许下海，领有执照自由地在近海作业的即是渔船。换言之，在其时，只有渔民和渔船才具有偷渡海外的便利条件"①。明中叶至清初，西方海洋势力东来，嘉靖倭乱，明清王朝鼎革，造成本区经济环境恶化，社会动荡，由此引发了向中国台湾和东南亚的移民潮②。明洪武年间，受海禁政策挤压而流离出来的沿海人口成为海外移民的主体。爪哇的杜板（Tuban）、新村、苏鲁八益（Sarabaya），苏门答腊的旧港（Palembang），多有广东以及福建等处人流居于此。到了清朝，尽管有多方面的海禁制约，但出洋商船的频繁活动使沿海居民搭船出洋的机会增多，在客观上造成了明末清初以来的又一次海外移民浪潮③。

（三）政府安置型

政府安置型的海洋移民，是政府为了平衡特定区域的人口分布或者因为经济社会发展需要，在特定的历史时期将一定数量的人口向沿海区域迁移和安置。究其本质而言，这是中央政府强制实施的有组织、有计划、有步骤的人口迁移活动。

黄河三角洲是我国最大的三角洲，也是中央王朝安置移民的一个重要场所。李靖莉的研究发现，作为由黄河携沙填海造陆的产物，黄三角平原以平均每年20余平方公里的速度向海洋延伸。日复一日，黄河三角洲成为全球土地生长最快的地区，土地资源非常丰富，并且与日俱增。因此，当历代政府面对人口压力时，黄河三角洲便成为理想的人口疏散分流区域。明朝洪武、永乐年间，随着声势浩大的"大槐树移民"浪潮，大批山西洪洞与河北枣强移民在"均衡天下人口"的政策驱动下迁入黄河三角洲④。明

---

① 欧阳宗书：《海上人家——海洋渔业经济与渔民社会》，南昌：江西高校出版社，1998年，第85页。

② 杨国桢：《东溟水土》，南昌：江西高校出版社，2003年，第55页。

③ 杨国桢、郑甫弘、孙谦：《明清中国沿海社会与海外移民》，北京：高等教育出版社，1997年，第28~37页。

④ 李靖莉：《黄河三角洲移民的特征》，《齐鲁学刊》2009年第6期。

朝山西等地的大量移民外迁有着特定的社会背景。当时，由于长期战乱，灾疫连年，中原地区人口锐减，经济社会凋敝，而山西地区人多地少。于是，明王朝提出了"均衡天下人口"的思想，继而实施了浩大的移民安置工程，沿海的黄河三角洲就是其中的重要移民目的地。民谣"问我祖先来何处，山西洪洞大槐树"就反映了这种移民文化的特质。相关数据说明了黄河三角洲移民的构成。比如，在滨州无棣县的 533 个自然村中，由明初洪洞移民建立的有 338 个，约占村庄总数的 63.4%[①]；在《滨州市地名志》编委会抽样调查的今滨城区黄河以北 769 个自然村中，有 608 个是明初移民建立的，约占被统计村数的 79%。其中，属于洪武初年由外省移民建立的 351 个村庄中，有 347 个是由山西洪洞和河北枣强移民建立起来的，占 98.9%[②]。可见，当时的移民后裔至今仍是当地居民的构成主体。

新中国成立后，中央政府为了经济建设需要，也实施了向沿海区域迁移人口的政策。比如，与建设胜利油田相伴随的政策之一，就是移民安置政策。"20 世纪五六十年代，伴随着轰轰烈烈的石油会战和胜利油田开发建设，大庆、玉门、青海、甘肃、新疆、四川、北京、上海等地的油田、机关、石油院校和科研单位的大批工人、学生、知识分子及其家属，集团性迁往黄河三角洲东部近海地区。截至 1964 年底，'石油移民'达十几万人。"[③] 此外，在三峡移民工程中，被安置在山东、江苏、浙江等沿海地区的移民数量也很庞大。

（四）军事驱动型

军事驱动型的海洋移民，是因军事防御、军事活动以及战乱而产生的向沿海地区、岛屿以及海外的人口迁移活动。

首先，军事斗争和战乱容易引发人口向沿海岛屿或者海外迁移。比如，20 世纪上半叶特别是"二战"以前，在以德国为代表的传统欧洲移民国家的海外迁移中，战败和国土分裂导致的海外迁移是重要的影响因素；以西班牙为例的欧洲新移民国家的海外迁移同样表明（1936~1939 年，西班牙国内战乱不断，经济发展遭到严重破坏，人民的生命安全受到严重威胁），

---

① 李靖莉：《黄河三角洲移民文化的特点》，《石油大学学报（社会科学版）》2005 年第 3 期。
② 李靖莉：《黄河三角洲明初移民考述》，《中国社会经济史研究》2002 年第 3 期。
③ 李靖莉：《黄河三角洲移民的特征》，《齐鲁学刊》2009 年第 6 期。

国内战争和社会动荡是人口海外迁移的诱因①。在中国，军事活动和战乱也导致了海洋移民。比如，早在五代十国时期，为了躲避战祸，中原世家大族就开始纷纷迁居海南②。明清时期，迫于军事压力，出现了大量向台湾等岛屿的人口迁移活动。比如，郑成功驱逐荷兰收复台湾之后，以台湾为军事根据地抗拒清廷，跟随郑成功到台湾的子弟兵很多。据清朝水师提督施琅估计，随郑成功抵达台湾的水陆官兵及其眷属总人数达到 30000 多人③，这多达 30000 之众的人口后来基本都成了移民。

其次，中央王朝出于军事防御的战略需要，所实施的军事屯垦与戍边是典型的军事驱动型海洋移民。吴名岗的研究发现，明王朝实行了让士兵以军营为家，世代为军的军户制，并实施了戍边与屯田并重，军户固定于某一卫所以及因此而衍生的清军、勾军制度。强迫军士在服役卫所世代为军，使得大部分驻卫军士逐渐演变为当地居民，成了事实上的军事移民。黄河三角洲腹地惠民县的一些村史和谱牒证明了军事移民的大量存在④。此外，胶东地区也承接了大量的军事移民。相关研究发现，明初的胶东地区人口稀少，国防力量薄弱。官方自永乐年间始，从云南调动大批卫所军人，补充胶东各县军营，先后调入军人达 20 余万。胶东的登州卫、莱州卫、卫海卫、靖海卫、成山卫、灵山卫和浮山所、奇山所以及宁镇所等，都相继得到军事补充。可以说，当时军队的调防，是官府调整国防力量的施政措施，胶东一带成为以军卫人口为主的移民区⑤。张彩霞在《明初军户移民与即墨除夕祭祖习俗》一文中对即墨军事移民和行政建制的考察为此提供了进一步的佐证。为防止倭寇袭扰，明太祖在沿海重地筑城列寨，建立海岸防御工事。明洪武二十一年（1388 年），即墨建立了鳌山卫城。明洪武二十五年（1392 年），建雄崖守御千户所和浮山前守御千户所，分别简称雄崖所和浮山所，又于永乐二年（1404 年）建即墨营。这一系列卫所机构的设置，使得明初即墨地区的军户人口剧增，这些军户人口随后建立了大量的军屯村庄。至清雍正十三年（1735 年）废卫所并县时，即墨共有 52

---

① 宋全成：《20 世纪上半叶欧洲移民的海外迁移》，《山东社会科学》2010 年第 11 期。

② 詹长智、张朔人：《中国古代海南人口迁移路径与地区开发》，《华中科技大学学报（社会科学版）》2007 年第 2 期。

③ 杨国桢：《东溟水土》，南昌：江西高校出版社，2003 年，第 68 页。

④ 吴名岗：《明初黄河三角洲军事移民问题》，《滨州学院学报》2010 年第 1 期。

⑤ 刘文权编《长岛渔家》，青岛：中国海洋大学出版社，2005 年，第 4 页。

个军屯村，人口达到 3 万多，实际军户人口数可能更多①。这些军事移民不仅起到了巩固海防的战略作用，也对沿海地区的经济开发和社会结构产生了深刻影响。

最后，沿海岛屿的军事屯垦是军事驱动型的海洋移民。郑成功在驱逐荷兰侵略者的战争进入相持阶段后，就开始部署军事屯垦，把军队派驻到一些未开发地区。在郑成功兵发台湾的 3 万军队中，约有 1 万左右的女眷和非战斗随员，她们中的不少人抵台后就开始发展生产。收复台湾后，郑成功开始推广封建土地所有制，废除了荷兰殖民时代的"王田"制度。同时发布垦田条例，实施"寓兵以农"的屯田政策，"有警则荷戈以战，无警则负耒以耕"，郑军官兵分赴广大未开发地区，加快了台湾的开发过程。此外，郑军俘获的数千清军官兵也被发配台湾屯垦。总之，郑家军有相当一部分官兵最后留在台湾定居，他们是第一次有组织地向台湾移民②。在台湾，至今还能看到军事移民痕迹。比如，台湾彰化县秀水乡有一个叫作"陕西村"的村落，村名的由来就是因为郑成功的军事移民。在郑成功军队里有名叫马信的将领，他带着陕西籍的官兵到此屯垦，世代于此繁衍。为了表达对故乡的思念，他们将之称作"陕西村"。如果没有郑成功收复台湾一事，恐怕这些北方人很难成为台湾的居民③。

（五）经济驱动型

经济驱动型的海洋移民，主要受迁出地的经济推力（因为贫困与经济破产等原因而外出谋生）和迁入地的经济拉力（经济繁荣地区能够提供更好的就业机会、创业条件、生活条件以及发展空间）双重因素的驱动产生。在以经济建设与社会发展为主题的和平时期，经济驱动型的海洋移民所占比例往往都比较高。

19 世纪末，美国社会学家莱文斯坦（E. G. Ravenstein）试图对移民的迁移规律进行总结，后来的学者据此提出了推拉理论。推拉理论将注意力主要集中于个人的自愿移民，比如，1914 年前，横跨大西洋的欧洲向美国

---

① 张彩霞：《明初军户移民与即墨除夕祭祖习俗》，《民俗研究》2002 年第 4 期。

② 佚名：《渡海移民的艰辛》，http://news.xinhuanet.com/tai_ gang_ ao/2006 - 04/04/content _ 4380906_ 4. htm，最后访问日期：2012 年 10 月 10 日。

③ 佚名：《渡海移民的艰辛》，http://news.xinhuanet.com/tai_ gang_ ao/2006 - 04/04/content _ 4380906_ 4. htm，最后访问日期：2012 年 10 月 10 日。

的移民①。后来，以拉里·萨斯塔（Larry Sjaastad）和迈克尔·托达洛（Michael Todaro）等为主要代表的新古典主义经济理论，着重从经济学角度分析移民行为产生的动因。他们认为，国际移民取决于当事人对付出与回报的估算，如果移民后的预期所得明显高于为移民而付出的成本时，移民行为就会发生。由此推导，移民将往收入最高的地方去②。虽然他们研究的是国际移民的动力机制，但同样可以用来解释海洋移民的动因，经济驱动型的海洋移民便可在此框架下进行分析。

以中国内陆人口向海南岛迁徙的移民为例对此加以说明。李德元的研究表明，唐代以前，迁入海南岛的中原汉人就是出于经济原因而落籍海岛；宋朝时期，前往海南的闽商也是为了追求更好的经济效益，赚取更高的商业利润而主动迁移。宋元时期，海上贸易成为海南岛经济发展的支柱。海南岛与各地港口有广州至琼州、浙闽至琼州、雷州至琼州等诸航线。海上贸易使更多的汉族商人频繁出入或落籍海南岛③。到了近代，东南亚成为闽南移民迁徙的主要目的地。其中，闽南人口大规模地移民到中国台湾和菲律宾，在荷兰踞中国台湾与西班牙统治菲律宾后，其移民动机主要还是当时活跃的殖民地经济因素④。可见，在诸如此类的海洋移民中，经济因素一直是移民的首要考虑因素。

就迁往海外的海洋移民而言，契约华工制度能够很好地说明这种经济驱动力。据考证，契约华工出现于17世纪初荷属东印度的巴达维亚（今雅加达）。当时只限于被掳掠而来的或自愿前来但赊欠旅费的华工，人数不多。到了19世纪初期，西方殖民者加紧在中国沿海地区掳掠、拐骗华工出国。很多人在被贩运途中就命丧黄泉，被扔下大海。到达目的地时，往往有20%～30%的人员死亡。人们把这些专门运送华工的船称为"海上浮动地狱"⑤。契约华工包括南洋的"猪仔"华工、拉丁美洲的契约苦力以及美

211

---

① 周聿峨、阮征宇：《当代国际移民理论研究的现状与趋势》，《暨南学报（哲学社会科学版）》2003年第2期。

② 李明欢：《20世纪西方国际移民理论》，《厦门大学学报（哲学社会科学版）》2000年第4期。

③ 李德元：《明清中国国内的海洋移民》，博士学位论文，厦门大学，2004年，第31～38页。

④ 王治君：《基于陆路文明与海洋文化双重影响下的闽南"红砖厝"》，《建筑师》2008年第1期。

⑤ 佚名：《契约华工三成死海上》，《广州日报》2002年12月2日。

国的"赊单"苦力三种类型。当时，由于东南亚经济开发向纵深发展，急需劳动力和贸易人手，各地均致力于招徕中国移民。据估算，鸦片战争前夕，散居东南亚的中国海外移民及其后裔达到 100 万 ~ 150 万，在绝对数量上已经大大超过前代[①]。在清朝后期的海外移民潮中，契约华工成为最重要的移民。据不完全统计，光绪七年至宣统二年（1881 ~ 1910 年），英国海峡殖民地（今新加坡和马来西亚部分地区）共接受华民 830 万，其中契约华工近 600 万。19 世纪末，随着契约华工的激增和华商的发展，美国、加拿大、南非等地的华侨社区亦颇具规模。到 20 世纪 20 年代，整个海外华人移民的总数已经达 700 万 ~ 800 万[②]。随着契约华工制度的发展，虽然移民地扩大到了美洲大陆等区域，但南洋地区仍然是中国海外移民最集中的区域。

（六）"人地矛盾"推动型

"人地矛盾"推动型的海洋移民，根源于人口迁出地"人多地少"的现实矛盾。不少国家和地区都曾发生过"人地矛盾"导致的海洋移民现象。比如，19 世纪末期，日本就曾因为人地矛盾发生了人口向巴西等国家的移民问题。

在中国，"人地矛盾"推动型的海洋移民在东南沿海地区表现得尤为明显。"闽广人稠地狭，田园不足于耕，望海谋生"，自古以来便是海上贸易、对外移民活跃的地区[③]。自东晋迄唐宋五代以来，战乱不止，加上黄河地区气候寒冷，自然条件恶劣，因此许多北方人南迁。北方人口的大量南迁，导致东南沿海人口急剧增加，进而导致"人多地少"矛盾恶化。《简明中国移民史》从大历史的维度对此提供了翔实的材料：北宋时，福建有限的土地要养活日益增加的人口已经很困难；到了南宋时期，杀婴之风已经相当盛行，但这种残忍的做法并未从根本上解决人多地少的矛盾。由于北方浙江和西边江西等地区同样人满为患，不可能成为福建人口的迁入区，移民只能从福建西南部迁入人口相对较少的广东东部。但广东平原面积也不大，山区能够容纳的人口更加有限，所以这一出路所能维持的时间也不长。在平原上的人口趋于饱和、耕地不足以供养本地人口、内地和其他地区的移

---

① 杨国桢、郑甫弘、孙谦：《明清中国沿海社会与海外移民》，北京：高等教育出版社，1997 年，第 37 页。

② 杨国桢、郑甫弘、孙谦：《明清中国沿海社会与海外移民》，北京：高等教育出版社，1997 年，第 38 ~ 42 页。

③ 刘平：《下南洋：晚清海外移民的辛酸历程》，《中国文化报》2010 年 8 月 24 日。

民又受到自然和社会因素限制的情况下，移民海外必然成为主要出路①。两宋时期，海外移民的数量并不多，规模也不大。而到了明朝，人地矛盾更加突出，海外移民数量增长迅速。

明清时期是中国人口剧增的时期。在人口数量迅速增长的同时，人口分布呈现集中沿海的特点。但与此形成鲜明对比的是，沿海各省的耕地增加不多。比如，1766 年到 1812 年，福建人口增加 9 倍，耕地仅增加 32%。同期广东人口增加 20 倍，耕地仅增加 22%。沿海地区山多地少，使人多地少的矛盾更加突出，从而导致频繁的资源争夺和械斗。不堪械斗之苦的农民，亦大批逃往港、澳或国外②。"明朝开国百来年以后，东南沿海那些平原和附近丘陵的人口急剧增加，趋于饱和。在经商、从事手工业、移民内地、扩大耕地等手段作用有限的情况下，在法律上虽然还是非法的移民海外便成了大批贫民的主要出路。因此，到 17 世纪后期，侨居东南亚的华人已有相当大的数量，在有些国家已经形成了人口数以万计的华侨聚居区"③。此外，当时盛行佛教，闽粤地区特别是福建一带，佛教寺庙越来越多，寺庙占领大量地产，当时富有的地主不过拥有土地近百亩，而拥有土地上千亩的寺庙却比比皆是。土地向寺庙高度集中无疑加剧了"人地矛盾"，当地民众只得出洋谋生。同时，闽南和粤东北地处山区，"漳泉诸府，负山环海，田少民多，出米不敷民食"，只得向台湾和南洋移民，以寻求生路④。

（七）宗教驱动型

宗教驱动型的海洋移民，是受到国内宗教势力的压迫而向海外迁移的移民类型。16 世纪，欧洲大陆的宗教纷争和宗教改革运动风起云涌，不同教派之间的张力日益扩大。由此，日益严峻的宗教冲突和宗教迫害形势，成为驱使海洋移民潮产生的重要因素。

在宗教改革时期，英国国教内部分离出一种新的宗教派别，即新教，他们主张清洗天主教的残余影响。"16 世纪 60 年代，英国完成了宗教改革，

---

① 葛剑雄、曹树基、吴松弟：《简明中国移民史》，福州：福建人民出版社，1993 年，第 526 页。

② 李德元：《明清中国国内的海洋移民》，博士学位论文，厦门大学，2004 年，第 40~44 页。

③ 葛剑雄、曹树基、吴松弟：《简明中国移民史》，福州：福建人民出版社，1993 年，第 528 页。

④ 佚名：《渡海移民的艰辛》，http：//news. xinhuanet. com/tai_ gang_ ao/2006 - 04/04/content _ 4380906_ 4. htm，最后访问日期：2012 年 10 月 10 日。

新教安立甘宗被确立为英国国教。虽然安立甘宗吸收了新教主义思想，但也保留了主教制和礼仪制等天主教残余"①，因而遭到清教徒的诟病与批判，并由此引发冲突。"宗教改革完成后，清教徒是英国最主要的宗教迫害对象。伊丽莎白女王时期，政府竭力建立一个折中合一的英格兰民族教会，但是一些激进的新教徒掀起了清教运动。16世纪80年代，主张脱离国教会的分离派（Separatists）清教运动冲击了英国国教会的统一，伊丽莎白女王予以沉重打击，大批分离派清教徒被迫逃往国外避难。詹姆斯一世统治后，强化了被清教徒认为是天主教逆流的高教会派在教会中的统治地位，对不服从国教的清教徒实行残酷的迫害政策。"② 在宗教纷争和宗教迫害压力之下，新教徒纷纷跨越大西洋迁移到美洲大陆。其中，具有标志性的事件就是1620年102名清教徒乘上"五月花"船只经过荷兰向北美洲进发，最终抵达普利茅斯。

然而，在宗教冲突的白热化阶段，即使是追求宗教自由的新教也加入了迫害"异端"的行列。"新教的倡导者路德和兹温格利一开始极为反感罗马教廷的宗教迫害，大力提倡'良心的信仰'，主张因信称义。但是，他们的教派后来也和国家政权结合起来，在实践中放弃了宗教自由的主张。很多路德宗和兹温格利宗的国家，极力迫害他们认为的宗教异端。比如，再洗派就遭到了极为血腥的迫害。这些迫害，正是直接导致很多再洗派教徒逃亡美洲的原因。"③ 由此可见，虽然一些宗教动辄标榜宗教自由，但在当时特定的历史条件下，很多宗教事实上背离了自己所追求的自由与平等精神。

（八）追求梦想型

追求梦想型的海洋移民，是为了追求物质（发财致富）和精神（自由、平等、博爱）而迁移到沿海国家或地区。

首先，为了"淘金"而移民海外。19世纪中叶，加利福尼亚旧金山（1848年）和澳大利亚墨尔本的新金山（1851年）相继发现金矿，由此引发了"淘金热"。于是，世界各地渴望摆脱经济困境或者发财致富的人们，

---

① 邵政达、姜守明：《近代早期英国海外殖民的宗教动因》，《历史教学（下半月刊）》2012年第6期。

② 邵政达、姜守明：《近代早期英国海外殖民的宗教动因》，《历史教学（下半月刊）》2012年第6期。

③ 吴飞：《从宗教冲突到宗教自由——美国宗教自由政策的诞生过程》，《北京大学学报（哲学社会科学版）》2006年第5期。

纷纷移民到此。研究表明，今天加利福尼亚人的多数是来自其他国家的移民。1848 年，随着淘金热的到来开始了第一次大迁徙浪潮。到了 1850 年，加利福尼亚人口至少增长了 8.5 万人。其中在外国出生的 2 万淘金者来自欧洲、加拿大、墨西哥、南美洲以及夏威夷群岛和中国。19 世纪后半叶，成千上万的中国人被带到加利福尼亚，他们在农场或铁路工地上工作①。改革开放后，中国率先"下海"移民到长三角和珠三角地区的社群，也可看作"淘金"式的趋海移民。

其次，为了寻求自由和理想而移民海外。比如，当移居海外的移民浪潮席卷欧洲大地的时候，越来越多的西班牙人也与其他西北欧国家的海外移民一样，怀揣各种梦想移居拉美国家，主要是墨西哥、阿根廷、乌拉圭和古巴等南美国家。在那里，西班牙人已经建立了相对完善的移民网络社区，而且，西班牙移民在那里拥有较好的政治和经济权利。于是，移民拉美国家逐渐成为西班牙人的迁移传统②。此外，前述为了逃避欧洲大陆宗教迫害的新教徒，事实上也属于这一类型的海洋移民。

四　海洋移民的社会效应

世界范围内的移民模式可以被视为快速变化的国家间经济、政治和文化联系的一种反映③。海洋移民的产生有着特定的社会与文化背景，也会在经济、社会、文化、政治等诸多层面产生一系列的深刻影响。在前述有关海洋移民的含义、基本特征与形成机制等基本原理基础上，本节着重探讨海洋移民的社会效应。

（一）海洋移民与移民社会

海洋移民会对特定的区域社会产生深刻影响。比如，自明中叶以后，闽南人大批移居海外，使得闽南侨乡社会有别于非侨乡社会。从文化方面来看，闽南人移居海外加强了闽南地区与海外的联系，进而强化了闽南文

---

① 佚名：《移民加州》，http：//travel. sohu. com/20091104/n2679660 91. shtml，最后访问日期：2012 年 10 月 1 日。

② 宋全成：《20 世纪上半叶欧洲移民的海外迁移》，《山东社会科学》2010 年第 11 期。

③ 安东尼·吉登斯：《社会学（第四版）》，赵旭东、齐心等译，北京：北京大学出版社，2003 年，第 249 页。

化的海洋性特征①。事实上，海洋移民的社会影响并不仅仅体现于某些环节或要素，而是一个社会系统，学界通过"移民社会"这一框架对此展开了分析。

1. 历史学视野下的移民社会

移民社会这一概念是由历史学家首先采用的。就这一概念的使用而言，有的学者进行了比较严谨的界定，有的学者则是在一般的词语层面上进行运用，而并未进行严格界定。综观学术界的现有研究，具有代表性的，被学术界广泛引用的观点主要有以下三种。

杨国桢、郑甫弘和孙谦对海外移民社会进行了研究。他们认为，海外移民社会形成的基本前提是相当数量的中国移民在海外某一地区（城市或农村）聚居，并从事相对稳定的职业（比如，手工业、农业等），形成一定规模的（城市中）社区或（乡村中）村社。他们认为，海外移民社会的基本标志包括两个方面：一是聚居在一起的移民群体很大程度上继续保持着中国的生活方式，使用中国的语言（包括各种方言）和文字，崇尚中国传统文化和民间习俗；二是移民聚居群体内部的个人之间并不是单纯的空间集结，而是在相互之间建立了一定的社会关系，并从事某些社会性的活动。它最主要的表现是移民社区组织的建立，如各种乡族宗亲组织或同业公会等，并由此产生必要的社区领袖②。

陈孔立认为，移民社会有广义与狭义之分。在广义层面，凡有较多外来移民的社会都可以称之为移民社会，如某些新建立的城市，1949 年以后的中国台湾（有 100 多万新移民），等等。狭义的移民社会则是指那些以外来移民为主要成分的社会，它是一个过渡形态的社会，逐渐从移民社会转化为定居社会或土著社会。例如，17～19 世纪的北美洲（美国）、18～19世纪之间的澳大利亚、17～19 世纪的中国台湾，等等③。不难发现，这里的"移民社会"，是与"定居社会"相对应的一种社会存在，是在比较的意义层面上使用的。

陈孔立还对"比较典型的移民社会"进行了研究，指出这种社会具有

① 曾少聪：《闽南的海外移民与海洋文化》，《广西民族学院学报（哲学社会科学版）》2001年第 5 期。
② 杨国桢、郑甫弘、孙谦：《明清中国沿海社会与海外移民》，北京：高等教育出版社，1997年，第 42 页。
③ 陈孔立：《有关移民和移民社会的理论问题》，《厦门大学学报（哲学社会科学版）》2000年第 2 期。

以下特征。第一，以外来移民为主体，而不是以当地原住民为主体。第二，移民自己组成一个社会，与当地原住民有联系但不混同，即没有同土著居民混居。第三，经过若干年代，当移民的后裔取代移民成为社会的主体，移民社会的主要特征发生变化以后，移民社会就转变为定居社会，原有的移民社会就不复存在了。中国台湾大约在 1860 年前后发生了这样的变化，社会主体改变为以移民的后裔为主，社会结构改变为以宗族关系为基础，移民社会转变为定居社会①。

此外，还有一些其他论述。比如，有的学者认为，所谓移民社会，是指外来人口成为当地社会的重要组成部分，并对本土居民生活产生深远影响的社会②。徐华炳和奚从清在梳理中国移民研究的基础上，将移民社会的内涵概括为以下四点。第一，有相当大规模的外来人口或族群迁入，这是移民社会形成的首要条件。第二，外来人口或族群与本地居民按照自己不断增长和提高的生产、生活的需要，建立各种不同的社会关系，并且受生产关系性质的制约，随着生产关系的变化而变化。第三，由于相当大规模的外来人口或族群迁入，便生成了带有新的构成因素的社会生活共同体——移民社会。第四，移民社会是人类社会发展的一个有机组成部分，是具有独特性的过渡形态社会③。很明显，这里有关移民社会的界定与海洋移民的关系不大，但是，这一论述强调了移民群体中的社会关系、生活共同体，已经具有了一定的社会学意涵。

2. 社会学视野下的移民社会

从社会学的学科视角而言，所谓移民社会是在人类海洋开发实践活动引起的人口聚集的基础上，所形成的一定的区域社会关系共同体，它是一个亚社会或曰次级社会单位。就海洋移民中的移民社会而言，它是由趋海移民或海外移民，按照一定的规范发生交互行为与社会互动的生活共同体，是以一定的文化模式和共同的物质生产活动为基础而相互联系的人们的有机整体。

移民社会具有社会的基本元素和属性，是社会系统的一个单元。相比

---

① 陈孔立：《有关移民和移民社会的理论问题》，《厦门大学学报（哲学社会科学版）》2000 年第 2 期。

② 陈天林：《欧洲移民社会冲突中的多元文化主义困境》，《社会主义研究》2012 年第 1 期。

③ 徐华炳、奚从清：《理论构建与移民服务并进：中国移民研究 30 年述评》，《江海学刊》2010 年第 5 期。

趋海移民而言，海外移民能够更快地形成移民社会。因为他们在移民地的生活中面临更多的不确定性和风险性，他们更加迫切地需要通过建立共同体获得情感慰藉和帮扶。

移民社会具有特定的构成要素。首先，一定的地域范围。只有具有一定的地域范围，移民社会才可能存在。其次，一定数量的人口，这是移民社会的构成主体。一般而言，他们的祖籍地具有很强的同质性。在移民社会内部，他们可以比较自由地说自己的母语。当然，移民社会中可能有一些来自其他区域或当地的土著人口，但他们所占比例很小。再次，一定的文化模式或文化背景。这种文化模式可能是对移民祖籍地文化的复制，也可能是对之修饰加工后而形成的新的文化体系。这种文化背景促成了群体意识的形成，它是移民社会内部互动与交往的基本准则。很多移民城市的称谓本身就反映了这种文化属性。诸如美国的"新英格兰"等地名本身就说明，这些"新"城的移民在复制和尽量保留他们之前生活的欧洲社会文化结构。此外，"唐人街"事实上也具有这种社会文化特征。最后，移民社会具有一定的组织体系，最初主要是基于地缘、血缘关系而形成的草根性质的民间组织。比如，帮派组织就隶属其中，潮州帮等帮派就是这种类型。

移民社会不是静止不变的。在一定的时空背景中，它会经历从形成到发展，成熟直至瓦解的过程。比如，在某种程度上，美国可看作一个"移民国家"。在其建国历程中，可以看出无数个"移民社会"构成这个熔炉国家的影子。中国深圳等所谓现代大都市，最初也都是小村落（渔村），正是在国家实施改革开放政策和推动海洋开发实践活动的过程中，随着大批移民的迁入而快速发展起来的。在这些沿海城市的发展初期，可以清楚地看到移民社会的影子。而随着经济社会的发展，移民社会发生着深刻嬗变，进而走向瓦解。

（二）移民社会的特征

移民社会形成后，在人口构成、社会关系体系与社会规范、群体意识以及文化体系等方面会呈现相对稳定的特征与属性。

1. 移民占据常住人口的绝大多数

移民社会形成后，虽然也有一些土著人口或原住民，但所占比例并不大，外来移民及其后裔在人口构成中占据绝对多数。

移民社会具有"客强主弱"的特征，所谓"客"即指外来移民，"主"

指的是土著居民。"客强主弱"表现在两个方面。首先，移民及其后裔的数量远远多于土著居民的人口数量。其次，移民的文化体系往往处于强势地位，而土著居民的文化常常面临被优势文化同化的危险①，而且很多土著文化后来都遭受了或多或少的破坏。

2. 具有一定的社会关系结构和社会规范

随着移民社会的形成与发展，具有相对稳定性的社会关系结构会逐渐产生。这种社会关系非常广泛，涉及移民社会生活的方方面面，包括政治关系、经济关系、文化关系、家庭关系、道德关系、伦理关系、宗教关系以及人际关系，等等。

社会关系的维系需要一定的社会规范，这些社会规范是对特定社会关系及其结构的反映与呈现。就社会规范的构成而言，既包括法律条款、规章制度等正式性的规范，也包括道德、舆论、伦理、风俗习惯等非正式的规范。这些规范对协调和调整海洋移民的利益、矛盾和冲突具有重要作用，是维系移民社会正常运行的必要条件。

3. 具有较为强烈的群体意识

移民社会内部具有较为强烈和一致的群体意识，这种群体意识有助于将海洋移民塑造为一个整体，并将其与外部社会系统相区别。事实上，这种群体意识是海洋移民的归属意识和认同意识。

美国社会学家萨姆纳在《民俗论》中认为，社会群体包括内群体与外群体两种类型。所谓内群体（in-group）即"我群体"，其群体成员相互团结与协作，是具有共同归属感的群体。所谓外群体（out-group）也即"他群体"，是自己没有加入的以及与自己无关的群体。在移民社会中，"我群体"与"他群体"具有较为明确的分水岭，海洋移民彼此清楚自己属于哪个群体。在现代社会，虽然文化多元化和文化相对主义经常被强调，但这并不会泯灭移民社会内部的群体意识。相反，只要移民社会还存在，就必然具有一定的群体意识。

4. 移民社会内部具有一定的文化体系

形成共同的群体文化是移民社会成熟的重要标志。在移民社会内部，既有一定的主流文化，也有一定的亚文化。所谓主流文化，就是群体共有的、占据主流的群体文化。而当一个社会的某一群体形成一种既包括主流

219

---

① 田启波：《略论移民社会道德价值观念的嬗变与重构》，《探求》2004 年第 1 期。

文化的某些特征，又包括一些其他群体所不具备的文化要素的生活方式时，这种群体文化就被称为亚文化（subculture）①。移民社会具有一套具有自身属性的文化体系，并根据移民来源地的不同表现出相应的特殊性。就中国海外移民社会而言，儒家文化思想一直占据重要位置，海外华人崇尚教育即是受此影响的结果。此外，"帮""会"文化在海外移民社会中也体现得相当明显。

曲金良认为，在中国海外移民社会中，"帮""会"具有典型的中国社会文化特征，而这一特征恰恰就是中国海洋社会文化的典型特征。帮会作为海外华人社会组织的精神依托，是中国传统的民间信仰，其中，海神妈祖信仰占有相当大的比重。信仰的物化与仪式行动体现，就是海外各地的寺庙及其庙会。比如，仅在日本长崎的明代所建寺庙，就有天启三年（1623）建的兴福寺（南京寺）、崇祯元年（1628）建的福济寺（漳州寺）、崇祯二年（1629）建的崇福寺（福州寺）等。在东南亚则更多，难以尽数。如在三宝垅一地，就有大觉寺、东街、振兴街、慢帕街、郭六宫等多处寺庙。此外，海外各地华人纷纷建立的"义山"或"义冢"，作为一定社区或帮会成员的身后"归宿"和家人、亲友祭祀的场所，也作为海外移民社会的社区标志，发挥着强大的精神纽带作用②。事实上，这种文化体系既发挥着一定的精神纽带和情感连接功能，也发挥着文化传承与思想传递功能，对中华文化的传播与继承具有重要意义。

（三）移民社会的结构

中国海内移民社会的形成相对较早，而海外移民社会在16世纪才初步形成。杨国桢等人认为，到清中叶，数以万计的华民聚居区已遍布东南亚和日本等地；而清廷不准海外移民归国的禁令，促进了海外移民定居的趋势，成为海外移民社会发展的重要契机。19世纪下半叶至20世纪初，中国海外移民社会逐步趋于成熟③。移民社会具有自身的运作体系，其内部具有特定的结构模式。

---

① 戴维·波普诺：《社会学（第十版）》，李强等译，北京：中国人民大学出版社，1999年版，第78页。

② 曲金良：《中国海洋文化观的重建》，北京：中国社会科学出版社，2009年，第155页。

③ 杨国桢、郑甫弘、孙谦：《明清中国沿海社会与海外移民》，北京：高等教育出版社，1997年，第43～45页。

1. 家庭结构

家庭结构是家庭组成的类型及各成员相互间的关系，包括联合家庭、主干家庭、核心家庭和不完整的家庭等结构类型。就移民社会中的性别构成而言，最初是以男性为主。而性别比例的失调导致了家庭结构的不完整，这种现象在移民社会的形成初期非常普遍。

早期移民海外的人口多系单身，在积累一定经济基础后才有可能建立家庭。由于移民社会男女比例的失调，家庭组织的发展滞后，导致回乡娶亲、两地分居的扭曲形式比较常见①。比如，随郑成功迁移台湾的 3 万军人和官吏中，携家眷者只占三分之一，另外三分之二都是不健全家庭②。可见，该时期的台湾移民社会的家庭结构非常不完整。直到乾隆二十五年（1760），禁止移民携眷渡台的禁令废除，台湾移民男女性别比例悬殊形势才得以缓和，不健全的家庭结构相应地得以减少，但是，这种问题还是没有得到根本解决③。日本到美国的海洋移民同样具有这种特征。研究表明，无论是 19 世纪 80 年代中期到达美国的日本留学生，还是之后接踵而至的日本劳动力，早期的日本移民多是单身男性。比如，1910 年加利福尼亚日本移民的男女比例仅为 20：3④。性别比例之悬殊，由此亦可见一斑。此外，在海外移民社会中，还存在"双边家庭"这种家庭结构。比如，菲律宾华人家庭的典型特征是双边家庭，它存在于早期海洋移民到东南亚的华人社会。所谓"双边家庭"，是与"单边家庭"（或称单头家庭，指的是华人只在祖籍地或移居地的一方成立家庭）相对而言的，是指华人在祖籍地有一个家庭，在移居地又成立一个家庭⑤。

2. 组织结构

移民社会产生后，会形成一定的以血缘、亲缘和地缘关系为纽带的社会组织。移民社会的组织结构具有明显的民间性，特别是在移民社会形成的早期阶段。此时，基于血缘、亲缘和地缘关系结合起来的同乡会和帮会

221

① 杨国桢、郑甫弘、孙谦：《明清中国沿海社会与海外移民》，北京：高等教育出版社，1997年，第 136 页。
② 曾少聪：《东洋航海移民：明清海洋移民台湾与菲律宾的比较研究》，南昌：江西高校出版社，1998 年，第 116 页。
③ 李德元：《明清中国国内的海洋移民》，博士学位论文，厦门大学，2004 年，第 147 页。
④ 杜伟：《二战前日本移民与加利福尼亚农业》，《世界民族》2009 年第 4 期。
⑤ 曾少聪：《闽南地区的海洋民俗》，《中国社会经济史研究》1999 年第 4 期。

等民间团体和社会自组织登上历史舞台，在移民社会的运行和发展中发挥着重要功能，而官方组织管理相对薄弱。

首先，以血缘为纽带的传统社会组织发挥了重要功能。其中，宗族组织是中国传统社会的一大特色。在传统社会，"皇权不下县"，宗族组织和乡绅在社会治理中发挥着重要作用。在海洋移民过程中，同姓移民共迁一地的情形比较普遍。在此过程中，除了人口的迁移，他们往往还将宗族组织或者其相应的功能带到移民地，使之得以继续扮演重要角色，并影响着移民社会的构建与运行。

其次，以地缘为基础形成的社会组织影响着移民社会的运行与发展。在南洋地区，中国海外移民创立了很多同乡会馆。在移民迁入早期，当地就出现了以互助为目的的合作团体，马六甲的青云亭、槟榔屿的广福宫、新加坡的天福宫都是不分籍贯的华人互助机构。随着海洋移民数量的增加，来自同一省份、府县、方言区的同乡会馆的重要性日益凸显，使华人社会的人口分布逐步呈现强烈的地缘色彩①。在台湾，移民社会最初也基本都以宗族为纽带，组织移民赴台和集中进行垦荒，以便于生存、垦荒和打开局面。然而，随着移民活动的快速增加，他们不再依赖血缘和宗族关系，而是主要通过同乡关系结伴抵达台湾，然后又通过同乡的介绍和指引到同一地区共同开垦。定居之后，为了扩大经营范围和保卫生产成果，他们又需要联合和组织起来。因此，祖籍地缘关系很快替代了血缘关系。这种移民社会所特有的祖籍地缘关系，成为台湾族群矛盾的由来，一直在社会演变过程中发生作用，并或多或少地影响着政局的演变②。由此，以地缘关系为基础的民间组织影响着不同移民聚居地之间的矛盾冲突及其调节。

最后，民间帮会组织对中国的海外移民社会具有特殊意义。"由于海外移民所操方言及移出地区的显著文化差异使得中国移民到海外各地之后几乎都形成了基本上以方言、地域为背景的'帮'，诸如福建帮、潮州帮、广府帮、客家帮、琼州帮和三江帮等，福建帮甚至又有福州帮、闽南帮、兴华帮等，这些帮会成为各地中国移民社会最基本的社区组织。这种发展与

---

① 刘平：《下南洋：晚清海外移民的辛酸历程》，《中国文化报》2010 年 8 月 24 日。
② 佚名：《渡海移民的艰辛》，http://news.xinhuanet.com/tai_gang_ao/2006-04/04/content_4380906_4.htm，最后访问日期：2012 年 10 月 10 日。

海外移民社会同步演进，成为中国移民社会发展的最重要标志。"① 除此之外，还有很多秘密会党。研究表明，"早在 1799 年，槟榔屿当局已发现华人会党（私会党）的存在，后来会党在东南亚各地势力急剧膨胀，成为影响当地政治的重要力量。在早期华人社会中，会党在一定程度上充当着保护人的角色。在华工贸易中，私会党大多充当'猪仔头'角色，其势力还遍布赌场、妓院、烟馆等场所。私会党内部派系林立，经常发生械斗事件。到 20 世纪 20 年代，会党遭到取缔，逐渐转入地下活动"②。在趋海型的海洋移民中，虽然政府管理体系介入较早，但是以帮会等为代表的民间组织管理体系也比较发达。当然，帮会林立现象也导致了诸如械斗等恶性的社会冲突，也反映移民社会内部的社会分层与流动格局。社会学家怀特的《街角社会：一个意大利贫民区的社会结构》③，就深入研究了一个意裔移民贫民区的社会结构，揭示了街角帮内部的等级结构，以及街角帮与非法团伙、政治家和警察的互动规则。

3. 职业结构

在移民社会的形成和发展初期，其共同体内部的职业结构比较单一，而后逐渐发展趋于多元化。在趋海型的移民社会中，早期的职业构成以渔业为主，兼顾其他。对于海外移民社会而言，最初的职业构成以小商业（商贩）和手工匠业为主，而后拓展到种植业、采矿业、运输业、服务业以及其他行业。

相关研究发现，中国海外移民社会形成早期，已经形成了明显的职业特色和职业体系。其中，他们从事最多的是商贩和各类手工匠业，而且城乡华民商贩已经构成一种特殊的商业行销网络，不仅连接各个华民社区，也向土著社会延伸。同时，商贩和各种手工行业，如木匠、鞋匠、衣匠、油漆匠、银匠、蜡烛匠等组成了跨职业的亦工亦商的华民制销模式，这种模式成为海外移民社会长期普遍存在的传统职业模式④。"18 世纪以后，中国移民的职业有所变化，行业结构向种植业、采矿业等横向延展……并出

---

① 杨国桢、郑甫弘、孙谦：《明清中国沿海社会与海外移民》，北京：高等教育出版社，1997年，第 42 页。

② 刘平：《下南洋：晚清海外移民的辛酸历程》，《中国文化报》2010 年 8 月 24 日。

③ 怀特：《街角社会：一个意大利贫民区的社会结构》，黄育馥译，北京：商务印书馆，1994年。

④ 杨国桢、郑甫弘、孙谦：《明清中国沿海社会与海外移民》，北京：高等教育出版社，1997年，第 43～44 页。

现行业社会的发展趋势。有的地区如在不哇巴达维亚的中国移民社会，种植业已占据最主要的地位，其次才是商贩和手工工业。尽管如此，种植业社会的发展与华民其他行业依然密切相关，如爪哇种植业系于不哇华民庶糖业的发展，婆罗洲华民种植业则因于华民采矿业的发展，因此，海外移民社会中各种职业之间有一定的依存关系"①。简言之，移民社会的职业结构经历了由简单到复杂的转变，各种职业之间存在较强的依存或依赖关系。

4. 聚居结构

海洋移民往往基于血缘和地缘关系而形成聚居结构。一般而言，北美移民按照祖籍聚居在一起。1763 年前后，英国人多数住在从东海岸到密西西比河之间辽阔的草原上，荷兰人则住在赫德森河沿岸，瑞典人和芬兰人住在新瑞德、特拉华河一带，法国人则住在俄亥俄河流域。在一些城市，还存在诸如"小华沙""小意大利"等聚居区②。在中国的长三角和珠三角，移民们也发展了很多类似的村落。据统计，深圳聚居千人以上暂住人口的自然村有 290 个，达 640 多万人。属于"同乡村"概念的群体有 643 个，近 200 万人。其中聚居人数 3000 至 6000 的达 140 个，人口超过 55 万；万人以上的"同乡村"有 15 个，人口达 23 万人③。时至今日，在中国的沿海城市，仍有很多诸如此类的村落。比如，"河南村""安徽村""新疆村""湖南村""四川村""贵州村""广西村"，等等。这种聚居结构有其内在的合理性，移民可以借此寻求安全感与社会资源。同时，这种聚居结构也便于移民寻找共同的话语体系。

来自同一地区的移民，常常利用相同的信仰加强联系。李德元的研究发现，抵达台湾的移民，不但把家乡的住宅样式、岁时风俗和婚丧礼仪带过去，而且把家乡的民间神祇也请进移居地。这些形形色色的乡土保护神，不但是移民迁移中的精神支柱，而且也是移民加强联系的一种途径。现在，留存于各移民地的寺庙，很多都是移民以地缘和血缘关系为纽带而建立起来的，供奉了很多神灵④。移民所携带的常俗文化，包括形成社会基本细胞

① 杨国桢、郑甫弘、孙谦：《明清中国沿海社会与海外移民》，北京：高等教育出版社，1997年，第 44 页。
② 陈孔立：《清代台湾移民社会研究》，厦门：厦门大学出版社，1990 年，第 20 页。
③ 胡武贤、林楠、许喜文：《农村劳动力转移的社会负面效应及其消解》，《江西社会科学》2006 年第 12 期。
④ 李德元：《明清中国国内的海洋移民》，博士学位论文，厦门大学，2004 年，第 155～156 页。

和底层组织的"家庭—家族—宗族"观念和结构，整个社会和人际关系的民间习俗和调节人神关系的宗教信仰，它构成了社会底层的精神基础①。

5. 社会网络结构

格雷佛斯等人认为，国际移民"在适应周围环境时，个人会有不同的资源可供使用，其中有他们自身的资源、核心家庭的资源、扩大家庭的资源甚至邻居朋友的资源，或更宽广的社会资源……在依赖族人的策略中移民是利用核心家庭以外的亲戚资源以适应环境；依赖同辈的策略则运用同辈及相同社会背景的人的资源进行调适；依赖自己的策略则依靠自己及核心家庭或外界非人情关系的组织资源"②。对于海洋移民而言，拥有什么样的社会网络资源，往往决定了他们在移民社会内部的社会生活状态、满意度以及幸福感。

在历史上，中国沿海地区商业贸易就比较发达，沿海民众在很久以前就与海岛和海外有着密切的贸易往来。发达的商业不仅造就了沿海人民浓厚的经商意识和观念，而且使沿海人民与海岛和海外形成了特定的社会关系和结构。一旦发现移民地有钱可赚，就写信或派人回家，把亲戚朋友、左邻右舍都带出来，呼朋引伴，形成一个个"移民链条"。很多移民的村落就是这样聚集起来的③。由此可见，社会网络是移民社会形成的重要载体，也是移民进行社会互动的媒介。这种"移民链条"和社会关系网络也是移民的社会资本。

在移民社会内部，海洋移民需要在身份认同、语言认同以及文化适应等方面寻求资源和援助。那些基于移民国外生活描述所形成的移民文学，就生动地展现了移民通过社会网络结构解决困难的情形。此外，诸如《北京人在纽约》这样的影视剧，也展示了移民群体社会与文化适应方面的问题。移民的社会网络结构是依靠族人和同辈群体构建起来的，其中既有"强关系"，也有"弱关系"。这个网络结构既是他们聚居在一起的纽带，也是他们进行情感交流、互助互济的重要媒介。特别是当他们刚刚迁到移民地的时候，面临着"人生地不熟"的境遇，这时，社会网络结构就成为他

225

① 刘登翰：《中华文化与闽台社会》，福州：福建人民出版社，2002 年，第 111 页。
② 转引自徐华炳、奚从清《理论构建与移民服务并进：中国移民研究 30 年述评》，《江海学刊》2010 年第 5 期。
③ 李德元：《明清中国国内的海洋移民》，博士学位论文，厦门大学，2004 年，第 148~149页。

们的精神寄托。他们借此抵御灾害、抗拒其他群体的骚扰和欺侮。此外，教会为华人华侨提供了很强的社会支持网络，很多的信息包括住房、就业机会等就是由其提供的。总之，社会网络结构为海外移民的生存和发展提供了精神支撑和群体认同的媒介。

（四）移民社会的转型

移民社会是个过渡形态，随着时间的推移会逐渐趋于解体，向定居社会发展。移民社会转变为定居社会是一个自然的过程，"是移民社会的各个特点逐渐削弱而为定居社会的特点所取代的过程"[①]。

对中国而言，清末海外移民规模的扩大、经济力量的显著成长、组织机构的一体化趋势以及对民族文化认同的强烈要求，标志着华侨社会已逐渐臻于成熟。在此后的半个世纪即 20 世纪 50 年代以前，华侨社会得到了充分发展，步入兴盛与繁荣的阶段。20 世纪 50 年代以后，国际政治秩序的变动导致华侨社会的转型，逐渐失去"侨民社会"的色彩，当地化趋势日渐明显，最终融入当地社会，并成为当地社会不可分割的组成部分[②]。陈孔立在对台湾移民社会的研究中发现，从移民社会到定居社会的主要变化有两个方面。一是居民由移民为主转变为以移民的后裔为主，人口增长以移入增长为主转变为以自然增长为主。二是社会结构由以不同祖籍的地缘关系组合为主，转变为以宗族关系组合为主[③]。一般而言，经过四代，移民的祖籍地特征就会逐步融入当地的土著社会。而向定居社会转型后，以祖籍地的血缘和地缘关系为基础的联系纽带则开始淡化。

目前，既有的社会网络和结构已经形成和成熟，海洋移民已经很难再形成新的、独立的区域性共同体。换句话说，已经很难再形成新的移民社会，移民一般只能融入既有的社会结构圈之内。

① 陈孔立：《清代台湾移民社会研究》，厦门：厦门大学出版社，1990 年，第 51 页。
② 杨国桢、郑甫弘、孙谦：《明清中国沿海社会与海外移民》，北京：高等教育出版社，1997 年，第 46~47 页。
③ 陈孔立：《清代台湾移民社会研究》，厦门：厦门大学出版社，1990 年，第 28 页。

第七章　海洋社会问题

海洋社会问题是海洋社会学的基本研究内容。在某种程度上，正是海洋社会问题的凸显，彰显了海洋社会学这门新兴学科的现实价值。在"人类向海洋进军"和人类海洋开发实践活动不断深入的背景下，海洋社会问题正以越来越多的形式表现出来。本章在阐述海洋社会问题含义的基础上，重点分析三大热点问题，即海洋"三渔"问题、海洋环境问题和海洋权益问题。

一　海洋社会问题的含义

社会学家对社会问题一直有着强烈的理论关怀和现实关照。作为社会学的一门分支学科，海洋社会学需要对海洋社会问题保持高度的敏感性。就现实层面而言，海洋社会问题的表现形式越来越多样、社会影响越来越深刻。

（一）海洋社会问题的概念界定

社会学有研究社会问题的传统。奥古斯特·孔德（August Comte）在创立社会学阶段，就试图通过社会学解决现代资本主义中的社会问题，进而构建良性的社会秩序。由于社会问题往往和社会解组、社会失调和社会病态相联系，因此，社会学家常被称作"社会医生"，其使命在于为社会把脉，给社会"看病"，并给出"药方"。由此可见，社会问题在社会学研究中占据着重要位置。

在社会学中，社会问题是有特定所指的。米尔斯在《社会学的想象力》中对"环境中的个人困扰"和"社会结构中的公众论题"的阐述，为理解社会问题提供了重要切入点。他指出，个人困扰是桩私人事务，而公众论题涉及的事情则远远超越了个人的局部环境和内心世界，是件公共事务。

而这个区分是社会学想象力的基本工具①。很明显，社会学中的社会问题是"公众议题"，而不同于"个人困扰"。一般认为，社会问题必须具有以下四个要素。（1）必须有一种或数种社会现象产生失调情况；（2）这种失调影响了许多人的社会生活；（3）这种失调引起了社会多数成员的注意；（4）这种失调必须运用社会力量才能予以解决②。这四个要素是界定一个问题能否构成或能否成为社会问题的基本标准。社会问题有广义与狭义之分。广义层面泛指一切与社会生活有关的问题，狭义层面特指社会的病态或失调现象，即在社会运行中，由于存在某些使社会结构和社会环境失调的障碍因素，影响社会全体成员或部分成员的共同生活，对社会正常秩序甚至社会运行安全构成一定威胁，需要动员社会力量进行干预的社会现象③。通常情况下，社会问题主要是狭义层面的社会问题，即特指社会的病态或失调现象。

海洋社会问题是海洋社会学的基本研究内容。在某种程度上，正是海洋社会问题的存在及其日益显性化，才凸显了海洋社会学这门学科的现实价值。张开城等人认为，海洋社会问题指的是，在海洋社会运行过程中存在某些使社会结构和社会环境失调的障碍因素，对海洋社会正常秩序和海洋社会运行安全构成一定威胁，影响社会成员的共同生活，需要动员社会力量进行干预的社会现象④。本书对海洋社会问题的界定同样遵循了"社会运行论"的框架，但强调人类海洋开发实践活动这一重要变量。由此，我们认为，所谓海洋社会问题是在人类的海洋开发实践活动中产生的社会问题，它影响了社会的良性运行与协调发展，产生了广泛而深刻的社会效应，引起了社会舆论乃至国家层面的广泛关注，需要动员社会力量才能加以解决。从根源上说，海洋社会问题的出现源于人类盲目的、不合理的以及过度的海洋开发实践活动及其所导致的"张力"。

理解海洋社会问题，需要具备"社会学的想象力"。首先，需要运用社会学的理论思维看待海洋社会问题，这就要求我们在理解以及阐述海洋社

① 赖特·米尔斯：《社会学的想象力》，陈强、张永强译，北京：三联书店，2001年，第6~7页。
② 郑杭生主编《社会学概论新修（第三版）》，北京：中国人民大学出版社，2003年，第359页。
③ 郑杭生主编《社会学概论新修（第三版）》，北京：中国人民大学出版社，2003年，第358页。
④ 张开城等：《海洋社会学概论》，北京：海洋出版社，2010年，第67页。

会问题方面遵循社会学的理论旨趣。其次，我们需要将海洋社会问题放置在宏大的社会变迁与历史视野中加以考察，如果就海洋社会问题而论海洋社会问题，必然显得肤浅甚至失之偏颇。比如，研究中国的海洋社会问题，需要考虑到当前的社会转型、体制转轨、海洋开发热潮等宏大社会因素。而诸如南海权益等特定的海洋社会问题，还需要将之放置到"民族—国家"的框架及其利益博弈的大舞台中进行分析。

（二）海洋社会问题的基本特征

海洋社会问题具有其本身固有的基本特征，这些特征主要表现在社会性、破坏性、集群性、频发性以及复杂性五个方面。

1. 社会性

海洋社会问题的产生，不是单纯的技术或经济等因素导致的，而是由包括社会、文化、习俗、宗教、制度、价值观念等一系列社会因素在内的综合因素共同作用的结果。从根源上说，海洋社会问题的白热化，源于人类盲目的、过度的海洋开发实践活动，是人类对海洋的无限需求和海洋资源有限供给之间的现实矛盾所致。

海洋问题具有显著的社会性特征。庞玉珍认为，"随着现代化的进程的加快和人类海洋开发实践活动的深入，海洋问题越来越突出。海洋问题不仅仅表现在物理层面的海洋环境的破坏和污染的治理等方面，更重要的是海洋问题与人类的社会经济活动和人类生活密切相关，因而它们同时又具有重要的社会特征，甚至有些海洋问题已经成为重要的社会问题"[1]。在现代社会，国际社会秩序中的非稳定性因素也成为海洋社会问题产生的导火索。2008 年以来，索马里海盗问题突破了特定的区域空间，成为国际社会广泛关注的问题。而索马里海盗问题并不是单纯的海运安全问题，同样是政治、经济、宗教、历史等复杂社会因素综合作用的产物。相关研究指出，这一问题是索马里 20 年来政治乱局的缩影，也是索马里连年内战、民生凋敝的直接后果。究其历史根源，则是索马里民族构建和国家构建进程的失败。部族社会分裂使索马里民族构建水平低，社会整合程度低。此外，殖民统治的遗产，军阀、部族和政治伊斯兰等多股力量的此消彼长和彼此冲

---

① 庞玉珍：《海洋社会学：海洋问题的社会学阐释》，《中国海洋大学学报（社会科学版）》2004 年第 6 期。

突，使索马里民族构建和国家构建进程举步维艰①。由此可见，局部社会秩序的失控导致了海洋社会问题的产生，并由此引发了更大范围内的社会问题。同时，索马里海盗问题的解决，也已经不仅仅是该区域的问题，而是需要国际社会共同努力加以应对。此外，只有贫困、难民、宗教和政治纷争等诸多问题得到妥善解决之后，索马里海盗问题才可能得到根本解决。

海洋社会问题的社会性特征要求研究者秉持"社会学的想象力"，从宏观的国家视角、社会结构以及纵向的历史进程中深入探讨海洋社会问题的产生根源，所导致的社会后果以及治理之道。

2. 破坏性

海洋社会问题的破坏性，指的是它所产生的一系列的负面效应，特别是对社会的良性运行和协调发展所产生的破坏性影响。

海洋社会问题很多，不管是何种类型，都具有一定的破坏性。比如，2008 年以来，索马里海盗问已经成为国际社会广泛关注的热点问题。索马里海盗在亚丁湾海域大肆劫持商船，勒索大笔赎金。据统计，2008～2010年获取的赎金总额近 1 亿美元，造成的间接损失则高达 130 亿至 160 亿美元。国际社会在亚丁湾海域开展了大规模反海盗和护航行动，但收效甚微，海盗活动至今依然猖獗，已成为威胁国际海运安全的一大顽疾②。索马里海盗不仅威胁船员的人身、财产安全以及航运安全，也影响国际关系格局。再比如，海洋环境问题的破坏性同样很大。国家海洋局发布的信息显示：2011 年我国沿海共发生赤潮 55 次，累计面积 6076 平方公里。其中，渤海13 次，累计面积 217 平方公里；黄海 8 次，累计面积 4242 平方公里；东海23 次，累计面积 1427 平方公里；南海 11 次，累计面积 190 平方公里，因灾直接经济损失 325 万元③。海洋污染不仅会造成经济损失，还会对人体健康乃至生命造成严重威胁。比如，1988 年，因食用启东海域被甲肝病毒污染的毛蚶，仅上海一地就有 41 万人患病，严重损害了民众健康，并造成了恶劣的社会影响。调查结果表明，甲肝病毒来源于未经处理的粪便，由此引

---

① 丁隆：《索马里海盗是从哪来的？——探析索马里海盗问题的历史根源》，《光明日报》2011 年 9 月 15 日。

② 丁隆：《索马里海盗是从哪来的？——探析索马里海盗问题的历史根源》，《光明日报》2011 年 9 月 15 日。

③ 国家海洋局：《2011 年中国海洋灾害公报》，http://www.soa.gov.cn/soa/hygbml/zhgb/eleve/webinfo/2012/07/1341188579652697.htm，最后访问日期：2012 年 9 月 1 日。

发启东毛蚶渔场封锁、禁捕、禁销。至今禁令未消，每年经济损失数千万元①。表面上看，海洋社会问题的破坏性体现在特定的海洋空间，但影响范围会波及更大范围的陆域社会，甚至会影响国际社会的安定有序。

3. 集群性

海洋社会问题的集群性指的是，海洋社会问题往往不是独立出现，而是与其他社会问题相互交织在一起共同出现。此外，就其所产生的社会影响而言，往往也具有集群性。

当前，海洋社会问题已经呈现集中爆发态势。以海洋环境问题为例进行说明。与20世纪80年代初相比，中国海洋环境问题在类型、规模、结构、性质等方面都发生了深刻的变化。环境、生态、灾害和资源四大问题共存，并且相互叠加、相互影响，呈现异于发达国家传统的海洋生态环境问题特征，表现出明显的系统性、区域性和复合性②。当前，海洋生态系统已经遭受了严重破坏，任何一起海洋环境突发事件的发生，都会导致连锁反应。比如，海洋溢油事件的影响范围并不仅仅表现在单纯的经济损失和生态破坏，还体现在广泛的社会效应。墨西哥湾溢油事件发生后，不仅影响了墨西哥湾的生物多样性、沿岸渔业和旅游业、沿岸民众的身体健康，而且影响到了美国的能源政策、全球保险和再保险市场，此外，它还对英国石油公司和英国在美投资业以及美国与英国的政治关系产生了深刻影响③。近年来，中国海洋溢油事件频频发生，其中2011年的渤海溢油事件同样对海洋生态系统、渔业经济、环渤海城市的旅游经济乃至"国家—社会"关系产生了广泛而复杂的影响，它所产生的生态破坏与社会影响至今依然存在④。总之，海洋社会问题一经产生，所造成的影响往往都具有系统性和集群性，而这种特征又加剧了海洋社会问题治理的难度。

4. 频发性

随着人类海洋开发能力的提升以及不同国家和地区在海洋资源等方面

① 李珠江、朱坚真：《21世纪中国海洋经济发展战略》，北京：经济科学出版社，2007年，第286页。

② 张斌键、杨璇：《七大生态问题突显 环境形势不容乐观》，《中国海洋报》2011年6月3日。

③ 刘家沂主编《海洋生态损害的国家索赔法律机制与国际溢油案例研究》，北京：海洋出版社，2010年，第202~205页。

④ 陈涛：《渤海溢油事件的社会影响研究》，《中国海洋大学学报（社会科学版）》2013年第5期。

争夺的白热化，导致海洋社会问题具有明显的频发性特征。

我们以海洋污染事件为例，对此加以说明和解释。自 20 世纪 90 年代末以来，中国近海的赤潮、绿潮、水母旺发等灾害性生态异常现象频频出现。在赤潮方面，2000 年以来，无论是发生频次还是涉及海域面积，中国的赤潮灾害都在骤增。从多年的趋势上看，赤潮的发生有从局部海域向全部近岸海域扩展的趋势①。频发的海洋污染事件导致物种单一化问题日趋严峻，进而加剧了所谓的"海洋荒漠化"。随着人类对海洋资源争夺的加剧，包括海洋污染在内的社会问题更加严峻，这也给海洋社会问题的治理带来了更多的挑战。

5. 复杂性

海洋社会问题具有复杂性特征。这种复杂性表现在海洋社会问题的形成原因、表现形式以及解决进程等多个维度。

首先，海洋社会问题的成因是复杂的。海洋社会问题往往涉及政治、经济、文化、宗教、历史、军事等诸多因素。比如，南海问题就涉及地理、民族、历史、经济、资源、文化和地缘政治等多样而复杂的因素。而美国的"重返亚太"战略使得南海问题的解决充满了更多的不确定性。其次，海洋社会问题的表现形式是复杂的。海洋社会问题表现为海洋走私、海上恐怖主义、海洋权益、海洋污染等诸多具体问题，而这些问题往往不是单一地存在，而是常常交织在一起。比如，南海问题的核心是南海周边的"六国七方"有关南海岛礁归属和海域划分上的分歧和争端，但也涉及海洋生态、海洋资源和海洋安全等问题。而且，无论是"六国七方"中的中国大陆、中国台湾、越南、马来西亚、印度尼西亚、文莱还是菲律宾，都既有自己的核心价值诉求，也有其他利益诉求。最后，解决进程具有复杂性。以渤海环境治理为例进行说明。相关统计数据表明，近 30 年来，仅在国家层面上的渤海治理计划就多达数次，但效果均不理想。渤海所遭遇的污染问题在 1982 年的《渤海、黄海近海水污染状况和趋势》中就已经全部提及，但最终未能落实。2000 年 8 月，国家海洋局制定的"渤海综合整治规划（2001~2015）"立项失败。2001 年 10 月，原国家环保总局一份计划投资 555 亿元、为期 15 年（2001~2015）的《渤海碧海行动计划》出台，并

---

① 张斌键、杨璇：《七大生态问题突显　环境形势不容乐观》，《中国海洋报》2011 年 6 月 3 日。

很快就获得国务院批准。但到了 2004 年，时任原国家环保总局局长的解振华通过新闻发布会表示，《渤海碧海行动计划》因为资金渠道不畅，项目进展缓慢①。可见，海洋社会问题一旦产生，其解决往往都需要一个较长的时间，而这绝不仅仅是国家重视、政府支持、技术研发以及资金投入等因素在短期内就能解决的。

德国社会学家乌尔里希·贝克认为，现代社会是一个风险社会（risk society）②。风险社会的突出特征表现在两个方面：一是具有不断扩散的人为不确定性逻辑；二是导致了现有社会结构、制度以及关系向更加复杂、偶然和分裂状态转变③。在现代社会，风险的不确定性，增加了海洋社会问题治理的复杂性。

233

二　海洋"三渔"问题

所谓海洋"三渔"问题，即是海洋渔业、渔村和渔民问题。据统计，我国有近 1 万个渔业村，450 多万个渔业户，2000 多万渔业人口，1300 万渔业从业劳动力，遍布沿海各省市。在海洋大省，涉渔人口在总人口中所占比重相当高。比如，广东省涉渔人口 950 万，占全省总人口的 1/10④。海洋"三渔"问题是在与"三农"问题的比较框架下形成的，但相比"三农"问题在国家政治经济生活中的重要性而言，海洋"三渔"问题似乎还没有得到足够重视。海洋"三渔"之所以成为社会问题，是政策、经济、社会、环境等多重因素综合作用的结果，其本质还是"发展"问题，表现为海洋渔业如何为继、渔民如何生存以及渔村以何种方式变迁。

（一）海洋渔业的转型⑤

据联合国粮农组织（FAO）2005 年估算，世界主要鱼类资源76%已被

---

① 邵好：《渤海生态忧思》，《经济导报》2011 年 8 月 15 日。
② 乌尔里希·贝克：《世界风险社会》，吴英姿、孙淑敏译，南京：南京大学出版社，2004年。
③ 张义祯：《风险社会与和谐社会》，《学习时报》2005 年 8 月 22 日。
④ 韩立民、任广艳、秦宏：《"三渔"问题的基本内涵及其特殊性》，《农业经济问题》2007年第 6 期。
⑤ 本部分内容参见陈涛《海洋渔业转型路径的社会学分析》，《南京工业大学学报（社会科学版）》2012 年第 4 期。

充分利用、过度捕捞或已消耗殆尽，海洋鱼类的捕捞已经达到或超过了鱼类最大生产力。美国的渔业资源遭遇着同样的困境。据统计，美国 267 种主要鱼类中（占上岸总量的 99%），20%～30% 或已过度捕捞，或正经历着过度捕捞和接近过度捕捞①。联合国环境规划署发表报告指出，由于海洋污染、气候变化以及过度捕捞，到 2050 年左右，全球几乎所有海域的捕捞数量都将随着渔业资源的减少而下降②。就我国而言，我国海洋生物种类达 2 万多种，海产鱼类 1700 种以上，产量较多的鱼类 200 余种，渔场面积 281 万平方公里③。但目前，海洋渔业资源严重退化，可持续发展面临严重困境，资源环境压力日益突出，海洋渔业亟待转型。

1. 由捕捞向养殖转型

中国有着悠久的海洋捕捞历史。历史上，沿海渔民不但"靠海吃海"，而且"以海为田"。到了现代社会，强大的捕捞能力与脆弱的渔业资源矛盾日益尖锐，过度捕捞问题日益突出。李家才和陈工认为，所谓海洋渔业过度捕捞，指的是渔业捕捞力度（fishing effort）超出合理水平，导致鱼类种群退化、渔获物质量下降、捕捞成本提高和渔民贫困等后果。过度捕捞表现为渔民过度投资渔船、渔网和其他捕鱼设备，以及延长捕鱼作业时间，即表现为"太多的渔船追逐太少的鱼"④。当前，大多数的著名渔场都因过度捕捞而面临资源危机，有的甚至到了难以为继的地步。

《中国海洋发展报告（2010）》比较系统地梳理了过度捕捞对海洋生态系统的负面影响，主要包括：（1）过度捕捞影响了掠食鱼—被食鱼之间的数量关系，会导致渔区物种数量结构的永久性变化；（2）过度捕捞导致大型鱼种普遍成长慢、成熟晚，对这类鱼种的捕捞除了改变鱼种数量甚至导致鱼种灭绝，还会导致幼鱼性早熟和鱼种总体变小；（3）过度捕捞导致很多非目标鱼种以副渔食物的形式被捕捞并遗弃；（4）选择性捕捞，可以改

---

① 石莉、林绍花、吴克勤：《美国海洋问题研究》，北京：海洋出版社，2011 年，第 113 页。

② 国家海洋局海洋发展战略研究所课题组编《中国海洋发展报告（2012）》，北京：海洋出版社，2012 年，第 15 页。

③ 欧阳宗书：《海上人家——海洋渔业经济与渔民社会》，南昌：江西高校出版社，1998 年，第 1 页。

④ 李家才、陈工：《海洋渔业过度捕捞与私人可转让配额》，《生态经济》2009 年第 4 期。

变目标鱼种性别比例，对海洋鱼类种群的遗传多样性产生巨大影响①。目前，过度捕捞已经使得昔日"出海去撒网、归来鱼满舱"的情景成为历史的记忆。我国近海海洋捕捞量已经连续多年处于"零增长"，比如，作为中国最大的渔场，舟山渔场由于过度捕捞等因素，面临的资源枯竭问题已经比较突出。和10多年前相比，近海渔业资源受到过度捕捞的影响很大，20世纪50年代的中国四大渔场（渤海渔场、舟山渔场、南海沿岸渔场和北部湾渔场）已经名不副实，面临严重的资源枯竭问题②。在此背景下，国家和渔民都在积极探索海洋渔业的转型之路。

在近海渔业资源枯竭压力不断上升的背景下，由捕捞向养殖转型成为海洋渔业发展的必由之路。需要说明的是，我国海洋养殖历史比较悠久。相关文献表明，我国在宋代就开始了海水养殖。到了明代，由于中央王朝实施了"海禁政策"，渔民在向海洋捕捞业发展道路上遇到巨大障碍的情况下，出现了向养殖业方向转型的势头，由此产生了海水养殖的兴盛③。改革开放之后，我国实施了"以养为主"的海洋渔业发展方针。1983年，国务院同意原农牧渔业部《关于发展海洋渔业若干问题的报告》，下发了《国务院批转农牧渔业部关于发展海洋渔业若干问题的报告的通知》，指出：海洋渔业的发展，必须从指导思想上扭转片面强调捕捞、忽视保护和增殖资源的偏向。要健全渔业法规，加强渔政管理，严格保护、合理利用和积极增殖近海渔业资源，大力发展养殖业，突破外海和远洋渔业④。由此，我国海洋养殖事业拉开新的帷幕。

随着海洋养殖业的发展，我国传统渔谚中的"耕三渔七"内涵已经发生了结构性变化。经过由"以捕为主"到"捕养结合"，再到"以养为主"的"三部曲"转型历程，我国渔业养殖产量已经超过捕捞产量，并且发展成为世界海洋渔业养殖大国。

2. 由粗放型养殖向生态型养殖转型

海洋渔业技术的革新和养殖产业的发展对缓解捕捞危机起到了重要作

235

---

① 国家海洋局海洋发展战略研究所课题组编《中国海洋发展报告（2010）》，北京：海洋出版社，2010年，第314页。

② 梁嘉琳、姜韩：《近海渔业资源衰退今年出海或现亏损》，《经济参考报》2012年9月24日。

③ 欧阳宗书：《海上人家——海洋渔业经济与渔民社会》，南昌：江西高校出版社，1998年，第75页。

④ 国务院：《国务院批转农牧渔业部关于发展海洋渔业若干问题的报告的通知》，《中华人民共和国国务院公报》1983年第18期。

用，但是，海洋养殖产业并不能包医百病，而且养殖业本身也出现了新问题，促使海洋养殖产业向新的方向转型。

首先，过度养殖问题。因为经济利益驱使，过度养殖几乎是沿海地区普遍面临的问题。过度养殖不但造成了海域污染，还导致水产品病变的集中爆发，其中的典型案例是福建的"白点病"事件。2007年10月下旬，福建省连江县岗屿养殖区爆发鱼类"白点病"，造成50多吨养殖鱼类死亡，经济损失1亿多元。"白点病"是海水鱼类养殖的常见病和多发病，也是水产病害中的难治病。事实上，岗屿海域原本是一片养殖条件优越的近海海域。近年来，养殖户以超过饱和养殖密度一倍多的规模在此"圈地"养殖，生态环境无法承受超密度之重，由此引发了包括"白点病"在内的诸多问题①。过度养殖和过度捕捞一样，其根源都是短视的市场意识和短期的经济行为，最终制约的是海洋渔业的可持续发展。

其次，养殖中的污染问题日益突出，粗放型的经营方式已经成为我国海洋渔业发展的瓶颈。在渔业养殖中，各种抗生素以及药物的滥用，不但污染了海洋，而且对海产品的质量和安全构成了威胁，由此引发了诸多食品安全事件。比如，2001年，我国出口欧盟的冷冻虾仁出现了"氯霉素"药物残留超标事件。而在"氯霉素事件"还没有彻底解决的情况下，江苏出口欧盟的淡水小龙虾、福建省出口欧洲的鳗鱼制品中又相继被查出氯霉素含量超标。在国内市场，因为渔业养殖中违规使用氯霉素、孔雀石绿、硝基呋喃类等违禁兽药而产生的"多宝鱼"事件，同样引发了消费者有关海产品药物残留超标问题的担忧。与此同时，国际贸易中的绿色壁垒和消费者食品安全意识的提高对海洋渔业提出了新要求。"十二五"是"加快转变经济发展方式的攻坚时期"，海洋渔业处于"转方式、调结构"的关键阶段，亟待由数量规模型向质量效益型转型。

可见，由海洋捕捞向海洋养殖的转型初步解决了海产品的数量供应问题，但不能保证质量，也不能从根本上解决海洋渔业的可持续发展问题。在此背景下，海洋渔业亟待新一轮的转型，即由粗放型养殖向生态型养殖的转型。目前，这种理念已经成为沿海地区推动海洋渔业转型升级的基本思路。海洋渔业的生态化转型，旨在实现经济效益与生态效益的双赢，实

---

① 涂洪长、来建强：《过度养殖招致生态"报复"——福建连江暴发大规模鱼类"白点病"事件反思》，《经济参考报》2007年11月22日。

现海洋渔业的结构优化。当前，沿海地区开始纷纷强调由一般养殖向精品养殖转变，并构建水产品育苗、养殖、加工、流通、消费等产业链监管格局，比如，山东荣成市提出了打造"中国生态渔业硅谷"的口号。在这一转型过程中，也有很多的社会和市场推动因素，因为在当前食品危机事件屡屡发生的背景下，生态食品开始成为消费者的普遍选择。可见，这种转型的背后事实上蕴藏着"生态资本"（ecological capital）。

在向生态养殖转型的过程中，生态养殖技术的革新及其推广和应用是十分关键的，但这也恰恰是难点所在。因为从技术发明主体到推广主体再到应用主体，操作者的文化水平呈现递减趋势，由此出现了先进的科技成果被束之高阁的现象。比如，我们在青岛调查发现，海洋渔业科技成果转化率并不高，甚至出现大量本地研发的生态养殖技术流失到外地的现象。而内陆区域有关河蟹产业由粗放型的"大养蟹"向生态型的"养大蟹"转型的研究表明，通过生态养殖技术推广体系的创新和技术社会适应性的提高，解决了技术推广的"最后一公里"难题，进而实现了肥水渔业向净水渔业的转型[1]。海洋养殖技术转化率不高，与当前海洋渔民的老龄化和低文化特征紧密相关。因此，如何根据技术的受众提高海洋养殖技术的社会适应性是解决这一问题的关键。

3. 由传统渔业向休闲渔业转型

20 世纪 60 年代，休闲渔业（leisure fishery）诞生在拉丁美洲的加勒比海地区。20 世纪 70～80 年代，在美国、加拿大、日本、欧洲以及中国台湾等社会经济和渔业发达的国家和地区，休闲渔业开始盛行。目前，休闲渔业在许多国家已成为一项重要的产业。比如，美国休闲渔业产值约为常规渔业的 3 倍以上，同时还极大地带动了相关产业发展[2]。在本质上，休闲渔业是顺应现代休闲生活方式，以海洋渔业活动为基础，将海洋渔业与旅游业进行有机结合的交叉产业。

近年来，我国积极借鉴国外休闲渔业发展的成功经验，大力发展这一新兴产业。比如，国家农业部渔业局在 2000 年渔业发展目标中明确提出

---

[1] 陈涛：《产业转型的社会逻辑——大公圩河蟹产业发展的社会学阐释》，北京：社会科学文献出版社，2014 年。

[2] 柴寿升、张佳佳：《美、日休闲渔业的发展模式对我国休闲渔业发展的启示》，《中国海洋大学学报（社会科学版）》2007 年第 1 期。

"要适应消费市场的变化，在有条件的地方积极发展休闲渔业"。2003 年，国务院《全国海洋经济发展规划纲要》提出，要把渔业资源增殖与休闲渔业结合起来，积极发展不同类型的休闲渔业①。在此背景下，垂钓渔业、观光渔业、渔家乐等渔业休闲活动在沿海地区逐渐活跃起来。当前，沿海地区纷纷整合当地的渔业资源，通过"文化搭台、经济唱戏"的形式，推动海洋休闲渔业发展，在促进渔业增效、渔民增收上取得显著成效。

目前，虽然我国海洋休闲渔业取得了较为快速的发展，但存在的问题也比较突出。就休闲渔业本身而言，如何延长产业链，破解季节性困境已经十分重要。2012 年 5 月，我们在青岛沿海渔村调查中发现，所谓的天后宫等场所除了旅游旺季相对繁荣外，其余绝大多数时间都是门可罗雀，其他的旅游场所包括射击场、棋牌室、游泳池也都显得十分萧条。因此，休闲渔业发展中必须注重系统性，延长产业链。而就休闲渔业发展中的社会性问题而言，有三个问题亟待解决。首先，不少地方的休闲渔业发展缺少科学的规划，由此导致休闲渔业的区域布局与功能分布不尽合理，管理不科学、不规范。其次，休闲渔业发展中的跟风和盲从现象普遍，由此导致大量的重复建设和雷同现象，休闲渔业发展缺少个性和品位，而低水平的竞争现象比较明显。最后，休闲渔业发展中过度重视经济效益现象非常普遍。目前，不少地区的休闲渔业发展中过于强调所谓的"领导指示"，所追求的主要是短期的经济效益。在经济和市场利润的刺激下，有些地方休闲渔业的发展甚至违背了渔业文化的历史传统。在某种程度上，这已经走向了休闲渔业的反面。

发展休闲渔业是海洋渔业发展的一个趋势，在政策领域和学术界已经达成共识，但我国休闲渔业的发展层次并不高，规模也不大，休闲渔业在发展进程中仍有很多的难题，这些难题解决得如何将决定传统渔业向休闲渔业转型的步伐。

4. 转产转业

国家在海洋渔业发展中的角色定位，经历了从"鼓励发展"到"限制发展"的转型过程。初期，政府站在解决几百万渔民的生产生活和所谓的"吃鱼难"问题的高度，积极鼓励发展海洋渔业捕捞与养殖。在此背景下，

---

① 曾玉荣、周琼：《台湾休闲渔业发展特色及其借鉴》，《福建农林大学学报（哲学社会科学版）》2012 年第 1 期。

"产量论"的思潮泛滥。但随着海洋资源环境条件的变化，国家开始进行有计划地"限制"。这里所限制的是海洋渔业的捕捞量以及海洋渔民数量，即促进渔民转产转业。

所谓"转产转业"是在捕捞能力不断膨胀和渔业资源日趋衰退的严峻情况下，为解决沿海渔民的就业和生存，保持渔区渔村的经济发展和社会稳定，由国家提出和倡导的鼓励捕捞渔民放弃捕捞作业，转移到海水养殖、水产加工、休闲渔业等其他渔业产业，或直接到非渔产业就业的行为，旨在达到渔民捕捞能力与可捕渔业资源的动态平衡[①]。海洋渔民转产转业涉及"民族—国家"范畴。因为《联合国海洋法公约》生效后，我国周边国家陆续宣布实施 200 海里专属经济区制度，对我国海洋渔业发展产生了深刻影响。自我国与周边国家签署《中日渔业协定》《中韩渔业协定》和《中越北部湾渔业协定》等一系列双边渔业协定以来，海洋渔民转产转业政策开始逐步实施。

经国务院批准，农业部在"八五"和"九五"期间，连续 10 年对全国海洋捕捞渔船船数和功率实行总量控制制度，并于 1999 年、2000 年分别实施了海洋捕捞"零增长"和"负增长"政策，进一步加大对海洋捕捞强度的控制力度。2003 年，农业部向沿海各省人民政府印发了《关于 2003 - 2010 年海洋捕捞渔船控制制度实施意见》，标志着中国海洋捕捞渔船船数和功率数从"九五"计划期间的"总量控制"阶段进入了"总量压减"的新阶段[②]。按照当时的规划，自 2002 年底到 2010 年底，全国需要减少 3 万艘近海捕捞渔船，30 万沿海专业捕捞渔民转产转业。为推进海洋渔民的转产转业工作，沿海地区纷纷加强转产转业渔民的培训工作。比如，青岛自 2004 年以来共培训转产转业渔民 4411 人，通过培训，每位渔民掌握了 1 ~ 2 门实用技术，80% 的渔民实现了再就业[③]。但是，整体而言，沿海渔民转产转业进程中有很多难题。一方面，我国沿海捕捞渔民总数没有明显减少，捕捞能力却在持续增加，过度捕捞的压力不降反增，出现了越减越多的局

① 宋立清：《中国渔民转产转业研究》，青岛：中国海洋大学出版社，2007 年，第 5 页。
② 郑卫东、娄小波、李欣：《中国沿海渔民转产转业的进展综述》，《中国渔业经济》2006 年第 2 期。
③ 数据来源于青岛市海洋与渔业局提供的《青岛市转产转业渔民培训情况汇报》，2012 年 4 月调查资料。

面①。另一方面，失海渔民的社会保障等问题亟待解决。

综合前述海洋渔业转型路径，其本质和主旨都在于促进海洋渔业的可持续发展，但也都不同程度地存在缺陷。在实际操作层面，上述四种转型路径并不是独立运行的，相反，往往是多种转型路径并存。在海洋渔业转型实践中，生态养殖、休闲渔业以及海洋渔民的转产转业往往并行不悖。海洋渔业转型具有系统性和复杂性特征。海洋渔业转型是一项系统工程，涉及政策供给、技术保障、动力机制以及社会文化因素等多个维度。目前，我国海洋渔业转型还面临很多的不确定性，海洋渔业转型还是一个"未完成时"。

（二）沿海渔村的社会变迁

"社会变迁"是表示一切社会现象，特别是社会结构发生变化的动态过程及其结果的范畴②。在沿海渔村的社会变迁中，就规模而言，属于局部变迁；就方向而言，属于社会进化论的变迁；就社会变迁的方式而言，一般属于渐进的社会变迁。本书通过渔村的城市化、工业化和匿名化维度对此予以考察。

1. 城市化进程加快

城市化（urbanization）也称都市化，一般而言，它指的是由以农业为主的传统村落社会逐渐向以工业和服务业为主的现代城市社会的转型过程。随着经济社会的发展，沿海渔村的城市化水平不断提高，很多传统的小渔村开始向都市化的方向发展。

海洋开发会加快城市化步伐甚至新兴都市的兴起。社会学家格拉姆林（Bob Gramling）和布拉班特（Sarah Brabant）对美国社会的研究提供了类似的研究结论。在20世纪70年代，美国西部新兴都市的兴起总是与能源开发紧密相关。这种新兴都市模式（boomtown model）的发展原理是：资源开发一般都是在偏远的乡村地区进行，开发所需要的大量劳动力远远超出了当地的供给能力，从而引发了大量的外来人口迁入，带动了诸如房屋、医疗、学校、公共救助机构事业的发展，从而提高了当地的税收增长，进而带动了经济发展，加快了当地由乡村社会向都市社会的转型步伐。这种发展模式后来被推广应用到其他相关的能源生产活动中，特别是近海石油和天然

---

① 宋立清：《中国渔民转产转业研究》，青岛：中国海洋大学出版社，2007年，第4页。

② 郑杭生：《社会学概论新修（第三版）》，北京：中国人民大学出版社，2003年，第321页。

气开发之中①。相关研究发现，自欧洲移民到美国起，仅仅 15 年时间，就有 25% 以上的土地从乡村转化为城市和市郊②。在我国，随着国家和沿海地区的海洋开发战略的相继实施，沿海渔村正发生着前所未有的变革。其中，城市化是这一变革进程中的典型特征，这不仅表现在渔村人口职业的转变、身份的转变和产业结构的转变，更表现在生活方式和价值理念的转变。而在城市化生活理念和思潮的影响之下，渔村传统的习俗文化和价值观念如何维护也已经成为一个重要的社会问题。

2. 工业化快速推进

改革开放以来，沿海渔村的工业化（industrialization）水平不断提升，工业就业人数在总就业人数中比重呈现持续上升的态势。随着城市化和工业化进程的加快，沿海渔村的产业结构已经发生了显著变化，工业和相应的市场贸易所占据的份额越来越大。

同春芬的《和谐渔村》一书，呈现了渤海之滨的一个渔业村——大连市后石村以当地基础条件为出发点，以发展工业企业为契机，坚持以集体经济为主体、多种经济体制共同发展的道路。研究表明，当地工业企业的发展壮大带动了渔村政治、经济、教育、文化、卫生等事业的综合发展③。这样的发展道路促进了渔村的快速发展，但我们也应该清醒地看到，伴随着工业产业向沿海集聚步伐的加快，印染、电镀等粗放型产业也在向沿海集聚。目前，很多渔村在工业化进程中，也面临着生态破坏和工业污染的压力。显然，粗放型的工业化模式不是渔村应有的发展之路。沿海渔村需要坚持工业化的发展方向，但不能盲从工业化道路。同时，当前的工业化必须坚持经济与环境协调发展的理念，走新型工业化道路。

3. 匿名化特征增强

费孝通在《乡土中国》中提出，中国传统社会是一个"熟人社会"，人们通过私人关系联系起来，构成了一张张的关系网。而在现代社会，这种熟人社会的特征正在逐渐弱化。在沿海渔村，虽然"熟人社会"还不同程度地存在，但这种特征已经大大弱化，与此相伴随的则是匿名化（anony-

---

① Bob Gramling & Sarah Brabant, "Boom Towns and Offshore Energy Impact Assessment-The Development of a Comprehensive Model", *Sociological Perspectives*, 1986, 29（2）: 177 – 201.

② Pew Oceans Commission 编《规划美国海洋事业的航程》，周秋麟、牛文生等译，北京：海洋出版社，2005 年，第 162 页。

③ 同春芬：《和谐渔村》，北京：社会科学文献出版社，2008 年。

mization）特征日渐增强。

在沿海渔村，这种匿名化特征主要表现在三个方面。首先，交往手段的数字化。在沿海渔村，虽然面对面的日常交往依然是生活的常态，但受信息社会和网络社会的影响，通过网络、手机等电子产品而产生的数字化交往更为丰富。这种交往方式的变革促进了渔村的社会发展，但也影响着渔村传统的社会关系。其次，生活空间的私密化。现代生活更强调自我的权利和隐私，随着城市化和工业化步伐的加快，渔村社会的私密化特征正在不断增强，而私密化的增强也加深了匿名化趋势。最后，随着旅游业等产业的发展以及工业化和城市化步伐的加快，外来人口逐渐增多。而这弱化了传统的熟人社会特征，在此背景下，契约变得日益重要，传统的维系社会运行的道德、舆论、风俗习惯等开始逐渐让位于法律和制度。

（三）海洋渔民的社会特征

与内陆农业从业者"老龄化""妇女化"和"低文化"等社会文化特征[1]相比较而言，海洋渔民群体存在明显的老龄化和低文化特征，但"妇女化"特征并不显著。此外，海洋渔民群体的社会分层与分化现象日趋明显。

1. 老龄化日益突出

国际社会一般将60岁以上人口占总人口的比例达10%，或者65岁以上人口占总人口的比重达7%，作为一个国家或地区进入老龄化社会的标准。当前，实际从事海洋渔业的渔民人口结构呈现越来越明显的老龄化特征。在有的渔村，从事捕捞作业的甚至都是50岁以上的渔民。与此形成鲜明对比的是，新生代继续从事海洋渔业的人口已经很少，而且还在继续地大幅下降。在此背景下，海洋渔业"后继无人"的问题显得日益突出。

这种现象的产生有着特定的社会原因。一是城市化的影响。沿海地区的城市化水平较高，城市化的生活方式对年轻人有着很强的影响力。同时，随着信息社会的发展，新生代普遍的职业选择是到城市谋生活。二是工业化的影响，沿海地区正在快速工业化的变革之中，即使是在渔村，各种工厂和相关产业也都在较快地发展。因此，很多年轻人不再向父辈那样继续到"海里"讨生活。三是由于海洋污染，近海渔业资源匮乏，而远洋捕捞存在风险，同时，国家也在实施海洋渔民的转产转业工程，这些都对渔民

---

① 陈涛：《生态技术的社会适应性——生态农业技术推广的社会文化观》，《广西民族大学学报（哲学社会科学版）》2011年第3期。

产生着广泛而深刻的影响。所以，对老一辈的渔民群体而言，他们也更加倾向于子代选择谋生他业，以便有更好的生活保障和发展空间。

2. 低文化日益严峻

海洋渔民的受教育年限较少，接受过高等教育的渔民更是少之又少，因此，他们的文化水平普遍较低。

当前，绝大多数渔民的文化水平都是初中及以下。比如，在浙江玉环县，97%的渔民文化程度在初中以下，大多数渔民只有海洋捕捞一种技能，且受自身素质限制很难掌握新谋生技能[1]。在青岛经济技术开发区，渔民群体中的高中生很少，初中生约占40%，小学以下文化程度的占到了50%[2]。较低的文化水平限制了渔民对新型养殖技术的理解和应用，也限制了他们新的谋生技能，进而限制了渔民的转产转业步伐。

3. 群体分化明朗化

随着海洋渔业的转型与沿海渔村的社会变迁，渔民内部的群体分层与分化现象日益明朗化。部分渔民通过资产重组等方式将海洋渔业做大做强，少数渔民在转产转业中实现了社会地位的向上流动，但也有很多渔民面临失海或者隐性失海以及缺乏社会保障等问题。笔者重点关注的是失海渔民群体和隐性失海渔民群体，这批渔民群体的数量比较大，而且还在不断增加。

中国文化中有着"靠山吃山、靠水吃水、靠海吃海"的悠久历史。在沿海渔村，渔民们常将海洋特别是近海滩涂比喻为"小银行"，由此可见，海洋之于渔民，就如同在土地之于农民，其举足轻重的意义不言而喻。但目前，渔民失海问题相当严峻，由此产生的失海渔民已经成为一个较为庞大的社会群体，引起了越来越大的社会关注。统计数据表明，中日、中韩渔业协定生效后，我国渔民失去了10万平方公里的渔场，此外，受限制的渔场还有26万平方公里。在此背景下，我国东部各省（市）约有2.5万艘渔船从传统作业渔场撤出，每年减少捕捞产量约120万吨，直接经济损失超过60亿元，仅山东省就失去了40%以上的传统"黄金"作业渔场[3]。而北部湾划界后，从北部湾传统渔场撤回的渔船达到5828艘，直接影响了广西

---

① 苏万明：《失海的渔民》，《珠江水运》2011年第9期。
② 宋立清：《中国渔民转产转业研究》，青岛：中国海洋大学出版社，2007年，第93页。
③ 宋立清：《中国渔民转产转业研究》，青岛：中国海洋大学出版社，2007年，第26～27页。

全区 4.67 万渔民的生计，涉及家庭人口 16.69 万人，并间接影响与海洋捕捞业相关的二、三产业就业人员共计 11.23 万人[①]。目前，渔民失海问题愈演愈烈，面临"要地没地、要海没海"的尴尬境地。由于传统的生计来源中断，失海渔民面临生活无着落的境地，他们生计艰难，有的甚至处于赤贫状态。

所谓"隐性失海"渔民群体，是指渔民还没有真正失海，但因为渔业捕捞或生产成本提高，捕捞效益下降，导致渔业生产和生活面临严峻困境。最近几年来，随着柴油、劳动力价格上涨，渔民作业成本快速上升，一些渔船出海打鱼经常亏本。由于渔船造价较高，一些船主亏本经营甚至折价卖船，从而背上沉重债务，生活陷入赤贫状态[②]。此外，海洋污染和渔业资源减少，也加剧了"隐性失海"问题，给渔民群体的生活带来了新的挑战。

三　海洋环境问题

美国、英国和加拿大等国家的科学家联合小组 2008 年公布的研究报告称：全球 41% 的公海已受到径流污染、过度捕捞、工业和石油钻机污染等影响。受人类活动很少影响或基本未受影响的海洋仅占全球海洋的 3.7%，主要分布在南极、北极附近[③]。可见，海洋环境问题已经是全球性问题。海洋环境的恶化不仅破坏了海洋生态系统，也影响了人类社会的可持续发展。

（一）环境问题与海洋环境问题

1. 环境问题

一般认为，环境是人类赖以生存和发展的自然条件和社会条件的总和，可以分为自然环境和社会环境两个部分。20 世纪 70 年代以来，环境问题日趋严峻，不仅导致了严重的经济损失，也严重威胁了人类社会的良性运行与协调发展。

环境问题包括两种类型，一是因自然演变和自然灾害引起的原生环境

---

① 苏万明、闫祥岭、张道生：《失海的渔民：贫富分化加剧部分陷入"赤贫"》，《经济参考报》2011 年 4 月 8 日。

② 苏万明、闫祥岭、张道生：《失海的渔民：贫富分化加剧部分陷入"赤贫"》，《经济参考报》2011 年 4 月 8 日。

③ 石莉、林绍花、吴克勤：《美国海洋问题研究》，北京：海洋出版社，2011 年，第 115 页。

问题，比如泥石流、山体滑坡，等等；二是因人类活动引起的次生环境问题，比如过度放牧引起的草原退化、过度捕捞引起的海洋资源匮乏，等等。一般情况下，社会科学研究的环境问题主要是指人类活动引发的次生环境问题。在社会学界，卡顿和邓拉普最早从学科意义层面系统地倡导并开展了环境问题的社会学研究。他们批判了自涂尔干以来社会学界流行的"一种社会事实只能用另外一种社会事实去解释"的传统范式，认为这种传统社会学所使用的"人类例外主义范式"（Human Exceptionalism Paradigm，简称 HEP）忽视了自然环境对人类生存和发展的制约，并据此提出了"新环境范式"（New Environmental Paradigm，简称 NEP），强调人类社会对于环境系统的依存性[①]。"HEP-NEP"范式的提出促使环境议题的社会学研究走向自觉，并由此促进了环境社会学这门社会学分支学科的产生。

自工业革命以来，人类活动不仅严重破坏了生态系统，也引起了自然环境对人类的报复。就国际社会而言，"八大环境公害事件"在短期内就造成了人群的大量发病和死亡。就我国而言，环境污染已经非常严峻。国家环保部数据显示，2009 年重金属污染事件致使 4035 人血铅超标、182 人镉超标，引发 32 起群体性事件[②]。与此同时，随着公众环境意识逐渐觉醒，环境抗争和环境运动逐步成为一个新的社会焦点问题，这一议题涉及环境风险在社会成员中的分配与公民环境权利的维护。

2. 海洋环境问题

海洋环境是环境系统中的基本要素之一。海洋不仅是生命的摇篮，也是地球生命系统的重要组成部分，因此，海洋环境的维护对保护全球生态环境具有举足轻重的意义，具体体现在两个方面。首先，海洋不仅是地球上一切生命的发源地，还拥有丰富的生物资源，是地球生物多样性最丰富的地区。其次，海洋处在地球的最低处，陆地上的各种物质，包括各种污染物质，最终都将归属海洋。由于海洋对进入其中的物质具有巨大的稀释、扩散、氧化、还原、生物降解能力（即海洋的净化能力），可以吸纳一定量的污染物质而不造成海洋环境的损害和破坏，因此，海洋是全球环境最大

---

① Catton, W. R. Jr. & Dunlap, R. E., "Environmental Sociology: A new Paradigm", *The American Sociologist*, 1978, 13（1）: 41 – 49; Catton, W. R. Jr. & Dunlap, R. E., "Paradigms, Theories, and the Primacy of the HEP-NEP Distinction", *The American Sociologist*, 1978, 13（4）: 256 – 259.

② 叶铁桥：《重污染事件频发》，《中国青年报》2012 年 2 月 1 日第 7 版。

的净化器①。当然，我们应该清楚地看到，海洋的自净能力是有限的，海洋环境问题之所以作为一个社会问题被提出来或曰建构起来，就是因为人类活动的影响强度已经远远超出海洋自身的自净能力。

海洋环境问题，主要指的是人为原因导致的海洋环境污染与生态破坏，包括诸如填海造地、海水养殖、海洋采砂、滨海旅游、海洋溢油等因素造成的环境问题。人为因素导致的海洋环境问题又可以分为两大类。一是人类将污染物质过量地排放到海洋，超出了海洋的自净能力，由此引发环境污染。比如，在20世纪90年代，美国每年向海洋排放的工业废物约占全世界的1/5，仅废水就达200多亿吨，其中含有浓度很高的氰化物、酚、砷、铅、铬以及放射性物质等有毒有害物质，造成近海严重污染。而且，沿岸49万公顷海滩上的贝类不能食用，海洋生物受害事件急剧增加②。另一类是由于盲目的、无度的海洋开发实践活动所造成的环境污染与生态破坏。当前，海洋开发中的污染事件也频频发生。

海洋环境问题的产生有着深刻的社会背景，海洋环境问题的建构过程有着深刻的社会机理，此外，海洋环境问题也会产生广泛的社会效应。因此，海洋环境治理，不仅需要自然科学的深入研究，而且需要包括社会学在内的社会科学的积极介入。

（二）海洋环境问题的产生与现状

从人类发展历史的维度看，只要海域附近或海上有人类活动，就会对海洋环境产生这样或那样的影响，就可能产生海洋环境问题。但是在长期的人类历史中，海洋环境问题并不严峻。这是因为人类对海洋环境的影响强度，处于生态系统的自净能力或承载范围之内。而到了工业社会，随着技术进步和人类活动的增强，人类活动对海洋环境的影响日渐增强，海洋环境问题由此成为社会问题。

就海洋环境发生显著变化的历史而言，主要是在自工业革命以来的200多年，特别是20世纪之后的100多年时间中。因而，海洋环境问题是一个"现代病"，是现代工业社会的产物。步入20世纪，海洋污染形势日趋严

① 国家海洋局人事劳动教育司编《海洋环境保护与监测》，北京：海洋出版社，1998年，第9～10页。

② 国家海洋局人事劳动教育司编《海洋环境保护与监测》，北京：海洋出版社，1998年，第10～11页。

峻，并经历了由局部污染向整体恶化的转变。20 世纪六七十年代，海洋环境问题以污染损害为特点，表现为单项的、局地的、显性的污染。即海洋污染大多由某一种污染物引起，污染范围一般不大，且多表现为急性损害特征。这类环境问题几乎都发生在发达国家进入工业化的重化工发展时期，也几乎都发生在发达国家沿岸或近海海域[①]。这一时期，日本东京湾、濑户内海均遭到严重污染，爆发了诸如水俣病（minamata disease）等地方病以及由此引发的环境抗争等一系列的社会问题[②]。水俣病源于日本水俣湾的汞污染，这些由工厂排放到海洋中含有汞的废物在鱼类和贝类体内富集，并最终通过食物链导致人类中毒和死亡。这一时期，日本列岛甚至被人们称为是被污浊海水包围的"公害列岛"。

247

20 世纪 70 年代之后，发达国家率先开启了海洋污染治理的步伐。随后，中国等发展中国家也开始了海洋环境的检测与治理工作。但直到现在，进入海洋的工业废水、生活废水和各种废弃物仍在持续增多，污染事件仍然时有发生。在此背景下，全球海洋环境问题变得越来越多元化和复杂化。其特点表现为由单向环境问题为主，演化为以综合性环境问题为主；由局地性环境问题为主，演化为以综合性环境问题为主；由显性环境问题为主，演化为以隐性环境问题为主；由短期环境问题为主，演化为以长期环境污染和生态破坏两类问题并重[③]。同时，在传统的海洋污染尚未得到根本治理的情况下，新型环境问题不断出现。一是海洋污染中的有毒有害物质不断增加。比如，2011 年 3 月，日本的 9.0 级地震造成福岛第一核电站的放射性物质泄漏事故。4 月，该核电站向太平洋排放总共 1 万多吨低放射性污水。国家海洋局当年 6 月的监测结果显示，日本以东及东南方向的西太平洋海域已经受到核泄漏事故的显著影响[④]。

当前，海洋污染态势十分严峻。就世界范围而言，表现为个别国家海

---

① 国家海洋局人事劳动教育司编《海洋环境保护与监测》，北京：海洋出版社，1998 年，第 10 页。

② Funabashi, H., "Minamata Disease and Environmental Governance", *International Journal of Japanese Sociology*, 2006, 15（1）: 7–25.

③ 国家海洋局人事劳动教育司编《海洋环境保护与监测》，北京：海洋出版社，1998 年，第 11 页。

④ 国家海洋局海洋发展战略研究所课题组编《中国海洋发展报告（2012）》，北京：海洋出版社，2012 年，第 20 页。

域生态系统有所修复，但全球海洋生态系统破坏严重。在美国，近海"死亡区域"正从南向北呈现逐渐蔓延趋势。所谓"死亡区域"是指海水中溶解氧含量低于2mg/L的缺氧区。在这一区域，来不及逃离缺氧区的鱼类和贝类等海洋生物全部死亡。从1985年开始，墨西哥湾每年夏季出现"死亡区域"，20世纪90年代，受缺氧影响的死亡区域年平均面积约12432平方公里，2006年观测到的死亡区域面积扩大到17255平方公里，2007年扩大到22015平方公里①。可见，即使是美国这样的发达国家，海洋污染形势同样非常严峻，某些海洋环境指标甚至呈现逐年下降的趋势。就中国而言，2000年以来，虽然局部海域的恶化趋势有所缓解，但全国近岸海域总体污染程度维持高位，海洋生态系统健康状况总体趋于恶化②。

表 7 - 1　2006 ~ 2011 年

全海域未达到第一类海水水质标准的各类海域面积（平方公里）

海区	年度	第二类水质海域面积	第三类水质海域面积	第四类水质海域面积	劣于第四类水质海域面积	合计
渤海	2006	8 190	7 370	1 750	2 770	20 080
	2007	7 260	5 540	5 380	6 120	24 300
	2008	7 560	5 600	5 140	3 070	21 370
	2009	8 970	5 660	4 190	2 730	21 550
	2010	15 740	8 670	5 100	3 220	32 730
	2011	14 690	8 950	3 790	4 210	31 640
黄海	2006	17 300	12 060	4 840	9 230	43 430
	2007	9 150	12 380	3 790	2 970	28 290
	2008	11 630	6 720	2 760	2 550	23 660
	2009	11 250	7 930	5 160	2 150	26 490
	2010	15 620	8 100	6 660	6 530	36 910
	2011	13 780	7 170	4 240	9 540	34 730

---

① 石莉、林绍花、吴克勤：《美国海洋问题研究》，北京：海洋出版社，2011年，第116页。
② 国家海洋局海洋发展战略研究所课题组编《中国海洋发展报告（2010）》，北京：海洋出版社，2010年，第326页。

海区	年度	第二类水质海域面积	第三类水质海域面积	第四类水质海域面积	劣于第四类水质海域面积	合计
东海	2006	20 860	23 110	8 380	14 660	67 010
	2007	22 430	25 780	5 500	16 970	70 680
	2008	34 140	9 630	6 930	15 910	66 610
	2009	30 830	9 030	8 710	19 620	68 190
	2010	32 760	11 130	9 260	30 380	83 530
	2011	15 430	10 820	9 150	27 270	62 670
南海	2006	4 670	9 600	2 470	1 710	18 450
	2007	12 450	3 810	2 090	3 660	22 010
	2008	12 150	6 890	2 590	3 730	25 360
	2009	19 870	2 880	2 780	5 220	30 750
	2010	6 310	8 290	2 050	7 900	24 550
	2011	3 940	7 370	1 160	2 780	15 250
合计	2006	51 020	52 140	17 440	28 370	148 970
	2007	51 290	47 510	16 760	29 720	145 280
	2008	65 480	28 840	17 420	25 260	137 000
	2009	70 920	25 500	20 840	29 720	146 980
	2010	70 430	36 190	23 070	48 030	177 720
	2011	47 840	34 310	18 340	43 800	144 290

数据来源：中国海洋环境状况公报（2006~2011）。

国家海洋局发布的2011年中国海洋环境状况显示：我国管辖海域海水环境状况总体较好，但近岸海域海水污染依然严重。符合第一类海水水质标准的海域面积约占我国管辖海域面积的95%，符合第二类、第三类和第四类海水水质标准的海域面积分别为47840平方公里、34310平方公里和18340平方公里，劣于第四类海水水质标准的海域面积为43 800平方公里[1]。未达到第一类海水水质标准的海域主要分布在人口密集、船只活动频繁的港口等局部区域。同时，虽然每年的数据都有变化，但四大海域中没

---

① 《2011年中国海洋环境状况公报》，http：//www. soa. gov. cn/zwgk/hygb/zghyhjzlgb/hyhjzlg-bml/2011ml/201212/t20121206_ 21274. html，最后访问日期：2012年9月1日。

有达到一类海水水质的状况均没有得到根本改善（表7－1）。

（三）海洋污染源分析

海洋污染源主要包括陆源型污染、海洋型污染两种类型。当然，大气循环以及降雨等也会导致海洋污染，但所占比重相对要小得多。事实上，无论是陆源型污染还是海洋型污染，归根结底都是来源于人类活动以及人类的环境行为。

1. 陆源污染

陆源污染是海洋污染的主要污染源。陆源污染物质数量多，对海洋环境的影响很大。在美国等西方发达国家，工业点源污染得到了较好的控制，但面源污染依然是个难点。统计数据显示，美国大西洋沿岸和墨西哥湾排入近海的生活污水中的氮含量，自工业化时代以来已经增长了五倍[1]。2003年，由于暴雨径流和粪便细菌污染的污水超量排放，美国全国海滩累计关闭18000余次，2007年关闭约26000余次，并发布游泳不宜公告。自2002年起，全美海滩关闭和游泳不宜通告发布的次数增加50%[2]。

在中国，海洋的陆源型污染中，既有大量的工业污染，也有农业面源污染和生活污染。这些污染物质随着江河、排污口和地表径流最终到达海洋。国家海洋局发布的《海洋环境信息》显示：2012年3月，国家海洋局监测的323个入海排污口中，市政排污口占33.7%，工业排污口占33.1%，排污河占27.6%，其他类排污口占5.6%。其中，147个入海排污口向海域超标排放污水，占监测排污口总数的45.5%。在入海排污口的超标比例中，排污河占55.1%、工业类型占40.2%、市政占39.4%，其他类型占61.1%（图7－1）[3]。

各省（市）超标排污口比率差异较大，其中，天津市监测的入海排污口全部超标；江苏、福建和山东排污口超标比率均在50%以上；广东、辽宁和河北相对较低；海南监测的19个入海排污口全部达标（表7－2）。

---

① 石莉、林绍花、吴克勤：《美国海洋问题研究》，北京：海洋出版社，2011年，第116页。
② 石莉、林绍花、吴克勤：《美国海洋问题研究》，北京：海洋出版社，2011年，第115页。
③ 国家海洋局：《海洋环境信息》2012年第2期，http://www.soa.gov.cn/soa/workservice/download/webinfo/2012/07/1343608981493907.html，最后访问日期：2012年10月1日。

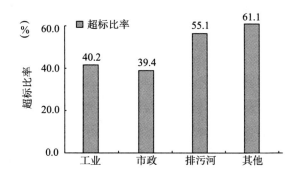

图 7-1　2012 年 3 月监测的各类型入海排污口超标比率

资料来源：《海洋环境信息》2012 年第 2 期。

表 7-2　2012 年 3 月部分省（市）的入海排污口超标比率

省/直辖市	超标排污口数量	未超标排污口数量	监测排污口总数	超标排污口比率
辽宁	14	31	45	31.1%
天津	14		14	100.0%
河北	6	19	25	24.0%
山东	44	44	88	50.0%
江苏	12	2	14	85.7%
福建	23	14	37	62.2%
广东	33	48	81	40.7%
海南		19	19	0.0%
总计	146	177	323	45.2%

　　备注：所监测的入海排污口污水中主要超标污染物是总磷、化学需氧量（COD$_{Cr}$）、悬浮物，超标率分别为：24.9%、23.4%、16.9%。此外，氨氮和粪大肠菌群的超标率分别达 12.0% 和 11.1%。

　　资料来源：《海洋环境信息》2012 年第 2 期。

　　国家海洋局海洋发展战略研究所课题组的研究表明，东部沿海地区在完成工业化过程中可能会出现一系列的新问题：一是大规模的港口和基地建设用地增加，沿海地区将进入大规模的围海造地时期；二是沿海地区重化工业的发展，排海污染物加大，海洋生态环境面临更大的压力；三是产业结构同构严重，产能过剩①。近年来，沿海地区纷纷加大海洋开发力度，从而引发了新一轮的沿海开发战略大调整，国家批复的区域经济发展规划，进一步保持了"面朝大海"的趋势。从北到南，沿着漫长的海岸线，以区域经济协调发展为基本诉求的发展战略和规划纷纷出台。新一轮沿海发展的最大特点是自下而上，从地方战略上升为国家战略②。综观这些海洋开发战略，经济取向占据主导地位。虽然各地的海洋开发报告均强调要保护海洋环境，但实际情况却大相径庭。

在沿海地区的工业化进程中，涉海行业特别是重化工行业的趋海性特征日趋明显。随着人类海洋开发实践活动的持续深入，涉海行业的增多，尤其是在中国经济国际化程度迅速提高的情况下，重化工业生产力布局急速向沿海推进，使得以前不涉及用海的行业也成为用海用户。比如，作为产能占世界1/2、粗钢产量占世界总产量44%的中国钢铁工业，尽管产能过剩、地区发展不平衡问题严峻，但调控措施实施不明朗，造成北部沿海钢铁产能过剩。目前，全国七大石化基地五个落户沿海，全国原油加工企业大多集聚沿海地区，全国九大钢铁基地六个在沿海③。

在陆源型污染源中，虽然农业和生活污染同样严峻，但最为严峻的还是工业污染。它不仅污染量大，而且危害很大，特别是重金属和有毒有害物质排入海洋对海洋生态系统的影响是致命性的。因此，如何优化产业结构，避免重化工时代的生态危机是当前亟待解决的现实问题。

2. 海上污染

海洋型污染包括人类海洋开发实践活动中的废弃物质排放、海上污染事故、海水养殖中的污染、海上倾倒垃圾等。海洋型污染的表现形式在海上，但源头依然在陆地，是海洋资源开发所致。在诸多海上污染源中，海洋溢油的影响很大，溢油事故已经成为世界各国普遍关注的重大问题。

① 国家海洋局海洋发展战略研究所课题组编《中国海洋发展报告（2010）》，北京：海洋出版社，2010年，第368页。

② 国家海洋局海洋发展战略研究所课题组编《中国海洋发展报告（2010）》，北京：海洋出版社，2010年，第282～284页。

③ 国家海洋局海洋发展战略研究所课题组编《中国海洋发展报告（2012）》，北京：海洋出版社，2012年，第123～125页。

表 7 - 3　近年来全球重大溢油事故

时间	事故情况
2011 年 4 月	这是中国首次出现海底溢油事故，对周边海域海洋环境造成难以估量的污染损害。受溢油事件影响，累计造成超过 6200 平方公里海水污染，给渤海生态和渔业生产造成严重影响，是中国海洋资源开发以来最严重的事故。
2010 年 4 月	英国石油公司在美国墨西哥湾租用的钻井平台"深水地平线"发生爆炸，造成 11 人死亡，导致大量石油泄漏，酿成一场经济和环境惨剧。是美国历史上"最严重的一次"漏油事故。
2007 年 11 月	装载 4700 吨重油的俄罗斯油轮"伏尔加石油 139"号在刻赤海峡遭遇狂风，解体沉没，3000 多吨重油泄漏，致出事海域遭严重污染。
2002 年 11 月	利比里亚籍油轮"威望"号在西班牙西北部海域解体沉没，至少 6.3 万吨重油泄漏。法国、西班牙及葡萄牙共计数千公里海岸受污染，数万只海鸟死亡。
1999 年 12 月	马耳他籍油轮"埃里卡"号在法国西北部海域遭遇风暴，断裂沉没，泄漏 1 万多吨重油，沿海 400 公里区域受到污染。
1996 年 2 月	利比里亚油轮"海上女王"号在英国西部威尔士圣安角附近触礁，14.7 万吨原油泄漏，致死水鸟超过 2.5 万只。
1992 年 12 月	希腊油轮"爱琴海"号在西班牙西北部拉科鲁尼亚港附近触礁搁浅，后在狂风巨浪冲击下断为两截，至少 6 万多吨原油泄漏，污染加利西亚沿岸 200 公里区域。
1991 年 1 月	海湾战争期间，伊拉克军队撤出科威特前点燃科威特境内油井，多达 100 万吨石油泄漏，污染沙特阿拉伯西部沿海 500 公里区域。
1989 年 3 月	美国埃克森公司"瓦尔德斯"号油轮在阿拉斯加州威廉王子湾搁浅，泄漏 5 万吨原油。沿海 1300 公里区域受到污染，当地鲑鱼和鲱鱼近于灭绝，数十家企业破产或濒临倒闭。这是美国历史上最严重的海洋污染事故。
1979 年 6 月	墨西哥湾一处油井发生爆炸，100 万吨石油流入墨西哥湾，产生大面积浮油。
1978 年 3 月	利比里亚油轮"阿莫科·加的斯"号在法国西部布列塔尼附近海域沉没，23 万吨原油泄漏，沿海 400 公里区域受到污染。
1967 年 3 月	利比里亚油轮"托雷峡谷"号在英国锡利群岛附近海域沉没，12 万吨原油倾入大海，浮油漂至法国海岸。

资料来源：根据人民网、新华网等资料进行整理。

在海洋石油开采和运输等环节，操作失误、管理不善以及触礁等多重因素都会导致石油泄漏。海洋石油开采时，海上钻井平台会产生大量钻井废液和金属钻屑污染海洋。据估计，一个钻井平台在使用期限内可以钻50～100口油气井，向海洋排放9万多吨的钻井废液和金属钻屑。另外，还会造成空气污染。一座海上采油平台每天排放的污染物相当于7000辆小汽车行驶80千米的排放量①。在中国，海洋石油开采、船舶碰撞和海上钻井平台事故引起的溢油事件也频频发生。据国家海洋局统计，"十一五"期间，全国海洋石油勘探开发溢油污染事故共41起，其中渤海19起，南海22起②。其中，影响最大的是2011年的渤海溢油事件，其影响至今未消除。

海洋溢油事件不仅导致了严重的生态灾害、经济损失，也会产生深刻的社会影响。在这方面，美国社会学家已经开展了深入的学术研究。他们围绕圣巴巴拉溢油事件（Santa Barbara Oil Spill）、埃克森·瓦尔迪兹溢油事件（Exxon Valdez Oil Spill）以及墨西哥湾溢油事件（BP Oil Spill）开展了大量的调查研究。以埃克森·瓦尔迪兹溢油事件为例，调查发现，68%的受访人认为工作受到了破坏性的影响，超过50%的人认为他们的个人计划因此改变，96%的受访者认为社区在溢油事件5个月后发生了改变。溢油事件导致社区居民中普遍存在不确定性、恐惧和愤怒的情绪，社区中出现了逃避性行为（avoidance behavior）。在此基础上，有学者主张开展溢油事件的社会影响评价研究，包括社区居民的社会性瓦解（social disruption）和心理上的紧张（psychological stress）③。溢油事件的爆发和环境运动的兴起，也会产生"倒逼"机制，促进相关环境法律法规的颁布和实施。比如，圣巴巴拉溢油事件至少部分地促进了美国《国家环境政策法》（National Enviromental Policy Act）的颁布，而埃克森·瓦尔迪兹溢油事件则直接促成了《联邦油污染法》（Federal Oil Pollution Act）的颁布④。中国的渤海溢油事件同样产生了倒逼机制，比如，促进了溢油应急预案的修订与出台以及海洋法律法规的制定

---

① 石莉、林绍花、吴克勤：《美国海洋问题研究》，北京：海洋出版社，2011年，第120页。

② 高立萍：《海洋油气开发—拥而上谁来管》，《北京商报》2011年11月15日。

③ Picou, J. S., Gill, D. A. et al., "Disruption and Stress in an Alaskan Fishing: Initial and Continuing Impacts of the Exxon Valdez Oil Spill", *Industrial Crisis Quarterly*, 1992, 6（3）：235－257.

④ Gramling, R., & Freudenburg, W. A., "Opportunity-Threat, Development, and Adaptation: Toward a Comprehensive Framework for Social Impact Assessment", *Rural Sociology*, 1992, 57（2）：216－234.

与完善，也在一定程度上深化了公众的海洋意识与环境意识①。

在中国，有关海洋溢油事件研究，主要集中在经济学、法学、管理学以及环境科学等学科，而社会学的研究基本处于空白地带。溢油事件发生后，政府部门率先开展的评估一般是环境影响评估和经济影响评估。而事实上，溢油事件的影响往往是错综复杂的，不仅会导致严重的生态破坏和经济损失，还会产生广泛的社会影响。因此，需要深入开展溢油事件的社会影响研究。美国社会学界对海洋溢油的影响较为深入，有的研究团队已经对诸如埃克森·瓦尔迪兹溢油事件开展了二十多年的追踪研究②。

四　海洋权益问题

255

海洋权益思想产生于19世纪末20世纪初。1890～1905年，美国海军学院院长艾尔弗雷德·马汉相继完成了"海权论"三部曲——《海权对历史的影响：1660－1783》《海权对法国革命和法帝国的影响：1793－1812》和《海权与1812年战争的联系》。由此，"海权论"思想正式产生。当前，不少国家在海洋划界方面都存在争论，我国海洋权益维护面临的挑战也是错综复杂。

（一）海洋权益的概念界定③

阐述"海洋权益"之前，需要将之与"海权"进行比较。海权这一概念由美国人马汉于1890年在其所著《海权对历史的影响：1660－1783》一书中提出。其所对照的英文是 sea power，也可译为"海上力量"，含有控制和权力的意思，故普遍称其为"海权"。其实质是利用海上军事力量，进行海外扩张，获得海上控制权。在21世纪，海洋权益的概念已经有了很大变化，必须用新的视野审视当代的海洋权力和利益格局。因而，当今的海洋权益已经不是"海权"所能概括的。海洋权益涉及国家政治、经济、外交、

---

① 陈涛：《渤海溢油事件的社会影响研究》，《中国海洋大学学报（社会科学版）》2013年第5期。

② 陈涛：《美国海洋溢油事件的社会学研究》，《中国农业大学学报（社会科学版）》2012年第2期。

③ 本部分内容参见陈树艳《比较法域下的海洋权益保护及其在我国的实践》，《求索》2011年第5期。

科技、法律与军事诸多领域①。在我国，"海洋权益"一词最早出现于1992年2月25日颁布的《中华人民共和国领海及毗连区法》中，但该法案并未就"海洋权益"作出明确界定。目前，学术界有关海洋权益的界定尚未达成共识。陈树艳认为，有关海洋权益的内涵，主要包括国家主权说、权力权益说和权利权益说三种观点②。

1. 国家主权说

"国家主权说"认为，海洋权益属于国家的主权范畴，是国家主权的构成部分，是国家领土向海洋延伸形成的权利。这种主权覆盖的海域包括领海、岛屿和其他海域，其他海域包括专属经济区、海底大陆架等区域③。当前，国家间的海权之争与纠纷，主要是主权归属和大陆架划分问题。

海洋权益是国家权益的重要构成部分。于宜法、王殿昌等学者认为，海洋权益应当包括领海主权、岛屿主权、海域司法管辖权、海洋资源开发权、海洋空间利用权、海洋污染管辖权、海洋科学研究权等④。主权（Sovereignty）是国家最主要、最基本的权利，具有排他性，是不可分割、不可让予的。在海洋权益方面，国家在领海区内享有完全排他性的主权权利，这和陆地领土主权性质完全相同。在海洋权益纠纷方面，我国提出了"搁置争议、共同开发"的基本思想，但前提条件是"主权属我"。具体来说，就是强调我国对38万平方公里的领海和300万平方公里的专属经济区内享有完全主权。在海洋权益纠纷方面，主权是国家坚持的基本底线。

2. 权力利益说

权力权益说认为，海洋权益包括海洋权力和海洋利益两个方面。陈可文认为，海洋权益是国家权力的重要组成部分，也是国家利益的重要组成部分。他认为海洋权益一般是指人们在从事海洋活动时对海洋所拥有的权力，并由此而获得的相应的利益的总称⑤。海洋权益是国家权力的一部分，也是国家利益的来源之一。这种表述在本质上还是以权力为本位，海洋利益是由国家行使权利所派生出来的附属品，其本质是将海洋权益定格在

①　陈可文：《中国海洋经济学》，北京：海洋出版社，2003年，第39页。
②　陈树艳：《比较法域下的海洋权益保护及其在我国的实践》，《求索》2011年第5期。
③　陈树艳：《比较法域下的海洋权益保护及其在我国的实践》，《求索》2011年第5期。
④　于宜法、王殿昌：《中国海洋事业发展政策研究》，青岛：中国海洋大学出版社，2008年，第107页。
⑤　陈可文：《中国海洋经济学》，北京：海洋出版社，2003年，第38页。

"权力"上[①]。

具体来说，海洋权益包括以下内容：一是海洋政治权益，如海洋主权、海洋管辖权、海洋管制权。二是海洋经济权益，即开发利用国家管辖海域以及其他海洋空间的各种资源，发展海洋经济所获得的收益。比如，发展海洋渔业、海洋油气业、海洋矿业、海洋盐业、海洋化工业、海洋电力业等产业都属于海洋经济权益的组成部分。三是海上安全利益，主要是使海洋成为国家安全的国防屏障，通过外交、军事等手段，防止发生海上军事冲突。此外，海上反恐与缉毒、反海盗、反劫持、反偷渡、防污染等也归属于这一类。四是海洋科学利益，主要是使海洋成为科学实验的基地，从事科学勘探、考察与调查研究，获得对海洋自然规律的认识[②][③]。

3. 权利利益说

权力是个政治概念，而权利是个法律概念。一般而言"权益"被界定为"应当享受的不受侵犯的权利与合法利益"，强调的是法律和秩序的认可。权利权益说的海洋权益观，侧重权利和利益视角。国家海洋局海洋发展战略研究所认为，海洋权益问题是指国家在海洋事务中享有的权利和可获得的利益的总称，包括海洋权利和海洋利益。其中，海洋权利是沿海国依据国际海洋法及其国内法在海洋上享有的各项权利和自由，海洋利益则是沿海国依法行使权利可获得的各方面利益，以及其认为需要维护的各方面的利益[④]。

在学术界，从权利与利益角度论述海洋权益的观点占据主流。李明春认为，海洋权益是各种法律、条约、协定界定的国家对海洋所享有的权利与利益。他同时认为，海洋权益，一般是指在国家管辖海域内的权利与利益的总称，权利是指在国家管辖海域范围内的主权、主权权利、管辖权和管制权，利益则是由这些权利派生出来的各种好处、恩惠[⑤]。刘容子、齐连明等认为，海洋权益一般来讲，包括国家在内水、领海、毗连区、专属经济区、大陆架和国家其他管辖海域以及国家管辖范围以外海洋空间内所享

---

① 陈树艳：《比较法域下的海洋权益保护及其在我国的实践》，《求索》2011年第5期。
② 王志远：《维护我国的海洋权益》，《红旗文稿》2005年第20期。
③ 徐祥民等编《海洋权益》，北京：海洋出版社，2009年，第76页。
④ 国家海洋局海洋发展战略研究所课题组编《中国海洋发展报告（2010）》，北京：海洋出版社，2010年，第151页。
⑤ 李明春：《海洋权益与中国崛起》，北京：海洋出版社，2007年，第33页。

有的所有权利和利益①。陈树艳认为，海洋权益是权利、主权与利益的综合。海洋权益是指国家在一定海域范围内对海洋拥有的主权，各种权利主体对海洋资源、能源所享有的开发、利用权利以及国家及其海洋管理机构对海洋拥有的各种行政性权力的总称②。还有学者认为，海洋权益的内涵包括国家对一定范围的海域拥有的主权和主权权利，在管制海域拥有排他性管辖权和管制权，对管制海域范围内的自然资源拥有主权或主权权利，对国际公海和海底资源享有与他国平等的权利和自由等。海洋权益一般表现为国家在开发、利用和管理海洋及其自然资源过程中所拥有的权利和获得的利益③。

本书有关海洋权益的理解偏重"权利权益说"。因为这种理解涵盖了国家海洋主权（maritime sovereignty）、所应该享有的海洋权利（sea right）以及海洋利益（maritime interest），最为全面地体现了海洋权益的内涵。具体来说，海洋权益包括领海与岛屿的主权、海洋的管理权、海洋的安全、监管与执法权、海洋资源的开发与收益权以及海洋勘探和科学研究权，等等。

（二）我国面临的海洋权益问题

目前，海洋权益争夺呈现愈演愈烈之势。据统计，全世界有 300 多处海域出现划界纠纷，有争议的岛屿达 1000 多个。冷战结束后，仅 1991 年至 2005 年，世界局部战争和武装冲突次数就达 181 起，其中 80% 与海洋有关④。就我国而言，海洋权益维护面临着非常严峻的形势，面临着海域划界矛盾、海岛被占、海洋资源被开发、海洋渔民被逮捕甚至被枪击等问题。当前，维护海洋权益刻不容缓。

1. 海洋划界矛盾突出

我国四大海域中，除了渤海，其余海域都面临着与周边国家的划界纠纷。根据陈万平的梳理：黄海海域的总面积为 38 万平方公里，应划归中国管辖的有 25 万平方公里，可是韩国主张以等距线为界，如果按此划分，他们可以多划 18 万平方公里；黄海海域宽度最宽处只有 360 海里，不足 400海里，因此也出现了海域主张重叠的情况；东海大陆架是中国的自然延伸，

① 刘容子、齐连明：《我国无居民海岛价值体系研究》，北京：海洋出版社，2006 年，第 134 页。
② 陈树艳：《比较法域下的海洋权益保护及其在我国的实践》，《求索》2011 年第 5 期。
③ 郭渊：《海洋权益与海洋秩序的构建》，《厦门大学法律评论》2005 年第 2 期。
④ 丁丽柏：《论海洋权益的军事保护》，《求索》2006 年第 11 期。

因此面积 77 万平方公里的东海海区中应归中国管辖的为 54 万平方公里，但是日本却提出中日两国是共架国，要求按中间线划分海域。据此，日本与中国有 16 万平方公里、韩国与中国有 18 万平方公里的争议海区①。

为了使自己的海洋权益合法化，有关国家极力强化舆论宣传，甚至试图将之"国有化"。比如，在石原慎太郎就钓鱼岛问题抛出"购岛"话题之后，日本前首相野田佳彦宣称，为保持对钓鱼岛的稳定管理，日本政府就购买有关岛屿并实施"国有化"进行了综合研究。此外，有的国家为其"合理"拥有南海海域，通过强行设定行政区划，增加自己的话语权。比如，越南早就将南沙群岛划入其版图范围，在南海建立了行政区划，在南沙群岛设置"长沙县"。在争夺南沙岛礁的过程中，越、菲、马等国虽然彼此间也有矛盾和冲突，但更多的是联合起来一致对华。1992 年第 25 届东盟外长会议通过了《东盟关于南中国海问题的宣言》，致使南海争议更加突出②。美国的"亚太再平衡"战略使得这一问题更加复杂，周边国家有恃无恐地肆意歪曲历史，随之掀起的舆论争辩与外交口水战更是不绝于耳，而这些都是试图"合法化"宣称拥有海洋权益的手段。

2. 海上军备竞赛与军事演习升级

马汉在《海权论》提出："谁控制了海洋，谁就控制了世界。"我们不赞成这种控制与主宰的海权思想，但为了控制海洋而发生的摩擦、纠纷甚至军事冲突却是不争的事实。

为了争夺海洋权益，试图让自己处于海洋权益争端的上风，有关国家不断加强海上军备竞赛以及军事演习，有的国家正大规模地加强军事采购，不断强化军事部署。比如，韩国推进"加强包括延坪岛在内西北岛屿防御能力"建设，已于 2011 年正式成立专门负责"四海五岛"防御的西北岛屿防御司令部；日本《国家防卫计划指南》则将日本近海岛屿确定为国防计划的新重点，将战略重点转向东海以及日本南部的琉球群岛；菲律宾加强南沙群岛军事部署，2011 年投入约 71 万美元修复其非法占领的南沙中业岛上的机场跑道，并购买炮舰和远程巡逻机；马来西亚不断扩充军备，加强对有争议岛屿的控制，将其重大海空军事装备完全部署于南沙群岛周边；

---

① 陈万平：《我国海洋权益的现状与维护海洋权益的策略》，《太平洋学报》2009 年第 5 期。

② 巩建华：《南海问题的产生原因、现实状况和内在特点》，《理论与改革》2010 年第 2 期。

越南 2011 年国防预算比 2010 年增加了 70%①，等等。与加强军备竞赛相伴随的是强化军事演习。近年来，越南与印度开展广泛的军事合作，举行所谓的联合军事演习。而且，越南还有意拉拢美国和俄罗斯重返金兰湾。菲律宾则与美国保持长期的军事合作，美军长期驻守在苏比克海军基地和克拉克空军基地，持续进行美菲"肩并肩"军事演习。2009 年 6 月，美国与菲律宾、泰国、新加坡、马来西亚、印度尼西亚及文莱六国举行为期三个月的代号为"卡拉 2009"的大规模军事演习②。此外，美国和韩国每年春天都会在黄海联合举行军事演习。这些海上军演和军备竞赛不会直接导致重大的军事冲突，只是有关国家对有能力使其海洋权益所谓"合法化"的宣称，是一种符号性象征，也是一种炫耀性武力。

3. 渔民被逮捕甚至枪杀事件增多

在愈演愈烈的海洋权益争端背景下，我国海上安全形势发生着深刻变化，也面临着前所未有的挑战。近年来，周边沿海国家逮捕我国渔民的事件时常发生，甚至发生枪杀渔民事件。

2001 年《中韩渔业协定》签订之后，中国渔民与韩国警察冲突事件频发。2008 年 10 月 12 日，韩联社援引韩国国土海洋部当天发布的报告称，自 2004 年以来韩国海岸警卫队总共扣押过 2196 艘侵入韩国领海进行非法捕鱼活动的中国渔船，被扣押的中国渔民为 20896 名，韩国方面对他们处以罚款达 213.5 亿韩元。2007 年，韩国共扣押了 494 艘侵入领海的中国渔船③。韩国是扣押中国渔船数量最多的国家，2010 年，韩国西部地方海洋警察厅就扣留 170 多艘中国渔船，收缴罚金约合 2000 多万元人民币④。而在南海，渔民遭逮捕的形势更为严峻。依据官方数据，1989 年至 2010 年，周边国家在南沙海域袭击、抢劫、抓扣、枪杀我渔船渔民事件达 380 多宗。涉及渔船 750 多艘、渔民 11300 人。其中，25 名渔民被打死或失踪，24 名渔民被打

① 国家海洋局海洋发展战略研究所课题组编《中国海洋发展报告（2012）》，北京：海洋出版社，2012 年，第 73 ~ 74 页。
② 巩建华：《南海问题的产生原因、现实状况和内在特点》，《理论与改革》2010 年第 2 期。
③ 陈龙、詹德斌：《中韩渔业冲突升级 韩媒体称中国渔民为"海盗"》，http://news. if-eng. com/mil/2/200810/1016_340_833820_2. shtml，最后访问日期：2012 年 6 月 5 日。
④ 佚名：《我国政府应三管齐下破解渔民囚徒困境》，http://news. qq. com/a/20111228/000788. html，最后访问日期：2012 年 6 月 5 日。

伤，800 多名渔民被抓扣判刑①。

4. 岛屿被占领问题严重

20 世纪 50 年代以后，越南、菲律宾、马来西亚等国家纷纷以武装形式蚕食并占领我国南海岛屿，同时在岛上修建军事设施。

武装占领是东南亚国家侵占南海岛屿和岛礁的主要方式。其中，越南是南海争端中占领岛屿与岛礁最多、时间最长的国家，也是与中国在南海争端中涉及范围最广的国家。早在 1956 年 4 月，南越政府即派遣部队接替驻守西沙群岛的珊瑚岛的法军，随后又占领甘泉岛。据统计，我国南沙群岛的岛屿被越南侵占的有 29 个，菲律宾占领的有 9 个，马来西亚控制的有 5 个，文莱侵占 1 个②。2013 年，菲律宾试图将南海问题"国际化"，提请国际海洋法庭仲裁中菲争议岛屿。随后，外交部公布了菲律宾自 20 世纪 70 年代起，非法侵占中国南沙群岛的部分岛礁情况，包括马欢岛、费信岛、中业岛、南钥岛、北子岛、西月岛、双黄沙洲和司令礁。这是我国国民首次获悉岛礁被菲律宾侵占的详细情况。目前，周边国家仍然在试图继续蚕食我国南海区域的岛礁，有的国家积极鼓励渔民到岛上定居，比如，菲律宾甚至要在中业岛建学校以及开设码头。

5. 海洋资源被掠夺问题突出

因为技术等层面的原因，我国在南海、黄海和东海的资源勘探和开采非常不足。但与此形成鲜明反差的是，我国海洋资源遭到掠夺的形势非常严峻。

我们以南海为例对此加以说明。20 世纪 60 年代以来，南海周边邻国开始钻探开采和掠夺中国海洋油气资源。到 20 世纪 90 年代末期，周边国家已经在南沙海域钻井超过 1000 口，发现油气构造 200 多个和油气田 189 个，每年开采油气 6000 万吨以上③。相关资料显示：越南、印度尼西亚、马来西亚、文莱、菲律宾等国，伙同外国石油公司在南海海域大肆开采石油资源。目前，越南在南海大陆架的年采油量达 1100 万吨，出口石油成为越南国家外汇的最大来源。菲律宾每天在南海地区开采 9460 桶石油，每年开采

---

① 佚名：《揭秘三沙市：中国陆地面积最小的城市》，《新京报》2012 年 7 月 9 日。

② 薛桂芳：《〈联合国海洋法公约〉体制下维护我国海洋权益的对策建议》，《中国海洋大学学报（社会科学版）》2005 年第 6 期。

③ 季国兴：《中国的海洋安全与海域管辖》，上海：上海人民出版社，2009 年，第 75 页。

天然气 2831 万立方米。为瓜分南海的石油藏量，菲律宾准备把大陆架由目前的 200 海里延伸到 350 海里。而早在 1992 年中国海洋石油总公司与美国克里斯通公司签订了共同勘探万安滩油气资源的合同，由于其他国家的阻挠，该项目一直无法实施[①]。另外，中国目前已经基本丧失南沙西部渔场[②]。可见，中国海洋权益被瓜分、海洋资源被掠夺的形势非常严峻，海洋安全形势面临着严重挑战。

（三）中国海洋权益问题产生的原因

1. 历史层面

海洋权益争端本来并不存在，而"二战"结束之后，这一问题开始逐渐显现出来。我们以南海问题为例进行分析。南海海域很早就由中国管辖。在唐、宋和元代，中国人就命名了南海诸岛，在之后历代航海图上都有南海诸岛的明显标志。明、清时代，南沙群岛划归琼州府万州管辖，并被列入我国版图[③]。

"二战"后形成的波茨坦 – 雅尔塔体系是现今世界政治关系的基础，也是东亚大多数国家领土及领海边界的划定依据[④]。根据《中美英三国促令日本投降之波茨坦公告》（简称《波茨坦公告》），中国收回自 1895 年后所有被日本侵占的领土。因此，钓鱼岛和南海诸岛是中国的领土。但是，"二战"结束后，出于"冷战"和封锁中国的需求，美国在制定对日政策中单方面与日本签订的条约或协定在中日钓鱼岛问题上产生了负面影响。郭永虎对此开展了比较系统的梳理：1968 年 10 月，联合国亚洲及远东经济委员会对东海海域进行了海底资源调查，认为钓鱼岛可能储藏着巨大的海底油田。日本立即对这个地区表现出浓厚的"兴趣"，并单方面采取了行动。1970 年 8 月 31 日，在美国监督下的琉球政府立法院起草了《关于申请尖阁列岛领土防卫的决定》。这是在钓鱼群岛主权斗争中，日本方面首次公开主张对该群岛拥有主权。1971 年 6 月 17 日，美国与日本签署《关于琉球诸岛及大东诸岛的日美协议》，这份所谓归还冲绳的协议将钓鱼岛等岛屿划在

---

① 佚名：《海洋资源被非法掠夺 中国海洋安全面临挑战》，http://news.sina.com.cn/o/2006 - 10 - 26/052410327237s.shtml，最后访问日期：2012 年 9 月 1 日。

② 石莉、林绍花、吴克勤：《美国海洋问题研究》，北京：海洋出版社，2011 年，第 275 页。

③ 罗国强：《多边路径在解决南海争端中的作用及其构建》，《法学论坛》2010 年第 4 期。

④ 张明亮：《〈旧金山对日和约〉再研究》，《当代中国史研究》2006 年第 1 期。

"归还"范围内，这是对中国主权的侵犯[①]。这份协议埋下了今日的东海争端的"祸根"，是日本图谋钓鱼岛主权时援引的所谓"依据"。此外，1951年签订的《旧金山对日和平条约》明确规定，日本放弃台湾、澎湖、千岛群岛、库页岛、南沙群岛、西沙群岛等岛屿的主权，但却没有明确主权归属，也没有明确中国收回主权。而越南则在法国的支持下参加了会议，并在会上声明其对西沙、南沙两群岛的"权利"。此后，使得中国在南海问题中逐渐陷入被动[②]。

总之，中国当前的海洋权益问题有着特定的历史背景，它与"二战"后以及"冷战"之后国际关系格局的变化有很大关系。特别是，美国等外部因素的介入使我国海洋权益面临的形势更加复杂。

2. 利益层面

马克思曾深刻地指出，人们奋斗所争取的一切，都同他们的利益有关。海洋权益纠纷的产生，归根结底还是利益使然。因此，海洋权益纠纷的实质是海洋资源及其相伴随的利益纠纷。

1945年的《开罗宣言》和《波茨坦公告》等国际文件明确规定把被日本窃取的中国领土归还中国，其中就包括南海诸岛。1946年，中国政府派员赴南沙群岛接收，在岛上举行了接收仪式并立碑纪念。此后20多年间，几乎看不到南海周边国家对中国在南沙群岛及其附近海域行使主权提出异议的情况。但是，随着南海地区资源勘探的深入，这一区域逐渐成为周边各国争夺的对象[③]。海洋中蕴藏着丰富的渔业等生物资源以及石油和天然气资源，在能源短缺的今天，很多国家都开始争夺海洋资源。南海争端之所以冲突不断，很大程度上就源于南海丰富的资源及其所蕴藏的巨大经济利益。东海问题的凸显具有同样的逻辑——20世纪60年代后，东海发现了巨大的海底石油蕴藏[④]。可见，海洋权益争端之所以不断升级，其背后是周边国家在经济利益驱使下借《联合国海洋法公约》的名义，试图蚕食和瓜分我国的海洋资源。

因此，虽然海洋权益争端表现为有关国家对海洋划界和海洋权益归属

---

① 郭永虎：《关于中日钓鱼岛争端中"美国因素"的历史考察》，《中国边疆史地研究》2005年第4期。
② 巩建华：《南海问题的产生原因、现实状况和内在特点》，《理论与改革》2010年第2期。
③ 罗国强：《多边路径在解决南海争端中的作用及其构建》，《法学论坛》2010年第4期。
④ 李国强：《维护我国的海洋权益》，《瞭望新闻周刊》2004年第39期。

问题存在不同的主张，但本质上还是利益之争。海洋权益问题不仅涉及某一海域的周边国家利益，还涉及其他大国利益。再以南海问题为例，它不仅关涉"六国七方"的利益，而且涉及区域之外的美国的利益。比如，2010 年 7 月东盟会议期间，时任美国国务卿的希拉里指出，南海主权争议涉及"美国国家利益"。

3. 国际法层面

当前，对各国领海主权争端具有重要指导和裁决作用的国际法条款是《联合国海洋法公约》。该公约 1982 年在第三次联合国海洋法会议中通过，1994 年生效。目前，条约缔约国已经达 160 多个。

《联合国海洋法公约》对内水、领海、临接海域、大陆架、专属经济区、公海等重要概念做了界定，全面系统地制定了有关海洋不同领域的法律制度，被公认为可与《联合国宪章》媲美的《世界海洋宪章》，是当代极其重要的国际法律文献之一①。但是，该条约本身也存在一定缺陷，它的颁布引发甚至直接导致了海洋权益争端。根据《联合国海洋法公约》规定，拥有一座小岛便拥有 12 海里领海，外加 12 海里毗邻区管辖权，还可拥有 200 海里的专属经济区以及大陆架的权利。《联合国海洋法公约》颁布后，由于沿海国管辖海域范围的扩展，造成某些海域主张重叠，海域划界纠纷比 20 世纪 50 年代"领海之外即公海"时期大大增多。全世界共有 450 多处国家间的海上边界需要通过划界谈判来确定，目前仅解决了 100 多处②。罗国强指出，"按照《公约》的规定，南海上的弹丸小岛尽管本身价值有限，但只要证明其能够维持人类居住或经济生活，即便是岩礁也可以拥有其自己的领海、毗连区、专属经济区和大陆架，这不仅能够拓展国家管辖范围，而且能够获得相应水域资源的开采权。……有些在 20 世纪 50 年代难以想象的冲突，仅由于海洋法的规定而发生，例如被数百海里水域分隔的印度尼西亚与越南，现在却在纳土纳群岛北部出现了大陆架的重叠声称；在南中国海众多岛屿的领土争端亦因海洋法的实行而加剧，原因是这些岛屿都可以用来声称专属经济区。……在过去的 20 多年里，所有东亚沿海国都宣称

---

① 刘文宗：《〈联合国海洋法公约〉的批准和生效对中国具有重大意义》，《外交学院学报》1997 年第 4 期。

② 薛桂芳：《〈联合国海洋法公约〉体制下维护我国海洋权益的对策建议》，《中国海洋大学学报（社会科学版）》2005 年第 6 期。

拥有 200 海里的专属经济区和大陆架，从而致使这片海域成为角斗场，对立国家之间的争端严重影响了其相互之间的关系。"①

4. 中国自身因素

中国是海陆兼备的大国，但历史上主要以陆地为生存和发展根基，中央王朝对海洋重视不足。明清时期，更是实施了"海禁"和"闭关锁国"政策，导致海洋开发的滞后和海洋管理的薄弱，这是中国海洋权益遭遇损失的自身原因。

有学者认为，长期以来，中国占统治地位的民族不是向海的民族，也没有倡导海洋的政府。历代统治者一直缺乏海洋战略意识，对海洋重要性的认识时轻时重，但"重陆轻海"的思想却是一贯的，并一直占据统治地位，而且其战略视野也一直局限于我国沿海，更多的是在近岸海域。加上中国历史上北方游牧民族与中原农耕民族的长期征战，造成中原统治集团的"历代备战，多在西北"的战略格局，使中国海疆不啻是有海无军、有海无防②。新中国成立后，由于国内的政治斗争，我国对所宣布的领海也没有有效地行使主权。因此，南海的诸多岛屿被东南亚国家觊觎并占领。

"国家欲富强，不可置海洋于不顾，财富取之于海，危险亦来自于海上"。在国家海洋权益维护面临错综复杂形势的今天，我们亟须进一步增强自身的海洋意识。此外，在不断增强海洋军事与国防力量、提升国家海洋硬实力的同时，也需要不断加强海洋科教与文化事业建设，不断增强海洋软实力。只有"软"与"硬"兼施，才能更好地建设海洋强国，进而更好地维护国家的海洋权益。

---

① 罗国强：《多边路径在解决南海争端中的作用及其构建》，《法学论坛》2010 年第 4 期。
② 季国兴：《中国的海洋安全与海域管辖》，上海：上海人民出版社，2009 年，第 13 页。

265

第八章　海洋政策与海洋管理

　　随着人类的海洋开发实践活动能力的逐步提升，空间日益拓展，形式渐趋多样，规模不断扩大，海洋开发实践活动的内涵与形式在相应地不断丰富化、多样化，海洋开发实践活动相关联的社会系统也呈现日趋复杂的趋势，人类在海洋开发实践活动中所形成的各种社会关系与社会秩序受到越来越多的挑战。日益系统化、规模化、复杂化的海洋开发实践活动呼唤更丰富的调控方法、更多元化的参与管理的社会主体，以及更有效的社会控制机制。相关社会群体在从事海洋开发实践活动及其相关活动的过程中所形成的社会关系的调整也需要更为系统的共享价值观，行之有效的社会制度和组织，统一的法律、规则、习惯等行为规范，以确保从事海洋开发、利用和保护活动的个人与组织的行为获得必要的约束，维持相互依赖，保持沟通，推动不同群体、成员之间的相互合作，从而达到维持开展海洋开发实践活动所需均衡、稳定的社会秩序的目的。这样的需求对规范海洋开发实践活动开展的海洋政策和维持海洋社会秩序的海洋管理提出了更高的要求。

一　海洋政策

　　海洋事业的持续性推进要依靠各种海洋开发、利用和保护活动的有序开展，而海洋实践活动的有序开展则离不开一定的准则与规范，规范上至中央政府制定的国家级战略方针，下到各沿海地区地方政府推行的具体条例，由立法机构及其他特定部门进行制定，由政府机关加以颁布，由特定职能部门进行执行，并由政党、其他政治团体、民间组织加以评估、反馈和影响，由社会公众共同进行监督，其整个过程实际上就是一个对海洋开发实践活动各相关领域的社会成员进行协调与规范的过程。

（一）海洋政策的含义

海洋政策指国家机关、政党及其他政治团体、民间组织和社会公众共同参与完成的，旨在调整一国或地区海洋实践活动所涉及行为，协调由此产生的各种社会关系，维持人类海洋开发实践活动秩序，维护一国及地区海洋利益的行为准则和规范，是一系列关于调整海洋社会关系的战略原则、法令、措施、办法和条例的总称。海洋政策的含义具体可以从参与政策制定实施的主体、作为政策调整对象的客体、实施调整的手段和政策实施的目的这几方面加以理解。

首先，海洋政策的主体是海洋政策从制定、执行、评估到完善的整个实施过程中的参与主体。海洋政策的主体主要包括中央及地方政府中与海洋相关的政府部门、涉海国家的政党及其他政治团体、海洋相关的民间组织以及涉海国家的社会公众。其中，海洋政策的规划、策略制定由立法机构及其他特定部门完成；海洋政策的颁布与执行则依靠各级政府的特定职能部门实施；涉海国家的政党及其他政治团体出于对国家海洋利益的维护意识，会参与海洋政策的制定、实施以及此后的意见反馈与评估过程中，也会对社会公众海洋意识的提升起到号召和教育的作用；企业、科研机构、非营利性组织及其他民间组织为实现和维护其合法海洋权益，或履行特定组织职能，会影响海洋政策的制定过程；海洋政策的整个实施过程都会受到涉海国家社会公众的全面监督。海洋政策正是在从事海洋开发实践活动的各相关主体间的协调与规范中制定和实施的。

其次，海洋政策的客体即海洋政策所作用的对象，是需要调整的相关社会群体的海洋开发实践活动，由此形成的各种社会关系及据此形成的，作为整体的社会秩序。其中，海洋实践活动是海洋政策指向的根本，相关社会关系与社会秩序都据此形成和展开。海洋实践活动按其活动性质可分为三类，主要如下：第一是海洋开发利用活动，即指相关群体出于经济的考量而实施的海洋生物、能源及区位资源的开发活动，由此形成了海洋第一、第二、第三产业的相关实践活动；第二是海洋事业的支持活动，即指为支持海洋第一、第二、第三产业活动而形成的文化、教育和科学研究等相关活动，以及相关的社会服务与管理活动；第三是海洋保护活动，是相关群体出于海洋生态或海洋权益维护和海洋事业可持续发展的考量而实施的保护特定地区、国家乃至全球海洋及海岸带环境资源，确保海洋生物多样性及维护一国及地区在与他国及地区的交往过程中的海洋利益的相关活动。

再次，海洋政策的手段是相关主体为调整海洋实践活动中形成的各种社会关系及由此形成的社会秩序而采取的特定方式、形式和途径。海洋政策的手段按其所涉及层面可分为以下几类：第一层是一国、地区乃至全球有关海洋的总战略和总规划，是用以指导和规范政府海洋政策行为的理念和方法，是相关主体在制定海洋政策时的价值选择，它直接决定了一国及地区实施的是以开发海洋为主的功利型海洋政策，还是以保护海洋为主的生态型海洋政策。我国的《中国海洋21世纪议程》、日本的《海洋基本计划》正是这一层面的海洋政策，分别代表我国和日本在21世纪的海洋政策总体理念；第二层是一国及地区的海洋基本政策，海洋基本政策一般是中央机关制定的有关海洋开发与保护的总括性政策①，对海洋实践活动规范的具体制定和执行起指导和规范的作用，相比具体政策，具有较高的稳定性和适用范围上的广泛性，其形式通常为特定的海洋法律、海洋行政法规和国家级海洋规划，日本的《海洋基本法》、我国的《山东半岛蓝色经济区发展规划》和《中华人民共和国海洋环境保护法》均属此列；第三层是调整具体海洋社会活动的政策规定，范围包括前两个层面以外的所有海洋相关政策，通常表现为特定区域或特定时间段内的海洋政策，我国青岛市每年为期3月、南海为期2个月半的休渔制度，日本的《濑户内海环境保护特别措施法》都属于这一层面的海洋政策。

最后，海洋政策的目的是旨在使各类海洋开发实践活动顺利、有序、可持续推进的海洋政策实施的根本原因。海洋政策的最终目标是维护海洋利益，这也是海洋政策制定的依据和出发点。海洋政策制定和实施的目的与作为海洋政策调整对象的海洋开发实践活动紧密相连，具体分为以下三种：第一是以引导海洋开发利用活动为目的的引导型海洋政策，即指促进渔业水产养殖等第一产业、海洋勘探等第二产业、海上交通、海洋娱乐等第三产业的发展为目的而制定的相关社会制度和作用机制，是以鼓励、帮助和指导海洋产业活动顺利、有序、可持续发展为目的的海洋政策。第二是以支持海洋产业活动为目的的支持型海洋政策，即指为使海洋产业活动得以顺利、有序、可持续开展，而对海洋文化、科技、教育及社会服务与

---

① 王刚、刘晗：《海洋政策基本问题探讨》，《中国海洋大学学报（社会科学版）》2012年第1期。

管理等方面的海洋实践活动加以指导、帮助和鼓励的海洋政策，是对海洋核心产业活动起到支持作用的相关实践活动；第三是以维护海洋利益为目的的维护型海洋政策，即指为保护一国、地区乃至全球的海洋生态、海洋环境、海洋资源和维护一国及地区在与他国交往过程中的海洋相关权益的海洋政策，旨在防止、减少或消除因海洋开发利用及其相关活动而对海洋利益的可持续获取所造成的损害。

在以上关于调整海洋开发实践活动中所形成的社会关系与社会秩序的海洋政策主体、客体、手段和目的中，海洋政策所调整的海洋实践活动是关键，理由如下。第一，海洋政策的主体是由相关社会群体的海洋实践活动所决定的，特定社会成员是否成为海洋政策的主体，参与海洋政策制定执行的程度和所扮演的角色，都是由其相关社会群体所实施的海洋实践活动方式、活动范围、所涉海洋利益、对全国经济及社会发展的影响等因素所决定的。政府对一国海洋利益的获取、海洋事业的发展有着最直接的责任；政治团体的背后是与海洋实践活动有着各种联系的利益集团；民间组织和社会公众也都有着各自需要维护的海洋利益，并为获取这一利益实施着各种海洋实践活动。海洋实践活动是特定社会成员成为海洋政策主体的基本条件。

第二，海洋政策的手段是海洋政策达到调整海洋实践活动的最有效的途径，不同层面上形式各异的海洋政策正是为了最大限度地使得相关涉海行为能获得最有序的安排，海洋总体战略和规划可以为所有的海洋实践活动提供行动的理念，海洋基本政策则为相关涉海行为提供实践的基本行动纲领，具体海洋政策则为具体涉海行为的实践提供了具体的准则，有效调整海洋实践活动是海洋政策采取不同形式的基本原因。

第三，海洋政策的目的更是为了配合海洋实践活动的目的才得以形成的。海洋政策之所以分为引导型海洋政策、支持型海洋政策和维护型海洋政策，正是为了分别对海洋开发利用活动、海洋事业的支持活动、海洋保护活动加以帮助、指导和鼓励，使其获得顺利、有序、可持续发展的社会环境和社会条件。由此可知，作为海洋政策客体的海洋实践活动及由此产生的海洋社会关系和海洋社会秩序是海洋政策中的关键。

（二）海洋政策的特征

作为一国及地区调整海洋实践活动的社会控制的手段和机制，海洋政策有着十分显著的特征，使其既区别于道德、习俗和传统等其他社会控制手段与机制，又不同于调整其他社会实践活动的非涉海政策。

第一，与国家利益紧密相连。海洋政策所调整的是以海洋为对象、载体和空间而实施的海洋实践活动，海洋作为相关实践活动对象的特殊性是海洋政策的首要特征，而这一特殊性又因关联着资源、能源、交通等人类生存生活的重要因素而与国家利益紧密相关。随着人类驾驭海洋能力的不断提升，海洋在经济等方面的战略价值已毋庸置疑。渔业等海洋生物资源不仅对许多沿海国家和地区的饮食生活至关重要，更曾被不少海岛国家及地区视为不可或缺的食物和蛋白质来源；海洋产业在涉海国家的国民经济中的重要性也在普遍提高，相关产业的就业群体规模不断扩大；21 世纪以来，能源危机已成为不争的事实，海洋作为原油、矿藏等能源的"最后的宝库"，自然受到了越来越多的重视，控制海洋已成为控制能源的必要手段；海洋运输通道及海运港口的战略价值也已为世界各国所深知，对许多沿海国家而言，海运对经济社会生活的重要性正在日益凸显；对一些海岛国家和地区而言，海运线更是意味着不可或缺的生命线。海洋利益已成为众多涉海国家的国家利益，关乎国家经济社会发展的根本。美国从 20 世纪中叶起就视海洋政策为根本国策，《杜鲁门公告》（1945 年）、《斯特拉特顿报告》（1969 年）、《2000 海洋法令》（2000 年）、《21 世纪海洋蓝图》和《美国海洋行动计划》（2004 年）[1]，每一项海洋政策的目标都指向国家利益的确保。近年来，由于全球气候变化的影响，北极地区在经济、安全、科研、生态等方面的潜在价值正日益凸显，美国也由此将"北极地区"作为新海洋政策实施的优先领域之一，以加强对北极环境的保护与管理来确保北极地区的美国国家利益[2]。同理，印度之所以近来加紧了海洋政策的全面推行，除了印度的大国战略，也和印度洋丰富的渔业、锰矿和石油资源密不可分[3]。海洋政策带有明显的国家利益特性。

第二，综合性。海洋政策是海洋经济政策、海洋科技政策、海洋政治政策、海洋军事政策、海洋文化政策等一系列政策的综合体，即使是特定领域的具体海洋政策也通常是对一系列相关联的海洋实践行为的综合调整，

---

① 高益民：《海洋政策及其对海洋环境保护的影响》，《山东社会科学》2008 年第 12 期。

② 石莉：《美国颁布新海洋政策　加强对海洋、海岸和大湖区的管理》，《国土资源情报》2011 年第 5 期。

③ 杨金森：《外国在制定海洋政策上值得借鉴的理念》，《中国海洋报》2005 年 4 月 19 日。

综合性是海洋政策的重要特性。首先，综合性体现在对各种海洋事务的指导活动的协调和凝聚上。美国《21 世纪海洋蓝图》明确勾勒出海洋政策的变革蓝图，成立国家海洋委员会、总统海洋政策咨询委员会和区域海洋委员会，对联邦政府原本分散零碎的海洋管理机制加以凝聚①。奥巴马总统在备忘录中指出，海洋、海岸和大湖区为美国提供就业机会、食品、能源、生态服务与娱乐场所，还为发展旅游提供了条件，为成功地保护海洋、海岸和大湖区，美国需要在统一的框架和明确的国家政策指导下采取行动，包括全面、综合和基于生态系的方法，从长远的角度保护和利用这些资源②。其次，这一特性也体现对海洋环境保护活动的高度综合化指导上。海洋无限广阔，环境极其复杂多变，因此必须使各种海洋环境保护活动相互协调、统一，避免各自为战。美国总统奥巴马 2010 年签署的海洋政策行政令《海洋、海岸和大湖区国家管理政策》集中反映了美国在海洋环保领域的政策指导理念，其中明确指出要加深对海洋、陆地和大气之间联系的重要性的认识，因为只有搞清楚这些自然变化的影响及其相互作用的定性和定量关系，才有可能制定适当而合理的政策③。最后，综合性还体现在对海洋开发与海洋保护的高度整合化指导上。美、英、日、德等海洋强国固然早就将可持续开发和利用海洋资源当作海洋政策的核心内容之一，就连马尔代夫等发展中国家，近年来的海洋政策中环保色彩也日益浓厚，在"一个岛屿一个胜地的政策"指引下，植被和珊瑚礁的破坏活动、濒危海洋生物销售活动和随意捕杀鱼类的活动被严厉禁止④，海洋政策融合了海洋旅游业与海洋环保事业，综合性十分鲜明。为了预防海岸带开发活动给环境造成的破坏，荷兰制定了一份海岸带综合管理计划⑤，类似的综合管理计划也出现在了德国的海洋政策中；日本的《海洋基本计划》也同样是一份综合性的海洋事业规划，这份规划与《海洋基本法》以及内阁府设立的以首相为本部长的综合海洋政策本部⑥共同构成了日本高度综合性的海洋政策基本

271

---

① 焦永科：《21 世纪美国海洋政策的主要内容》，《中国海洋报》2005 年 6 月 17 日。

② 张艳：《美国：拟制订首个国家海洋政策》，《中国海洋报》2009 年 7 月 28 日。

③ 石莉：《美国颁布新海洋政策　加强对海洋、海岸和大湖区的管理》，《国土资源情报》2011 年第 5 期。

④ 张小青：《各国海洋政策日趋综合环保》，《中国海洋报》2005 年 11 月 1 日。

⑤ 丹枫：《欧洲部分国家海洋政策动态》，《海洋信息》1998 年第 6 期。

⑥ 佚名：《日综合海洋政策本部挂牌》，《海洋世界》2007 年第 8 期。

构架。

第三，长期性。海洋事业关乎国家根本利益，不仅需要对海洋开发实践活动加以综合性的指导，同样需要立足长远，以可持续发展的眼光来对相关活动的行为加以判断、指导和评价，建立其短期、中期、长期的层层推进的海洋政策。因此，长期性也是海洋政策的重要特征。海洋教育正是众多海洋国家的长期性海洋政策的重要体现，无论是美国推动的"将海洋教育融入基础教育"的终身海洋教育政策，还是日本的"致力于完成从岛国到海洋国家的转变"的海洋国民教育政策，抑或是欧盟巩固并提高人们的海洋传统意识的海洋教育政策①，都充分体现了这些国家的海洋政策致力于未来海洋事业可持续推进的长期性。教育和培训总是相辅相成的，印度为实现今后在印度洋的长期海洋利益，已着手建立起自力更生的技术基地，对技术人才的培养进行认真规划，鼓励青年科学家、工程师和技术人员参加海洋开发计划，同时将采取激励措施吸引国内科学家和侨居国外的印裔科学家参加这些计划②。其次，海洋实践活动可持续发展理念同样是海洋政策长期性的体现。我国《国民经济和社会发展第十一个五年规划纲要》明确提出要强化海洋意识，维护海洋权益，保护海洋生态，开发海洋资源，实施海洋综合管理，促进海洋经济发展，并对如何合理利用、保护和开发海洋资源等进行了具体规划③。美国的《海洋、海岸和大湖区国家管理政策》强调加强沿海社区、海洋和大湖区环境的恢复力及其应对气候变化影响和海洋酸化的能力，其目的也是为了可持续地开发利用海洋，使人类、社会和海洋生态系统和谐统一地发展④。此外，对海洋新兴产业、海洋科技新兴领域的重视和引导同样是海洋政策的长期性体现之一。2001年，日本内阁会议批准的《海洋科技发展计划》中，海洋开发和宇宙开发共同被确立为维系国家生存基础的优先开拓领域；2007年《海洋构筑物安全水域设定法》将推进勘查开发有望成为未来能源的资源，这些都在表明日本在海洋政策中立足

---

① 姜旭朝、王静：《美日欧最新海洋经济政策动向及其对中国的启示》，《中国渔业经济》2009年第2期。

② 李景光：《印度的海洋政策》，《中国海洋报》2005年10月14日。

③ 陈俊、同春芬：《美日中海洋政策及其政策工具刍议》，《科技管理研究》2009年第7期。

④ 石莉：《美国颁布新海洋政策　加强对海洋、海岸和大湖区的管理》，《国土资源情报》2011年第5期。

未来的努力和决心①。

第四，国际性。海洋实践活动以海洋为对象、空间和载体，必然要面对与其他国家与地区之间的关系和秩序维持问题，无论是共享同一海域、海底、海岛和海面上方的空间，还是利用同一海洋通道进行海洋运输，抑或是以同一片海洋及其中的生物矿藏资源为实践活动的对象，相关社会群体都必然要面对与他国及地区之间的关系协调问题，以调整相关群体及其海洋实践活动为宗旨而形成的海洋政策也由此被赋予了较强的国际性色彩。许多海洋国家在制定国内相关海洋政策时都意识到了国际性的特点，无论是美国的《21世纪海洋蓝图》、日本的《海洋基本法》，还是我国的《国民经济和社会发展第十一个五年规划纲要》，都在有关海洋事业的规定中着意强调了要致力于全球合作，以寻求共同发展②。欧盟国家同样注重海洋政策中的国际化特性，比利时对海洋保护的区域性公约一直持积极参与态度，对《奥斯陆和巴黎公约》、北海保护国际会议、国际陆圈—生物圈计划和欧洲研究计划"环境和气候"以及"海洋科学技术"等国际海洋环境保护的合作领域均有涉足；挪威政府认为，原则上任何污染物对于海洋来说都是有害的，因此十分积极地参与各种全球性、地区性的海洋环保合作行动，并相应制定本国的海洋政策，这些国际合作活动包括《奥斯陆和巴黎公约》《波恩协议》"北极环境保护饯略"《联合国海洋法公约》《伦敦公约》及"北海合作"，此外，挪威还提供《南森规划》以支持发展中国家的渔业研究和管理，充分体现了海洋政策制定实施的国际合作精神③。

第五，区位性。海洋政策既然以海洋实践活动及由此产生的社会关系及秩序为调整对象，就必然带有海洋实践活动所具有的区位性特点。海港的位置、航线的地位、海底的资源、海面的海岛、海洋的季风和洋流、海面的大气升沉变化，所有这些区位性特点都鲜明地印刻在相关社会群体海洋实践活动的每个环节中，海洋政策要对由此产生的社会关系进行协调，对由此构建起的社会秩序加以维持，都无法忽略这些区位性特点。多年来，苏联及俄罗斯在其海洋政策的制定中一直把不冻港及其航线视为战略重点，

---

① 陈俊、同春芬：《美日中海洋政策及其政策工具刍议》，《科技管理研究》2009年第7期。
② 陈俊、同春芬：《美日中海洋政策及其政策工具刍议》，《科技管理研究》2009年第7期。
③ 丹枫：《欧洲部分国家海洋政策动态》，《海洋信息》1998年第6期。

即使遭到来自日本的强烈抗议，也不曾分毫减弱对北方四岛的控制力度[1]；一直以来，美国和日本就把马六甲海峡视为自己的势力范围，通过海洋军事政策和外交政策来严加控制，正是缘于马六甲海峡是重要石油输出国聚集地中东地区通往东南亚、东亚、东北亚的战略性通道[2]；作为连接太平洋和亚洲大陆的半岛国家，陆地空间及自然资源的贫乏激励着韩国对海洋政策日益重视，特有的区位性不仅促使这个半岛国家对管辖范围内的沿海地区的生物资源和非生命资源进行了行之有效的管理和开发，更促使其把水产业、运输业和造船业、海岛结构建设和沿海建设列为本国的紧迫首要政策[3]。近年来，越南、菲律宾等东盟国家之所以就南海问题在外交政策上对我国频频发难，也无非是为了南海海底丰富的矿藏资源；而钓鱼岛如不是处在中日海上边境的敏感地带，也就不会成为中日两国近期外交政策上的难点了。

第六，科技性。人类驾驭海洋的能力随着近现代科学技术的不断提高而节节攀升，海洋实践活动在空间上的拓展、范围上的扩大、结构上的日益复杂、在未知新兴领域的不断开拓、在环境保护和开发利用上的平衡无一不需要科学技术来加以支撑，科技性是海洋实践活动的重要特征，促进海洋科技发展也是海洋政策的重点。事实上，世界各国都在通过对海洋科技进行政策上的引导，来培养海洋自主创新意识。

美国通过联邦预算和海洋政策信托基金对国家海洋政策提供资金支持，通过建立健全海洋科学研究项目和海洋检测系统来提高海洋科学水平；日本1997年开始实施的《海洋开发推进计划》和《海洋科技发展计划》，2001年日本内阁会议批准的有关"优先进行海洋开发"的科技基本规划，2007年制定的旨在推进海洋未来能源勘查开发的《海洋构筑物安全水域设定法》都是海洋政策科技性的具体体现；欧盟也提出了欧洲海洋科学研究综合策略，鼓励科学界、产业界及政策制定者之间的合作和交流[4]。此外，欧盟各国也分别在海洋科技发展的政策制定中大做文章。近年来，冰岛政府为保护海洋环境，通过政策调整改变了政府当局和科技界在海洋实践活

---

① 龙泉：《从梅德韦杰夫登岛事件中想到的》，《中国海洋报》2012年7月13日。

② 张运成：《马六甲海峡与世界石油安全》，《环球时报》2003年12月5日。

③ 洪成勇、陈鸿衡：《韩国的海洋政策（上）》，《海洋开发与管理》1996年第3期。

④ 姜旭朝、王静：《美日欧最新海洋经济政策动向及其对中国的启示》，《中国渔业经济》2009年第2期。

动中的主要任务，注意的重点从帮助渔民等相关社会群体进行新渔场和新物种的开发转变为提高对海洋生态系统和海洋生存环境的科学研究上；比利时的北海数学模型管理单元的海洋数据库在海岸带综合管理方面发挥着十分重要的作用；德国正在致力于提高海洋科学技术，为社会经济和环境状况的监视活动建立有组织的监视系统；丹麦目前已掌握多种技术方法，足以鉴定来自陆源的海洋环境污染的主要类型[①]。为了在海洋开发中自力更生，掌握必不可少的技术，印度政府近年来一直致力于潜水系统用仪器、定位与位置保持技术、材料开发技术、大洋数据采集装置、具有防腐蚀能力的潜水器、能源和节能装置等领域的海洋技术的国内研制、测试和使用，相关海洋政策也由此展开[②]。

275

我国对海洋科技的发展和培育理念很早就融入海洋政策的制定和实施过程之中。1956 年，我国科学规划委员会海洋组起草了《1956 至 1967 年海洋科学发展远景规划》；从 1980 年开始组织实施了"全国海岸带和海涂资源综合调查""我国近海海洋综合调查与评价"等专项工程；2006 年 9 月 4日，首次全国海洋科学技术大会在北京召开，会议明确了中国海洋科技创新的指导方针和目标任务，从而再次为我国海洋科技的发展提供了政策上的导向[③]。

（三）海洋政策的内容

当前世界各国的海洋政策作为调整一国或地区海洋开发实践活动所涉及行为及由此产生的各种社会关系的战略原则、法令、措施、办法和条例的综合体，其内容主要涉及海洋资源的可持续利用，海洋环境和生态保护，海洋经济的统筹与协调，海洋科技与海洋教育，国际事务的参与，海洋管理体制，海洋执法等领域。

第一，海洋资源的可持续利用。海洋水产资源等海洋生物资源、海底矿藏能源的可持续性开发利用关系到人类海洋开发实践活动能否长期性、持续性开展。水产资源的保护和管理，水产生物生长环境的保全与改善，渔场生产力的提升，海底原油、天然气及矿物资源的合理开发利用都是各国海洋政策中的重要领域。日本《海洋基本法》明确规定：国家应对海洋

① 丹枫：《欧洲部分国家海洋政策动态》，《海洋信息》1998 年第 6 期。
② 李景光：《印度的海洋政策》，《中国海洋报》2005 年 10 月 14 日。
③ 陈俊、同春芬：《美日中海洋政策及其政策刍议》，《科技管理研究》2009 年第 7 期。

资源在将来的可持续性开发利用采取必要的措施①。美国海洋政策用了六章的篇幅对美国 30 年来的渔业管理、海洋物种面临的风险、珊瑚生态系统的地位进行评价，提出要建立科学的可持续性渔业，强化渔业管理，对海洋哺乳动物、濒危物种、珊瑚礁及其他珊瑚群落实施保护，发展新的海洋水产养殖管理框架以及近岸资源管理的其他建议②。我国《国家海洋事业发展规划》中明确指出：依法强化海域使用、海岛保护、矿产资源、港口及海上交通、海洋渔业等管理，加大海洋开发利用的执法监察力度，规范海洋开发秩序，使海洋开发利用的规模、强度与海洋资源、环境承载能力相适应，促进海洋的可持续开发利用③。

第二，海洋环境和生态保护。各国海洋政策普遍强调坚持海陆统筹、河海兼顾原则，严格海洋环境监督，加大海洋污染控制和治理力度，加强海洋生态的调查与评价，促进海洋生态自然恢复。《英国海洋法》在其第五章中明确规定了海洋保护的目标：扭转英国海洋生物多样性的下降趋势；促进海洋生物多样性的恢复；提高海洋生态系统的运行功能和对环境变化的应变能力；在决策过程中更多地考虑海洋自然保护问题；更好地履行英国在欧盟和国际上作出的海洋自然保护承诺④。我国《国家海洋事业发展规划》从海洋环境监督、海洋污染控制和整治、海洋生态监控与评价、海洋生态保护与修复四个方面，就以下海洋开发实践活动的行为规范进行了规定：第一，统筹协调海洋环境的调查、监测、监视、评价和科学研究工作；第二，健全入海污染物排放总量控制制度，削减污染物入海总量；第三，建设全国海洋生态监测网，继续加强 18 个海洋生态监控区工作，逐步增加海洋生态监控区的类型，扩大监控区范围，重点监督生态监控区内的开发活动，建立通报制度。第四，加强海洋生物多样性、重要海洋生境和海洋景观的保护⑤。

---

① 日本《海洋基本法》第十七条。
② Pew Oceans Commission 编《规划美国海洋事业的航程》，周秋麟、牛文生等译，北京：海洋出版社，2005 年，第 19 页。
③ 《国家海洋事业发展规划》，载《中国海洋发展报告（2010）》，北京：海洋出版社，2010 年，第 534 页。
④ 国家海洋局海洋发展战略研究所课题组编《中国海洋发展报告（2011）》，北京：海洋出版社，2011 年，第 409 页。
⑤ 《国家海洋事业发展规划》，载《中国海洋发展报告（2010）》，北京：海洋出版社，2010 年，第 535 ~ 536 页。

第三，海洋经济的统筹与协调。世界各国普遍在海洋政策中加入了海洋经济的统筹协调内容，强调海洋事业要加强对海洋经济发展的调控、指导和服务，提高海洋经济增长质量，壮大海洋经济规模，优化海洋产业布局，加快海洋经济增长方式转变，发展海洋循环经济，提高海洋经济对国民经济的贡献率。欧盟委员会在 2011~2013 年《欧盟综合海洋政策》的实施规划中作出了发展海洋空间规划和海岸带综合管理的规定，以此提供稳定的海洋规划框架，保证海洋发展的稳定性和经济上的可行性[①]。海洋规划也成为英国建立本国战略性海洋开发体系的政策手段，《英国海洋法》将这一海洋开发体系分为两个阶段，第一阶段将是编制海洋政策，确立海洋综合管理方法，确定海洋保护与利用的短期和长期目标；第二阶段将制定一系列海洋规划与计划，以帮助各涉海领域落实海洋政策[②]。我国《国家海洋事业发展规划》则指出，应在全国主体功能区规划的指导下，根据海洋资源环境承载能力、已有开发密度和发展潜力，在海洋功能区划基础上，对我国管辖海域进行分析评价，明确各类海洋主体功能区的数量、位置、范围，以及每个主体功能区的定位、发展方向、开发时序、管制原则和政策措施等，适时启动重点区域海洋开发规划，指导沿海地区开发活动，实施动态管理[③]。

第四，海洋科学技术与海洋教育。各国海洋政策都将海洋科技作为政策调整的主要内容，发展海洋高新技术和关键技术，加强海洋教育与科技普及，培养海洋人才，着力提高海洋科技的整体实力，为海洋事业发展提供保障。我国《国家海洋事业发展规划》中把海洋前沿技术、海洋关键技术、海洋基础科学研究、海洋科技创新平台、科技兴海平台、海洋教育与科普等活动列为我国海洋科技方面政策的主要内容[④]。日本《海洋基本法》规定，国家应采取必要措施，建设海洋科学技术的相关研究体制，促进海

① 国家海洋局海洋发展战略研究所课题组编《中国海洋发展报告（2011）》，北京：海洋出版社，2011 年，第 413 页。
② 国家海洋局海洋发展战略研究所课题组编《中国海洋发展报告（2011）》，北京：海洋出版社，2011 年，第 409 页。
③ 《国家海洋事业发展规划》，载《中国海洋发展报告（2010）》，北京：海洋出版社，2010 年，第 536~537 页。
④ 《国家海洋事业发展规划》，载《中国海洋发展报告（2010）》，北京：海洋出版社，2010 年，第 541~542 页。

洋科技研究开发,培养海洋科技研究人员与技术人员①;并规定国家应在学校教育和社会教育中推动海洋教育,培养拥有海洋政策所需知识能力的人才,促进大学中的跨学科海洋相关研究②。欧盟则在 2011～2013 年《欧盟综合海洋政策》的实施规划中作出规定,要发展合理的海洋知识结构,为公共权力部门和海洋商业提供准确可靠和高质量的海洋数据,促进竞争和创新,减小海洋数据用户的运行成本③。

第五,国际事务的参与。全球化时代中,各国普遍在海洋政策中加强了国际事务参与和介入的相关内容。美国在其海洋政策中提出在保护海洋方面要扮演全球角色,制定和实施国际海洋政策,包括执行《联合国海洋法公约》以及其他与海洋有关的国际协定等,加强国际海洋科学和管理能力建设④。我国《国家海洋事业发展规划》中也规定:持续开展国际海底区域勘查,发展深海技术,培育深海产业。进一步拓展极地考察空间,完善极地考察工作体系。在海洋科技、海洋资源和环境保护等领域,加强双边和多边国际合作⑤。日本也在通过海洋政策不遗余力地推动国际合作与国际协力,其《海洋基本法》规定:日本国家政府应采取必要措施,积极参与海洋相关的国际合作事业,积极推动海洋资源、海洋环境、海洋调查、海洋科技、海上犯罪取缔、防灾、海难救助等国际协力⑥。

第六,海洋管理体制。各国海洋政策普遍显示对建设高层次、综合性海洋管理协调机制的重视。美国联邦政府最高行政机关(总统行政办公室)内建有总统助理级的国家海洋委员会,促进和改善联邦涉海机构之间的协调,并提出通过渐进方式对联邦涉海机构进行重组,第一步加强现有联邦涉海机构的职责;第二步合并现有各联邦机构的同类海洋计划,形成合力,避免重复建设;第三步考虑组建统一的海洋管理部门,加强对海洋

---

① 日本《海洋基本法》第二十三条。
② 日本《海洋基本法》第二十八条。
③ 国家海洋局海洋发展战略研究所课题组编《中国海洋发展报告(2011)》,北京:海洋出版社,2011 年,第 413 页。
④ Pew Oceans Commission 编《规划美国海洋事业的航程》,周秋麟、牛文生等译,北京:海洋出版社,2005 年,第 19 页。
⑤ 《国家海洋事业发展规划》,载《中国海洋发展报告(2010)》,北京:海洋出版社,2010 年,第 540 页。
⑥ 日本《海洋基本法》第二十七条。

的统一管理①。《欧盟综合海洋政策》的 2011～2013 年实施规划规定：提升欧盟层面、国家层面和区域层面海洋综合管理，以此保证有关决策不仅仅考虑单个领域的政策，而是以更广泛的视野来评价各种活动对海洋的影响②。依据《英国海洋法》规定，英国政府将成立全面负责海洋管理工作的"英国海洋管理组织"，以实现可持续发展等海洋领域的诸多目标。该组织将采用综合、统一和连贯的管理方法，减少管理层次，提高管理效率，是一个肩负管理职能的公共机构，受主管海洋事务的大臣领导③。

（四）海洋政策的构成

在前文对海洋政策的主体、客体、手段和目的的论述中可知，把握海洋政策客体的海洋实践活动，是理解海洋政策内涵的关键与核心，因而对海洋政策的结构、体系和成分的解析也可依据对相应海洋实践活动的指导、帮助、规范、引导等调整方式的不同，来分别进行相应论述。

海洋实践活动可依其目的不同分为海洋开发利用活动、海洋事业的支持活动和海洋保护活动，海洋政策以海洋实践活动为调整对象，按照这些活动中的行为目的，来相应进行协助、指导和鼓励这些活动开展的制度安排，由此可见，海洋政策的目的也必然与海洋实践活动的目的保持一致，或相比海洋实践活动的目的更具前瞻性、协调性、综合性和长期性。因此，海洋政策也可相应按其目的不同，划分为以引导海洋开发利用活动为目的的引导型海洋政策、以支持海洋产业活动为目的的支持型海洋政策、以维护海洋利益为目的的维护型海洋政策。海洋政策的构成可根据这一分类标准进一步细化如下。

第一，引导型海洋政策是以鼓励、帮助和指导海洋产业活动顺利、有序、可持续发展为目的的海洋政策，因此，这一类海洋政策主要包括海洋第一、第二和第三产业的发展政策。第二，支持型海洋政策是对海洋核心产业活动起到支持作用的相关实践活动，这一类海洋政策主要包括对海洋经济活动起到基础性支持作用的海洋财税政策，以及帮助海洋产业活动顺

---

① Pew Oceans Commission 编《规划美国海洋事业的航程》，周秋麟、牛文生等译，北京：海洋出版社，2005 年，第 18 页。

② 国家海洋局海洋发展战略研究所课题组编《中国海洋发展报告（2011）》，北京：海洋出版社，2011 年，第 412～413 页。

③ 国家海洋局海洋发展战略研究所课题组编《中国海洋发展报告（2011）》，北京：海洋出版社，2011 年，第 408 页。

利有序可持续开展的海洋科技文化教育政策。第三，维护型海洋政策是对海洋环境资源及相关权益加以维护的海洋政策，这一类海洋政策主要包括海洋权益政策和海洋环境资源保护政策。

1. 海洋产业政策

海洋产业政策是政府及海洋产业活动相关个体、群体与组织为实现海洋开发实践活动相关利益的特定目标而对海洋核心产业的生产服务活动进行规划、指导、促进、调整、保护、扶持和限制等方面的干预行为，通过对海洋产业的形成和发展的途径、规模、形式、速度、布局等进行制度上的安排，以达到调整海洋产业活动的行为、由此产生的海洋产业社会关系及社会秩序的目的的各种政策的总和。这一概念可以从参与海洋产业政策的制定与实施的主体、海洋产业政策所作用的客体、海洋产业政策的形式、海洋产业政策的目的等方面加以理解。

首先，海洋产业政策的主体是参与海洋核心产业政策从制定、执行、评估到完善的整个实施过程的相关个体、群体与组织。海洋产业政策的主体主要包括中央及地方政府中海洋产业相关的行政管理机关、涉海国家的政党及其他政治团体、海洋经济与产业相关的企业及其他民间组织以及作为海洋产业利益相关者的社会公众。其中，海洋产业相关的行政管理机关主要包括国家海洋局、国家海事局、国家渔业局等几个相互独立、平行的行政主管部门；省和直辖市一级的海洋厅、海事厅、渔业厅等行政主管部门；直接面对涉海企业、负责海洋产业政策的落实、执行的基层行政主管部门。这些部门共同组织实施海洋产业政策，海洋政策的颁布与执行主要依靠上述行政管理机关及其特定职能部门来实施。此外，海洋产业政策的规划、策略制定由立法机构中的相关组织及群体与特定部门共同完成；涉海国家的政党及其他政治团体为推进国家海洋经济、促进海洋产业发展，会干预海洋产业政策的制定、实施以及此后的意见反馈与评估过程；涉海企业为实现和维护其合法海洋权益，必然会要影响海洋产业政策的制定过程；相关科研机构和民间组织也会因间接利益和特定职能的需要而参与到影响海洋产业政策的队伍中来；海洋产业政策的整个实施过程都会受到作为海洋产业利益相关者的社会公众的全面监督。海洋产业政策实际上是在海洋产业社会各相关主体间的协调与规范中制定和实施的。

其次，海洋产业政策的客体。海洋产业政策以海洋核心产业的生产服务活动及由此形成的海洋产业社会关系及社会秩序为干预的对象，因此，把握海洋产业政策的客体，海洋核心产业活动是其中的关键。海洋核心产业活动即指人们在海洋开发利用的过程中，利用海洋资源和空间所进行的各类生产和服务活动[①]，包括海洋第一、第二、第三产业。其中，海洋第一产业指海洋核心产业通常直接从海洋中获取产品的生产和服务，主要包括海洋渔业、海水养殖业、海洋水产业等及其相关产业；海洋第二产业指对直接从海洋中获取的产品进行的一次加工和服务，以及直接应用于海洋和海洋开发活动的产品的生产和服务，主要包括海水综合利用业、海洋盐业、海洋化工业、海洋生物医药业、海洋采矿业、海洋油气业、海洋能利用业、海洋船舶工业、海洋工程建筑业等及其相关产业；海洋第三产业指利用海水或海洋空间作为生产过程的基本要素的生产和服务，主要包括海洋交通运输业、滨海旅游业、海洋娱乐业、海事金融保险等海洋服务业。海洋第一、第二、第三产业的活动领域、活动方式和活动目的各不相同，但无论是直接利用海洋生物资源的第一产业，还是从事海洋开发生产的第二产业，抑或是以海洋为空间和载体的服务业的第三产业，都是以向海洋索取利益来丰富人们的饮食生活、增进生活便捷、扩大生存空间、提供能源动力及其他改善生活质量、增进社会福利为目的的，对这样的海洋开发利用活动进行干预，海洋政策必须考虑顺应这一类活动的本质属性，引导这些增进人类生存生活的海洋实践活动能够迅速、顺畅、有序、可持续地发展。海洋核心产业活动的性质决定了海洋产业政策的目的。

最后，海洋产业政策的目的。海洋产业政策的目的是指为维护一国及地区在海洋产业上的利益，而通过海洋政策对海洋第一、第二、第三产业活动的实施进行引导的根本原因，是海洋产业政策制定的依据和出发点。海洋核心产业活动的性质决定了海洋产业政策必须将"引导型"干预作为调整海洋产业活动的目的，而这样的"引导型"干预的目的又可以分为以下几类。第一，规模引导，即指政府及相关主体通过规划、指导、帮助等方面的制度性引导行为，旨在使特定海洋产业的规模得以迅速、有序、持续性扩大的海洋产业政策目的；第二，结构引导，即指政府及相关主体通过规划、扶植、限制、调整等制度性引导行为，旨在使组成特定领域海洋产业整体的各个海洋产业组成部分的比例、搭配、排列和安排发生计划性

[①] 周达军、崔旺来：《我国政府海洋产业政策的实施机制研究》，《渔业经济研究》2009 年第 6 期。

调整变化的海洋产业政策目的；第三，布局引导，即指政府及相关主体通过规划、调整和指导等制度性引导行为，对海洋产业在特定区域内的空间设置和安排进行调整干预的海洋产业政策目的。第四，可持续引导，即指政府及相关主体通过规划、限制、保护等制度性引导，对海洋产业在未来的发展方向、发展方式和发展速度等进行安排和设置，使海洋产业发展的利益既能满足当代人的需要，又不对后代人满足其需要的能力构成危害。

2. 海洋财税政策

海洋产业实践活动中所形成社会秩序的良性发展离不开作为经济基础的财政支出及税收政策的支持，从整体上制定一套切实有利于扶植海洋经济健康发展的财税政策是海洋产业及其社会有序、协调、快速及可持续发展的前提条件；许多国家的经验也已证明，税收手段用于环境治理，其社会效果明显，利用征收资源税也可以达到节约能源的使用，提高资源的利用效率，限制高能耗产品的使用等目的，一定程度上抑制了资源的浪费和过度消耗①。海洋财税政策是政府机构及海洋经济相关个体、群体与组织为实现海洋经济发展的特定目标而对海洋经济各个环节的实践活动进行干预的国家财政支出与税收方面的各种政策的总和。

海洋财税政策的含义可以从参与海洋财税政策制定及执行过程中的相关主体、海洋财税政策所调整的客体以及海洋财税政策调整的手段这三方面来加以把握。

首先，海洋财税政策的主体即指参与海洋财税政策从制定、执行、评估到完善的整个实施过程的个体、群体与组织。海洋财税政策的主体主要包括中央及地方政府中的财政税务相关的行政管理机关、涉海国家的政党及其他政治团体、海洋经济相关的企业和其他科研机构等民间组织以及涉海国家的作为海洋经济利益相关者的社会公众。其中，海洋财税政策的规划、策略制定由立法机构以及财政职能部门完成；海洋财税政策的颁布与执行由各级政府的财政职能部门与银行、借贷公司等具有金融职能的组织来负责实施；海洋政策的制定、实施、评估与完善的整个过程都会伴随利益相关的政党、政治团体的参与；以企业为首的民间组织与社会公众作为利益相关集团，也会在很大程度上影响海洋财税政策的制定；海洋财税政

---

① 陈平、李静、吴迎新、杨海生：《中国海洋经济发展的财税政策作用机制研究》，《海洋经济》2012 年第 1 期。

策涉及企业与普通纳税人的税收与公共服务问题，因此其实施的整个过程都将受到全面的监控。海洋财税政策的实施过程实质上是海洋经济相关利益集团之间的博弈问题。

其次，海洋财税政策的客体即指海洋财税政策干预调整的对象，即指海洋产业及相关活动中涉及产业相关资金流动、融通、补充、限制和规范的一系列活动行为，以及由此形成的社会关系与社会秩序。其中，海洋产业的相关资金活动是这一客体中的核心与关键，具体可以做如下区分。第一，促进资金流通的活动，即指海洋产业的相关活动中的资金流动、融通能力，提高相关资金使用效率的活动。一国或地区的产业社会中，处于上升期、稳定期与衰退期的各种产业同时存在，发展程度各不相同，但支持各产业发展的资金却未必能相应充足，提高其中的闲置资金的利用率以支持处于上升期等需要资金支持发展的海洋产业的资金活动正是海洋财税政策的调整对象之一；第二，规范资金流通的活动，即指对流通于海洋产业各领域的相关资金的融资借贷、利率设定、购买销售等资金流通活动进行规范的活动，海洋产业从整体上看属于新兴产业领域，资金活动亟待规范，过度放任的民间及官方融资活动会对这一新领域的成长造成阻碍，这一类活动也属于海洋财税政策的调整对象；第三，补充与加强资金流通的活动，即指针对处于上升期、需要扶植的特定海洋产业领域缺少资金的状况，加强资金扶持力度的活动行为，特别是海洋产业中海水淡化利用、海洋生物制药等有待大量研发投入的新兴产业最需要此类资金活动的支持；第四，限制和减少资金流通的活动，即指针对特定需要对其规模、范围、影响等加以限制的特定海洋产业，或处于衰退期需要对其规模进行有计划缩减的特定海洋产业，实施限制和减少资金流入的活动行为，针对重污染、高环境成本及劳动密集型的海洋产业的缩减限制资金流入的行为均属此列。从海洋财税政策的调整对象来看，无论是鼓励、限制还是促进和规范资金的流通，都是以为海洋产业及其相关产业建立一个理想的融资环境、使相关产业发展具备充足、规范和可持续供应的资金基础、为海洋产业发展起到其他基础性扶持作用为目的的。海洋财税政策的调整对象决定了海洋财税政策的支持型海洋政策的属性。

最后，海洋财税政策的手段，即指海洋财税政策的相关主体为调整海洋产业相关资金活动，以及由此产生的社会关系与社会秩序而采取的特定方式、形式和途径，主要包括预算支出政策、有价证券投入政策、财政贴息政策、差别税收政策、政府采购政策及财政担保政策等政策建议①。其一，预算支出政策，即指政府及其特定职能部门利用公共资金来支持海洋产业发展的政策，海洋经济具有高科技、高风险、高投入等特性，涉及的海洋科学研究、深海勘探开发、海洋观测与调查、海洋环境保护、海洋防灾减灾等诸多领域都属于公共事业范畴，需要政府财政来保障和支撑。其二，有价证券投入政策，即指政府及其特定职能部门针对海洋产业中的基础性产业所需投入资金量大、回收周期长、涉及国计民生的特点，有意识地向金融领域投放资金的政策；其三，财政贴息政策，指通过少量财政资金的投入，引导更多的社会资本投入到政府鼓励的海洋产业领域的政策，常用于海洋新兴领域的建设，是吸引民间资本参与财税政策的有效手段；其四，差别税收政策，指针对具有技术研发价值、环保及其他示范效应，且市场竞争力仍不够强的特定海洋产业领域，实施税收及相应的财政补贴手段，以鼓励其发展的财税政策；其五，税收优惠政策，指通过对特定海洋产业领域实施税收优惠政策，以帮助该产业降低成本、提高市场占有率，达到鼓励或限制个别产业发展目的的财税政策。其六，政府采购政策，指针对产品服务业已成熟，但市场占有率仍较低的特定海洋产业领域，以政府购买的形式来增加扶持力度的财税政策；其七，财政担保政策，指通过创立国家风险创业基金的手段，直接推动特定海洋产业领域投资的财税政策；其八，生态补偿政策，指通过建立海洋生态补偿保证金制度，以及健全完善海洋生态环境价格机制和交易机制，加大海洋生态修复建设，完善对海洋生态环境损失的利益补偿的财税政策②。

3. 海洋文教科技发展政策

海洋产业活动中形成的社会秩序的良性发展同样离不开海洋文化、教育、科技以及相关社会管理与服务的支持。海洋核心产业的活动必须与海洋文化、教育、科技等相关产业相配合，海洋文教科技等相关产业活动的协调、有序发展对海洋开发实践活动中形成的各种社会关系及社会秩序的协调至关重要。海洋文教科技发展政策指政府机构及海洋文化、教育、科研、技术等领域的相关社会群体，为实现对海洋核心产业发展的支持而对

---

① 王晓惠：《促进我国海洋经济发展的财政政策分析》，《海洋经济》2011 年第 4 期。
② 本段内容参考王晓惠所著《促进我国海洋经济发展的财政政策分析》（《海洋经济》2011 年第 4 期）相关论述，并在此基础上论述、归纳而成。

海洋文化、教育、科学技术发展活动的各个环节的实践活动进行调整干预的各种政策的总和。海洋文教科技发展政策的内涵可以从参与海洋文教科技发展政策的相关主体、政策调整的客体、政策调整的目的这三方面加以把握。

首先，海洋文教科技发展政策的主体，即指在海洋文化、教育、科技发展政策的制定、执行、评估和完善的整个过程中有所参与的相关社会主体。海洋文教科技发展政策的主体较为多元，充分体现了海洋政策跨行业、跨部门、综合统筹发展的特点，主要包括中央及地方政府中的相关行政管理机关、涉海国家的政党及其他政治团体、海洋科技产业、海洋文化产业、海洋教育产业及相关管理服务产业的企业、教育机构、科研机构、民间组织以及涉海国家的社会公众。其中，相关政策的规划、策略制定由立法机构以及政府特定职能部门完成，海洋文教科技管理并不隶属于同一政府部门，而是分散在文化、教育、科技、旅游、民政、交通等众多部门，因此跨部门的统筹发展十分重要。相关政策的颁布和执行由各级政府的相关职能部门等负责实施；相关政党和政治团体会参与政策的制定、实施、评估与完善的整个过程；科研机构、教育机构作为这一政策的独立方，对相关政策的实施起着不可替代的影响作用；此外，相关企业、民间组织与社会公众都会作为利益相关方影响并监督政策实施的整个过程。海洋文教科技发展政策的实施过程与海洋开发实践活动各领域的社会成员有着广泛、普遍、密切的联系，海洋文教科技发展政策的有效调整对海洋开发实践活动所形成社会秩序的良性运行协调发展有着不可替代的重要作用。

其次，海洋文教科技发展政策的客体，即指相关政策所调整的对象，亦即海洋文化、海洋教育、海洋科技发展和相关社会管理服务的产业活动，以及由此产生的社会关系和所形成的社会秩序。第一，海洋文化产业活动，指相关社会群体所从事的海洋文学、艺术、民俗、宗教、祭礼及其相关领域的物质文化与精神文化方面的生产服务活动，近年来，随着沿海旅游业的发展，海洋文化产业有了长足的发展，随着相关活动规模日益扩大，社会影响日益提升，相关政策对活动的干预、规范和调整已成为重要课题。第二，海洋教育产业活动，即指相关社会群体所从事的以海洋领域的人文社会科学、自然科学、工学等为主题的学校教育、社会教育和特定培训等相关生产服务活动。海洋教育由于所培养的海洋领域人才可以为海洋经济社会发展作出重大贡献而具有公认的正外部性，又因人才培养所需时间而具有的与生俱来的滞后性，同时，因海洋教育直接关系到一国及地区全民海洋意识的培养，因而被世界各国作为重要战略来推行，从而具有了长期计划性，海洋教育产业活动在海洋实践活动中的地位由此不言自明。第三，海洋科技产业活动，指相关社会群体所从事的海洋人文社会科学、自然科学、工学及其交叉学科领域的基础性、应用性和实验发展性研究开发等生产服务活动，以及海洋生产生活相关领域的技术技能的开发、传承、完善等相关生产服务活动。海洋领域的科研与技术发展是海洋经济发展的根本动力，海洋科技产业活动的重要性促使相关实践活动的规模、范围、从业人数及影响领域都日益扩大。由此可知，海洋文化、教育和科技发展对海洋核心产业生产服务活动的支持不仅不可或缺，而且其支持力度将会越来越大，因此，相关政策的配合变得十分必需，如何通过政策来使得这些支持型的实践活动迅速、有序、持续性地发展起来是这类政策成功实施的关键。

最后，海洋文教科技发展政策的目的，即指相关政策制定与实施所指向的目标，是对海洋文化、教育、科技发展产业的相关生产服务活动进行调整干预的原因。这一类政策的总目的是对海洋开发利用活动的支持活动提供指导、规范和鼓励等帮助，以期对海洋开发利用活动提供更有效的支持。而相关政策按所提供支持的具体目的不同又可分为如下几类。第一，普遍支持型政策，针对海洋文化产业所指定实施的政策大多具有这一目的，海洋文化由于其深入沿海社会生活方方面面的本质属性，使其具有了大众化、多元化等特性，也使得调整这一类活动的政策必须秉承"百花齐放、百家争鸣"的方针，对各种海洋文学、艺术、民俗、节庆、祭礼和宗教实施普遍的支持。第二，重点支持型政策，针对海洋科技发展的政策大多具备这一目的性，海洋科技产业投入大、风险高、见效周期长的特点决定了这类政策很难实施面面俱到的支持，分散力量的结果很可能导致收效不理想，因此这一类政策必须对有希望产生重大突破的领域，通过制度性安排，鼓励资金、人员和其他社会资源向这些领域汇聚，进行集中性攻关。即使是人文社会科学领域，很多焦点领域同样离不开社会资源的聚集，具有侧重点的制度安排十分重要。第三，战略支持型政策，针对海洋教育的政策很大程度上具有这一目的性。海洋教育作为各国海洋战略的重点，受到各国海洋政策的重视，人才培养培养周期长、见效慢，加之海洋教育范围几乎涉及全民，这使得相关政策在进行安排时不得不对政策的短、中、长期的阶段性进行明确界定，对各阶段政策之间的关联进行细致的推敲，对教育所产生的社会影响所涉及的范围进行系统全面的设计，对其他海洋国家的海洋教育政策与本国的优劣性进行准确的评估，因此，海洋教育领域的政策是以战略性支持为目的的。

4. 海洋权益维护政策

海洋开发实践活动不仅包括有待发展壮大的海洋开发利用活动和对这类活动起到支持作用的相关活动，同样也包括对上述活动加以限制，以期使海洋利益在时间、空间的两个维度中均能获得最大化的相关实践活动，这类活动的一个主要类型是对本国或地区海洋权益进行各种方式的维护，对这类活动加以干预调整的政策就是海洋权益维护政策。海洋权益维护政策即指政府机构及海洋权益的相关社会群体，为实现一国或地区各种形式的海洋利益的维护，而采取的对特定海洋空间所涉及与他国及地区之间的交往活动，以及由此产生的与他国及地区间的社会关系和社会秩序的界定、规范、限制、保护等方面的各种政策的总和。海洋权益维护政策同样可以从参与政策制定执行的相关主体、调整的客体、调整的目的这三方面加以理解。

首先，海洋权益维护政策的主体是相关政策从制定、执行到评估、完善的整个实施过程中参与的主体。海洋权益维护政策的主体是政府部门、涉海国家的政党及其他政治团体、海洋权益相关民间组织及其涉海国家的全体社会公众。其中，海洋权益政策的规划、起草、制定由立法机关以及相应政府部门完成，通常来说，这些政府部门包括与海洋相关的海事、渔政、海洋环境等特定职能部门，以及与国家主权维护等职能相关的外交部、国防部等政府部门；海洋权益维护政策的宣布与执行则主要依靠中央政府海洋领域的特定职能部门及其地方政府中的相应职能部门，这些职能部门通常涉及海事、海洋监测、渔政管理、海上治安等海洋权益相关领域，此外，也包括与国家主权宣示和维护相关联的特定政府部门；一国及地区的政党及其他政治团体出于其本身的职责所需，对海洋权益的维护意识通常都十分强烈，因此常常参与到海洋权益维护政策的制定、实施以及此后的评估与完善过程中，并会对唤起社会公众的海洋国土意识和海洋利益意识起到很大的号召作用；渔业、海运等相关企业以及其他相关民间组织为实现和维护其合法海洋权益，必然会要影响海洋权益维护政策的制定过程；政策的整个实施过程都会受到涉海国家全体公众的重视与监督。虽然海洋权益维护政策的主体仅限于一国或地区内部，但这些社会群体与组织所关心的对象却是与自己使用同一个海洋空间的他国社会成员之间如何在海洋实践活动中共处的问题，为了对这些共处的行为标准进行规范，全国范围内的众多领域的社会成员都因利益相关而成为相关政策制定实施的主体。

其次，海洋权益维护政策的客体是相关政策所调整的对象，即特定海洋空间所涉及的与他国及地区之间的交往活动，以及由此产生的与他国及地区间的社会关系和社会秩序。其中，特定海洋空间所涉与非本国或地区社会成员之间有关海洋权益的社会关系则是这一客体中的核心。海洋权益指一国及地区在开发、利用和管理海洋及其自然资源的过程中所拥有的权利和获得的利益[①]，两国或地区在共用同一海洋空间，进行海洋开发实践活动的过程中，就海洋利益所产生的与他国及地区间的分化、对立、妥协和互补等关系，这些社会关系具体包括以下两方面。第一，分化对立关系，即指两国或地区的社会成员间就如何在同一海域空间中共处的行为准则、交往形式、空间及其资源的分配方式、各自的活动范围和活动路线等问题产生意见的分化、对立的相互关系；第二，妥协互补关系，即指两国或地区的社会成员间就如何在同一海域空间中共处的行为准则、交往形式、空间及其资源的分配方式、各自的活动范围和活动路线等问题在一定期间内达成一致，彼此就特定形式的海洋权益的取得和让渡形成相同的立场、意见或办法，并遵照这一理念实施各自的海洋实践活动。虽然所形成的关系有所不同，但无论是意见针锋相对，还是暂时或长期达成协调，这些海洋实践活动的目的都指向对本国及地区海洋权利和海洋利益的维护，分化对立是意见无法统一的必然结果，而妥协互补则是就现阶段形势判断下的维护自身海洋利益的最明智选择。

最后，海洋权益维护政策的手段，即指海洋权益维护政策的相关主体为调整海洋权益维护活动，以及由此产生的社会关系与社会秩序而采取的特定方式途径。各国所制定与实施的海洋权益维护政策，其实质都是对彼此海洋权益关系所进行的确认、协调与平衡，用以解决彼此之间可能存在的海洋权益的矛盾与冲突的关系，而达到这一目的所用的途径则可分为和平途径与军事途径两类。其中，和平途径又包括民间维护途径与官方维护途径，前者是指在政府部门的官方授权之下，由本国及地区的相关民间组

---

① 郭渊：《海洋权益与海洋秩序的构建》，《厦门大学法律评论》2005 年第 2 期。

织或半官方组织来实施政策的执行活动，通过民间行为完成对特定海洋权益的维护途径；而后者则指由外交部、具有对外交往职能的政府部门、海洋领域的特定职能部门及其地方政府中的相应职能部门等作为主体，代表本国，对外实施的对特定海洋权益的维护途径。军事途径则指一国以海军为主的军事部门或从事对外防卫职能的政府部门通过军事行动来实现对本国及地区特定海洋权益的维护途径。

5. 海洋环境保护政策

维护型海洋政策不仅包括对特定空间中海洋权利与利益的"对外"维护政策，也包括对特定空间的海洋环境的"对内"保护政策。不同于调整与他国及地区间关系的海洋权益维护政策，海洋环境保护政策属于本国及地区环境保护政策的一部分，是以本国及地区的海洋环境行为及相关社会关系为干预对象的政策。

海洋环境保护政策指以在本国及地区的与海洋相连的内水、领海、毗连区、专属经济区、大陆架以及本国及地区所管辖的其他海域空间中发生[①]的环境行为、造成本国及地区管辖海域环境生态问题的其他环境行为以及其由此产生的社会关系和社会秩序为对象，所采取的规划、限制、保护、鼓励、干预、调整等各种政策的总和。海洋环境保护政策的内涵可以从参与政策制定与实施的主体、政策调整的客体、政策调整的目的这三方面来加以把握。

首先，海洋环境保护政策的主体，即指海洋环境保护政策从制定、颁布、执行到评估、完善、监督的整个实施过程中的参与主体。海洋环境保护政策的主体主要包括中央及地方政府中环境与海洋相关的政府部门、涉海国家的政党及其他政治团体、沿海的民间组织以及沿海地区的社会公众。其中，海洋环境保护政策的规划、策略制定由立法机构及其他特定部门完成，特定政府部门主要包括国家环境保护相关部门和海洋相关部门及其地方政府层面上的相应部门；海洋环保政策的颁布与执行则依靠各级政府的环境保护与海洋相关的特定职能部门；涉海国家的政党及其他政治团体出于对国家海洋利益的维护意识，会参与到海洋环保政策的制定、实施、批判的过程中，也会对社会公众海洋环保意识的提升起到宣传与号召的社会

---

① 本概念系参考《中华人民共和国海洋环境保护法》第二条对"海洋环境保护"的定义，并在此基础上论述、归纳而成。

作用；沿海企业和相关民间组织为实现和维护其合法海洋环境上的正当权益，必然会试图影响海洋环保政策的制定和此后的批判、修改过程；由于事关切身利益，海洋环保政策的整个实施过程通常都会受到全体，特别是沿海地区社会公众的全面监督。

其次，海洋环境保护政策的客体，即政策的调整对象，指以在本国及地区的与海洋相连的内水、领海、毗连区、专属经济区、大陆架以及本国及地区所管辖的其他海域空间中发生的环境行为，造成本国及地区管辖海域环境生态问题的其他环境行为以及其由此产生的社会关系和社会秩序。其中，相关环境行为是客体中的关键，指本国及地区管辖海域空间内从事航行、勘探、开发、生产、旅游、科学研究及其他活动，或者在沿海陆域内从事影响海洋环境的实践活动①。这些活动又可具体做如下区分。第一，来自陆上的海洋环境影响行为，即指相关社会群体在沿海陆域范围内所从事的对海洋环境造成影响的社会实践活动，包括陆上的生产、服务、生活、娱乐等实践活动形式；第二，来自海岸的环境行为，即指相关社会群体在位于海岸带的地域空间中所从事的对海洋环境造成影响的社会实践活动，包括海岸工程建设、滨海娱乐、船舶停泊及其他海岸带上的生产、服务和生活实践活动形式；第三，来自海洋的环境行为，即指相关社会群体在位于海面、海底及其上空所在空间中所从事的对海洋环境造成影响的社会实践活动，包括海洋工程建设、海洋渔业及养殖业活动、海洋倾废活动、海上船舶航行及相关作业活动等海面上下空间的相关社会实践活动。海洋环保政策所调整的对象，正是由以上环境行为及由此产生的社会关系和社会秩序共同构成。从上述环境行为的性质来看，其对海洋环境所可能、将要、正在或已经造成的自然及社会影响是其中的关键问题，从而决定了对这些影响进行预防和治理等维护是这类政策的主要内容和目的。

最后，海洋环保政策的目的，指旨在使各类影响所管辖海域的环境行为及由此产生的社会关系和社会秩序规范、有序发展，与自然环境和社会环境和谐共处而实施海洋环保政策的根本原因。海洋环保政策的目的决定于作为其调整的对象的相关实践活动，相关政策按其目的不同可做如下分类。第一，保护和改善海洋环境的政策，即指旨在就所管辖海域中的海洋

---

① 本概念系参考《中华人民共和国海洋环境保护法》第二条对"海洋环境活动"的定义，并在此基础上论述、归纳而成。

环境行为对这一空间中的海水、沉积物、海洋生物和海面上空大气等海洋环境要素所造成非污染性的影响加以监督、预防和治理的海洋环保政策；第二，维护海洋生态平衡的政策，即指旨在对红树林、珊瑚礁、滨海湿地、海岛、海湾、入海河口、重要渔业水域等具有典型性、代表性的海洋生态系统，珍稀、濒危海洋生物的天然集中分布区，具有重要经济价值的海洋生物生存区域及有重大科学文化价值的海洋自然历史遗迹和自然景观予以保护，对具有重要经济和社会价值的已遭到破坏的海洋生态进行整治和恢复的政策；第三，保护海洋资源的政策，即指旨在对海洋生物、海底矿产等形成和存在于海水或海洋中的有关资源予以保护，以避免对人体健康和海洋社会可持续发展造成负面影响；第四，防治海域污染损害的政策，即指对来自陆源污染物、海岸工程建设项目、海洋工程建设项目、倾倒废弃物、船舶及有关作业等活动对海洋环境的污染损害加以预防，对已造成的污染损害进行治理的政策。

二 海洋管理

海洋政策为海洋开发、利用和保护活动规定活动章程、设定行为标准、限制行为类型、划定活动范围、规划未来发展方向和速度，可见，海洋政策的重点在于对特定活动及由此形成的社会关系与社会秩序勾勒蓝图，然而一定的社会关系及社会秩序一旦形成，又必然会与新产生的海洋开发、利用和保护实践活动在推进过程中发生冲突，产生矛盾，给相关社会的运行发展带来各种失衡问题，作为一片人类新近踏足的生产、服务和生活领域，海洋还没来得及做好迎接人类进军海洋的准备，尤其是当这些实践活动在以更快、更多、更广泛、更复杂的势头向海洋奔腾而去时，人海关系的和谐、人海秩序的均衡无疑将成为人类海洋事业中的难题。海洋社会矛盾的及时有效化解，海洋社会利益分配体系和社会管理服务体系的构建，无一不在呼唤一整套对海洋开发实践活动中的行为实施有效约束的社会控制机制的建立，这一社会控制机制的实质就是海洋管理。

（一）海洋管理的含义

从对相关主体的海洋实践行为及由此产生的社会关系与社会秩序的有效控制的角度来看，海洋管理是指相关主体为维护本国及地区的海洋权益、海洋资源、海洋环境的整体利益，通过方针、政策、法规、区划、规划的制定和实施，以及组织协调、综合平衡有关产业部门和沿海地区在开发利用海洋中的关系，以达到维护海洋权益，合理开发海洋资源，保护海洋环境，促进海洋经济持续、稳定、协调发展的控制活动的总称①。海洋管理的含义可以从参与海洋管理的主体、海洋管理客体、海洋管理目标这三方面来加以把握。

首先，海洋管理的主体，指参与海洋管理过程的相关个人、群体和组织。海洋管理不仅指海洋社会中的群体和组织对其成员相关行为的指导、约束或制裁等控制行为，也指社会成员之间相互影响、监督、评价和对控制方式的评估及完善的行为。从实践经验来看，在对海洋开发活动的管理与协调问题上，民间层面总是领先于国家层面的各种开发、管理手段与行为，总是在民间层面对海洋资源开发利用到一定程度后国家才实施被动控制②。因此，海洋管理的主体并不限于政府部门，而是指包括各级政府海洋行政主管部门在内的参与海洋开发、利用和保护活动的全部相关个体、群体和组织，是对彼此之间的海洋实践活动行为标准相互影响、监督和评价，以及对指导约束和制裁相关活动的控制体系的执行、监督、评价和完善的整个过程有所参与的全部相关个体、群体和组织。

其次，海洋管理的客体，是指作为海洋管理作用对象的海洋社会成员在领海、海岸带和专属经济区等所管辖海域的海洋实践相关行为所形成的社会关系，海洋管理正是对相关社会关系的组织协调和综合平衡。因此，从综合平衡管理的角度来看，海洋管理主要是针对海洋权益、海洋资源、海洋环境、海上治安、海洋科技调查、海洋公益服务这几个领域来实施的。具体而言，第一，海洋产业管理指对本国及地区管辖范围内的海洋产业活动所形成的社会关系实施的控制活动；第二，海洋权益管理指对外来力量在本国及地区管辖海域空间所涉及的，对我国海洋权益所造成的侵犯、侵占、损害和破坏行为所实施的控制活动；第三，海洋资源管理指对海岸带、海岛、近海、专属经济区和大陆架等本国及地区所管辖海域空间所涉及的资源开发利用活动，通过海洋功能区划和开发规划，所实施的指导、推动和约束等控制活动；第四，海洋环境管理是通过检测与监视的规范、标准

---

① 《中国海洋 21 世纪议程》。

② 李文睿：《当代海洋管理与中国海洋管理史研究》，《中国社会经济史研究》2007 年第 4 期。

的贯彻执行，对本国及地区所管辖海域空间所涉及的来自陆地、海岸、海洋及海上船舶、海洋倾废的污染损害，以及海洋开发利用活动对海洋环境的其他损害所实施的控制活动；第五，海上治安管理，指通过海洋巡航执法业务体系，对本国及地区管辖海域空间所涉及的各类社会实践活动及其中的突发事件进行全方位监视，对海上违法活动予以及时查处所形成的控制活动；第六，海域科技调查管理，指通过对海洋科技产业化的推进，通过军事海洋环境调查和其他海洋战略资源环境调查，对海洋基础科学和高新技术研究进行计划、组织、实施和相关海洋知识体系的建设等控制活动；第七，海洋公益服务管理，指对认识海洋、减灾防灾、保障海上安全所必需的海洋公共基础设施和海上活动的公共服务系统等公益事业进行建设和管理的控制活动。

最后，海洋管理的目标。海洋管理目标是规范、协调与引导相关海域内活动的个体、群体与组织的行为，并由此建立和维护海洋开发实践活动中所形成的社会关系及社会秩序的协调发展，主要包括维护海洋权益、保护海洋环境与海洋资源以及维持海域空间使用秩序等。第一，维护海洋权益指维持和保护一国海洋开发实践活动中享有的权利和可获得的利益，包括维护海洋权利和海洋利益两方面。其中，海洋权利指一国依据国际海洋法及其国内法在海洋上享有的各项权利和自由；海洋利益则指一国依法行使权利可获得的各方面利益及其认为需维护的各方面利益[①]。第二，保护海洋环境与海洋资源指保护和改善海洋环境，保护海洋资源，防治污染损害，维护生态平衡，保障人体健康，促进经济和社会的可持续发展。第三，维持海域空间使用秩序指维护特定海域所有权和海域使用权人的合法权益，促进海域的合理开发和可持续利用[②]。

（二）影响海洋管理形成与发展的社会条件

无论是海洋开发利用，还是海洋保护，海洋实践活动的目的都指向对海洋利益的获取，只是后者比前者更注重海洋利益获取的可持续性和长期性而已。海洋利益引导下的海洋实践活动体系，决定了将其作为调整对象的海洋管理实践活动的形成与发展。

---

① 国家海洋局海洋发展战略研究所课题组编《中国海洋发展报告（2010）》，北京：海洋出版社，2010年，第150页。
② 《中华人民共和国海域使用管理法》第一条。

第一，海洋利益的取向。一国及地区所追求的海洋利益的领域、规模、形式和速度等因素会对海洋政策与海洋管理产生重要影响。首先，国家海洋利益的取向。国家是否，以及在多大程度上将海洋利益视为本国国家利益，制定了什么样的海洋利益获取计划，这些计划将在多大范围内以怎样的形式展开，计划的进程又是怎样的，这些因素会直接影响其海洋政策和海洋管理的制定和实施。英国、日本这些海岛国家之所以会在人类向海洋进军的较早期就制定出明确的海外扩张战略政策，正是缘于其岛国资源和土地相对贫乏，国家利益需要从海洋中获取；同理，我国明清的大多数时期所实施的海禁及其他引导民众远离海洋实践活动的政策，虽然原因多样，但也总是缘于当时的统治者认为我国国土广阔、资源丰富、国家根本利益来自陆地。其次，组织的海洋利益取向。特定职能的社会组织也会以一定的方式影响海洋政策与海洋管理的形成与发展。一国政党及其他政治团体出于海洋利益维护的政治觉悟，会通过政治渠道，向立法机构、政府部门施加压力，影响甚至改变海洋政策制定的方向、海洋管理开展的形态。日本右翼势力通过各种政治活动对本国政府所施加的压力已经对日本政府的海洋外交政策产生了一定的影响。2012 年 4 月 16 日，东京都知事石原慎太郎之所以公然宣布东京都政府欲购买钓鱼岛的政策①，正是日本右翼政治势力运作的结果。此外，海洋产业领域的大型企业的海洋利益取向也会影响政策与管理的相应发展，例如大型原油勘探公司为本公司所做的海上石油勘探事业规划也会与政府制定的海洋政策发生互动。最后，海洋社会群体的海洋利益取向。当海商群体、海盗群体等特定海洋社会群体的活动规模达到一定程度后，也会影响到国家海洋政策的制定和相应海洋管理模式的变化。明清时期的海禁政策固然是沿海渔民铤而走险，成为海盗的直接原因，然而一旦成为与朝廷作对的反叛势力，海盗所组成的如春风野火般的海上武装船队也足以令沿海各省封疆守土大吏和高踞金銮殿上的帝王们这些海洋政策的制定者和海洋管理的实施者谈虎色变、梦魇频生②，从而致使国家政策进一步远离海洋。

第二，国际秩序的发展。国际海洋秩序的实质就是海洋利益的竞争格局。国际社会对海洋利益的追求早在 20 世纪初就已经出现了尖锐的矛盾。

---

① 于青：《日本东京都知事称都政府将购买钓鱼岛》，《人民日报》2012 年 4 月 18 日。

② 李一螣：《重新评析明清"海盗"（上）》，《炎黄春秋》1997 年第 11 期。

20世纪初，对外扩张能力和海外殖民地利益的严重失衡为人类带来一场空前的世界大战，西方各国用极其惨烈的方式展示了自身对海洋利益进行世界性角逐的决心，战胜国的扩张型海洋政策和海洋管理模式的成型为这场角逐暂时画上了休止符。各国的海洋利益角逐经历了第一次世界大战的洗牌之后，不仅没有减弱，反而在第二次世界大战的帷幕升起之后愈演愈烈，上至高空、下至海底，从西方发达国家，到亚非的发展中国家都被卷入了新一轮的国际海洋秩序的洗礼中，以大英帝国为首的欧洲列国在这场角逐中的损耗使其丧失了对众多海外殖民地的控制力，将国际海洋秩序的中心地位拱手让给了美国，迫使这些传统海洋国家不得不在战后调整海洋政策，收敛锋芒，团结合作，蓄势待发，欧洲共同体的建立堪称这一调整的重要成果。战后，随着科技的迅猛发展，人类驾驭海洋的能力不断提高，也为海洋利益的角逐提供了更为多元化的空间、途径和方法。《联合国海洋法公约》和联合国三次海洋法会议的召开使得这一角逐进入了一个全新的纪元。由此，内水、领海、临接海域、大陆架、专属经济区、公海等海域空间上的重要概念都获得了界定，为当前全球各处的领海主权争端、海上天然资源管理、海洋污染处理等国家之间冲突矛盾的处理提供了依据，也为各国海洋利益的追求活动提供了指导框架，各国的海洋政策与海洋管理模式也由此展现在内容、领域、方法上的多元性。然而，近年来，随着世界经济形势的转变，各国实力所维系的国际秩序格局又开始了潜移默化的转变，美国对其全球海洋战略作出了调整，重返亚太已成定势①，为我国东海和南海、东盟国家的周边海域、日韩所在的日本海域以及其他亚太海域的海洋秩序的变化增加了变数，也为各国海洋政策的制定、海洋管理模式的重新确立增添了悬念。可以肯定的是，海洋政策与海洋管理将何去何从，与相关各国海洋利益的竞争格局有着密切的联系。

第三，相关利益集团的博弈。海洋政策与海洋管理的目的都落在调整海洋社会关系、协调海洋社会秩序。这一本质属性决定了海洋政策与海洋管理的诞生、发展和成型的过程实际上就是相关利益集团的博弈过程。

首先是不同区域的利益集团之间的博弈，可分为两类。第一，中央与地方政府之间的博弈。海洋的区域性使得不同区域对海洋有着各不相同的利益诉求，地方政府对当地海洋利益必然采取保护态度，但海洋的整体性

---

① 张慧玉：《美国"重返亚太"战略的发展及其影响》，《太平洋学报》2012年第2期。

又促使中央政府必须立足整体对海洋实施综合性保护，部分当前利益、局部利益必然遭受损害，虽然由于各国行政体系的职责分工不同、设置各异，中央与地方政府在利益博弈中所处的优劣态势各不相同，但毫无疑问的是，一国海洋政策的出台和海洋管理的实践必然是中央与地方行政力量之间的博弈结果。其次，地方政府彼此之间的博弈。当相邻或相关联的地方政府之间为维护各自区域内的海洋利益而产生冲突时，对这一地区做整体性调整的海洋政策与海洋管理必然要面临不同地方政府间的争执与冲突。

其次是不同领域的利益集团之间的博弈，也可分为两类。其一，海洋利益集团与非海洋利益集团之间的博弈。一国及地区的政策体系与管理体制在特定领域中的建设必然面临涉海与非涉海利益集团之间的博弈问题。例如，一国海洋政策与海洋管理实行的理念是"以海定陆""陆海统筹"，还是建设独立、专门的海洋管理模式，这要看一国涉海利益集团在该国的社会地位、在经济活动中的贡献、对社会资源的占有程度。其二，不同海洋利益集团之间的博弈，随着人类海洋实践能力的提升，海洋经济在社会经济整体中占据的重要性越来越大，海洋产业领域的范围也不断拓展，不同海洋利益集团的出现必然使得彼此之间为争取海洋政策与海洋管理的更多资源而展开博弈。海洋产业政策是偏向渔业等传统产业，还是海水利用等新兴产业，海洋管理的重点在于海洋产业管理、海洋资源管理，还是海洋环境管理，都取决于不同海洋利益集团之间的博弈结果。

第四，其他海洋社会控制活动的发展。社会的控制工具包括舆论、法律、信仰、社会暗示、教育、习惯、宗教、典型、理想、礼仪、艺术、人格、幻象、社会价值观等多种方式[1]，这些社会控制工具功能各异，优缺点互补，相辅相成，共同构成了海洋社会的控制体系，维持着海洋社会秩序的均衡，因此，海洋社会的其他社会控制手段的发展变化对同为社会控制手段的海洋政策和海洋管理的发展也会产生影响。首先，其他海洋社会控制手段太弱，虽然会给海洋政策与海洋管理的控制手段提供形成和发展的空间，后者将会在很多方面代替前者发挥社会控制的功能，但缺乏其他控制手段意味着海洋文化缺乏多样性，海洋实践活动缺乏丰富性，海洋社会关系的建立、海洋社会秩序的构建缺乏社会生活层面上的基础性支持，因而海洋政策与海洋管理的发展必然还要受制于此，对海洋实践活动的控制

---

① 蒋传光：《论社会控制与和谐社会的构建——法社会学的研究》，《江海学刊》2006 年第 4 期。

效果也会因此受到影响。其次，其他海洋社会控制活动太强，则会一定程度替代海洋政策与海洋管理的功能。当海洋民俗、海洋宗教、海神祭祀、人们的海洋意识等控制手段可以成功协调海洋社会的关系、平衡海洋社会的秩序，那么海洋政策与海洋管理的部分社会功能将可以因此而被其他控制手段替代。但是，对当今社会的海洋实践活动进行控制，其控制行为必然要满足问责、评估、分工、界定等方面相当精确的要求，因此海洋政策与管理的控制手段不可能完全被其他控制手段所替代。而当其他控制手段在方针上与海洋政策与管理发生偏差时，后者的控制效果显然将受到负面影响。由此可见，其他海洋社会控制手段的存在本身是有益于海洋政策管理的控制实施的，但前者的社会功能无论是太弱还是太强，都会对后者的实施效果造成损害，其他海洋社会控制活动的适度良性发展是海洋政策与海洋管理形成与发展的理想土壤。

（三）海洋管理的特征

海洋管理作为一种对海洋实践活动所形成的社会关系进行协调与干预的社会控制活动，既不同于非海洋领域的行政管理或社会管理，也区别于民俗文化、道德传统等其他手段在海洋领域实施的社会控制活动，同时，也不同于某一特定区域或特定领域的具体海洋管理活动，而是对海洋开发实践活动中形成的各种社会关系的综合平衡和对海洋利益的整体性维护。海洋管理的特征可以从以下几方面来探讨。

第一，生态性。海洋管理是立足于生态系统的控制活动。美国海洋政策委员会在其于 2004 年编写的《21 世纪海洋蓝图》中明确将海洋管理称为"基于海洋生态系统的管理"，亦即应在确保海洋整个生态系统平衡发展的基础上制定管理政策[1]。海洋生态系统不仅对人类生存发展有着重大的贡献，且人类实际上也是海洋生态系统的一部分。为确保海洋生态系统的多样性、物种的丰富性和系统健康及较强抗干扰能力，也为了维持海洋对人类的正常生态系统服务功能与生产功能等目的，不仅美国的海洋管理真正在朝着生态化的方向发展[2]，且这一理念一经提出，很快就为加拿大、日本、

---

[1] 鹿守本、宋增华：《当代海洋管理理念革新发展及影响》，《太平洋学报》2011 年第 10 期。

[2] 美国皮尤海洋委员会编《规划美国海洋事业的航程（上册）》，周秋麟等译，北京：海洋出版社、2005 年，第 25 页。

欧盟及中国等国所接受，并在海洋管理中加以实施①。

第二，综合性。海洋的广布性、整体性、流动性、资源与环境的共生与复合性等自然属性决定了海洋事业的综合性与立体性，也使得以海洋为载体、空间和对象的各种海洋开发、利用和保护的活动必然要面临共用同一空间所产生的关系协调问题。由此，同一海域的各行业活动之间、海洋的开发和保护活动之间、地方与地方之间、局部与整体之间、当前利益与长远利益之间，不同类型的行为活动由于目的、方式和利益相关方不同很容易催生海洋社会矛盾，导致冲突与秩序的失衡，从而决定了实施统筹协调的海洋综合管理的必要性。为此，各国的海洋管理理念通常都要强调政府各部门在海洋事务管理上的配合问题，成立专门的、独立的海洋管理机构成为不少国家克服部门协调困难的方法，例如加拿大的海洋事务机构委员会②、日本的综合海洋政策本部③和美国的新海洋政策委员会④。当然，同样的综合特性也体现在三个海洋国家的海洋立法中，美国的《海岸带管理法》、加拿大的《海洋法》和日本的《海洋基本法》的先后制定充分体现了综合性海洋管理的趋势所在。

第三，区域性。各区域海洋在海域地理区位、地理环境条件、自然属性及特征、社会属性与特征等方面存在的必然区别，决定了特定区域的海洋管理的必要性。正如美国海洋大气局海洋和海岸带资源管理办公室等组织于 2002 年 12 月在华盛顿特区主办"改善美国海洋区域管理研讨会"中所指出的："人们越来越清晰地认识到美国需要在跨州行政边界的海洋管理方面采取区域管理方法。"⑤ 在海洋社会关系冲突日益增加，海洋社会秩序矛盾日益突出，海洋环境资源生态破坏日益严重的今天，适应海洋区域特点，针对区域海洋实施综合管理的必要性不言而喻，区域性海洋管理是建设海洋综合管理体制的必要前提。

第四，协调性。海洋经济与海洋社会的协调发展也是海洋管理的重要特点。经济与社会密不可分，共存共荣，海洋战略、规划和计划的制定与实施都必须建立在海洋经济与海洋社会协调发展的基础上，这一点，在美

---

① 鹿守本、宋增华：《当代海洋管理理念革新发展及影响》，《太平洋学报》2011 年第 10 期。
② 刘振东：《加拿大海洋管理理论和实践的启示与借鉴》，《海洋开发与管理》2008 年第 3 期。
③ 姜雅：《日本的海洋管理体制及其发展趋势》，《国土资源情报》2010 年第 2 期。
④ 张灵杰：《美国海岸海洋管理的法律体系与实践》，《海洋地质动态》2002 年第 3 期。
⑤ 鹿守本、宋增华：《当代海洋管理理念革新发展及影响》，《太平洋学报》2011 年第 10 期。

国海洋管理的系列章程中得到了充分的体现。2004 年发布的《美国海洋行动计划》、2005 年发布的《规划美国海洋事业的航程》、2007 年发布的《规划今后十年美国海洋科学事业》都对海洋经济与海洋社会的发展予以了同步的安排①。

第五，公共性。海洋管理的主体、客体和目标所具有的多元性、广泛性和公益性决定了海洋管理整体的公共性。首先是主体的多元性，相比其他领域的行政管理，海洋管理的主体更具多元性，包括了政府部门、相关领域的非营利组织等民间组织以及参与海洋管理过程的相关社会成员个人、群体和组织。例如海洋管理委员会（MSC），作为一个全球的、独立的非营利组织，其致力于渔业资源保护、海洋环境保护的活动②决定了其作为海洋管理主体的资格。其次是客体的广泛性，海洋管理是对海洋实践活动及其社会关系的综合管理，客体的广泛性不言自明。最后是目标的公益性，无论是为了达到维护海洋权益、合理开发海洋资源、保护海洋环境，还是为促进海洋经济的持续、稳定、协调发展，其中的非营利性和社会效益性都是显而易见的。

第六，科学性。海洋管理以海洋实践活动所形成的社会关系为协调对象的本质属性决定了这一领域的管理必须以熟知海洋自然规律、人类驾驭海洋的知识技能、海洋与人类之间的关联性等海洋科学技术为必要前提。美国在 2004 年成立海洋政策委员会的同时，还成立了海洋科学和资源综合管理跨部门委员会与海洋资源管理跨部门工作组两个附属机构，提供海洋科学方面的独立咨询和指导③。目前世界各发达国家为了密切监视溢油事故，都采用了定点值勤、船只巡逻和飞机预警、卫星监测的立体监视系统和应急技术，美国和英国甚至采用航空雷达、红外线扫描和紫外扫描系统进行全天候海上监视工作④。科学性在很大程度上决定了海洋管理的有效性。

第七，国际性。海洋管理所调整的客体是以海洋为载体、空间和对象的实践活动所形成的社会关系，因而也必然带有海洋事务所特有的国际性

299

---

① 鹿守本、宋增华：《当代海洋管理理念革新发展及影响》，《太平洋学报》2011 年第 10 期。
② 祝玉敏：《海洋管理委员会》，《世界环境》2012 年第 3 期。
③ 张灵杰：《美国海岸海洋管理的法律体系与实践》，《海洋地质动态》2002 年第 3 期。
④ 魏宏森、殷兴军：《海洋高技术发展及其对海洋生态环境影响的案例分析与政策研究》，《环境科学进展》1997 年第 3 期。

特色。海洋管理中许多内容都具有显著的国际性，海洋权益管理旨在保护外来力量对本国海洋权益的侵犯；海洋资源管理所涉及的近海、专属经济区和大陆架等海域空间都与海上毗邻的国家及地区产生着关联，更何况，海洋资源所指向的海底能源、矿藏和渔业资源都涉及国家根本利益，对周边国家都必然具有吸引力；海洋环境管理方面，海洋的流动性、空间复合性和开放性使得这一类管理完全无法摆脱与国际社会的交往；海上治安对所管辖海域的一切活动进行监视，因而涉外活动也在其管辖之列；海洋科技调查常常是以不同国家间的联合调查形式完成的；海上公共设施的建设也常常因为涉及跨国海上交通等原因而具备了国际性色彩；海洋产业活动的实践大多包括了相关领域的国际交往活动。国际性在海洋管理中几乎体现得无处不在。

（四）海洋管理的内容

海洋管理是相关主体为维护本国及地区的海洋权益、海域空间使用秩序、海洋资源、海洋环境的整体利益等对海洋开发实践活动及由此产生的社会关系和社会秩序所采取的调查、决策、计划、组织、协调和控制工作，其内容主要涉及海域使用管理、海洋资源管理、海洋环境与生态保护、海洋公益服务以及海洋科技与教育管理。第一，海域使用管理包括海洋功能区划，对围海填海等用海活动的管理，海域使用监视监测，海域使用审批、登记及相关信息的统计和发布等①；第二，海洋资源管理包括对海岛、海港、渔业、海洋可再生能源的科学管理和合理利用等②；第三，海洋环境与生态保护包括建立海洋环境生态保护的沟通合作工作机制、加强海洋生态保护、加强海洋石油天然气管道环境安全等③；第四，海洋公益服务方面包括海洋灾害预报服务及防御、海洋观测预报管理法制建设、海洋防灾减灾技术支撑能力建设、海洋灾害信息数据发布等；第五，海洋科技与教育管理包括对海洋前沿关键技术、海洋基础科学研究、海洋科技创新与海洋科普教育等方面的管理工作。

---

① 《中华人民共和国海域使用管理法》第一条至第九条。
② 国家海洋局海洋发展战略研究所课题组编《中国海洋发展报告（2010）》，北京：海洋出版社，2010年，第462页。
③ 国家海洋局海洋发展战略研究所课题组编《中国海洋发展报告（2010）》，北京：海洋出版社，2010年，第467页。

（五）海洋管理的手段

海洋管理的手段即海洋管理的实践过程中所使用的控制工具，海洋开发实践活动的管理体系实际上就是由这些控制工具形成的控制体系。海洋实践活动的控制工具主要包括法律控制、行政控制和经济控制。第一是法律控制，即立法机构及特定职能部门以法律形式来实施海洋实践活动控制的工具。庞德曾指出，法律是高度发达社会的政治组织专门通过这个社会的暴力行为，来实现社会控制的一种稳定和有序运行的社会控制形式①。《联合国海洋法公约》这一社会控制工具为人类海洋开发实践活动的调整与规范提供了一个全球性的依据，昭示了依法治海作为海洋管理最基本手段的地位。法律控制使得海洋管理的重要措施以所有海洋政策中最具系统性、逻辑性、权威性和稳定性的法律形式固定了下来，不仅为海洋管理提供了最有效的体系框架，也为其他控制手段提供了法律的依据。第二，行政控制，即指具有特定职能的政府部门根据法律授权和职能分工，通过行政命令、指示、组织计划、行政干预、协调指导等行政行为，通过对各种海洋开发利用活动所形成的社会关系进行协调，以及对海洋开发活动和海洋产业的发展实施干预的控制工具。第三，经济控制，即指相关主体运用经济措施，对海洋实践活动实施奖励、限制和制裁，以达到管理海洋目的的控制工具。包括对新型海洋产业发展起促进作用的，以经济优惠措施形式出现的奖励性手段；对需要限制和保护的海洋资源给予作业时间、品种、数量等方面控制的，以税收和海域使用金等形式出现的限制性手段；以及对违反规定或造成损失的特定海洋实践行为，在给予法律处理的同时，以罚金形式出现的经济制裁措施。

（六）海洋管理机制

海洋管理机制是在相关主体维护海洋权益、发展海洋经济、保护海洋环境生态和资源、协调涉海组织之间关系、规范海洋开发实践活动秩序等管理实践活动过程中，影响这一管理实践活动各组成因素的结构、功能及其相互联系，以及这些因素产生影响和发挥功能的作用过程与作用原理。海洋管理机制可主要从以下三方面进行把握。第一，海洋管理实践活动的主体、客体、目标、手段等组成要素之间的相互关系及由此形成的结构；第二，海洋管理实践活动在运行过程中所产生的社会影响，以及所发挥的

301

① 张立新：《对庞德社会控制理论的若干认知》，《法制与社会》2012年第13期。

社会功能；第三，海洋管理实践活动发挥功能的原理和过程。海洋管理机制的实质是海洋管理实践活动的规律性模式。

（七）海洋管理的社会影响

海洋管理作为同一性质的海洋社会控制活动，不仅其形成和发展共同受到特定海洋社会条件的影响，且海洋管理的制定、实施、评估和完善的整个过程也会对海洋社会产生特定影响。这些影响可以从以下几方面来探究。

第一，影响特定社会的海洋实践活动体系。海洋管理以海洋实践活动为调整对象的特性决定了其对海洋实践活动体系的影响力。海洋政策一旦制定，海洋管理模式一旦成型，则必然会对其所在社会的海洋实践活动体系产生特定的影响。这一影响可以从几个不同层面上加以把握。首先，在国家层面上，海洋管理政策的出台相当于为国家的海洋战略、海洋事业的进程设定了指导框架；海洋管理模式的形成则意味着为国家层面的海洋实践活动提供了行动的纲领。其次，在各种社会组织的层面上，海洋管理政策的出台意味着组织的章程需要与政策的方针保持一致，海洋管理的实施则表示组织的活动领域、活动形式、活动范围和活动规模等都将受到规划、指引、限制、保护、规范等方面的干预。最后，海洋社会的个人层面上，海洋管理的实施则决定了作为个体的社会成员在特定海洋实践活动中所拥有的权利和所需尽到的义务，个人既可以由此明确自己在海洋社会生活中所应拥有的正当利益，又可以据此掌握自身行为所应遵守的准则以及违反准则后所应承担的责任。由此可见，海洋管理的实践对上至国家、下到个人的海洋社会各层面所构成的海洋实践活动体系有着必然的影响。

第二，影响社会组织的海洋事务运作方式。海洋管理实践不仅对各种社会组织的活动规范性有所影响，同时也对作为其组织职能的特定海洋事务的运作方式产生影响。这一影响可以从政府部门的社会组织与非政府的社会组织两方面来加以把握。首先，对政府部门而言，海洋管理机制为特定职能部门提供了一个专属于海洋领域的行政管理机制的框架，使其运作环节、运作主体、运作内容等不同于非海洋领域的一般性行政管理方式。各国在海洋领域设立超越普通行政管理机制的专门的、独立的，甚至是直属最高级别行政人员的海洋管理机构正是这一影响的体现。其次，对非政府部门的民间组织而言，具有海洋特殊性的海洋政策的出台，以海洋活动为管理对象的海洋管理机制的建立，使得民间涉海利益的相关组织可以在社会资源的获取上得到不同于一般事务运作方式的特殊对待。企业、科研机构、非营利组织等民间机构会因此更积极地投身海洋事务的运作之中，并配合海洋管理中的相应行动准则，来进一步塑造、完善和规范本组织、本行业、本领域的海洋事务运作方式。

第三，影响社会的海洋认知。海洋管理的形成是建立在其制定者对海洋各相应领域的属性和机制的了解、熟知、掌握的基础上的，因此，海洋政策与管理的实践推行也必然会影响海洋社会各层面的社会成员对海洋的认知。这一认知可以分为对海洋自然属性的认知和社会属性的认知两方面。其中，对海洋自然属性的认知指社会成员对海洋的面貌、规律、现象等本质属性的反应和认识。海洋政策与海洋管理的实践使得相关社会群体在特定海洋实践活动的过程中，必须遵守海洋管理对海洋特定规律和现象的规定，在海上运输中遵循航行规则所规定的关于流体力学、天文、洋流等方面的自然规律；在远洋渔业中遵循远海捕捞作业规则所规定的气候、风浪、鱼群洄游等自然规律。与此同时，对海洋社会属性的认知也是海洋政策与管理的影响领域，对海洋社会属性的认知指社会成员对特定海域由自然规律的条件所制定的，能影响和促进该海域经济社会发展的意识形态上的事物的反应和认识。海洋管理的实施促使社会成员在海洋实践活动中对相关法律、准则、习惯予以适应、熟悉、遵守和掌握，并使其意识到违反上述规范所应承担的后果。

第四，影响海洋事业的发展方向。海洋管理所具有的引导和激励功能会影响海洋事业朝着海洋政策制定者所认为的重点海洋事业方向发展。这样的引导功能可以从法律途径、经济途径和行政途径三方面进行分析。首先，法律途径，即指海洋管理与海洋政策借助特定海洋领域或海洋综合领域的法律法规和条例的制定，通过对特定海洋实践行为给予限制、规范、许可等来达到将相关的一系列海洋实践行为朝着既定标准进行引导的途径。日本《海洋基本法》中关于"海洋科学技术的研究开发"（第 23 条）、"海洋教育"（第 28 条）等条款的规定就显然具有这样的引导功能。其次，经济途径，即指海洋管理与海洋政策借助特定经济措施，对特定海洋实践行为实施奖励、限制和制裁，来达到引导相关海洋事业朝着既定方向发展的途径，包括经济优惠措施、税收及收费和罚金等形式。最后，行政途径，即指海洋管理与海洋政策借助行政命令、指示、组织计划、行政干预、协调指导等行政行为，对特定海洋产业活动行为实施干预，从而引导特定海

303

洋产业朝着既定方向发展的途径。事实上，影响海洋事业的发展方向也是海洋管理与海洋政策实施的阶段性目标。

第五，影响其他海洋社会的控制活动发展。其他海洋社会的控制活动会影响海洋管理，反过来，后者的实施也会对前者造成必然的影响。海洋管理作为对一国海洋实践活动所产生社会关系的控制手段，在设定了自己的控制手段所涉及范围的同时，也为其他控制手段的涉足范围作出了界定。海洋管理的控制范围过大，会挤占其他控制手段发挥功能的空间，不仅浪费相应的行政管理资源，也会影响，甚至破坏在其他控制手段下原本协调发展的海洋社会秩序；海洋管理的控制范围过小，则会在该控制手段与其他控制手段之间留出控制的灰色地带，使某些领域的海洋社会秩序缺乏必要的控制协调。因此，唯有适度的、良性发展的海洋管理活动，才能为其他海洋社会控制活动留出足够的空间，共同致力于海洋社会秩序的有效控制。

第九章　海洋开发与国家发展战略

国家发展战略是指针对一个国家的整体发展所进行的全局谋划。它关系到一个国家长治久安的根本方针，也是一个国家能够团结全国人民共同努力的目标导向。尤其是在当前全球化的影响之下，一个民族国家要想维护民族利益，争取相应的独立性国际地位，就必须要高度重视具有普遍性、全局性、综合性和稳定性的国家发展战略问题。21 世纪被称为"海洋的世纪"，这意味着海洋的地位在人类生存和发展中将变得越来越重要。因此，海洋开发已经成为当前任何一个拥有海洋资源的民族国家在确立国家发展战略上的重中之重。在中国，作为新世纪执政党的执政纲领，党的十八大报告明确指出中国在未来的生态文明建设方面，要"提高海洋资源开发能力，发展海洋经济，保护海洋生态环境，坚决维护国家海洋权益，建设海洋强国"。由此可见，走海洋强国之路已经成为中国国家发展战略的重要组成部分。

一　21 世纪国家发展战略重点

国家发展战略是一个整体性的布局，其中，战略重点是战略规划的核心。战略重点的确定，首先，需要明确国家所面临的国内外发展趋势；其次，规划的依据应该是本国的基本国情和发展的战略目标。进入 21 世纪之后，全球化已经成为人类社会变革的主导力量，它的影响几乎涵盖了人类生活的所有领域。但是，民族国家仍然是当前国际社会的主体，因此，21 世纪国家发展战略的实质就是民族国家应对全球化的战略，就是如何在全球性的大协作和大竞争中维护民族国家的利益。

（一）21 世纪国家发展面临的形势

站在国际社会的立场上看，就当前国际发展形势来看，以美国为代表的发达国家占据了发展的先机。全球化的进程实质上是以西方化、美国化为核心的发展，即"用西方的和美国的经济模式、政治体制和价值观念统治全球，构建一个美国和西方'稳定获利'的全球模式"①。因此，对于包括中国在内的广大发展中国家来说，当前作为一个民族国家的发展所面临的主要问题就是如何融入全球化的潮流，把握历史机遇以增强自身的实力。

站在国家内部的立场上看，国家利益决定国家战略方针。但国家利益是多元的、动态的，它可以分解为国防、政治、经济、文化等多个方面，也可以分解为国际和国内两方面。当前国际社会正处于以综合国力的竞争为核心的时代，因此，国家发展战略在国内的重点将主要体现在经济发展、区域发展、科技发展和能源发展等提升国家内部综合国力的领域。这些领域的发展规划实际上都是围绕经济发展而展开的，也是为了经济发展服务的。因为在当今时代，"经济发展和经济安全构成的经济利益已经成为国家利益中的首要因素"②。

以此来看，21世纪中国国家发展就面临以下两个基本形势。

第一，国际大国地位的争夺。这是美苏两极争霸结束之后国际社会发展的基本形势。如何在欧美发达国家的挤压下树立中国应有的大国地位，这是中国国家发展在国际上所面临的最大政治问题。中国是一个大国，这是一个事实。中国的人口数量、国土面积等都属于世界前列。经济上，经过30多年的改革开放，进入21世纪后中国已经是世界最大的几个经济体之一。政治上，中国是联合国安理会5个常任理事国之一，对国际各种事务有较大的发言权。军事上，共产党领导的解放军完全有能力保护国土，并且也是少数几个拥有核武器等世界上最先进武器的国家之一。文化上，中国五千年持续不断的文化传统是当前唯一能与西方强势文化平等对话、相互交融的文化类型。

但是，另一个事实是中国仍然是世界上最大的发展中国家。就当前以经济发展为核心的综合国力竞争来衡量，中国并不能称为经济强国。其中，经济对外依赖过重和以能源与资源高消耗为主的产业结构是当前中国经济发展面临的两大困境。在国际政治方面，以美国为首的资本主义国家一直将实行社会主义制度的中国视为强大的竞争对手，并且在军事上常常以中

---

① 韩源等：《全球化与中国大战略》，北京：中国社会科学出版社，2005年，第2页。
② 陈立等：《中国国家战略问题报告》，北京：中国社会科学出版社，2002年，第1页。

国台湾军售、美日韩军演等事件来威胁和打压中国。因此，经济上，如何在高端产业中占有一席之地，将是中国在国际上树立大国地位、摆脱低端产业所带来的能源消耗而走向经济强国所必须要解决的一个问题。只有强大的经济实力才能确保政治地位的获得与巩固，才能发展起保家卫国的军事力量。

第二，国内则是如何实现均衡的持续发展。实现均衡的可持续发展已经成为当前国际社会关于发展问题的基本理念。自 20 世纪 70 年代人类关于发展与环境的大反思之后，可持续发展观念经过 20 世纪 80 年代的激烈争论，已经成为人类关于发展的共识。进入 21 世纪，自然资源的持续衰竭和环境问题的日益恶化，使得可持续的均衡发展观念已经从经济领域扩展到了人类社会的所有领域。

中国经过 30 多年的改革开放，整个社会有了极大的发展。但是，发展不均衡却始终是国家整体发展面临的最大症结所在。这种不均衡体现在区域发展不平衡、城乡发展不协调、产业结构不完善、贫富差距在拉大、科技创新能力低、能源消耗过大、环境破坏日益严重等等。发展不均衡不仅影响国家的整体发展趋势，也影响了国家在国际上的综合国力竞争力。因此，实现可持续发展，构建和谐社会，是中国面对当前国内发展形势所要实现的主要发展目标。

在国内外的这种发展趋势下，中国要想强国就必须突破传统的发展路径。现代社会中经济发展主要依靠科技的进步和资源的供给。在科学技术落后于发达国家这个客观事实的背景下，中国要想突破发展困境，就应该主要选择开发和利用新能源。相对于太空领域的开发难度而言，海洋开发就容易得多。这是因为海洋是属于地球的最大部分，海洋中许多资源与陆地资源存在共性，而人类在漫长的历史长河中不仅拥有了开发陆地资源的丰富知识，也积累了一定的海洋开发经验。正因如此，世界沿海各国都将 21 世纪的强国之路寄托于海洋之上。作为世界海洋大国之一的中国，漫长的海岸线和广阔的海域中所蕴含的巨大资源必将成为中国崛起的重要根基。

（二）经济发展战略

经济发展战略是国家发展战略的中心。国家经济发展战略是指一国对本国经济发展所做的带有全局性和方向性的长期规划和行动纲领。"纵观近代世界史，任何大国的经济崛起都不是偶然的和自发的，相反，任何大国

307

的崛起，从英国到日本，再到后来的美国，都是其最高决策者以及政治、经济、商业精英深思熟虑、精心策划并竭力执行一套行之有效的发展战略的结果。"①

中国历次的"五年计划"就是一个典型的在国家发展战略的指导下主要围绕经济发展而展开的短期发展规划。作为国家对经济发展的干预形式，五年计划最初源自于苏联。中国自1953年开始执行第一个五年计划，到2011年已经开始了第十二个五年计划。尽管苏联等国家的计划体制的试验失败了，但是，中国却成功地进行了转型。这种转型体现在从"一五计划"以经济指令为主的"大推动型计划"，经历了"统计计划""混合型计划""指导型计划"，最后转向了"十一五规划"以国民经济发展远景目标及社会全面发展为主的"发展战略规划"②。

中国的实践证明，世界上没有最好，也没有唯一的经济发展模式，只有最适宜的模式。一个国家的经济发展战略只有依据该国的具体国情进行制定才是最适宜的。并且，作为国家发展战略的中心组成部分，经济发展战略的制定应该要更多地与其他重要的发展战略结合起来。总体而言，源于经济基础的决定性作用，国家的经济发展战略是国家其他发展战略制定的指导方针和重要依据。从宽泛的意义来说，跟经济紧密相关的区域、能源、科技等领域的发展规划实质是经济发展战略实施的载体。

鉴于此，从当前中国面临的发展形势来看，中国要成为一个大国，其理想的经济发展战略至少要解决两个主要问题：（1）改变原来高耗能的经济增长模式，寻找新的经济增长点；（2）调整产业结构，构建适合中国国情的产业结构模式。从20世纪后期国际发展趋势以及中国结合当前形势所确定的国家发展纲领来看，陆地资源的开发已经濒临耗竭，而外太空领域的资源开发受制于科技的进步，只有占地球大部分面积的海洋不仅拥有丰富的资源，人类也掌握了相应的开发技术。所以，加大海洋开发力度无疑是确保中国经济持续增长的最大亮点之一，而完善海洋产业体系，实现海陆产业统筹发展，应该是未来中国产业结构调整的主要目标。

---

① 李稻葵：《大国发展战略：探寻中国经济崛起之路》，北京：北京大学出版社，2007年，第1页。

② 胡鞍钢、鄢一龙、吕捷：《从经济指令计划到发展战略规划：中国五年计划转型之路（1953－2009）》，《中国软科学》2010年第8期。

（三）区域发展战略

一个国家区域发展战略是指在国家总体发展战略的指导下，通过对国家各个区域整体发展状态的分析和判断而作出的重大的、具有决定整个区域全局意义的谋划。它的核心是规定一个区域在一定时期内的发展目标和实现这一目标的途径。战略本身的具体内容包括制定战略的依据、战略目标、战略重点、战略方针、战略措施等。

在一个国家中，区域发展战略是国家总体发展战略的实际载体。国家发展的总目标在实践中是由各个区域的分目标所组成的。因此，国家发展总目标必须是在掌握区域的发展状况之后依据区域发展的趋势而作出的综合性设置。立足国家整体发展的历程，实现均衡发展，是区域发展战略的基本目标。

区域经济发展仍然是区域发展战略的中心。区域经济发展不平衡是一个世界性的问题。就算是世界上最发达的美国，东、中、西部的发展也是不均衡的。中国同样是一个幅员辽阔，各地自然环境差异较大的国家，区域经济发展不平衡的问题一直存在。进入 21 世纪之后，这种不平衡状况有以下几个特征：（1）东、中、西部差距巨大，总体水平呈现由东向西依次递降的梯度态势；（2）东、中、西部的经济差距是一种全面的差距；（3）改革开放至西部大开发之际，东、中、西部地区的差距越来越大，没有缩小的迹象；（4）西部地区内部同样存在发展不平衡；（5）西部地区是少数民族聚集区，也是中国大部分贫困人口集中的地区[①]。

从区域发展的历史进程来看，东部沿海地区之所以处于领先发展的地位，与中国加强海洋港口建设，促进海外贸易等海洋开发措施是紧密相关的。中西部地区则因地理位置所限，在发展时间、条件、意识等各个方面都落后于东部沿海地区。缩小地区发展差距，不是限制东部的发展来实现区域间的均衡，而应该通过保持东部的发展优势来带动中西部的发展。这一点在中国最近十几年促进区域经济发展所取得的成就中得到了证明。要缩小东部对中西部自然资源的依赖程度，同时又要保持东部的发展优势，就必须加大海洋开发力度，从广阔的海洋中获取发展所需的资源。

因此，站在区域的立场，区域发展战略中最核心的内容应是区域优势领域的发展规划。因资源禀赋、地理区位、历史发展等因素的影响，区域

---

① 陈立等：《中国国家战略问题报告》，北京：中国社会科学出版社，2002 年，第 51~52 页。

之间在发展程度上存在差异是必然的。也正是因为这些客观因素的存在，不同区域就不能用同一思路来指导发展，而应该有不同的战略指导和政策支持。区域发展战略应该围绕区域优势进行设计，要尽量地扬长避短，不能一味地模仿其他先发展地区的发展模式。

（四）科技发展战略

科技发展战略是指在国家总体发展战略的指导下，针对国家的科学技术发展要求和创新能力培养等问题所作出的重大的全局性谋划。中国30多年改革开放的成功经历，充分验证了"科学技术是第一生产力"这一论断。

21世纪，人类已经进入了"知识社会"，也称为后工业社会。在人类社会发展史中，技术已经越来越成为主导社会前进的一种主要力量，尤其是进入20世纪以后，各种高新技术的发展已经催生了经济、政治、文化、宗教、艺术等领域的根本性变革。因此，美国学者丹尼尔·贝尔依据"中轴原理"，以技术为中轴将人类社会划分为三个阶段：前工业社会、工业社会和后工业社会。在贝尔看来，在由社会结构、政体和文化三个部分所构成的社会中，包括经济、技术和职业制度的社会结构的变化是后工业社会首先涉及的内容。社会结构的中轴原理是经济化，这是一个根据最低成本、使用代用品、谋求最佳效果和寻求最高价值等原则来分配资源的途径。正是因为中轴的轴心原则变得不同，中轴的变化引起其他社会方面的变迁也是不一样的。后工业社会以知识为轴心，其产业结构是第三产业，主要从业人员是各类专业人员、技术人员和科学家[1]。由此可见，科学技术在21世纪的知识社会，已经成为社会变革的主导力量。技术在社会发展中不仅改变了生产力，也改变了生产关系。

从世界主要海洋强国的发展历程来看，海洋科学技术能力是参与世界海洋竞争的关键[2]。当前整个世界高速发展的海洋科学技术所取得的成就表明[3]，掌握先进海洋技术的强国在解决国内资源短缺、人口增长、生态恶化、能源耗竭等问题上明显要优于其他拥有同类问题的国家。中国的海洋科学技术虽然在一些领域取得了巨大的成就，但整体上远远落后于其他海

---

① 〔美〕丹尼尔·贝尔：《后工业社会的来临》，高铦等译，北京：新华出版社，1997年。

② 殷克东、卫梦星、孟昭苏：《世界主要海洋强国的发展战略与演变》，《经济师》2009年第4期。

③ 马吉山、倪国江：《我国海洋技术发展对策研究》，《中国渔业经济》2010年第6期。

洋强国。在海洋能源探测和利用、海水及各种海洋生物资源的开发利用、深海资源的探测和开发、海洋技术人才的培养等各个方面，中国都潜藏着巨大的发展空间。这些海洋技术的发展无疑将极大地促进国家的生产力，改变中国现有的产业结构、生产方式等。

（五）能源发展战略

能源发展战略是指在国家总体发展战略的指导下，国家为适应国民经济和社会发展的需要在能源勘探、开发和利用方面所作出的重大的全局性谋划。人类社会进入21世纪，对能源的需求和争夺已经成为一个世界范围内的普遍问题，能源发展战略已经成为国民经济发展不可或缺的组成部分。

能源亦称能量资源或能源资源，是指可产生各种能量（如热量、电能、光能和机械能等）或可做功的物质的统称。具体来说，能源是指能够直接取得或者通过加工、转换而取得有用能的各种资源，其中能从自然界直接获取的煤炭、原油、天然气、风能、太阳能、地热能、生物质能等都属于一次能源，经过人为加工或转换而获得的电力、热力、成品油等属于二次能源。当前，许多不可再生的一次能源正在趋向衰竭，因此，为确保可持续发展，人类正在通过科技的发展来开发和利用新能源和可再生能源。

作为世界上最大的发展中国家，中国是目前世界第二位的能源生产国和消耗国。中国能源资源总量比较丰富，但人均能源资源拥有量却远远低于世界平均水平。同时，中国的能源资源赋存分布不均衡。首先，在资源赋存上，煤炭资源主要赋存在华北、西北地区，水力资源主要分布在西南地区，石油、天然气资源主要赋存在东、中、西部地区和海域。其次，在能源消费上，中国主要的能源消费地区集中在东南沿海经济发达地区。这种不均衡状态不仅加大了能源资源的开发难度，而且增加了能源的运输和利用成本。

要转变当前中西部能源东部化的状况，就必须大力开发海洋能源。海洋潮汐能、波浪能、海流能、海洋温差能等可再生能源都能够发电。据估计，全世界的海洋潮汐能每年可发电12400万亿度，波浪能每年可发电9万亿度。这些都是无污染且又可再生的能源。目前潮汐能发电在沿海发达国家普遍存在。海洋石油开发产量在全世界石油总产量中的比重逐年上升，在许多沿海国甚至已经占据了主流的地位。但是，就海洋石油储存总量而言，其生产力远远还未达到饱和的状态。单就中国的南海海域而言，作为世界著名的四大海洋石油资源区之一，整个南海的石油地质储量大致在230

亿～300亿吨之间，约占我国总资源量的1/3①。总而言之，海洋能源开发已经成为当前任何一个沿海国家能源发展战略的重要组成部分。

二 海洋开发对国家发展战略的重要意义

进入21世纪，海洋成为人类开发的主要空间。在工业化的强大力量推动之下，占地球表面积29%的陆地已经基本被人类的脚印所覆盖。相反，人类对海洋的探索只有5%左右，尚有95%的海洋都是未知的，尤其是深海区域。因此，海洋开发对沿海各国制定国家发展战略具有重要意义。中国是一个沿海大国，拥有沿海海域总面积473万平方公里，18000公里的大陆海岸线和14000公里的岛屿海岸线。更重要的是，中国海域横跨38个纬度，3个气候带，拥有多种生态系统类型，生态环境错综复杂，各类海洋资源极为丰富②。与此同时，因为历史、政治等缘故，大多数海洋资源，尤其是海洋能源的开发远远不足，因此，对当前中国社会发展所面临的资源短缺、能源耗竭等状况，海洋开发对国家各个领域的发展都具有重要的意义。

（一）海洋开发

海洋开发是指人类对海洋及其资源进行的所有勘探、开采和利用活动。与人类的种植、游牧等生产活动一样，海洋开发也是人类作用于自然界的一种环境行为，其目的都是期望通过这些生产活动来获得更广阔的生存空间。

海洋开发随着人类对海洋及其资源特征认识的加深而逐步深入和扩展。人类开采和利用海洋资源已经有几千年的历史。受生产条件和技术水平的限制，人类早期的海洋开发主要停留在海岸和近海之中，其活动也主要是利用简单的工具进行采捕鱼虾和晒海盐。随着造船业、航海术等科学技术的发展，人类利用海洋资源的种类越来越多，活动范围也越来越广。在工业革命的作用下，近代的海洋渔业、海洋运输业、海洋盐业等传统海洋产业逐渐成形并发展壮大，并发展出海底煤矿开采业、海滨砂矿业等新型产业。第二次世界大战之后，由于人类对矿物资源、能源的需求量不断增大，海洋开发在先进科学技术的导引下不仅使传统海洋产业在技术和组织上更

① 于文金等：《南海开发与中国能源安全问题研究》，《地域研究与开发》2007年第2期。
② 黄良民：《中国海洋资源与可持续发展》，北京：科学出版社，2007年，第1页。

加完善，而且海水增养殖业、海洋石油和天然气开采业、海洋能发电等现代新兴海洋产业也得以快速发展。进入 21 世纪之后，海洋生物工程技术的广泛运用使得人类的海洋开发涉及了海洋及其资源的各个方面。

21 世纪是海洋的世纪，这也意味着在 21 世纪人类必将加大对海洋的开发利用。特别是在人口急剧增加、陆地资源日益匮乏、环境日益恶化的情况下，沿海各国为了缓解不断增加的生存压力，纷纷向海洋进军，加大了对海洋的开发利用。以高科技为主轴的海洋开发可望成为未来人类社会可持续发展的新天地，再次对人类社会发展进程产生重大的影响。

与以往的海洋开发相比，21 世纪人类开发利用海洋的活动将因技术、环境变迁、人类意识提高等因素的影响而呈现以下几个发展趋势。

第一，海洋产业结构将发生重大调整。海洋产业结构是指海洋第一、第二、第三产业之间的比例关系，在 21 世纪，海洋产业将发生重大调整，即海洋第一产业（海洋养殖与捕捞）所占比例将大幅度下降，海洋第二产业（海洋油气业、海盐业、滨海砂矿业）所占比例在有一定幅度提高之后将保持相对稳定，而海洋第三产业（海洋交通运输业和滨海旅游娱乐业）所占比例将会大幅度上升。我国海洋产业结构就呈现了上述的发展趋势。《中国海洋经济统计公报》历年的统计显示，我国海洋三次产业的比例 1991 年是 59∶9∶32，1997 年是 51∶18∶31，2004 年是 30∶24∶46，到了 2011 年则变为 17.5∶26∶56.5。由此可见，经过二十年的发展，我国海洋产业结构发生了巨大的变化，海洋第一产业有较大幅度的下降，海洋第二产业和第三产业都有较大幅度的上升，海洋第三产业已经成为我国海洋产业中最大的部分。

第二，海洋环境的保护将与海洋开发并重。半个多世纪的全面海洋开发，虽然取得了可观的经济效益，但由于一定程度的无序开发和过度开发，也出现了严重的海洋环境问题。海洋环境问题可分为海洋环境污染和海洋生态破坏两大类。上述两类海洋环境问题，常常交织在一起，相互影响、相互作用，使问题更进一步加剧，严重威胁海洋开发利用的可持续性发展。因此，加强对海洋环境的保护与治理将是 21 世纪人类海洋实践活动的必然趋势之一。在 21 世纪，海洋开发利用与海洋环境保护将同等重要，一方面海洋开发利用的原则之一就是不能再产生新的海洋环境问题，另一方面要通过海洋环境保护与治理减轻海洋环境污染，恢复海洋生态，为人类海洋开发利用的可持续发展奠定基础。

第三，海洋开发的国际合作越来越得到重视。全球的海洋是连为一体的，且呈流动性，这就意味着一国的海洋开发活动都会对整个海洋以及他国产生影响。《联合国海洋法公约》为沿海国划定了200海里的专属经济区，但还是留下大面积的海域为世界各国所共同拥有。因此，无论是海洋开发与利用，还是海洋环境保护与治理，都需要开展国际合作。在有争议的海域，合作开发也是必要而有效的原则之一。进入21世纪以来，国与国之间签署的单边或多边海洋合作协议屡见不鲜。

第四，海洋科技创新将受到空前的重视。人类海洋开发所取得的所有成果都得益于海洋科技创新。无论是海洋开发与利用，还是海洋环境保护与治理，都需要海洋科技的创新。21世纪是海洋的世纪，这表示人类将更加全面而深入地向海洋进军，也将更大力度地保护和治理海洋环境，而完成这些使命的保障，就是海洋科技的不断创新。为了迎接海洋世纪的到来，一些国家相继制定了21世纪的海洋发展战略，同时，许多知名的科学家、政治家则异口同声地称21世纪为"海洋科学的新世纪"。世界各个沿海国家都耗费巨资进行各种海洋科技规划项目的立项和研究。如2003年经中国国务院批准立项的"我国近海海洋综合调查与评价"项目，总经费就高达19.8亿元；在国家中长期科技发展规划制定工作中，海洋科技已被作为"能源、资源与海洋"专题的一项重要内容。因此，海洋科技在21世纪将与太空科技同样成为人类科技发展的最重要和最前沿的领域。

第五，海洋开发将为人类开拓巨大的生存空间。世界人口已经超过了60亿，随着世界人口的急剧增加，陆地给人类提供的生存空间越来越有限。那么，人类新的生存发展空间在哪里呢？上天、入地都引起了科学家们的幻想，但比较现实的选择是"下海"。海洋开发将为人类带来巨大的生存发展空间。通过将无常住居民岛开发为居民岛，可以增加人类的居住空间；泥沙淤积和人工围海是土地增长的源泉；可以在海上直接构建现代化的人工岛和海上城市、海底居室；海洋将是劳动和工作的新场所，可以在海上建工厂、飞机场，可以在海底建设仓库和隧道。随着海洋科技的不断发展，海洋将是人类未来的生存空间。

总之，这些趋势显示海洋开发正成为人类社会发展和进步的重要内容和方向。因此，海洋开发作为一个国家实现可持续发展的关键所在，对国家发展战略必然具有重要的意义。

（二）海洋开发对国家发展的战略意义

21世纪的国家发展战略必然要涉及海洋开发，这是由海洋开发的重要性决定的。当前的海洋开发已经涉及了国家的经济增长、政治稳定、军事安全、科技发展等各个方面，所有这些相关领域的发展战略在设计上都必然要考虑到海洋开发。

1. 海洋开发对经济发展的战略意义

随着全球陆地生态破坏和资源枯竭的问题日益严峻，沿海国家和地区的经济社会发展对海洋的倚重越来越大。海洋开发已经逐步成为这些国家和地区维持经济社会持续发展的战略性举措。

对全球以及中国的经济发展而言，海洋开发具有如下战略意义。

第一，海洋开发是确保经济持续增长的战略性保证。自"二战"以来，世界各国开发海洋的实践活动取得了明显的经济效益。全球海洋经济产值由 1980 年的不足 2500 亿美元上升到 2005 年的 1.7 万亿美元，海洋经济对全球 GDP 的贡献达到了 4%[①]。改革开放以来，中国也加大了对海洋的开发利用，党的十六大报告提出了"实施海洋开发"的战略构想，先后制定了《中国海洋 21 世纪议程》和《全国海洋经济发展规划纲要》，进一步加快了我国海洋开发的步伐，我国海洋经济始终保持着快速增长的态势。《2011 年中国海洋经济统计公报》数据显示，据初步核算，2011 年全国海洋生产总值 45570 亿元，比上年增长 10.4%。海洋生产总值占国内生产总值的 9.7%[②]。

第二，海洋开发是缓解影响经济发展的资源枯竭等环境危机的战略性需求。随着世界人口的急剧增加，陆地资源显得越来越有限和稀缺，人类已经面临严重的资源危机。广阔的海洋蕴藏着丰富的生物和矿产等资源。海洋给人类提供食物的能力大约是全球农产品产量的 1000 倍。海洋石油和天然气预测储量有 1.4 万亿吨。广袤的海底还蕴藏着多种陆地战略性替代矿产[③]。

第三，海洋开发是缓解当前世界性就业压力的战略性举措。海洋开发与利用形成了规模宏大的海洋产业群，吸引了大量的人员就业。以我国为例，我国海洋经济快速发展促进了沿海地区的劳动就业。《2011 年中国海洋

---

① 徐质斌：《中国海洋经济发展战略研究》，广州：广东经济出版社，2007 年，第 69 页。

② 国家海洋局政府网站，http://www.soa.gov.cn/soa/hygb/jjgb/A010906index_1.htm，最后访问日期：2013 年 7 月 1 日。

③ 李靖宇、赵伟等：《中国海洋经济开发论：从海洋区域经济开发到海洋产业经济开发的战略导向》，北京：高等教育出版社，2010 年，第 58 页。

经济统计公报》显示，2011年全国涉海就业人员3420万人，比上年增加了70万人。

第四，海洋开发是促进世界经济自由化的战略性部署。当前世界经济的自由化发展趋势实质就是世界贸易和投资的自由化，如WTO（世界贸易组织）和APEC（亚太经合组织）的建立。因此，海洋开发对促进世界经济的自由化具有不可忽视的战略意义。海洋不适合人类居住，但在船舶、潜水器等运载工具的基础上，海水就成了一种交通介质。海洋把世界大多数国家和地区连接起来。海上航道是天赐之物，无须耗费巨资建造和维修就可以进行洲际运输，环球航行。人类的发展史已经表明，海洋是重要的国际交往与文化交流的通道，极大地促进了人类文明的进程。

2. 海洋开发对区域社会发展的战略意义

在人类进入21世纪的头十年里，人口趋海的形势变得更加明显。全世界的沿海区域分布着最发达的都市群，聚集着全世界70%的工业资本和70%的人口。因此，海洋开发不仅仅涉及沿海区域，也涉及沿海区域和内陆区域之间的协调发展问题。

第一，海洋开发是沿海区域确保持续发展的必然要求。海洋开发与利用大大地促进了沿海地区的发展，使沿海地区成为人口集中、城市化程度高、经济发达的地区，全球许多沿海城市已经成为重要的海港和物流中心，如上海、青岛、深圳等沿海城市。但是，目前沿海区域的经济社会发展在资源的供给上主要还是依赖内陆输入，这种状态在内陆资源日益耗竭情况下必然会妨碍沿海区域的持续发展。因此，沿海区域必须要向更广阔的海洋寻求经济社会发展所需的资源。

第二，海洋开发是协调区域社会均衡发展的重要举措。目前区域社会发展不均衡的一个重要原因是沿海区域与中西部区域之间存在着一种恶性的循环，即资金、资源和人口越集聚东部，东中西部之间的差距就越大；差距越大，资金、资源和人口就越往东部集聚。所以，要想打破这个恶性循环，除了制定相应的制度政策之外，开辟新的生产和消费场所以引导资金和人口的转移就显得非常必要。显然，海洋开发不仅为资金转移提供了新的空间，也为开采新资源发现了新的场所。因此，海洋开发不仅缓解了东部人口拥挤等问题，也缓解了中西部的资源开采和运输压力，为中西部的发展留下了更多的基础。

3. 海洋开发对科技发展的战略意义

作为第一生产力，科技在 21 世纪人类发展中的作用是不可替代的。当前人类社会普遍面临的重大任务，如优化产业结构、节约利用资源、提高人口素质、保护生态环境等，完成这些任务都离不开科技的发展。当前科技发展面临的问题除了科普知识的普及、科技体制的改善等之外，创新能力的提升已经成为世界各国最为关注的问题。海洋开发对这些问题的解决具有重要的战略意义。

第一，海洋开发是新型科技发展的需求。20 世纪 80 年代中期之后，随着 "地球系统" 思想的形成，地球系统科学成为最前端的科学。联合国《21 世纪议程》中就将地球系统科学作为可持续发展战略的科学基础之一。"地球系统科学跨越了一系列自然科学和社会科学，把地球看成一个由相互作用的地核、地幔、岩石圈、水圈、大气圈、生物圈和行星系统等组成部分构成的统一系统，重点研究各组成部分之间的相互作用，以解释地球的动力、演化和全球变化。"[①] 显然，作为地球系统的最重要的组成部分，占地球面积 71% 的海洋必然是地球系统科学研究的重点。

第二，海洋开发是科技创新能力提升和实践的重要途径。空天和海洋是 21 世纪人类新拓展的发展空间和重要资源。相比于空天开发，海洋开发更具有操作性。更重要的是，海洋领域拥有广阔的未开发空间和资源。单就深海领域而言，那里不仅存在广阔的处女地，而且许多新的生物资源和能源都有待人们去发掘。这些海洋开发活动将会直接缓解当前人类面临的资源危机等困境。因此，"海洋科学技术尤其是海洋高新技术已经成为 21 世纪最具活力、最有发展前途的科技领域之一"[②]。海洋开发离不开海洋科技的指导，但科技的创新能力也需要依赖海洋开发来检验。

4. 海洋开发对能源发展的战略意义

当代社会经济的高速增长是以能源资源的高消耗为基础的。其中，石油自工业化发生以来就一直占据着主导能源的地位，这个时代也被称为 "石油时代"。满足日益增长的能源需求以及长期的能源供应保障，是一个

---

① 中国科学院海洋领域战略研究组：《中国至 2050 年海洋科技发展路线图》，北京：科学出版社，2009 年，第 22 页。

② 李珠江、朱坚真主编《21 世纪中国海洋经济发展战略》，北京：经济科学出版社，2007年，第 195 页。

国家经济保持稳定增长的物质基础。然而，正如石油输出国组织（OPEC）前主席谢克·亚曼尼所预测的那样："石器时代没有因缺乏石头终结，石油时代将在世界耗尽石油很久之前终结。"① 寻求石油的新来源或者替代石油的新能源已经成为当前世界各国为确保经济发展的主要手段。实现这个手段的主要途径之一就是海洋开发。

第一，海洋开发是缓解陆地能源危机的战略需求。广阔的海底世界蕴藏着丰富的油气资源，世界各国早已经将海洋油气资源开采作为确保能源发展的重要举措。就全世界范围来看，海洋石油的产量增长远远快于陆地石油。从 20 世纪 60 年代到 80 年代的 20 年间，全球在海上开采石油的国家就从 12 个增加到了 40 个。以英国为例，在 20 世纪的最后 5 年，英国政府对北海油田的总投资为 233 亿英镑，使得海洋石油产值在海洋产业年产总值中占据 20% 左右②。

第二，海洋开发是实现能源结构优化的战略举措。从已有的统计信息资料来看，以煤为主的能源结构在世界范围内正在逐步退出历史舞台，而以石油为主的能源结构正面临着严峻的挑战。以可再生能源和新能源为主的能源结构是确保未来能源可持续发展的必然趋势。广阔海域中所蕴藏的石油天然气、天然气水合物资源，以及潮汐、破浪、潮流、温差等可再生能源必然会成为 21 世纪世界各沿海国家实现能源结构优化的首要选择。

5. 海洋开发对维护海洋权益的战略意义

中国人的海权意识一直就很薄弱。在明清之前，中国内陆的丰富资源足以满足人口增长的需求。明清时期，因为政治的缘故，"闭关锁国"作为一项基本国策将中国人的海权意识完全给压制了。中日甲午战争应该是中国人首次意识到海军对确保海权的重要性。这种薄弱的意识使得进入 21 世纪之后的中国，在海洋开发中仍然面临一系列日益严峻的问题，如海洋资源被掠夺、海洋开发被阻挠、南海的海域被分割、一些岛屿被侵占，以及其他海洋强国凭借其海权的强势对中国国家安全等构成的系列挑战，等等。

当前中国对海洋权力（sea power）的追求还只停留于捍卫合法的海洋

---

① 联合国粮食与农业合作组织（FAO）公共文库：《世界渔业与水产养殖状况(中文版 2006)》，第 136 页，联合国粮食与农业组织官方网站：http://www.fao.org，最后访问日期：2013 年 12 月 24 日。

② 徐质斌：《中国海洋经济发展战略研究》，广州：广东经济出版社，2007 年，第 72～73 页。

权利（sea right）①。有人认为，中国海权是指"对本国领海、毗邻区、专属经济区的实际管辖和控制能力，在受到他国武力攻击或别国在本国海域内违反国际法及本国法律时拥有反击能力"，以及"具有公海自由航行、国际海底区域开发利用的能力和权力等"②。显然，由于中国海上力量的薄弱，这些权力很多都未能得到保障。

因此，海洋开发对中国维护海洋权益具有重要的战略意义。首先，海洋开发是国人海权意识觉醒并得以普及的主要驱动力。"海权与一个国家经济利益的关系首先体现在海洋资源对现代国家经济发展的重要性"③。海洋开发主要就是对海洋资源的开发和利用，它已经成为 21 世纪中国经济持续发展的重要途径。因此，国人的海权意识必然会随着海洋开发的深入而普及并深化。其次，海洋开发为增强中国海权维护力量提供了基本保障。尽管美国人马汉认为影响海权的六大要素是地理位置、自然结构、领土范围、人口数量、民族素质和政府性质，但是，这六个要素在海权上的实质体现仍然是海军力量。海军力量的强大必然基于一个国家的经济发展水平，而海洋开发是中国实现"海洋经济强国"的必然选择。最后，海洋开发是中国维护海洋权益的出发点和归宿。中国维护海洋权益的目的是为了保障海洋开发的顺利进行，而海洋开发的结果是海洋权益得以维护的实际体现。

三 中国海洋开发战略构想

海洋开发是中国走向世界强国的必由之路。当前世界的全球化趋势已经将所有的国家纳入到了一个共同的竞争体系中，而竞争的主体就是各个主权独立的民族国家。同时，几百年的工业化生产已经使得许多人类生存必需的陆地资源面临枯竭的危机，寻求新的发展空间不仅是每一个民族国家强国的必由之路，也是解决国家生存资源危机的出路。就当前人类的认识和改造世界的能力而言，新的出路除了向太空发展之外，就是海洋开发。太空科技目前是整个人类最尖端的科技，它的发展不仅需要巨额的投资和

---

① 张文木：《论中国海权》，北京：海洋出版社，2010 年，第 6 页。
② 章示平：《中国海权》，北京：人民日报出版社，1998 年，第 288～291 页。
③ 鞠海龙：《中国海权战略》，北京：时事出版社，2010 年，第 36 页。

大量的积累，同时它的实际应用价值的体现也需要相当一段时期。相对而言，海洋开发所需要的科技，人类不仅掌握了很多，而且实用经验也有很多的积累。从最近一两百年的世界发展史来看，凡是最先注重海洋开发的国家，都成为当时的世界强国①。因此，中国要在 21 世纪成为世界强国，就必须坚持走海洋强国之路。

但是，中国的海洋强国之路目前面临两个关键性的先天不足。首先，海洋开发的起步远远落后于世界其他海洋强国。不说公元 1500 年之后的历史，单就 20 世纪而言，其他海洋强国早在 60 年代就已经纷纷制定并实施了该国的海洋开发战略。中国直到 20 世纪末期才开始意识到海洋开发的重要性。其次，中国海洋开发面临着周边邻海国的重重阻碍。这些阻碍主要是源于历史上帝国主义侵略所遗留的海域主权争端问题。现实中，这些争端使得中国无法自由地在本国海域中进行各种开发活动。鉴于此，实现未来海洋强国的中国海洋开发战略设定必须先要克服这两个困难，再依据中国发展的国情作出具体的架构。就具体的战略内容而言，构成海洋开发战略的各个部分战略都要做到：（1）战略指导思想的政治性；（2）战略目标的全局性；（3）战略重点的针对性；（4）战略措施的可操作性。

（一）海洋产业发展战略

海洋经济是以海洋产业的形态表现出来的②。海洋产业是指开发、利用和保护海洋资源而形成的各种物质生产和服务部门的综合，包括海洋渔业、海水制盐业、海洋石化工业、海洋交通运输业、海洋能利用、海洋生物药业开发、海洋矿物资源开发利用等等。随着海洋经济在国民经济中的地位越来越重要，制定合适的海洋产业发展战略对确保海洋经济的持续发展就变得至关重要。

1. 海洋产业发展现状

首先，中国海洋产业自进入 21 世纪以来总体保持稳步增长。2003 年全国海洋产业总产值首次突破 1 万亿元大关，达到 10077.71 亿元，海洋产业增加值为 4455.54 亿元，相当于全国国内生产总值的 3.8%。海洋三次产业结构比例为 28∶29∶43。海洋第一产业增加值 1302.80 亿元，增长 6.4%；第

① 殷克东、卫梦星、孟昭苏：《世界主要海洋强国的发展战略与演变》，《经济师》2009 年第 4 期。

② 徐质斌：《中国海洋经济发展战略研究》，广州：广东经济出版社，2007 年，第 159 页。

二产业增加值 1221.88 亿元，增长 46.5%；第三产业增加值 1930.86 亿元，下降 3.8%。2011 年全国海洋生产总值 45570 亿元，比上年增长 10.4%。海洋生产总值占国内生产总值的 9.7%。其中，海洋产业增加值 26508 亿元，海洋相关产业增加值 19062 亿元。海洋第一产业增加值 2327 亿元，第二产业增加值 21835 亿元，第三产业增加值 21408 亿元，海洋第一、第二、第三产业增加值占海洋生产总值的比重分别为 5.1%、47.9% 和 47.0%①。

其次，中国海洋产业已经形成了多元化的产业格局。直至 20 世纪 60 年代，中国海洋经济的主体一直呈现海洋捕捞、海洋运输和海洋制盐业三足鼎立状态。改革开放之后，随着海洋开发力度的加大，海洋经济得到了快速发展。不仅传统的海洋产业保持了持续发展壮大，海洋化工、滨海旅游、海洋石油业、海洋能利用等一大批新兴海洋产业也先后涌现并发展壮大。进入 21 世纪，中国已初步形成了集海洋第一、第二、第三产业于一体，传统产业、新兴产业和未来产业纵横交错的多元化海洋产业体系。

最后，海洋产业结构不均衡仍然是海洋产业发展所面临的最大问题。以海洋三次产业结构来看，海洋第一、第二和第三产业产值占海洋生产总值的比重在 1986 年分别是 50%、11%、39%，1995 年是 58%、4%、38%，2005 年是 25.9%、22.8%、51.3%，2010 年是 18.1%、26.1%、55.8%。以此来看，在海洋第一产业日趋衰落的情况下，海洋第二产业发展缓慢，第三产业发展过快。各个具体产业之间的差异过大，2011 年在海洋产业总增加值中位居第一的滨海旅游业增加值为 6258 亿元，占到总增加值的 33.4%，比位居第二的海洋交通运输业高出了 12.3 个百分点，比位居最末的海水利用业高出了 33.3 个百分点②。各产业之间的巨大差异已经影响到了海洋产业的整体性发展。

2. 海洋产业发展战略

第一，海洋产业发展战略的指导思想。发展战略的指导思想是发展战略的灵魂，它规范并制约着战略其他各要素和战略阶段的科学制定。

海洋强国之路的基础是海洋经济的发展，但它的发展是以实现中华民

---

① 《2011 年中国海洋经济统计公报》，http：//www.coi.gov.cn/gongbao/jingji/，最后访问日期：2014 年 5 月 9 日。

② 国家海洋局：《中国海洋统计年鉴（1986, 1996, 2006）》，北京：海洋出版社，1987 年，1997 年，2007 年；《2011 年中国海洋经济统计公报》，http：//www.soa.gov.cn/soa/hygb/jjgb/A010906index_1.htm，最后访问日期：2013 年 7 月 1 日。

族的复兴为目的的。因此，在全球化的大视野中走海洋强国之路，就必须首先关注民族国家的政治利益。这也是上层建筑对经济基础的核心影响所在。结合中国海洋经济发展的现状，海洋产业发展战略的指导思想在政治上主要体现在：（1）坚持科学发展观。科学发展观的核心和本质是坚持以人为本，它充分体现了马克思主义的世界观、方法论、人生观和价值观。科学发展观所要建立的"自然—人—社会"和谐统一的现代发展理念是所有发展需要坚持的理念。（2）坚持社会主义市场经济体制。经过 30 多年的改革开放，中国已经形成了较为完善的社会主义市场经济体制，实践证明这种体制是合乎中国国情的。作为经济系统的一个组成部分，海洋产业发展只有坚持社会主义市场经济体制，才能更好地融入整个国民经济体系之中，从而发挥其应有的作用。

第二，海洋产业发展的战略目标。发展战略目标是发展所要达到的预期效果，是制定实施发展规划的出发点和归宿点。因此，从经济发展的全局性上来看，海洋产业发展的战略目标要依据海洋产业的发展现状和国家海洋经济的总体利益来设定。

在 20 世纪末期，确保经济的可持续发展已经成为人们关于解决经济发展问题上的共识。因此，有人将 21 世纪中国海洋产业发展战略的总体目标设定为实现海洋经济的可持续发展。并将这个目标具体化为三个方面：（1）改善和优化海洋产业结构，通过逐步调整海洋三次产业结构，使之日趋合理化和高级化；（2）科学、合理地调整海洋产业布局，以实现行业间的协调发展，提高海洋开发的整体效益；（3）发展高新技术产业和清洁生产，通过节约资源和减少污染来实现海洋产业的可持续发展①。

应该说实现可持续发展这个总体目标是符合人类发展的基本趋势的。但是这个目标只能体现海洋产业发展的趋势，却没有体现海洋强国的特征。如何通过发展海洋产业来实现海洋经济强国之路，才是一个全局性的构想。显然，全局性的海洋产业发展战略目标应该包含两个部分：一是实现上述海洋产业可持续发展的目标；二是实现海洋产业与传统陆地产业之间的协调发展，这是促进中国经济整体发展的关键。

第三，海洋产业发展的战略重点。站在海洋经济强国的高度看，中国

---

① 李珠江、朱坚真主编《21 世纪中国海洋经济发展战略》，北京：经济科学出版社，2007年，第 152 页。

海洋产业发展所面临的最大问题是产业结构发展不均衡，这个不均衡既包括海洋产业自身内部结构的不均衡，也包括海洋产业与传统陆地产业之间的不均衡。从效果来看，不解决这个问题，必将影响到海洋产业发展战略的目标实现。

针对上述问题，中国海洋产业发展的战略重点应该放在两个方面：其一，优化海洋产业结构。这个"优化"不仅仅是协调海洋三次产业之间的均衡，更重要的是坚持优势发展原则的同时实现合理的产业布局。"海洋产业布局是海洋产业结构在海洋空间上的反映，即空间分布和组合形态。海洋产业结构与海洋产业布局之间相互作用，共同影响着海洋经济的增长。"① 其二，统筹海陆产业，实现协调发展。中国是一个传统型的农业大国，陆地产业一直是中国经济发展的根基和优势所在。海洋产业不仅发展时间短，而且国家的开发投入也远远少于陆地产业。要实现海陆"两条腿"走路，就必须统筹海陆产业，使之能够协调发展。

第四，海洋产业发展的战略措施。发展战略措施是为实现发展战略目标所采取的各种全局性的切实可行的方法和步骤。战略措施要在发展现状分析的基础上，根据战略目标和未来发展可能面临的问题进行设定。任何脱离社会整体发展现状和趋势的措施都是难以实现的。如有人将"十一五"时期设定为海洋产业发展的起步奠基阶段，其主要任务是重点调整优化产业结构，到 2010 年，实现海洋产业体系扩大升级，特色海洋经济区基本形成，沿海社区提前建成全面小康社会，等等②。但事实上，到 2010 年海洋产业结构不均衡的局面仍然存在，而在"十二五"规划中产业结构调整仍然是海洋产业发展的重中之重。因此，《2010 年中国海洋经济统计公报》中就指出，"2011 年，沿海各地区在'十二五'规划的指导下，将坚定不移地贯彻党和国家的各项政策方针，加快海洋经济结构战略性调整，积极培育战略性海洋新兴产业，着力推动海洋传统产业优化升级，促进海洋经济协调健康发展"。

由此可见，可操作性的海洋产业发展战略措施应该立足于实际国情，

① 徐敬俊、韩立民：《海洋产业布局的基本理论研究》，青岛：中国海洋大学出版社，2010年，第 28 页。

② 李珠江、朱坚真主编《21 世纪中国海洋经济发展战略》，北京：经济科学出版社，2007年，第 160 页。

着眼于目标重点。首先，完善海洋产业布局（2010～2030），弥补发展滞后的先天不足。21世纪的前10年里，海洋产业发展的事实告诉我们，不合实际的产业布局是影响产业发展的最大症结。所以，政府至少还需要用20年的时间，才能通过科学的调查清晰了解沿海各地区的资源禀赋状况、区域经济条件等，在此基础上通过相应的政策逐步协调各地区之间的矛盾冲突，从而实现海洋产业的合理布局。其次，发展海洋科技，提升海洋产业素质，实现海洋产业的全面发展（2031～2050）。传统海洋产业，如海洋捕捞业、海水养殖业、海盐业等对海洋环境的依赖程度较高，这些处于衰落中的产业要从恢复、巩固到继续发展，不仅直接需要产业相关科技的提升，也需要较长的时间来治理已经遭到严重破坏的海洋环境。与此同时，新兴海洋产业和高科技产业的发展以及形成体系需要时间的检验，更需要其他领域中先进科技的支持。因此，要实现海洋产业的全面发展，发展海洋科技是必需之手段。最后，增强政府协调能力，实现经济的整体协调发展（2051年至21世纪末）。具有节能高效的海洋高新技术产业必将占据海洋主导产业的地位，其他各海洋产业将围绕这些产业实行均衡发展，使得海洋产业总值占国民生产总值比例达到30%以上，使海洋经济总体能与陆地经济相协调，最终实现建成"海洋强国"的目标。

（二）海洋区域社会发展战略

地理环境的存在是海洋区域划分的基础。几乎所有沿海国的陆地与海洋之间的衔接都横跨了多个经纬度。不同经纬度的区域呈现不同的地质和气候状况，它们是海洋各区域的区位条件的核心构成要素。海岸线越长的国家，海洋区域的划分就越明显，区域之间的差异也就越大。

1. 海洋区域社会发展现状

当前中国海洋区域的划分依据是人为设定的经济地理标准。在官方的统计中，中国三大海洋区域是以三条入海河流来命名的，即长江三角洲、珠江三角洲和环渤海地区（也可称为泛黄河三角洲）。其中，环渤海地区是指环绕着渤海（包括部分黄海）的沿岸地区所组成的经济区域，主要包括辽宁省、河北省、天津市和山东省三省一市的海域与陆域；长江三角洲地区是指长江三角洲的沿岸地区所组成的经济区域，主要包括江苏省、上海市和浙江省两省一市的海域与陆域；珠江三角洲地区是指珠江三角洲的沿岸地区所组成的经济区域，主要包括广东省所辖的广州、深圳和珠海等城市的海域与陆域。《2011年中国海洋经济统计公报》显示，截至2011年，环渤海地区海洋生产总值 16442 亿元，占全国海洋生产总值的比重为36.1%。长江三角洲地区海洋生产总值13721 亿元，占全国海洋生产总值的比重为30.1%。珠江三角洲地区海洋生产总值9807 亿元，占全国海洋生产总值的比重为21.5%。

事实上，按地理环境来划分，中国3 万多公里的沿海线上，经过几十年的发展，沿海地区围绕各自的中心城市，已经初步形成了五大经济区，即环渤海、长江三角洲、珠江三角洲、海峡西岸、北部湾五个经济区。其中北部湾区，又称广西北部湾经济区，于2008 年成立，地处中国沿海西南端，由南宁、北海、钦州、防城港四市所辖行政区域组成，陆地面积4.25 万平方公里。从实际地理位置来看，北部湾区应该由广西、广东半岛、海南以及南沙群岛等区域组成。海峡西岸经济区是以福建为主体，面对台湾，邻近港澳，范围涵盖台湾海峡西岸，包括浙江南部、广东北部和江西部分地区，与珠江三角洲和长江三角洲两个经济区衔接，依托沿海核心区福州、厦门、泉州、温州、汕头五大中心城市以及以五大中心城市为中心所形成的经济圈。

然而，经济地理的划分标准更容易被人们所接受。"泛珠江三角洲"的提出就直接将北部湾区给纳入到了珠江三角洲地区中。"泛珠江三角洲"包括与珠江流域地域相邻、经贸关系密切的福建、江西、广西、海南、湖南、四川、云南、贵州和广东9 省区，以及香港、澳门2 个特别行政区。但是，在这个"泛珠江三角洲"中，因为经济相对比较落后的缘故，北部湾区作为一个地理性区域往往被人们所忽视。

北部湾区被人们所忽视的事实显现了海洋区域发展的一个基本现状，即中国海洋区域社会发展存在严重的不均衡。与其他四大经济区相比，北部湾经济区的发展明显落后。不管是工业化和城市化程度，还是经济国际化程度，北部湾经济区在历史上就一直落后于其他沿海经济区。此外，北部湾经济区在国家政策扶持上也要弱于其他地区，再加上该地区周边的国家也大多是发展中国家，国家间的经济交往也很难为该地区的发展提供优厚的资源。

区域经济发展的不均衡导致了各个区域的社会整体发展也呈现不均衡的状态。首先，经济落后区域的人口大量涌向经济发达的区域，使得落后地区流失了大量发展急需的人才和劳动力。这也影响了这些区域的教育、科技等领域的长远发展。其次，优势产业和高科技产业多集中在经济发达的区域，而落后区域更多地变成了原料产地，这导致了海洋产业布局趋向更加不合理。

2. 海洋区域社会发展战略

第一，海洋区域社会发展战略的指导思想。海洋强国之路是一条漫长之路，需要整个国家消耗大量的人力、物力和时间去实践。这就要求海洋开发战略不能仅仅只是单方面追求经济发展，也不能仅仅依靠某一区域的强势发展来设定。因此，作为一个大一统的中央集权国家，坚持和谐社会观是中国海洋区域社会发展战略最基本的指导思想。和谐社会有广义与狭义之分。广义的和谐社会是指社会同一切与自身相关的事物保持一种协调的状态。狭义上的和谐社会是指社会本身各个环节、各种因素、各种组织以及各种机制之间的协调，这是社会学研究中的一个相对单纯的问题。我们所探讨的和谐社会主要是指狭义上的①。

就海洋区域社会发展而言，坚持和谐社会观最重要的就是坚持区域协调发展的原则。区域不均衡的发展态势会严重影响各个区域之间的群体分化和利益冲突。

第二，海洋区域社会发展的战略目标。站在海洋社会全面发展的角度来看，实现均衡发展是中国海洋区域社会发展战略的最高目标。各个海洋区域之间发展不均衡是中国整个国家各个区域发展不均衡的具体体现，因此，海洋区域社会均衡发展也是实现整个国家区域社会均衡发展的重要组成部分。海洋区域社会均衡发展的目标包含两个部分：①实现东部海域、北部海域和南部海域之间的均衡；②实现各个区域内部社会发展要素之间的均衡发展。

第三，海洋区域社会发展的战略重点。针对区域发展不均衡的问题，要实现海洋区域社会均衡发展的战略目标，最重要的就是各个海洋区域要发挥自己的区位优势。这是海洋区域社会发展的战略重点。尽管导致海洋区域发展不均衡的原因有很多，如历史、政治、区位等，但是，解决问题的途径则主要还是靠区域自身。已经成为事实的历史因素是无法更改的，政策因素起作用需要区域自身发展实力的配合。区域自身发展最大的资本就是自己的区位优势。充分发挥区域特有的区位优势，才能带动区域中其

---

① 吴忠民：《和谐社会研究综述》，http://theory.people.com.cn/GB/49154/49156/3564510.html，最后访问日期：2013年12月24日。

他领域的发展，从而促进整个区域社会的发展。

第四，海洋区域社会发展的战略措施。有针对性的海洋区域社会发展战略措施以实现三个均衡为目标：一是海洋区域之间的均衡发展；二是每个海洋区域内部的海陆均衡发展；三是每个海洋区域中海洋产业的均衡布局。

首先，海洋区域之间的均衡发展，是海洋区域社会发展战略高层次目标的体现。其措施主要是在国家政策的干预之下，环渤海区、北部湾区等发展中区域实施优势发展战略，以区位优势进行特色发展，尽量吸收发达地区已有的经验，争取在 2030 年之前达到长江三角洲现有的发展水平。在21 世纪末实现各个区域之间各具特色的均衡发展战略目标。

其次，重视每个海洋区域内部人口、教育、文化等领域的发展，实现海陆一体化发展，达到区域社会整体和谐发展的目的。"广义的海陆一体化指如何发挥海洋优势，加强海陆联系和统一规划，促进沿海地区经济、社会的全面发展，它不但涉及海陆经济的协调发展，还包括海洋意识的培育、海陆文化的融合、海陆交通的衔接、海陆管理的统一与协调等。狭义的海陆一体化主要是海陆经济的一体化发展，即根据海、陆两个地理单元的内在联系。运用系统论和协同论的思想，通过统一规划、联动开发、产业链的组接和综合管理，把本来相对孤立的海陆系统整合为一个新的统一整体，实现海陆资源的更有效配置"[①]。显然，狭义的海陆一体化是第一阶段，是实现广义上的海陆一体化的前提。而广义上的海陆一体化的实质就是区域社会整体的和谐发展。

最后，在海洋强国的理念指导下，通过国家整体的宏观调控政策，争取在 2030 年之前实现各个区域海洋产业的合理布局。长江三角洲、珠江三角洲等发达区域实施优化战略，发展取向全面向发达国家看齐，以高端科技产业为发展先锋，将传统的优势海洋产业逐步转向环渤海区、北部湾区等发展中区域，扶持这些区域快速进入整体的发展水平中。从而逐步实现各个区域之间的均衡发展。

（三）海洋科技发展战略

21 世纪是海洋的世纪。在这个世纪里，海洋科技水平和创新能力将在

---

① 何广顺、王晓惠等：《沿海区域经济和产业布局研究》，北京：海洋出版社，2010 年，第201 页。

世界各国经济与科技竞争中占据主导地位。中国经济可持续发展对海洋生物资源、油气资源、矿产资源、水资源等提出了紧迫需求，海洋权益的维护需要强大的海洋国防力量；和谐社会的构建需要更多更安全的海洋食品，这些都为中国海洋科技发展提供了良好的机遇。

1. 中国海洋科技发展现状

自改革开放以来，中国海洋科技得到了快速发展。首先，在海洋科技的研究方面，科学研究上"以近海陆架区海洋学为主，初步形成了具有区域特征、多学科综合交叉的中国海洋科学研究体系"；技术发展上，"已经形成海洋环境技术、资源勘探开发技术、海洋通用工程技术三大类。包括20多个技术领域的海洋技术体系"。其次，在科研队伍及其成就方面，"目前，全国有关海洋科研机构和院校约130多个，科技成员1.3万余人"，这支队伍的科研成果，"根据2001—2008年27种影响因子大于2.0的海洋科技期刊统计，在总发文25426篇文献中，中国的总发文量排在第12位，总被引频次排在第15位"。最后，在科技应用方面，海洋农牧化成就世界瞩目，海洋生态环境与安全研究在具体的运用上取得了长足发展，等等①。

当前中国海洋科技发展处于全面发展机遇期，但同时也面临许多严峻的挑战。首先，国家对海洋科技的发展给予了高度重视。《国家中长期科学和技术发展规划纲要（2006—2020年）》《国家"十二五"海洋科学和技术发展规划纲要》《全国科技兴海规划纲要（2008—2015年）》等政策文件的颁布和实施，使得中国海洋科技事业进入到快速发展的机遇期。其次，与发达的海洋国家相比，中国只是一个海洋大国，却不是一个海洋强国。这是因为中国海洋科技发展总体水平还不高，科技创新能力较弱。这种发展状况无法满足海洋产业发展、社会进步以及国家安全保障的需求。

2. 海洋科技发展战略

第一，海洋科技发展战略的指导思想。海洋强国之路绝不是竭尽所能地探测和利用海洋资源，而是通过合理地开发海洋资源来实现人的发展，以及人与自然和谐相处。科技是人类主观能动性的产物，其作用是为人类认识和改造自然提供工具。所以，海洋科技发展战略的指导思想是以科学发展观为指导，坚持以人为本的理念，在确保海洋环境与人类社会和谐相

---

① 中国科学院海洋领域战略研究组：《中国至2050年海洋科技发展路线图》，北京：科学出版社，2009年，第54～55页。

处的基础上求发展。海洋科技发展主要包含海洋科学研究和海洋技术应用两个方面，因此，海洋科技发展战略的指导思想就主要体现在这两个方面的具体应该遵循的原则上。

海洋科学是科学的一个组成部分，因此，从科学的本质出发，海洋科学发展的战略研究应该遵循三个原则：①以地球系统科学理论作为海洋科学发展战略研究的基本原则；②以人类社会与自然环境的协调可持续发展的理念作为海洋科学发展战略研究的根本依据；③以多学科交叉、渗透和综合的海洋科学学科发展大趋势作为海洋科学发展战略研究的科学准则①。

海洋技术应用直接涉及人类的利益和海洋环境的变化，因此，海洋技术应用应该以海洋生态环境与人类社会的和谐相处为最高准则。在确保这个准则的基础上，技术应用应该以最大化提高人类福利和最小化环境损害为基本原则。

第二，海洋科技发展的战略目标。在坚持科学发展观和以人为本的指导思想下，海洋科技发展战略目标的全局性主要体现在两个方面：一是海洋科技自身的发展和完善；二是海洋科技的运用和能力提升。具体而言，就是通过完善基础海洋科学体系和强化重点领域研究，使中国海洋科技能力在 21 世纪中期达到世界先进国家水平，成为中国海洋开发的主导力量，到 21 世纪末争取在重大领域的关键问题和技术上处于国际领先地位。

中国科学院海洋领域战略研究组将中国海洋科技 2050 年的发展目标细分为五个方面：①海洋环境与安全方面，在与中国海区相关的几个重要领域上以争取建立国际优势和确立国际领先地位为目标；②海洋生态系统与安全方面，以全面提升探测能力、深化认识和提高预测能力为主；③海洋生物资源方面，以资源可持续利用和节能减排为内容，以提高资源的开发和利用效率为目标；④海洋油气与矿产资源方面，以全面提升资源的探测和评价能力、深化了解资源的分布为主；⑤海水资源方面，以解决海岛及近岸区域的淡水缺乏，实现海水淡化廉价产出的规模化生产为主要目标②。

应该说上述目标的设定涉及了海洋开发最主要的几个方面，也是中国

① 王修林、王辉、范德江主编《中国海洋科学发展战略研究》，北京：海洋出版社，2007 年，第 10～11 页。

② 中国科学院海洋领域战略研究组：《中国至 2050 年海洋科技发展路线图》，北京：科学出版社，2009 年，第 2～4 页。

当前海洋科技急需提升和应用的几个方面。这些目标的实现将成为中国海洋强国的支撑力量。

第三，海洋科技发展的战略重点。中国海洋科技发展目前面临的最大问题是自身创新能力较弱，而科技创新能力是科技发展的核心要素。鉴于此，21世纪中国海洋科技发展的战略重点是提升本国自身的科技创新能力。这个重点要求我们在实际操作过程中要注重本国海洋科技人才的培养，以及为这些人才发挥作用提供相应的实践平台。

第四，海洋科技发展的战略措施。作为中国海洋科技领域的领头羊，中国科学院海洋领域战略研究组所提出的实现2050年海洋科技发展目标的具体措施是切实可行的。这些措施包括：①发展高新技术，实现海洋经济、环境和社会的协调发展；②创新科技体制机制，加强国内科技协作，促进全面发展；③加大海洋科技投入，加强基础设施建设，提升保障能力；④强化"人才、专利和标准"三大战略，推进技术创新；⑤加强国际交流与合作，提高引领发展能力；⑥提升海洋观测能力，实现海洋数据共享；⑦加强技术平台与基地建设，提升研究开发和产业化能力；⑧实施海洋行动计划，开展长期观测研究；⑨加强海洋科普宣传，营造海洋强国氛围[①]。

站在海洋强国的全局性高度来看，海洋科技发展的战略措施在具体的执行过程还必须重视三个方面的内容。首先，完善海洋科技人才培养机制，这是提升海洋科技创新能力的根基所在。其次，国家投资建设与海洋科技发展相应的公共平台，如直接与海洋科技相关的大专院校和科研院所，这是实施海洋科技发展的重要物质支撑条件。[②] 最后，要注重合理利用海洋科技，这是海洋科技实现发展目标的途径，也是发展海洋科技的现实目的。

（四）海洋权益维护战略

海权意识对于20世纪之前的中国人来说是陌生的。中国发展至今仍然是一个基于陆地的农业大国，中国人的海权意识经过漫长的一个世纪才从20世纪早期的觉醒阶段走向了21世纪初期的维权阶段。中国真正能够实现海权的道路仍然充满艰辛。

---

① 中国科学院海洋领域战略研究组：《中国至2050年海洋科技发展路线图》，北京：科学出版社，2009年，第171～175页。

② 王修林、王辉、范德江主编《中国海洋科学发展战略研究》，北京：海洋出版社，2007年，第197～203页。

1. 中国海洋权益维护现状

发源于陆地的国家，海权意识的树立和深化是一个漫长的过程。在依海洋起源的希腊历史上，早在 2500 年前他们的海洋学家狄米斯托克就预言："谁控制了海洋，谁就控制了一切。"在中国人的意识里，直到 19 世纪末期在西方殖民者的侵略之下才开始认识到狄米斯托克的预言。"西方殖民者对亚洲的军事侵略和经济掠夺使这个古老地区的地缘政治特性开始从内陆转向海洋。"①

新中国成立后，为增进国家海权保护力量，中国共产党领导的人民政府就算在最艰难的时期里也没有放弃加强海军建设。1974 年中国第一艘核潜艇"长征一号"正式编入海军战斗序列。这直接奠定了中国海军在亚洲的领先地位，抵御了区域外势力对中国海权的影响，也使得中国成为东亚地区海权分布的重要影响力量。

但是，因为内在的后发展和外在的强压力，当前中国海洋权益维护仍然步履艰难。首先，从中国内部发展来看，维护国家海洋权益的主要力量——中国海军的战斗力与世界其他海洋强国来说要弱很多。中国的第一艘航空母舰才刚刚下海，而支撑海军力量的外空卫星技术和深海潜艇及其相关技术方面也很薄弱。其次，影响中国海权的外在压力多重汇集。美国在东南亚所设立的一系列海军基地，一直是中国所面对的最大的直接军事威胁力量。与中国沿海相邻的印度、日本、韩国、菲律宾、越南等国家所制定的海权战略也多是针对中国。可以说，除了内海之外，中国所有的外海海域的权益要么被他国直接侵占，要么面临着严峻的威胁。钓鱼岛问题、南沙群岛问题、黄岩岛问题，等等，都是最好的体现。

简而言之，中国当前还没有足够的力量去实践海权（sea power）。维护中国固有的海洋权利（sea right）将是中国海军今后相当长的一段时期内的主要任务。

2. 海洋权益维护战略

中国要从海洋大国转变成海洋强国，就必须切实实现中国应有的海洋权益。因此，制定适合中国的海洋权益维护战略意义深远。

第一，海洋权益维护战略的指导思想。坚持和平崛起观是中国海洋权

---

① Donald W., *Meining*, *Heartland and Rimland in Eurasian History*, Baltimore：Western Political Quarterly, 1956, p. 563.

益维护战略制定的指导思想。中国希望通过海洋开发来强国并不是为了称霸，而是为了更好地维护国际和平。这是中国领导人一贯坚持的外交战略思想。邓小平指出，中国的发展是和平力量的发展，是制约战争力量的发展①。和平外交也是符合中国国家自身的战略利益的。2003年温家宝在访问美国时就提出"中国的崛起，是和平的崛起"②。2005年，国务院发表的白皮书《中国的和平发展道路》明确地阐释了中国和平崛起的内涵③。因此，在面对周边邻海国重重阻碍的情况下，我们要走海洋强国之路，就更需要我们坚持和平崛起的理念来应对这些挑衅，以免陷入他国所设计的战争陷阱之中。

第二，海洋权益维护的战略目标。通过强国来维护世界和平并不只是口号，而是应该以切实的权益维护来体现。和平崛起观在海洋权益维护上的体现就是通过确保中国应有之海洋权益以实现国家之利益，以维护国家利益为基础来实现维护国际和平的目的。因此，21世纪中国海洋权益维护的战略目标可分为近期目标和远期目标。近期目标是争取在2050年之前实现所有中国应有之海洋权益，主要包括由中国主权所衍生出的全部海洋权益和由《联合国海洋法公约》等法规条约所规定的合法之权益。远期目标则是确立中国在西太平洋的制海权，使中国能以一个海洋强国的角色为维护有序的世界海洋秩序作出应有的贡献。

第三，海洋权益维护的战略重点。增强中国海军力量是中国海洋权益维护战略目标实现的关键。在当前民族国家纷争的时代，海洋权益的实现光有法律是不行的，海上力量才是利益最坚固的保障。中国当前许多海洋权益受到侵害，就是因为我们的海上力量还很薄弱，能够确保的海洋权益多停留于主权范围，甚至还有一些主权范围的权益也没有得到完全的保障，如台海问题、南海问题、钓鱼岛问题等属于中国主权范围内的海洋权益问题。所以，中国海军作为中国海洋军事力量的主干，必须要给予高度的重视。

第四，海洋权益维护的战略措施。制海权对近现代大国的兴衰具有决定性的影响。维护海洋权益只是获得制海权的第一步。就中国目前的状况

---

① 邓小平：《邓小平文选（三）》，北京：人民出版社，1993年，第128页。

② 吕鸿、任毓骏、王如君：《共同谱写中美关系新篇章》，《人民日报》2003年12月11日。

③ 徐质斌：《中国海洋经济发展战略研究》，广州：广东经济出版社，2007年，第136页。

而言，有人提出将中国海洋权益维护第一步设定为"解决台湾问题，实现国家内部统一"①。尽管台湾问题因为"台独"分子、日本右翼势力、美国等分裂势力的干预而影响到中国海洋权益的实现，但是，台海统一问题是中国两部分势力的争端问题，与南海问题、钓鱼岛问题等不一样。虽然中国历届领导人一直强调不放弃武力解决台湾问题的可能，但实际上始终坚持的是和平统一政策。这是因为单方面依靠武力威胁或征服，必然导致阻碍国家发展强大的战争。和平统一台湾，实质是通过长时期的两岸交流来使台湾自愿回归祖国。然而，中国要走海洋强国之路，一个最重要的方面就是要紧紧抓住当前的历史发展机遇。中国已经因为明清的"闭关锁国"和帝国主义列强的侵略错过了近现代的海洋开发浪潮，如果我们再花十几年甚至几十年的时间纠结于国家内部的争端，必然使中国再次错过世界性的海洋开发浪潮。

所以，获得制海权是为海洋强国服务的。面对这个问题，官方层面应该是政治权益让位于经济利益，也就是政府要以和平协商、互助合作、共同发展等原则来面对外部的阻碍，通过加强海军力量和完善相应的海洋法律法规来全面地维护中国应有之海洋权益，尤其是主权范围内的全部权益。中国民间力量则可以通过国际舆论、民间抗议等活动来支持官方的政治活动，尤其是对中国官方秉承和平正义之原则所积极参与的世界范围内的国际争端事件，民间力量在必要的时候应该放弃个人的经济利益来维护国家整体的政治权益。如此，中国官方与民间力量的互补互助，才能全面地维护国家的海洋权益。

（五）海洋法制发展战略

在和平年代的对外正常外交和对内常规管理上，法制的作用要远远大于军事威胁。完善的海洋法律法规不仅是国家管理海上活动的重要基础，也是对外确保国家海洋权益的重要依据。

1. 海洋法制发展现状

中国海洋法制建设随着中国海洋事业的发展而日趋完善。新中国成立后，中国的海洋事业虽然无法与其他发达的海洋强国相比，但与过去的中国相比还是取得了突飞猛进的发展。作为海洋事业发展的重要保障，中国的海洋法制也随之逐步完善。至今中国已经制定了 10 部海洋法律，20 余部

---

① 张文木：《论中国海权》，北京：海洋出版社，2010 年，第 228 页。

涉海法律，数百个行政法规和规章，签订了 60 多个与海洋相关的国际公约和数百个双边协定，已经初步形成了以宪法为根据，以海洋基本法为基础，以海洋单行法律为主体，以海洋行政法规、地方性法规和规章为补充，并与有关国际条约相协调的海洋法律体系①。

但是由于中国整体的法制建设基础薄弱，海洋法制建设的时间又相对较短，因此，面临当前国际海洋大开发的局面，中国海洋法制存在许多漏洞和缺陷。鉴于此，有研究者认为中国海洋法制发展至少面临四个方面的严峻挑战：（1）面临维护海洋权益、协调资源开发和保护海洋环境的严峻挑战；（2）面临履行《联合国海洋法公约》规定的义务的挑战；（3）面临依法行政的挑战；（4）面临强化海洋综合管理的挑战②。

总体而言，中国海洋法制建设在法规体系方面有所建树，但因基础薄弱和时间问题，海洋法制面临很多问题，这些问题对中国实现海洋强国的目的都构成巨大的威胁。

2. 海洋法制发展战略

第一，海洋法制发展战略的指导思想。在科学发展观的指导下坚持以法治国是中国海洋法制发展战略的指导思想。"依法治国"和"以法治国"是两个不同的概念。依法治国就是依照体现人民意志和社会发展规律的法律治理国家，而不是依照个人意志、主张治理国家。而以法治国则是用法律来治理国家，依法治国只是以法治国具体实践的一部分。以人为本的科学发展观，它着眼于为每个人的全面发展创造条件。要做到这一点，不仅要求法律的执行为了实现以人为本的理念，更重要的是要在立法、守法等各方面坚持以人为本的原则。依据已有的法律法规来进行的管理，是发展过程中具体操作层面的问题。如果法制不健全，仅仅只是"依法治国"必然就会导致法律成为各种权力滥用的工具。而以法治国是一种治国理念，它不仅要求在法律的管理执行中要依法，更要求整个社会在制度层面确立法治的原则。

第二，海洋法制发展的战略目标。鉴于当前国家利益的需要和海洋法制发展现状，中国在 21 世纪的海洋法制发展战略可分为近期目标和远期目

---

① 马英杰：《海洋开发管理中的法律问题研究》，载徐祥民主编《海洋权益与海洋发展战略》，北京：海洋出版社，2008 年，第 135 页。

② 周世锋、秦诗立：《海洋开发战略研究》，杭州：浙江大学出版社，2009 年，第 23 页。

标。近期目标是在与海洋法制有关的所有领域实现依法治理，切实管理好涉海相关的所有事务，其首要问题是健全海洋法制体系。远期目标则是实现以法治国的理念，用海洋法律法规来治理而不是管理所有的涉海部门和相应事务，实现海洋权益的全面维护，为中国的海洋全面发展提供切实的保障。

第三，海洋法制发展的战略重点。建立健全海洋法制体系是中国21世纪海洋法制发展的战略重点。以法治国在具体层面上的首要任务是建立相应的法律法规，之后才能通过依法治国来逐步完善法制体系。当前中国海洋法制发展面临的最大问题是法制不健全，关于海洋的最基本法"海洋法"都没有制定出来，更多的是因为实际的需要而建立的各种单行法。仅以海岛法而论，作为海洋的组成部分，海岛是与大陆分离的，具有与陆地明显不同的地理和资源特征的物理性存在，但是，目前对海岛的开发利用，却分别适用《土地管理法》《渔业法》《海域使用管理法》《矿产资源法》《中华人民共和国海洋环境保护法》等众多的法律法规及相关规章制度。这种"多龙治海"的状况必然会影响管理的效果。

第四，海洋法制发展的战略措施。首先，制定出以"海洋法"为中心的相互配套的法律法规，形成一个统一完整的海洋法体系。这是以法治海的前提。现行不相互配套的众多单行法律法规是造成目前海洋治理混乱的主要原因。而不配套的原因则是没有一个明确的基本法作为依据。当前海洋法律法规最根本的依据是《宪法》，但过于宏观的《宪法》更多的是思想上的指导，不适合做以追求操作为主的单行法的制定和实施的依据。

其次，以完善统一的海洋法规为基础，明确统一地划分海洋各部门的职责。当前中国海洋开发管理工作，以海洋、渔政、环保、海事、边防、海关、旅游等多个分散型行业部门的分工管理为主，这种分散型的管理体制不仅缺乏强有力的综合协调治理能力，而且也造成了海洋开发过程中管理上的粗放无序、成本过高、效率低下等问题，严重影响了海洋资源的可持续发展，以及国家海洋经济的整体和谐发展。

再次，加强海上执法力量和海洋法律教育力度，确保海洋环境保护和海洋权益的实现。完善的法律法规能够取得相应的现实效果，既需要强有力的执行力量，也需要人们的法律意识和思想观念的提高。"中国海监"是中国国内唯一一支维护国家海洋权益、解决海域争端和维护海洋开发秩序的综合性海上执法队伍。与发达海洋国家相比，这支队伍执法装备普遍数量欠缺、质量差，执法车辆、船舶、飞机数量少，船舶吨位小、航速低。因此，"中国海监"对相对较远海域的维权能力很低。如果中国民众自身的海洋法律意识薄弱的话，就会更加加重"中国海监"的维权压力。

最后，尽快制定完善的，与《联合国海洋法公约》相关的国际海洋法体系。自《联合国海洋法公约》生效之后，它已经成为整个国际社会处理海洋资源开发、海域划界等问题的基本依据。因此，中国只有出台相应的国际海洋法规，才能尽快地实现与国际海洋强国进行平等对话，才能有效地维护中国在国际公海中的应有权益。

（六）海洋文化发展战略

海洋不仅是人类生命的摇篮，也是人类文化的起源地。文化是人类区别于其他生物的主要标志。作为人类认识和改造自然界的产物，文化可以依据不同的标准进行多种类型划分。这里探讨"海洋文化"，实质就是将文化按照认识和改造的对象进行的划分。有海洋文化，自然就有土地文化、草原文化等同一层面的文化类型①。

1. 海洋文化发展现状

海洋文化有广义和狭义之分，广义的海洋文化指一切与海洋有关的文化，狭义的海洋文化则主要指与海洋有关的人类精神层面的文化。这里要探讨的是狭义层面的含义，即"海洋文化是人类面向海洋、依存于海洋而形成的思想意识、价值观念和生活方式"②。如此，海洋民俗、海洋考古、海洋信仰、与海洋有关的人文景观等都是属于海洋文化的范畴。

尽管中国以黄河文明而著称于世，并且海洋开发活动也比较落后，但是，中国的海洋文化在大陆文化的推动下也取得了非凡的成就。与西方海洋文化发展模式不同，中国的海洋文化发展模式有其独特的民族个性。自先秦时期吴、越、燕、齐等海洋强国的开发活动，到明代郑和下西洋沟通东西方世界，上千年的海洋开发活动构成了"中国海洋文化的传统历史和天下一体、华夷一家、情结四海、货通八方、耕海养海、亲海敬洋、知足常乐的海洋发展模式"③。

---

① 有关"海洋文化"分类、特征等内容请查看第三章。

② 曲金良：《中国海洋文化发展的历史基础与战略选择》，载徐祥民主编《海洋权益与海洋发展战略》，北京：海洋出版社，2008 年，第 249 页。

③ 曲金良：《中国海洋文化发展的历史基础与战略选择》，载徐祥民主编《海洋权益与海洋发展战略》，北京：海洋出版社，2008 年，第 249 页。

但是，中国海洋文化本身所存在的缺陷导致了明清之后的"闭关锁国"。中国海洋文化本身的缺陷主要是官民脱节，即"官方层面重政治轻经济，民间的贸易与移民领域重经济社会利益轻政治因素"①。因此，明清时期海外西方强国的入侵，使得重政治的官府实施了"闭关锁国"政策来维护政权，而民间势力在经济利益受损的状况下也并没有意识到要通过加强国家的政治力量来维护自身的利益。因此，明清之后中国的海洋事业发展趋向萎缩，海洋文化发展也就相应地停滞了。现代国际海洋秩序的内容基本上都是由西方近现代崛起的竞争式、海盗式海洋文化势力构建起来的。这种基于力量的霸权式文化重创了中国和谐式、和平式的海洋文化传统。尽管西方人的这种海洋文化模式导致了更多的海洋权益争端，以及大规模的海洋环境破坏，但是，中国要抵制这种模式的侵害，就必须重新挖掘中国传统海洋文化模式中的现代价值，并以此来重建适合现代社会的海洋文化模式。

2. 海洋文化发展战略

21世纪随着社会经济发展，陆地可供开发资源的减少，世界各海洋大国之间在海洋经济、科技、资源、海权等方面的竞争日益激烈。这些激烈竞争的背后，实质上是海洋文化的竞争。不同的海洋思维、海洋意识、海洋观念等文化因素，决定着竞争的格局和态势，决定着竞争的成败。因此，一个民族国家的海洋事业要想得到顺利发展，就必须要有相应的海洋文化发展战略来支撑。

第一，海洋文化发展战略的指导思想。坚持科学发展观与和谐社会观是中国海洋文化发展战略的指导思想。科学发展观强调社会的整体发展和人的全面发展。文化发展与经济发展、政治发展相配套，才能构建社会的整体发展。文化是人区别于其他生物的主要标志，也是人的意识发展和行为选择的依据，因此，人的全面发展离不开文化的发展。和谐社会观强调以和谐保发展，以发展促和谐，这是一种共赢式发展。这种发展模式要求人们不仅要有竞争发展意识，也要求人们要有公平和谐意识。这些意识的建立与形成就是文化发展的重要内容。

第二，海洋文化发展的战略目标。中国的海洋强国之路肯定与世界其他海洋强国的发展途径是不一样的。在当前的国际大形势下，中国不可能沿用其他海洋强国的发展战略。那么，这种独特的海洋强国之路在文化上

① 刘德喜：《创建现代型海洋大国的战略思考》，《新远见》2012年第11期。

的体现就是重建中国特色的海洋文化，使之成为与西方主流海洋文化处于对等地位的文化模式。这就是中国 21 世纪海洋文化发展的战略目标。中国的海洋事业经过 21 世纪的努力发展，必将使中国成为世界性的海洋强国。与此相对应，中国的海洋文化也应该在世界海洋文化版图中占据优势的地位。

第三，海洋文化发展的战略重点。构建具有中国特色的海洋文化发展模式，是 21 世纪中国海洋文化发展的战略重点。要想与西方主流的海洋文化模式相对抗，在发展方式上就既不能固守中国传统的海洋文化发展模式，也不能完全学习西方的海洋文化发展模式。中国必须重构具有中国特色的海洋文化发展模式。这种发展模式包括五个方面的内容：①中国发展自己民族的、国家的海洋文化，必须成为中国以海洋立国、海洋强国的国家意志；②中国海洋文化的现代发展，必须根植于中国自己的海洋文化传统精华；③中国海洋文化的现代发展，必须对传统文化模式加以现代改造和重塑；④中国海洋文化的现代发展，必须牢固树立本民族的、"中国特色"的海洋意识和观念体系，并使之得到全国、全民族的认同，成为国家主流意识观念系统的构成要素；⑤中国海洋文化的现代发展，必须建立中国本民族的、"中国特色"的海洋文化知识系统，并使之成为国家教育和国民知识体系的重要内容[①]。

第四，海洋文化发展的战略措施。中国的海洋文化历来都是与大陆文化紧密联系在一起的。海洋文化与大陆文化是相互影响、相互融合、相互促进的。中国数千年大陆文化的深厚底蕴和传统海洋文化的精华都应该是构建中国特色海洋文化发展模式的根基。具体而言，21 世纪中国海洋文化发展可以采取如下几点措施。

首先，重新挖掘和评估中国传统海洋文化的现代价值。我们不能因为中国海洋事业在近现代所遭受的挫折，而全盘否定在背后支撑它的海洋文化。我们应该通过考古、海洋文化遗产保护等具体措施重新挖掘、整理和认识中国传统海洋文化，并以现代海洋事业的发展实践来重新评估传统海洋文化的价值。从传统中取其精华，以此来奠定构建中国特色海洋文化发展模式的基础。

---

① 曲金良：《中国海洋文化发展的历史基础与战略选择》，载徐祥民主编《海洋权益与海洋发展战略》，北京：海洋出版社，2008 年，第 251～254 页。

其次，重新审视西方的海洋文化，排除其糟粕借鉴其精华，为构建中国特色的海洋文化发展模式吸取有价值的营养。西方近现代崛起的竞争式、海盗式的海洋文化虽然通过实施海洋霸权策略获得了主导性的优势地位，但是，这种文化导致了海上争霸、海外扩张等战争遭难和殖民心态，更导致了无节制的海洋空间占有活动和无限制的海洋资源掠夺行为，使得全球性的海洋环境灾难日益凸显。因此，我们应该基于继承中国传统优秀海洋文化的基础上与国际接轨，有选择、有目的地借鉴西方海洋文化中有价值的部分。

最后，大力推进区域海洋文化产业发展，逐步完善有中国特色的海洋文化理论体系和发展体制，并以中国不断发展的海洋事业作为该体系和体制的检验标准。中国各个海洋区域中都有自己独特的海洋文化，每种海洋文化都为该区域的经济社会发展提供了强大的推动力。我们在追求海陆一体化的同时，也要深入挖掘区域海洋文化的内涵，大力推进区域海洋文化产业的发展，以便形成全社会关注海洋、保护海洋和开发海洋的社会氛围，这样将会有助于提升海洋文化的经济效益和社会效益，从而促进区域产业结构的调整和社会的整体发展。海洋文化发展的目的是适应和促进中国海洋事业的发展，构建有中国特色的海洋生活方式，实现人海和谐相处的最高目标。

参考文献*

艾尔弗雷德·塞耶·马汉：《大国海权》，熊显华编译，南昌：江西人民出版社，2011年。

艾尔弗雷德·塞耶·马汉：《海权论》，一兵译，北京：同心出版社，2012年。

爱德华·泰勒：《原始文化：神话、哲学、宗教、语言、艺术和习俗发展之研究》，连树声译，桂林：广西师范大学出版社，2005年。

C. 埃德奎斯特、L. 赫曼：《全球化、创新变迁与创新政策》，胡志坚、王海燕主译，北京：科学出版社，2012年。

安东尼·吉登斯：《社会学（第五版）》，李康译，北京：北京大学出版社，2009年。

白海军：《海上角逐》，北京：中国友谊出版公司，2007年。

彼得·什托姆普卡：《社会变迁的社会学》，林聚任等译，北京：北京大学出版社，2011年。

卜建华等：《山东海洋文化特征的形成与发展研究》，成都：西南交通大学出版社，2010年。

沧海一丁：《纵横四海：世界海盗史》，武汉：武汉大学出版社，2009年。

陈定樑等：《中国海洋开放史》，杭州：浙江工商大学出版社，2011年。

陈可文：《中国海洋经济学》，北京：海洋出版社，2003年。

陈孔立：《清代台湾移民社会研究》，厦门：厦门大学出版社，1990年。

陈立等：《中国国家战略问题报告》，北京：中国社会科学出版社，2002年。

---

* 按著作、期刊、其他分类排列，每一部分按作者首字母（拼音）顺序排列。

陈涛：《产业转型的社会逻辑——大公圩河蟹产业发展的社会学阐释》，北京：社会科学文献出版社，2014年。

崔凤：《海洋与社会——海洋社会学初探》，哈尔滨：黑龙江人民出版社，2007年。

戴维·波普诺：《社会学（第十一版)》，李强等译，北京：中国人民大学出版社，2007年。

戴维·波普诺：《社会学（第十版)》，李强等译，北京：中国人民大学出版社，1999年。

丹尼尔·贝尔：《后工业社会的来临》，高铦等译，北京：新华出版社，1997年。

邓小平：《邓小平文选（三)》，北京：人民出版社，1993年。

费孝通：《费孝通论文化与文化自觉》，北京：群言出版社，2005年。

冯士筰等：《海洋科学导论》，北京：高等教育出版社，2007年。

盖广生：《大海国：中国百年海洋思想历程》，北京：海洋出版社，2011年。

干焱平、刘晓玮：《海洋权益与中国》，北京：海洋出版社，2011年。

中国水产科学研究院科技情报研究所：《国外渔业概况》，北京：科学出版社，1991年。

葛剑雄、曹树基、吴松弟：《简明中国移民史》，福州：福建人民出版社，1993年。

葛剑雄：《中国移民史（第一卷)》，福州：福建人民出版社，1997年。

葛剑雄：《历史上的中国——中国疆域的变迁》，上海：上海绵绣文章出版社、上海文艺出版总社，2007年。

国家海洋局：《中国海洋21世纪议程》，北京：海洋出版社，1996年。

国家海洋局海洋发展战略研究所课题组编《中国海洋发展报告（2012)》，北京：海洋出版社，2012年。

国家海洋局海洋发展战略研究所课题组编《中国海洋发展报告（2011)》，北京：海洋出版社，2011年。

国家海洋局海洋发展战略研究所课题组编《中国海洋发展报告（2010)》，北京：海洋出版社，2010年。

国家海洋局人事劳动教育司：《海洋环境保护与监测》，北京：海洋出版社，1998年。

韩源等：《全球化与中国大战略》，北京：中国社会科学出版社，2005年。

何广顺等：《沿海区域经济和产业布局研究》，北京：海洋出版社，2010 年。

黑格尔：《精神哲学》，韦卓民译，武汉：华中师范大学出版社，2006 年。

胡杰：《海洋战略与不列颠帝国的兴衰》，北京：社会科学文献出版社，2012 年。

怀特：《街角社会：一个意大利贫民区的社会结构》，黄育馥译，北京：商务印书馆，1994 年。

黄良民：《中国海洋资源与可持续发展》，北京：科学出版社，2007 年。

黄树东：《大国兴衰：全球化背景下的路线之争》，北京：中国人民大学出版社，2012 年。

黄顺力：《海洋迷思——中国海洋观的传统与变迁》，南昌：江西高校出版社，1999 年。

黄宗智：《华北的小农经济与社会变迁》，北京：中华书局，2000 年。

季国兴：《中国的海洋安全与海域管辖》，上海：上海人民出版社，2009 年。

姜鸣：《龙旗飘扬的舰队：中国近代海军兴衰史》，北京：三联书店，2002 年。

鲸鱼客：《大海盗时代》，西安：陕西师范大学出版社，2007 年。

鞠海龙：《中国海权战略》，北京：时事出版社，2010 年。

罗杰·A. 斯特劳斯：《应用社会学》，李凡、刘云译，哈尔滨：黑龙江人民出版社，1992 年。

赖特·米尔斯：《社会学的想象力》，陈强、张永强译，北京：三联书店，2001 年。

李强：《中国社会变迁 30 年（1978－2008）》，北京：社会科学文献出版社，2008 年。

李稻葵：《大国发展战略：探寻中国经济崛起之路》，北京：北京大学出版社，2007 年。

李靖宇等：《中国海洋经济开发论：从海洋区域经济开发到海洋产业经济开发的战略导向》，北京：高等教育出版社，2010 年。

李明春、徐志良：《海洋龙脉——中国海洋文化纵览》，北京：海洋出版社，2007 年。

李明春：《海洋权益与中国崛起》，北京：海洋出版社，2007 年。

李培林等：《社会学与中国社会》，北京：社会科学文献出版社，2008 年。

李强：《应用社会学》，北京：中国人民大学出版社，2004 年。

李珠江、朱坚真：《21 世纪中国海洋经济发展战略》，北京：经济科学出版社，2007 年。

联合国第三次海洋法会议：《联合国海洋法公约》，北京：海洋出版社，1983 年。

林德荣：《西洋航海移民：明清闽粤移民荷属东印度与海峡殖民地的研究》，南昌：江西高校出版社，2006 年。

刘登翰：《中华文化与闽台社会》，福州：福建人民出版社，2002 年。

刘家沂：《海洋生态损害的国家索赔法律机制与国际溢油案例研究》，北京：海洋出版社，2010 年

刘容子、齐连明：《我国无居民海岛价值体系研究》，北京：海洋出版社，2006 年。

刘少杰：《现代西方社会学理论》，长春：吉林大学出版社，1998 年。

刘文权：《长岛渔家》，青岛：中国海洋大学出版社，2005 年。

林文勋：《历史与现实：中国传统社会变迁启示录》，北京：人民出版社，2010 年。

罗伯特·劳伦斯·库恩、吕鹏等：《中国 30 年：人类社会的一次伟大变迁》，上海：上海人民出版社，2008 年。

马可·科拉正格瑞：《海洋经济——海洋资源与海洋开发》，高健等译，上海：上海财经大学出版社，2011 年。

马克思、恩格斯：《马克思恩格斯选集（第四卷）》，北京：人民出版社，1995 年。

马凌诺斯基：《文化论》，费孝通译，北京：华夏出版社，2002 年。

欧阳宗书：《海上人家——海洋渔业经济与渔民社会》，南昌：江西高校出版社，1998 年。

Pew Oceans Commission 编《规划美国海洋事业的航程》，周秋麟、牛文生等译，北京：海洋出版社，2005 年。

乔尔·查农：《社会学与十个大问题》，汪丽华译，北京：北京大学出版社，2009 年。

曲金良：《海洋文化与社会》，青岛：中国海洋大学出版社，2003 年。

曲金良：《中国海洋文化观的重建》，北京：中国社会科学出版社，2009 年。

曲金良：《海洋文化研究》（共六卷），北京：海洋出版社，1999~2008 年。

石莉等：《美国海洋问题研究》，北京：海洋出版社，2011 年。

343

史蒂文·瓦戈：《社会变迁》，王晓黎等译，北京：北京大学出版社，2007年。

史兆光：《航海伦理学》，大连：大连海事大学出版社，2001年。

司马云杰：《文化社会学（第五版）》，北京：华夏出版社，2011年。

莎拉·鲍威尔等：《全球化》，杨凯译，北京：世界图书出版公司，2011年。

宋立清：《中国渔民转产转业研究》，青岛：中国海洋大学出版社，2007年。

宋林飞：《小康社会的来临》，南京：南京大学出版社，2007年。

苏勇军：《浙东海洋文化研究》，杭州：浙江大学出版社，2011年。

唐国建：《海洋渔村的"终结"：海洋开发、资源再配置与渔村的变迁》，北京：海洋出版社，2007年。

同春芬等：《和谐渔村》，北京：社会科学文献出版社，2008年。

王家瑞：《海洋科技产业化发展战略》，北京：海洋出版社，1999年。

王琪等：《海洋管理：从理念到制度》，北京：海洋出版社，2007年。

王庆跃：《走向海洋世纪——海洋科学技术》，珠海：珠海出版社，2002年。

王诗成：《龙，将从海上腾飞——21世纪海洋战略构想》，青岛：青岛海洋大学出版社，1997年。

王诗成：《海洋强国论》，北京：海洋出版社，2004年。

王曙光：《论中国海洋管理》，北京：海洋出版社，2004年。

王曙光：《海洋开发战略研究》，瞿铁鹏、张钰译，北京：海洋出版社，2004年。

威廉·A.哈维兰：《文化人类学》，上海：上海社会科学院出版社，2006年。

威廉·托马斯、弗洛里安·兹纳涅茨基：《身处欧美的波兰农民》，张友云译，南京：译林出版社，2000年。

尾崎春生：《中国的强国战略》，喻海翔译，北京：东方出版社，2012年。

沃尔夫：《全球化为什么可行》，余江译，北京：中信出版社，2008年。

乌尔里希·贝克：《世界风险社会》，吴英姿、孙淑敏译，南京：南京大学出版社，2004年。

西奥多·米尔斯：《小群体社会学》，温凤龙译，昆明：云南人民出版社，1988年。

徐敬俊、韩立民：《海洋产业布局的基本理论研究》，青岛：中国海洋大学出版社，2010 年。

　　徐祥民等：《海洋权益》，北京：海洋出版社，2009 年。

　　徐质斌：《中国海洋经济发展战略研究》，广州：广东经济出版社，2007 年。

　　杨国桢、郑甫弘、孙谦：《明清中国沿海社会与海外移民》，北京：高等教育出版社，1997 年。

　　杨国桢：《瀛海方程——中国海洋发展理论和历史文化》，北京：海洋出版社，2008 年。

　　杨国祯：《闽在海中》，南昌：江西高校出版社，1998 年。

　　杨国祯：《东溟水土》，南昌：江西高校出版社，2003 年。

　　杨金森：《海洋强国兴衰史略》，北京：海洋出版社，2007 年。

　　杨金森、范中义：《中国海防史（上、下）》，北京：海洋出版社，2005 年。

　　殷克东、方胜民：《海洋强国指标体系》，北京：经济科学出版社，2008 年。

　　应星：《大河移民上访的故事》，北京：三联书店，2001 年。

　　于宜法、王殿昌：《中国海洋事业发展政策研究》，青岛：中国海洋大学出版社，2008 年。

　　约翰·J. 麦休尼斯：《社会学（第 11 版）》，风笑天等译，北京：中国人民大学出版社，2009 年。

　　约瑟夫·E. 斯蒂格利茨：《让全球化造福全球》，北京：中国人民大学出版社，2011 年。

　　曾少聪：《东洋航海移民：明清海洋移民台湾与菲律宾的比较研究》，南昌：江西高校出版社，1998 年。

　　张开城等：《海洋社会学概论》，北京：海洋出版社，2010 年。

　　张廷兴、岳晓华：《中国文化产业概论》，北京：中国广播电视出版社，2008 年。

　　张文木：《论中国海权》，北京：海洋出版社，2010 年。

　　章示平：《中国海权》，北京：人民日报出版社，1998 年。

　　郑杭生：《社会学概论新修（第三版）》，北京：中国人民大学出版社，2003 年。

　　中国科学院海洋领域战略研究组：《中国至 2050 年海洋科技发展路线图》，北京：科学出版社，2009 年。

　　中国海洋发展研究中心：《中国海洋发展研究文集》，北京：海洋出版社，2013 年。

周大鸣：《文化人类学概论》，广州：中山大学出版社，2009 年。

朱坚真：《海洋资源经济学》，北京：经济科学出版社，2010 年。

朱晓东等：《海洋资源概论》，北京：高等教育出版社，2005 年。

庄孔韶：《人类学概论》，北京：中国人民大学出版社，2006 年。

庄孔韶：《人类学通论（修订版）》，太原：山西教育出版社，2004 年。

佐佐木卫：《全球化中的社会变迁：日本社会学者看现代中国》，李升译，北京：科学出版社，2012 年。

Michael M. Cernea：《风险、保障和重建：一种移民安置模型》，《河海大学学报（哲学社会科学版）》2002 年第 2 期。

Peter Leeson：《海盗组织的双核管理》，《发现》2009 年第 10 期。

毕朝斌：《可持续渔业伙伴组织到广西北海考察调研推动企业参与可持续水产品认证》，《广西畜牧兽医》2009 年第 5 期。

冰山：《太平洋的"不速之客"——"宙斯盾"导弹驱逐舰加入美国海军太平洋舰队》，《海洋世界》2003 年第 3 期。

蔡一鸣：《海洋开发的广度和深度空间论》，《浙江海洋学院学报（人文科学版）》2009 年第 4 期。

柴寿升、张佳佳：《美、日休闲渔业的发展模式对我国休闲渔业发展的启示》，《中国海洋大学学报（社会科学版）》2007 年第 1 期。

长河：《首批 STCW"白名单"公布——71 个成员及 1 个准成员首先入围》，《世界海运》2001 年第 4 期。

陈宪章：《妈祖信仰为何千年不衰》，《寻根》1996 年第 1 期。

陈刚、陈卫忠：《对美国渔业管理模式的初步探讨》，《上海水产大学学报》2002 年第 3 期。

陈俊、同春芬：《美日中海洋政策及其政策工具刍议》，《科技管理研究》2009 年第 7 期。

陈孔立：《有关移民和移民社会的理论问题》，《厦门大学学报（哲学社会科学版）》2000 年第 2 期。

陈立奇：《北极在召唤——中国加入国际北极科学委员会》，《海洋世界》1996 年第 7 期。

陈林兴、黄硕琳：《挪威渔业管理的初步探析》，《福建水产》2004 年第 1 期。

陈平等：《中国海洋经济发展的财税政策作用机制研究》，《海洋经济》

2012 年第 1 期。

陈旗：《加拿大海岸警卫队》，《航海》1995 年第 5 期。

陈树艳：《比较法域下的海洋权益保护及其在我国的实践》，《求索》2011 年第 5 期。

陈思行：《美国休闲渔业现状》，《北京水产》2005 年第 1 期。

陈松涛：《国外的渔业管理》，《海洋渔业》1982 年第 6 期。

陈涛：《美国海洋溢油事件的社会学研究》，《中国农业大学学报（社会科学版）》2012 年第 2 期。

陈涛：《渤海溢油事件的社会影响研究》，《中国海洋大学学报（社会科学版）》2013 年第 5 期。

陈涛：《海洋文化及其特征的识别与考辨》，《社会学评论》2013 年第 5 期。

陈涛、李素霞：《"维稳压力"与"去污名化"——基层政府走向渔民环境抗争对立面的双重机制》，《南京工业大学学报（社会科学版）》2014 年第 1 期。

陈天林：《欧洲移民社会冲突中的多元文化主义困境》，《社会主义研究》2012 年第 1 期。

陈万平：《我国海洋权益的现状与维护海洋权益的策略》，《太平洋学报》2009 年第 5 期。

陈伟明：《明清粤闽海商的构成与特点》，《历史档案》2000 年第 2 期。

陈泽伟：《沿海重化工布局环境堪忧》，《瞭望》2010 年第 11 期。

陈智勇：《试析春秋战国时期的海洋文化》，《郑州大学学报（哲学社会科学版）》2003 年第 5 期。

成杨：《以色列的"水奇迹"》，《河南水利与南水北调》2011 年第 9 期。

春岩：《"公有地悲剧"与索马里海盗的兴起》，《西部论丛》2009 年第 1 期。

崔凤、张双双：《"海洋世纪"的环境社会学阐释》，《海洋环境科学》2011 年第 5 期。

崔凤：《改革开放以来我国海洋环境的变迁：一个环境社会学视角下的考察》，《江海学刊》2009 年第 2 期。

崔凤：《海洋社会学：社会学应用研究的一项新探索》，《自然辩证法研究》2006 年第 8 期。

崔凤：《海洋社会学与主流社会学研究》，《中国海洋大学学报（社会科学版）》2010年第2期。

崔凤：《再论海洋社会学的学科属性》，《中国海洋大学学报（社会科学版）》2011年第1期。

崔凤：《海洋发展对沿海社会变迁的影响——一个研究框架》，《中国海洋大学学报（社会科学版）》2009年第3期。

丹枫：《欧洲部分国家海洋政策动态》，《海洋信息》1998年第6期。

单之蔷：《弹丸礁虽有惊人的美丽，但已被他人占据》，《中国国家地理》2010年第10期。

单之蔷：《一份十八年没有执行的合同》，《中国国家地理》2010年第10期。

丁丽柏：《论海洋权益的军事保护》，《求索》2006年第11期。

董岗：《伦敦国际航运服务集群的发展研究》，《中国航海》2010年第1期。

董兆乾：《国际北极科学委员会1997年年会在俄罗斯彼得堡召开》，《极地研究》1997年第2期。

杜伟：《二战前日本移民与加利福尼亚农业》，《世界民族》2009年第4期。

樊守政：《防范和打击海上恐怖威胁问题研究——以索马里海盗为对象的分析》，《警察实战训练研究》2009年第3期。

范其伟等：《日本远洋渔业支持政策及其对我国的启示》，《中国渔业经济》2009年第5期。

费思：《日本三大海运公司发展策略》，《水运管理》2008年第5期。

冯祥武：《潮汕方言淡化论》，《汕头大学学报（人文社会科学版）》2011年第3期。

傅义强：《当代西方国际移民理论述略》，《世界民族》2007年第3期。

高益民：《海洋政策及其对海洋环境保护的影响》，《山东社会科学》2008年第12期。

郭永虎：《关于中日钓鱼岛争端中"美国因素"的历史考察》，《中国边疆史地研究》2005年第4期。

龚艳萍：《高质量专业化的国际海事培训——记英国劳氏船级社上海海事培训中心》，《世界海运》2009年第6期。

巩建华：《南海问题的产生原因、现实状况和内在特点》，《理论与改革》2010 年第 2 期。

谷雪梅：《英国海军与第一次英荷战争（1652－1654）》，《宁波大学学报（人文科学版）》2006 年第 6 期。

郭渊：《海洋权益与海洋秩序的构建》，《厦门大学法律评论》2005 年第 2 期。

国务院：《国务院批转农牧渔业部关于发展海洋渔业若干问题的报告的通知》，《中华人民共和国国务院公报》1983 年第 18 期。

韩立民等：《"三渔"问题的基本内涵及其特殊性》，《农业经济问题》2007 年第 6 期。

洪成勇、陈鸿衡：《韩国的海洋政策（上）》，《海洋开发与管理》1996 年第 3 期。

胡鞍钢、鄢一龙、吕捷：《从经济指令计划到发展战略规划：中国五年计划转型之路（1953－2009）》，《中国软科学》2010 年第 8 期。

胡复元、郭云峰：《加强行业自律 提高渔业组织化程度》，《中国渔业经济》2002 年第 2 期。

胡速喜、卿志军：《NGO 品牌构建与媒介策略的思考——以海南"蓝丝带"为例》，《今传媒》2012 年第 1 期。

胡武贤等：《农村劳动力转移的社会负面效应及其消解》，《江西社会科学》2006 年第 12 期。

何广顺、王晓惠：《海洋及相关产业分类研究》，《海洋科学进展》2006 年第 3 期。

黄玲：《海洋民俗体育的内涵、流变及发展策略》，《中国体育科技》2009 年第 3 期。

黄日富：《海洋世纪，让我们共同瞩目——写在 2005 年世界海洋日》，《南方国土资源》2005 年第 7 期。

黄瑶瑛：《台湾进香团泉州会香祭妈祖》，《两岸关系》2007 年第 7 期。

霍桂桓：《非哲学反思的和哲学反思的：论界定海洋文化的方式及其结果》，《江海学刊》2011 年第 5 期。

江怀友等：《世界海洋油气资源勘探现状》，《中国石油企业》2008 年第 3 期。

姜春洁：《功能主义视角下的日本海神信仰研究》，《广东海洋大学学报

（社会科学版）》2012 年第 2 期。

姜旭朝、王静：《美日欧最新海洋经济政策动向及其对中国的启示》，《中国渔业经济》2009 年第 2 期。

姜雅：《日本的海洋管理体制及其发展趋势》，《国土资源情报》2010 年第 2 期。

蒋传光：《论社会控制与和谐社会的构建——法社会学的研究》，《江海学刊》2006 年第 4 期。

乐美龙：《金枪鱼类渔业管理问题的研究之二：金枪鱼渔业区域性管理组织和其管理新趋势》，《中国水产》2008 年第 5 期。

李德元：《浅论明清海岸带和陆岛间际移民》，《中国社会经济史研究》2004 年第 3 期。

李德元：《质疑主流：对中国传统海洋文化的反思》，《河南师范大学学报（哲学社会科学版）》2005 年第 5 期。

李方：《海盗罪法律规制问题研究综述》，《西安政治学院学报》2010 年第 2 期。

李凤宁：《当前海盗犯罪的特点、成因及对策研究》，《经济与社会发展》2007 年第 3 期。

李国庆：《海上"绿色和平"行动》，《海洋世界》1997 年第 3 期。

李家才、陈工：《海洋渔业过度捕捞与私人可转让配额》，《生态经济》2009 年第 4 期。

李景光：《促进海洋环境保护与可持续发展的新生力量——记蓝丝带海洋保护协会》，《海洋开发与管理》2010 年第 8 期。

李靖莉：《黄河三角洲明初移民考述》，《中国社会经济史研究》2002 年第 3 期。

李靖莉：《黄河三角洲移民的特征》，《齐鲁学刊》2009 年第 6 期。

李靖莉：《黄河三角洲移民文化的特点》，《石油大学学报（社会科学版）》2005 年第 3 期。

李明：《浅谈非物质文化遗产保护——以山东岚山渔民号子为例》，《安徽文学（下半月）》2010 年第 4 期。

李明欢：《20 世纪西方国际移民理论》，《厦门大学学报（哲学社会科学版）》2000 年第 4 期。

李明欢：《国际移民学研究：范畴、框架及意义》，《厦门大学学报（哲学社会科学版)》2005 年第 3 期。

李强华:《我国先秦哲学中的"海洋"观念探索》,《上海海洋大学学报》2011 年第 5 期。

李文睿:《当代海洋管理与中国海洋管理史研究》,《中国社会经济史研究》2007 年第 4 期。

李小晓:《相关方为何一拖再拖 康菲溢油案:一场难打的官司》,《中国经济周刊》2011 年第 50 期。

李一蠡:《重新评析明清"海盗"(上)》,《炎黄春秋》1997 年第 11 期。

李国强:《维护我国的海洋权益》,《瞭望新闻周刊》2004 年第 39 期。

李桢:《国际海事组织法律委员会第 98 届会议概况》,《中国海事》2011 年第 6 期。

栗茂峰:《瑞典的海岸与海洋环境管理》,《交通环保》1999 年第 6 期。

林岳夫:《海洋世纪将给人类生活带来巨大变化》,《海洋世界》2002 年第 6 期。

刘文宗:《〈联合国海洋法公约〉的批准和生效对中国具有重大意义》,《外交学院学报》1997 年第 4 期。

刘赐贵:《关于建设海洋强国的若干思考》,《海洋开发与管理》2012 年第 12 期。

刘凡编译《国际与行业组织》,《中国船检》2007 年第 5 期。

刘光琦:《LR 与中国企业共度寒冬——专访英国劳氏船级社 CEO Richard Sadler》,《中国储运》2009 年第 1 期。

刘江平、刘渊博:《亚太美军的战略打击力量 太平洋舰队》,《现代军事》2004 年第 6 期。

刘江平:《21 世纪的海岸警卫队》,《海洋世界》2009 年第 6 期。

刘军:《索马里海盗问题探析》,《现代国际关系》2009 年第 1 期。

刘少才:《加拿大海岸警卫队:海洋的保护神》,《水上消防》2010 年第 4 期。

刘小兵:《第 55 届国际捕鲸委员会会议在德国柏林召开》,《世界农业》2003 年第 9 期。

刘雅丹:《澳大利亚休闲渔业概况及其发展策略研究》,《中国水产》2006 年第 3 期。

刘洋、王艳华：《"百年回溯，泰坦尼克之殇"将成为2012年世界海事日的主题——IMO秘书长在第27届国际海事组织大会上发表讲话》，《中国海事》2011年第12期。

刘昭青：《海洋环境保护委员会第62次会议概述》，《水运管理》2011年第9期。

刘贞晔：《国际政治视野中的全球市民社会——概念、特征和主要活动内容》，《欧洲》2002年第5期。

刘振东：《加拿大海洋管理理论和实践的启示与借鉴》，《海洋开发与管理》2008年第3期。

刘正江等：《IMO防止船舶污染公约的制定和修改进程》，《中国海事》2009年第2期。

鹿守本、宋增华：《当代海洋管理理念革新发展及影响》，《太平洋学报》2011年第10期。

罗国强：《多边路径在解决南海争端中的作用及其构建》，《法学论坛》2010年第4期。

罗江峰：《海洋民间美术的奇葩——舟山渔民画》，《美术》2009年第5期。

马先山等：《关于建设船员大省的研究》，《青岛远洋船员学院学报》2008年第1期。

孟庆梓：《明代的倭寇与海商》，《承德民族师专学报》2005年第1期。

缪圣赐：《日鲣渔协与坦桑尼亚签订了2010年金枪鱼延绳钓渔业的民间协定》，《现代渔业信息》2010年第6期。

缪圣赐：《最近美国领先制定出北冰洋渔业管理计划》，《现代渔业信息》2009年第12期。

宁波：《关于海洋社会与海洋社会学概念的讨论》，《中国海洋大学学报（社会科学版）》2008年第4期。

庞玉珍、蔡勤禹：《关于海洋社会学理论建构几个问题的探讨》，《山东社会科学》2006年第10期。

庞玉珍：《海洋社会学：海洋问题的社会学阐释》，《中国海洋大学学报（社会科学版）》2004年第6期。

彭静、朱竑：《海岛文化研究进展及展望》，《人文地理》2006年第2期。

丘立本：《从世界史角度研究近代中国移民问题刍议》，《世界历史》

1986 年第 3 期。

邱桐：《从泰晤士河畔咖啡馆谈起——验船史话》，《航海》1981 年第 4 期。

曲金良：《发展海洋事业与加强海洋文化研究》，《青岛海洋大学学报》1997 年第 2 期。

曲金良：《中国海洋文化的早期历史与地理格局》，《浙江海洋学院学报（人文科学版）》2007 年第 3 期。

桑颖：《国际环境非政府组织：优势和作用》，《理论探索》2007 年第 1 期。

沈佳强：《海洋社会哲学的构建条件与研究范式》，《中共天津市委党校学报》2013 年第 2 期。

盛文文：《劳氏（LR）率先打造"绿色船舶"新概念》，《世界海运》2010 年第 2 期。

石刚：《海盗——海洋上的新威胁》，《领导文萃》2010 年第 9 期。

石刚：《全球海盗问题综述》，《国际资料信息》2004 年第 3 期。

石莉：《美国颁布新海洋政策　加强对海洋、海岸和大湖区的管理》，《国土资源情报》2011 年第 5 期。

石荣生：《美国的第五军种海岸警卫队（一）》，《现代军事》1995 年第 2 期。

史伟：《海内移民与海外移民》，《海洋世界》2008 年第 7 期。

水声：《联合国粮农组织渔委会在罗马举行第十五届会议　研究在新〈联合国海洋法公约〉体制下如何发展渔业》，《中国水产》1984 年第 1 期。

司徒尚纪、许路、钟言：《海底沉船　复原中国"大航海时代"》，《中国国家地理》2013 年第 10 期。

宋广智：《海洋社会学：社会学应用研究的新领域》，《社科纵横》2008 年第 2 期。

宋广智：《海洋社区渔民社会保障问题探讨》，《法制与社会》2009 年第 12 期。

宋宁而：《日本海民群体研究初探》，《中国海洋大学学报（社会科学版）》2011 年第 1 期。

宋宁而：《社会变迁：日本漂海民的研究视角》，《中国海洋大学学报（社会科学版）》2013 年第 1 期。

宋全成：《20 世纪上半叶欧洲移民的海外迁移》，《山东社会科学》2010 年第 11 期。

苏国勋：《社会学与文化自觉》，《社会学研究》2006 年第 2 期。

苏红宇：《澳大利亚游艇业发展的几点启示》，《船艇》2007 年第 23 期。

苏万明：《失海的渔民》，《珠江水运》2011 年第 9 期。

苏文清：《关爱渔民 科学规划 维护渔区和谐稳定——解决沿海渔民失海问题的建议》，《中国水产》2008 年第 10 期。

孙吉亭、R. J. Morrison、R. J. West：《从世界休闲渔业出现的问题看中国休闲渔业的发展》，《中国渔业经济》2005 年第 1 期。

孙凯、杨丹：《英国海上保安厅的职能及与我国相应机构的初步比较》，《世界海运》1997 年第 3 期。

唐国建：《从疍民到"市民"：身份制与海洋渔民的代际流动》，《新疆社会科学》2011 年第 4 期。

唐国建：《渔村改革与海洋渔民的社会分化——基于牛庄的实地调查》，《科学经济社会》2010 年第 1 期。

檀有志：《索马里海盗问题的由来及其应对之道》，《国际问题研究》2009 年第 2 期。

田启波：《略论移民社会道德价值观念的嬗变与重构》，《探求》2004 年第 1 期。

王恩重：《17 世纪台湾郑氏海商集团在中国社会经济史上的地位》，《宝鸡文理学院学报》2010 年第 2 期。

王刚、刘晗：《海洋政策基本问题探讨》，《中国海洋大学学报（社会科学版）》2012 年第 1 期。

王辉等：《旅游型海岛文化保护与传承的思路探讨》，《海洋开发与管理》2012 年第 11 期。

王捷：《伦敦国际航运中心模式变迁》，《市场周刊（新物流）》2009 年第 2 期。

王俊霞：《日本海运交易所的海事仲裁》，《前沿》1996 年第 4 期。

王列辉：《高端航运服务业的不同模式及对上海的启示》，《上海经济研究》2009 年第 9 期。

王凌峰：《国际邮轮公司跃跃欲试进入中国》，《中国外资》2010 年第 8 期。

王孟霞：《船级社必须改革——ABS 总裁谈船级社面临的新挑战》，《中国船检》2003 年第 8 期。

王敏、章辉美：《帕森斯社会组织思想的几个问题》，《求索》2005 年第 6 期。

　　王琦、万芳芳：《法国海岸警卫队的组建及对中国的启示》，《海洋信息》2011 年第 4 期。

　　王荣：《葡萄牙的游艇业》，《船艇》2006 年第 8 期。

　　王诗成：《21 世纪海洋战略（一）》，《齐鲁渔业》1997 年第 5 期。

　　王书明：《沿海渔民因污返贫——建议成立环境法庭强化环保》，《绿叶》2008 年第 8 期。

　　王晓惠：《促进我国海洋经济发展的财政政策分析》，《海洋经济》2011 年第 4 期。

　　王晓文：《试析历史地理环境中福建海商的兴衰》，《经济地理》2003 年第 5 期。

　　王秀丽：《海商与元代东南社会》，《华南师范大学学报（社会科学版）》2003 年第 5 期。

　　王艳娣：《论舟山渔民画的艺术特质》，《浙江海洋学院学报（人文科学版）》2008 年第 3 期。

　　王阳：《"艇"而走险的中国游艇业　中国游艇业的现状与分析》，《机电设备》2006 年第 2 期。

　　王银星：《安全战略、地缘特征与英国海军的创建》，《辽宁大学学报（哲学社会科学版）》2006 年第 3 期。

　　王正和：《话说美国海岸警卫队》，《现代兵器》1999 年第 8 期。

　　王志远：《维护我国的海洋权益》，《红旗文稿》2005 年第 20 期。

　　王治君：《基于陆路文明与海洋文化双重影响下的闽南"红砖厝"》，《建筑师》2008 年第 1 期。

　　危敬添、马艳玲：《制定国际规范　服务世界航运——国际海事组织辉煌成就及发展历程回眸》，《中国海事》2009 年第 10 期。

　　韦文芳：《防城港市沿海渔民生计发展制约因素分析》，《经济与社会发展》2009 年第 3 期。

　　韦兴平、臧凡：《对我国海洋环境监测工作的若干建议》，《海洋环境科学》1996 年第 3 期。

　　魏宏森，殷兴军：《海洋高技术发展及其对海洋生态环境影响的案例分析与政策研究》，《环境科学进展》1997 年第 3 期。

　　吴飞：《从宗教冲突到宗教自由——美国宗教自由政策的诞生过程》，

《北京大学学报（哲学社会科学版）》2006年第5期。

吴继陆：《论海洋文化研究的内容、定位及视角》，《宁夏社会科学》2008年第4期。

吴晋清：《菲律宾海盗问题与中美关系》，《法制与社会》2009年第29期。

吴名岗：《明初黄河三角洲军事移民问题》，《滨州学院学报》2010年第1期。

吴朋：《世界鲸类资源管理的历史与现状》，《世界农业》1996年第8期。

徐华炳、奚从清：《理论构建与移民服务并进：中国移民研究30年述评》，《江海学刊》2010年第5期。

徐杰舜：《海洋文化理论构架简论》，《浙江社会科学》1997年第4期。

徐晓望：《论古代中国海洋文化在世界史上的地位》，《学术研究》1998年第3期。

续展、何建湘：《第55届国际捕鲸委员会会议闭幕》，《中国水产》2003年第8期。

薛桂芳：《〈联合国海洋法公约〉体制下维护我国海洋权益的对策建议》，《中国海洋大学学报（社会科学版）》2005年第6期。

闫臻：《海洋社会如何可能———一种社会学的思考》，《文史博览》2006年第24期。

言利民：《海洋的世纪》，《学科教育》1995年第2期。

杨国桢：《论海洋人文社会科学的兴起与学科建设》，《中国经济史研究》2007年第3期。

杨国桢、王鹏举：《论海洋发展的基础理论研究》，载姜旭朝主编《中国海洋经济评论》，北京：经济科学出版社，2008年。

杨国桢：《关于中国海洋社会经济史的思考》，《中国社会经济史研究》1996年第2期。

杨国桢：《海洋世纪与海洋史学》，《东南学术》，2004年第S1期（增刊）。

杨国桢：《论海洋人文社会科学的概念磨合》，《厦门大学学报（哲学社会科学版）》2000年第1期。

杨睿、张伟疆：《我们更文明　海洋更洁净　"中国航海博物馆海洋保护志愿者组织"成立》，《航海》2008年第4期。

叶世明：《"文化自觉"与中国现实海洋文化价值取向的思索》，《中国海洋大学学报（社会科学版）》2008年第1期。

叶涛：《海神、海神信仰与祭海仪式——山东沿海渔民的海神信仰与祭祀仪式调查》，《民俗研究》2002 年第 3 期。

佚名：《IWC 告急》，《海洋世界》2007 年第 4 期。

佚名：《阿拉斯加大比目鱼获得联合国粮农组织认证》，《水产养殖》2011 年第 7 期。

佚名：《宝刀不老的英国海军》，《海洋世界》2008 年第 2 期。

佚名：《国际海事组织举行海洋环境保护委员会全体会议》，《世界海运》2010 年第 4 期。

佚名：《国际科学联盟理事会隶属下的南极研究科学委员会》，《海洋信息》1994 年第 Z1 期。

佚名：《劳氏在中国》，《中国远洋航务》2010 年第 3 期。

佚名：《绿色和平组织》，《青海环境》1992 年第 4 期。

佚名：《日综合海洋政策本部挂牌》，《海洋世界》2007 年第 8 期。

佚名：《世界鱼类消费量已达历史高峰——联合国粮农组织最新资料和趋势显示：全球鱼类资源没有得到改善》，《中国水产》2011 年第 7 期。

殷克东等：《世界主要海洋强国的发展战略与演变》，《经济师》2009 年第 4 期。

于文金等：《南海开发与中国能源安全问题研究》，《地域研究与开发》2007 年第 2 期。

余宏荣：《世界海事大学》，《航海》2005 年第 1 期。

玉琴：《联合国粮农组织预测——世界渔业产品将短缺》，《渔业致富指南》1998 年第 18 期。

袁华等：《澳大利亚控制 IUU 捕捞的国家措施及其对我国渔业管理的启示》，《上海水产大学学报》2008 年第 3 期。

曾少聪：《闽南的海外移民与海洋文化》，《广西民族学院学报（哲学社会科学版）》2001 年第 5 期。

曾少聪：《闽南地区的海洋民俗》，《中国社会经济史研究》1999 年第 4 期。

曾少聪：《明清海洋移民的两类宗族组织发展比较》，《厦门大学学报（哲学社会科学版）》1998 年第 2 期。

曾玉荣、周琼：《台湾休闲渔业发展特色及其借鉴》，《福建农林大学学报（哲学社会科学版）》2012 年第 1 期。

詹长智、张朔人：《中国古代海南人口迁移路径与地区开发》，《华中科技大学学报（社会科学版）》2007年第2期。

战秀文、王玉银：《"全海网"工作十年回顾》，《海洋环境科学》1994
年第4期。

张玉林：《政经一体化开发机制与中国农村的环境冲突》，《探索与争
鸣》2006年第5期。

张彩霞：《明初军户移民与即墨除夕祭祖习俗》，《民俗研究》2002年
第4期。

张登义、郑明等：《迎接海洋世纪的挑战》，《当代海军》1996年第5期。

张慧玉：《美国"重返亚太"战略的发展及其影响》，《太平洋学报》
2012年第2期。

张开城：《应重视海洋社会学学科体系的建构》，《探索与争鸣》2007
年第1期。

张立新：《对庞德社会控制理论的若干认知》，《法制与社会》2012年
第13期。

张利：《借鉴美国渔业管理模式大力发展内蒙古休闲渔业》，《内蒙古农
业科技》2008年第4期。

张灵杰：《美国海岸海洋管理的法律体系与实践》，《海洋地质动态》
2002年第3期。

张明亮：《〈旧金山对日和约〉再研究》，《当代中国史研究》2006年第
1期。

赵君尧：《福建古代海洋文化历史轨迹》，《集美大学学报（哲学社会科
学版）》2009年第2期。

郑婕、李明：《海洋体育文化概念及内涵解析》，《体育学刊》2012年
第4期。

郑卫东等：《中国沿海渔民转产转业的进展综述》，《中国渔业经济》
2006年第2期。

中国水产学会：《第二届联合国粮农组织、中国渔业统计研讨会在云南
昆明召开》，《渔业致富指南》2006年第20期。

周彬：《浙东地区渔民俗文化旅游资源开发研究》，《生态经济》2009
年第12期。

周达军、崔旺来：《我国政府海洋产业政策的实施机制研究》，《渔业经
济研究》2009年第6期。

周光华:《东夷齐文化与华夏文化的融合发展》,《管子学刊》2005 年第 1 期。

周聿峨、阮征宇:《当代国际移民理论研究的现状与趋势》,《暨南学报(哲学社会科学版)》2003 年第 2 期。

祝玉敏:《海洋管理委员会》,《世界环境》2012 年第 3 期。

瞿瑜:《国际捕鲸委员会第 37 届年会在美国举行——确定新增日本海—黄海—东海的小鳁鲸和东海鳀鲸等为保护品种》,《中国水产》1985 年第 9 期。

左立平:《日本海上自卫队和印度海军》,《瞭望新闻周刊》2004 年第 30 期。

《日本海上保安厅报告》,2007 年。

日本《海洋基本法》,2007 年。

日本《海洋基本计划》,2008 年。

《中国海洋经济统计公报》,2006～2011 年。

《中华人民共和国船员条例》,2007 年。

《中华人民共和国海商法》,1992 年。

《中华人民共和国海洋环境保护法》,1999 年。

《中华人民共和国海域使用管理法》,2001 年。

《中华人民共和国渔业法》,1986 年。

东京商船大学百年史编辑委员会:《东京商船大学百年史》,1976 年。

日本全国渔业协同组合联合会:《日本渔业协同组合社会责任报告书第 1 卷》,2009 年。

神户商船大学 75 周年纪念志编辑刊行委员会:《神户商船大学 75 周年志》,1996 年。

李德元:《明清中国国内的海洋移民》,厦门大学博士学位论文,2004 年。

宋宁而:《海事社会的海技者人力资源问题研究》,博士学位论文,日本神户大学,2007 年。

张家玲:《绿色和平组织在国际环境保护中的地位和作用》,硕士学位论文,青岛大学,2010 年。

鲍义来:《16 世纪的徽州海商》,《安徽日报》2005 年 3 月 4 日。

卞晨光:《联合国粮农组织呼吁发展生态渔业》,《科技日报》2006 年 9 月 30 日。

曹斌、陈启华：《中远造船公司凸显规模化生产优势》，《中国船舶报》2010 年 12 月 10 日。

曹杰：《日大型造船企业　强力"整编改组"》，《国际商报》2000 年 6 月 17 日。

丁隆：《索马里海盗是从哪来的？——探析索马里海盗问题的历史根源》，《光明日报》2011 年 9 月 15 日。

樊鸽：《捕鱼政策和保护海洋物种成焦点》，《中国环境报》2002 年 11 月 9 日。

风卿：《英国海军新世纪》，《世界报》2006 年 1 月 25 日。

高立萍：《海洋油气开发一拥而上谁来管》，《北京商报》2011 年 11 月 15 日。

桂雪琴：《造船强国呼唤强有力的船级社》，《中国船舶报》2007 年 8 月 31 日。

胡学东：《论海洋新制度下的国际渔业资源争夺》，《中国渔业报》2006 年 3 月 27 日。

黄恒：《日本：政府拼命推动捕鲸，国民反感》，《新华每日电讯》2007 年 2 月 12 日。

黄新胜：《国际海事组织关注渔船安全问题》，《中国渔业报》2011 年 8 月 22 日。

江山：《印度将拍卖油气田勘探区块》，《中国贸易报》2006 年 3 月 30 日。

焦永科：《21 世纪美国海洋政策的主要内容》，《中国海洋报》2005 年 6 月 17 日。

李记：《我国海洋油气勘探开发迈进深水区》，《地质勘查导报》2005 年 12 月 10 日。

李景光：《印度的海洋政策》，《中国海洋报》2005 年 10 月 14 日。

李希琼、李凌：《实施"两步走"战略　打造世界强大盐业企业》，《中国经济时报》2008 年 9 月 24 日

李小刚：《国际邮轮城渐进上海北外滩》，《国际金融报》2003 年 8 月 18 日。

梁嘉琳、姜韩：《近海渔业资源衰退今年出海或现亏损》，《经济参考报》2012 年 9 月 24 日。

林静娴：《朝天阁妈祖"黑脸"只因台湾信众虔诚》，《海峡导报》2012年3月26日。

林威：《南海深水石油勘探明年起进入高潮》，《中国证券报》2007年4月5日。

蔺士忠：《欧盟国家大力扶植造船业》，《中国船舶报》2000年9月1日

刘保铭：《海防文化建设是社会主义文化大发展大繁荣的重要一环》，《中国社会科学报》2012年5月11日。

刘平：《下南洋：晚清海外移民的辛酸历程》，《中国文化报》2010年8月24日第6版。

刘少林：《"国际渔协"奖励环保渔具开发》，《中国渔业报》2004年9月27日。

佚名：《我国人口东移迹象明显 内陆常住人口比重下降》，《山东商报》2011年4月30日。

龙泉：《从梅德韦杰夫登岛事件中想到的》，《中国海洋报》2012年7月13日。

沐阳：《不落的辉煌——英国海军陆战队》，《世界报》2006年6月7日。

邵好：《渤海生态忧思》，《经济导报》2011年8月15日。

松林：《日本自卫队暗藏7项"世界第一"》，《中国国防报》2005年11月1日。

苏万明、闫祥岭、张道生：《失海的渔民：贫富分化加剧部分陷入"赤贫"》，《经济参考报》，2011年4月8日。

孙自法：《张广钦 中国造船发展风险不容忽视》，《中国水运报》2005年7月4日。

唐文：《台湾欲投资4.5亿发展大型游艇业》，《中国船舶报》2006年9月1日。

天籁：《日舰队司令访俄有深意》，《中国国防报》2005年6月14日。

涂洪长、来建强：《过度养殖招致生态"报复"——福建连江暴发大规模鱼类"白点病"事件反思》，《经济参考报》2007年11月22日。

汪东亚：《新富海外移民潮显示出的"忧患"》，《中国青年报》2010年12月6日。

王明毅、栗清振：《中国石油集团海洋工程有限公司在京成立》，《中国石油报》2004年11月4日。

王丕屹编：《奥巴马批评英国石油公司》，《人民日报（海外版）》2010年6月12日。

王秋蓉：《实施海洋石油发展战略推动国民经济跨越发展》，《中国海洋报》2008年4月25日。

王孙：《大众化：法国游艇业成功之道》，《中国船舶报》2006年4月14日。

汪涛：《研究海洋文化发展　推动海洋经济发展》，《中国海洋报》2013年10月14日。

魏如松、王仪、陈蔚林等：《潭门渔协：渔家信赖的"减压阀"》，《海南日报》2011年7月25日。

鑫彤：《关注渔业童工现象》，《中国渔业报》2010年5月17日。

杨金森：《外国在制定海洋政策上值得借鉴的理念》，《中国海洋报》2005年4月19日。

叶铁桥：《重污染事件频发》，《中国青年报》2012年2月1日。

伊凡：《印度海军咄咄逼人》，《甘肃日报》2000年10月18日。

佚名：《产业重心东移带来历史机遇》，《解放日报》2010年6月24日。

佚名：《国际渔业组织介绍》，《中国渔业报》2004年10月18日。

佚名：《国际渔业组织介绍》，《中国渔业报》2004年11月15日。

佚名：《国际渔业组织介绍》，《中国渔业报》2004年11月1日。

佚名：《国际渔业组织介绍》，《中国渔业报》2004年11月8日。

佚名：《契约华工三成死海上》，《广州日报》2002年12月2日。

佚名：《日本小镇太地以捕杀海豚而闻名　近日一环保组织成功潜至水下切断渔网救出海豚》，《青岛早报》2010年10月2日。

于青：《日本东京都知事称都政府将购买钓鱼岛》，《人民日报》2012年4月18日。

俞文：《太平洋八岛国建立金枪鱼卡特尔》，《中国渔业报》2010年4月19日。

郁维：《中西部太平洋渔委会呼吁严控金枪鱼捕捞》，《中国渔业报》2010年1月4日。

翟光明：《技术进步促进了石油工业的发展》，《中国石油报》2006年6月2日。

张斌键、杨璇：《七大生态问题突显　环境形势不容乐观》，《中国海洋报》2011 年 6 月 3 日。

张小青：《各国海洋政策日趋综合环保》，《中国海洋报》2005 年 11 月 1 日。

张艳：《美国：拟制订首个国家海洋政策》，《中国海洋报》2009 年 7 月 28 日。

张义祯：《风险社会与和谐社会》，《学习时报》2005 年 8 月 22 日。

张运成：《马六甲海峡与世界石油安全》，《环球时报》2003 年 12 月 5 日。

章磊：《"绿色和平"大战日本捕鲸船》，《新华每日电讯》2005 年 12 月 23 日。

郑继文：《迅速崛起的韩国海军（上）》，《世界报》2007 年 3 月 28 日。

郑继文：《迅速崛起的韩国海军（下）》，《世界报》2007 年 4 月 4 日。

中新：《中国海外侨胞超 4500 万》，《广州日报》2010 年 6 月 17 日。

钟华：《游艇业：漂浮在黄金水道上的商机》，《北方经济时报》2005 年 8 月 1 日。

朱雪梅：《中国水产院与世界渔业中心合作》，《科技日报》2006 年 12 月 28 日。

Estellie, M. S., *Those Who Live from the Sea*: *A Study in Maritime Anthropology*, West Publishing Co., 1980.

Cernea, Michael M., *Putting People First-Sociological Variables in Rural Development*, New York: Oxford University Press, 1991.

Philip, E. S., *The Social Construction of the Ocean*, Cambridge: Cambridge University Press, 2001.

Philippe Jacquin：《海盗历史》，后藤淳一、及川美枝等译大阪：创元社，2003 年。

川胜平太：《资本主义从海洋亚洲开始》，东京：日本经济新闻出版社，2012 年。

大林太良等：《濑户内的海人文化》，东京：小学馆，1991 年。

富久尾义孝：《海事社会的变更提言》，东京：海文堂，2006 年。

秋道智弥：《海人的世界》，东京：同文馆，1998 年。

入江隆则：《海洋亚洲与日本的将来：续·文明论的现在》，东京：玉川大学出版部，2004 年。

森浩一、网野善彦、渡边则文：《濑户内的海人们》，广岛：中国新闻社，1997 年。

山口彻编著《濑户内群岛与海上通道》，东京：吉川弘文馆，2001 年。

武光诚：《由海而来的日本史》，东京：河出书房新社，2004 年。

西村真悟：《海洋亚洲的日出之国》，东京：展转社，2000 年。

羽原又吉：《漂海民》，东京：岩波书店，2008 年。

中循兴主编《日本海洋民综合研究上卷》，福冈：九州大学出版会，1987 年。

Bob Gramling & Sarah Brabant，"Boom Towns and Offshore Energy Impact Assessment-The Development of a Comprehensive Model"，*Sociological Perspectives*，1986，29（2）：177 – 201.

Catton，W. R. Jr. & Dunlap，R. E.，"Environmental Sociology：A new Paradigm"，*The American Sociologist*，1978，13（1）：41 – 49.

Catton，W. R. Jr. & Dunlap，R. E.，"Paradigms，Theories，and the Primacy of the HEP-NEP Distinction"，*The American Sociologist*，1978，13（4）：256 – 259.

Meining，D. W.，"Heartland and Rimland in Eurasian History"，*Western Political Quarterly*，1956，9（3）：556.

Freudenburg，W. R. & Gramling，R.，"Socioenvironmental Factors and Development Policy：Understanding Opposition and Support for Offshore Oil Development"，*Sociological Forum*，1993，8（3）：341 – 364.

Funabashi，H.，"Minamata Disease and Environmental Governance"，*International Journal of Japanese Sociology*，2006，15（1）：7 – 25.

Gramling，R. & Brabant，S.，"Boom Towns and Offshore Energy Impact Assessment：The Development of a Comprehensive Model"，*Sociological Perspectives*，1986，29（2）：177 – 201.

Gramling，R.，& Freudenburg，W. A.，"Opportunity – Threat，Development，and Adaptation：Toward a Comprehensive Framework for Social Impact Assessment"，*Rural Sociology*，1992，57（2）：216 – 234.

Ninger Song，Kinzo Inoue，"Gap Analysis of Expectation for Ship Management Superintendent（S. I.）'s Competence"，*The Journal of Japan Institute of Navigation*，2007，116（3）：285 – 291.

Picou，J. S.，Gill，D. A. et al.，"Disruption and Stress in an Alaskan

Fishing: Initial and Continuing Impacts of the Exxon Valdez Oil Spill", *Industrial Crisis Quarterly*, 1992, 6 (3): 235 – 257.

Saburou Suzuki, Ninger Song, "Study on Chinese Seafarers' Education System", *The Journal of Japan Institute of Navigation*, 2003, 109 (9): 191 – 198.

谷初藏:《英国船员教育史的各断面之三》,《船长》1991 年第 1 期。

井上欣三:《海事教育的历史与变迁——今后人才培养的方向》,《海事交通研究》2005 年第 54 号。

Kitada Momoko, "*Women Seafarers and their Identities*", Ph. D. , Cardiff University, 2010.

索 引

⋮⋮ 后 记

打开电脑，准备开始写这个"后记"时，感慨颇多。

自 2003 年起至今，我从事海洋社会学研究已有近 12 个年头了。自 2004 年发表第一篇海洋社会学论文算起，至今正好 10 周年，这 10 年也正是我国海洋社会学从产生到发展的 10 年。人都有好事的冲动，一件事情每经过 10 年总要弄出点动静，搞一个纪念活动之类的。不过，对于我以及海洋社会学而言，过去的 10 年确实不易，真的有一些心里话想说，真的需要进行必要的总结和反思。

2003 年 6 月来到中国海洋大学后，我面临着学术研究的转型。是继续从事已经小有成就的社会政策研究，还是迎合学校的发展设想，以海洋为特色做研究？对于一个对学术研究有所追求的学者而言，任何一次学术转型都不可能是很愉快的事情，哪怕是他（她）自愿的。对我而言，这次的学术转型有自愿的成分，但更多的是一种责任的驱使，这种驱使来自于学科发展的需要。既然肩负着学科发展的重任，哪怕这样的学术研究转型是困难重重的，对于我来说也是义不容辞的。因此，自 2003 年下半年开始，虽然我还坚持做着一定的社会政策研究，但重点开始向海洋社会学转移，开始思考和制定海洋社会学的研究规划。由于当时学科团队还没有建立起来，只有庞玉珍教授（当时她担任着学校文科办主任的职务）和我，我们两人经常在一起研究规划，最终决定从海洋社会学的基本问题研究入手，如海洋社会学是什么、海洋社会学的研究对象是什么、研究内容是什么、海洋社会学作为社会学的一个新兴研究领域其合理性和必要性是什么等一些基本问题。

所有的成功都需要一定的机遇，我当时就遇到了比较好的机遇，现在想起来，没有这些机遇恐怕想成功也没有那么容易。所谓的机遇主要有三个：一是 2003 年底，徐祥民教授担任首席专家的第一批教育部哲学社会科学研究重大课题攻关项目"中国海洋发展战略研究"获批，我参与了申报工作并承担了其中的一个子课题"海洋与社会协调发展战略研究"；二是 2004 年学校决定申报教育部人文社会科学重点研究基地，我也参与了申报工作，这个基地（当时叫海洋发展研究中心，后改为海洋发展研究院）最终也获批了，"海洋社会"被纳入这个重点研究基地的研究内容；三是 2005 年学校又申报了"985"国家哲学社会科学创新基地——海洋发展研究院，我也参与了申报工作，"海洋社会"也被纳入这个创新基地的研究内容。虽然这时校内依然有人不认可社会学以及海洋社会学，但不管怎样，经过努力海洋社会学总算融入学校的文科发展整体之中了。

371

　　2004 年，中国海洋大学建校 80 周年，《中国海洋大学学报（社会科学版）》编辑部主任鞠德峰教授邀我征集两篇社会学论文，作为学报校庆专刊的一部分。我与庞玉珍教授商量后，决定各写一篇，内容都是与海洋社会学有关的①，这两篇论文应该算是国内社会学界关于海洋社会学的最早的论文了，尤其是庞玉珍教授的那篇论文应该是国内海洋社会学的开山之作，至今其奠基性地位也难以超越。我的那篇论文是我对海洋社会学基本问题的初步思考，尤其是人类海洋开发实践活动与社会变迁关系的思考。

　　2006 年我主持了教育部人文社会科学重点研究基地重大项目"海洋发展对沿海社会变迁的影响研究"，开始了海洋社会学的应用研究。在做这个项目的时候，思考最多的还是海洋社会学的基本问题，让我进一步明确了海洋社会学应该着力研究人类海洋开发实践活动对社会变迁的影响。我一边做这个项目，一边继续思考海洋社会学的一些基本问题，也断断续续地发表了一些论文。这一年，学科团队建设也取得一定的进展，引进了两位教授，之后，又有四位博士加入了学科团队，使得学科团队不断壮大。时至今日，这个团队已经做了国家社会科学基金项目 5 项，省部级项目 10 项。2006 年社会学硕士点申报成功，2007 年开始招生。在制定培养方案时，为了体现特色，设立了海洋社会学研究方向，是国内最早设立这一研究方向的，至今也是唯一设立的。

---

① 庞玉珍教授的论文《海洋社会学：海洋问题的社会学阐释》，我的那篇论文《海洋与社会协调发展：研究视角与存在问题》，均发表于《中国海洋大学学报（社会科学版）》2004 年第 6 期上。

2007 年我将学科团队成员已经发表的有关海洋社会学的论文收集起来，出版《海洋与社会——海洋社会学初探》一书，这应该是国内社会学界第一本以海洋社会学为名的学术著作。

2009 年广东省社会学会成立了海洋社会学专业委员会，受其启发，经与学科团队其他成员商量和学院、学校的同意，决定向中国社会学会提交成立中国社会学会海洋社会学专业委员会的申请。申请报告经中国社会学会理事会审议，同意筹建海洋社会学专业委员会。2010 年在哈尔滨召开了会员代表大会，选举产生了理事会，负责专业委员会的筹建工作。经过三年的筹建，2013 年海洋社会学专业委员会在民政部登记注册，正式成立。由此，海洋社会学的组织化建设正式完成。也是在 2010 年，也是在哈尔滨，以中国社会学会海洋社会学专业委员会（筹）的名义主办"中国海洋社会学论坛"，至 2013 年这一论坛已成功举办四届，正日益成为国内社会学界影响越来越大的学术论坛。2013 年，海洋社会学专业委员会会刊《中国海洋社会学研究》也正式出版发行。

现在回想起来，还是非常有成就感的，不过其中的艰辛也是外人所不知道的。特别是在初期，学科团队还没有建立起来，经常是我孤身一人闯入各个社会学学术会议中宣讲海洋社会学，常常感受到孤掌难鸣，不被认可甚至是被嘲笑也是屡见不鲜的。想起这些，现在还有一些心酸的感觉，好在一切努力都没有白费，海洋社会学不仅存活了下来，而且正在茁壮成长。

在做了大量的学科建设、人才培养、学术组织建设、学术交流等工作的同时，海洋社会学的基本问题依然是我思考最多的，一些思考虽然已经以论文的形式发表了，但始终有一个愿望，那就是申报以海洋社会学基本问题为主要研究内容的国家社会科学基金项目。2010 年"海洋社会学研究"进入了国家社会科学基金项目指南，当年我也以这个选题为题目进行了申报，但没有成功。2011 年我将题目改为"海洋社会学的基本概念与体系框架研究"，继续申报国家社会科学基金项目，这次比较幸运，得到了专家们的肯定，成功立项（项目编号：11BSH007）。本书就是这个项目的最终成果。

本书是集体智慧的结晶。虽然学科团队的一些成员，如庞玉珍教授、同春芬教授、王书明教授、赵宗金副教授、张一博士等没有承担具体的写作任务，但他们从始至终都参加了相关内容的讨论，无私地奉献着他们的智慧。在此，我非常感谢我的团队，感谢团队中的每一名成员。

本书由我提出总体内容框架和负责最终的统稿工作，并撰写了第一章和第二章，其他写作任务分别由宋宁而博士（撰写第四章、第五章和第八章）、陈涛博士（撰写第三章、第六章和第七章）、唐国建博士（撰写第九章）完成。在这里，要特别感谢宋宁而博士，她承担了项目进行过程中的日常事务、结项、编辑、出版等大量工作，大大地减轻了我的工作负担。

本书的出版也要感谢结项评审专家，他们的高度评价使我们坚定了继续做好海洋社会学研究的决心，他们的修改意见使得本书增色不少。也要感谢中国海洋大学文科处和海洋发展研究院、法政学院一直以来对海洋社会学研究的大力支持和对本书出版的经费资助。还要感谢国内社会学界一直鼓励和支持海洋社会学研究的专家学者们，正是他们的鼓励和支持才使得中国海洋社会学"势头迅猛、方兴未艾"。

"十年磨一剑"，虽然项目只进行了短短的两年半，但本书可以说是我和我的团队积十余年的心血而成，自认为还是有一些"亮点"的，如坚持认为海洋社会学应是一项应用社会学研究，要多做应用研究、经验研究，当然这并不意味着放弃必要的理论探索；进一步明确了海洋社会学的研究对象，即人类开发实践活动，应着力探讨海洋开发与人类社会变迁的关系（可以简化为海洋与社会的关系）；梳理了海洋社会学的一些基本概念，如海洋社会、海洋文化、海洋社会群体、海洋社会组织等，并对这些基本概念进行了解析；建构了海洋社会学的体系框架等。当然，我们深知，海洋社会学作为社会学应用研究的一个新领域，其基本问题的研究没有终点，我们的研究还不乏肤浅之处，我们更希望我们的研究能给其他研究者启迪，甚至成为批判的靶子，只要有利于海洋社会学的发展，所有的后果我们都愿意接受。

崔　凤

2014 年 5 月 7 日于中国海洋大学崂山校区工作室

图书在版编目（CIP）数据

海洋社会学的建构：基本概念与体系框架/崔凤等著.
— 北京：社会科学文献出版社，2014.8
（海洋与环境社会学文库）
ISBN 978 - 7 - 5097 - 6152 - 6

Ⅰ.①海…　Ⅱ.①崔…　Ⅲ.①海洋学 - 社会学 - 研究
Ⅳ.①P7 - 05

中国版本图书馆 CIP 数据核字（2014）第 126434 号

·海洋与环境社会学文库·

海洋社会学的建构
——基本概念与体系框架

著　　者 / 崔　凤　宋宁而　陈　涛　唐国建

出 版 人 / 谢寿光
出 版 者 / 社会科学文献出版社
地　　址 / 北京市西城区北三环中路甲 29 号院 3 号楼华龙大厦
邮政编码 / 100029

责任部门 / 社会政法分社（010）59367156　　责任编辑 / 任晓霞　谢蕊芬
电子信箱 / shekebu@ ssap. cn　　　　　　　责任校对 / 白秀红
项目统筹 / 童根兴　　　　　　　　　　　　责任印制 / 岳　阳
经　　销 / 社会科学文献出版社市场营销中心（010）59367081　59367089
读者服务 / 读者服务中心（010）59367028

印　　装 / 三河市尚艺印装有限公司
开　　本 / 787mm×1092mm　1/16　　　　　印　张 / 23.75
版　　次 / 2014 年 8 月第 1 版　　　　　　　字　数 / 402 千字
印　　次 / 2014 年 8 月第 1 次印刷
书　　号 / ISBN 978 - 7 - 5097 - 6152 - 6
定　　价 / 89.00 元